现代食品科学学术著作丛书

FOOD

化学物理觉

饮食中味觉和嗅觉之外的感觉

[美] Shane T. McDonald
David A. Bolliet
John E. Hayes | 主编

钟 葵 | 主译

CHEMESTHESIS

CHEMICAL TOUCH IN FOOD AND EATING

中国轻工业出版社

WILEY

图书在版编目(CIP)数据

化学物理觉:饮食中味觉和嗅觉之外的感觉/(美)沙恩·T. 麦克唐纳,(美)戴维·A. 博利特,(美)约翰·E. 海斯主编;钟葵主译.—北京:中国轻工业出版社,2025. 1

ISBN 978-7-5184-2522-8

Ⅰ. ①化… Ⅱ. ①沙… ②戴… ③约…④钟… Ⅲ. ①食品化学-研究 Ⅳ. ①TS201. 2

中国版本图书馆 CIP 数据核字(2019)第 116184 号

责任编辑:罗晓航　伊双双
策划编辑:伊双双　　责任终审:白　洁　　封面设计:锋尚设计
版式设计:锋尚设计　　责任校对:方　敏　　责任监印:张　可

出版发行:中国轻工业出版社(北京鲁谷东街 5 号,邮编:100040)
印　　刷:三河市万龙印装有限公司
经　　销:各地新华书店
版　　次:2025 年 1 月第 1 版第 3 次印刷
开　　本:787×1092　1/16　印张:19. 25
字　　数:420 千字
书　　号:ISBN 978-7-5184-2522-8　定价:98. 00 元
邮购电话:010-85119873
发行电话:010-85119832　010-85119912
网　　址:http://www.chlip.com.cn
Email:club@ chlip. com. cn

242571K1C103ZYW

本书作者

主编

Shane T. McDonald PhD
Kalsec©, Inc.
Kalamazoo, MI

David A. Bolliet MS
Kalsec©, Inc.
Kalamazoo, MI

John E. Hayes PhD
Sensory Evaluation Center and Department of Food Science
College of Agricultural Sciences
The Pennsylvania State University
University Park, PA, USA

编写人员

Yeranddy A. Alpizar PhD
Department of Cellular and Molecular Medicine, Laboratory of Ion Channel Research and TRP Research Platform Leuven (TRPLe), Leuven, Belgium

David A. Bolliet MS
Senior Manager Analytical R & D, Kalsec®, Inc., Kalamazoo, MI, USA

Ali Bouzari PhD
Co-Founder, CSO, Pilot R+D, Healdsburg, CA, USA

Brian Byrne PhD
CEO, Natural Advantage LLC, Oakdale, LA, USA

Nadia Byrnes PhD
Postdoctoral Fellow, Department of Viticulture and Enology, University of California Davis, Davis, CA, USA

E.Carstens PhD
Department of Neurobiology, Physiology and Behavior, University of California Davis, Davis, CA, USA

Pamela Dalton PhD, MPH
Member, Monell Chemical Senses Center, Philadelphia, PA, USA

Barry G. Green PhD
Director and Fellow, The John B. Pierce Laboratory, Professor, Department of Surgery (Otolaryngology), Yale School of Medicine, New Haven, CT, USA

Howard Haley BS
Fellow, Kalsec®, Inc., Kalamazoo, MI, USA

John E. Hayes PhD
Sensory Evaluation Center and Department of Food Science, College of Agricultural Sciences, The Pennsylvania State University, University Park, PA, USA

Christopher R. Loss PhD, AOS
Director of Academic Research, The Culinary Institute of America, Hyde Park, NY, USA

Mary-Jon Ludy PhD, RD
Assistant Professor of Clinical Nutrition, Department of Public and Allied Health, Bowling Green State University, Bowling Green, OH, USA

Richard D. Mattes MPH, PhD, RD
Distinguished Professor, Department of Nutrition Science, Purdue University, West Lafayette, IN, USA

Shane T. McDonald PhD
Principal Flavor Chemist, Kalsec® , Inc., Kalamazoo, MI, USA

Steven Pringle PhD
Corporate VP Sales & Marketing, Aroma Chemical Services International, Gmbh, Höxter-Stahle, Germany

Cecil J. Saunders PhD
Department of Otorhinolaryngology, Perelman School of Medicine, University of Pennsylvania, Philadelphia, PA, USA

Christopher T. Simons PhD
Assistant Professor of Sensory Science, Department of Food Science and Technology, The Ohio State University, Columbus, OH, USA

Wayne L. Silver PhD
Professor, Department of Biology, Wake Forest University, Winston-Salem, NC, USA

Karel Talavera PhD
Department of Cellular and Molecular Medicine, Laboratory of lon Channel Research and TRP Research Platform Leuven (TRPLe), Leuven, Belgium

Thomas Voets PhD
Department of Cellular and Molecular Medicine, Laboratory ol lon Channel Research and TRP Research Platform Leuven (TRPLe), Leuven, Belgium

Cindy Ward PhD
Sensation Research, Maineville, OH, USA

本书译者

主　　译：钟　葵

副 主 译：史波林　汪厚银

翻译人员：史波林　刘龙云　何天鹏　汪厚银

　　　　　张璐璐　赵　镭　钟　葵　谢　苒

译者序

近年来辛辣风味在全世界范围内广泛流行，消费发展潜力巨大，引发了人们对这种独特刺激风味的浓厚兴趣。辛辣风味，如灼热（辣椒和胡椒）、针刺（花椒）等，并不属于传统认知的味觉或嗅觉，而是一种与味觉和嗅觉相协调，具有痛觉、温度觉和触觉等复合感觉特性的体觉（somesthesis）。对于这种全新风味，属于哪种感觉？感知的特性如何描述及测量？感知的途径及机制是什么？这些都是辛辣风味产品开发和应用中亟须解决的理论和技术问题。

辛辣物质引发的刺激感被称为化学物理觉（chemesthesis），该术语是 20 世纪 90 年代英国 Barry Green 博士最先提出，被定义为皮肤和黏膜的化学感受性，而非简单的化学感觉（chemical sense）。辛辣和灼热是化学物理觉的主要感觉，其他如薄荷的清凉，碳酸饮料的刺痛，均属于化学物理觉的范畴。在平淡的口味和生活中，化学物理觉带给大家强烈刺激的美妙风味体验和情绪激发同时，还具有改善食欲和营养健康功效。

美国 Shane T. McDonald 博士主编的《化学物理觉——饮食中味觉和嗅觉之外的感觉》（*Chemesthesis: Chemical Touch in Food and Eating*）是第一本详尽介绍化学物理觉的专著，从定义范畴、心理学基础、作用机制、来源、化合物类型、食品、烹饪及工业化应用等角度，全方位对化学物理觉的理论、技术及应用进行深入阐述。全书内容丰富，结构严谨，对于理解化学物理觉及其在食品中的应用有着极大帮助。本书适合需要开展化学物理觉测定及相关产品开发的研究人员进行阅读和研究，作为其在相关理论、技术和实际应用等研究过程中的参考读物。

对于“chemesthesis”一词的中文译名，翻译团队也是费尽了心思。如果直译就是“化学感觉”，但这样不仅与“化学感觉（chemical sense）”混淆，而且不足以囊括该词所表达的真实含义。“chemesthesis”是由化学刺激物质引发的皮肤或黏膜的化学感受性，最终表现形式又是痛觉、温度觉和触觉等复合性的体觉。为了兼考虑刺激性质和感觉性质两个因素，且也更容易理解和形象表达，翻译团队在查阅大量资料和展开多次讨论后，最终将“chemesthesis”一词中文译名定为“化学物理觉”。

本书的翻译工作是由感官与消费科学研究团队共同努力完成的。赵镭（序、前言、第 1 章和第 14 章）、刘龙云（第 2 章）、汪厚银（第 3 章和第 13 章）、张璐璐（第 4 章和第 8 章）、钟葵（第 5 章和第 12 章）、何天鹏（第 6 章和第 11 章）、史波林（第 7 章）、谢苒（与钟葵共同译校第 9 章和第 10 章）共同完成了本书内容的翻译及校正工作。赵镭对全书翻译工作进行了组织协调，钟葵负责全文统稿以及最后的审核修改。在此，对全部参与人员的辛勤付出一并表示最真挚的谢意。

本书内容的涉及面非常广，融合了感知生理学、认知心理学、心理物理学、生物化学、神经生物学、分析化学、食品及烹饪科学等多种学科知识，这对翻译工作及翻译者的专业学科背景提出了很高要求和较大挑战。但鉴于本书内容的新颖性和实用性，我们不揣浅陋，尽力完成了本书的翻译任务。整个翻译团队付出了辛勤的努力，在专业术语及中文精准表达和校对修正上花费了大量的时间和精力。由于时间与水平限制，译稿中必然存在疏漏及错误之处，在此也诚请各位专家及读者不吝赐教，批评指正。

译者

2020 年 4 月　北京

序

《化学物理觉——饮食中味觉和嗅觉之外的感觉》是自20世纪90年代出版的《刺激性感觉》（*Irritation*，Green等，1990）之后第一本完全聚焦于化学物理觉的专著。当时，对作用于口腔和鼻腔体觉刺激所引起的感觉通常称为共同化学感觉、辛辣性感觉、刺激性感觉或三叉神经感觉，但这些术语均不能完全令人满意（见第1章）。于是，《刺激性感觉》一书的编辑在其书序言中提出了“化学物理觉”这一新术语，意指一种普遍的化学感受性，该提法被大家所接受。

在莫耐尔（Monell）化学感官中心（简称莫耐尔）牵头举办会议的论文集《刺激性感觉》中，将化学物理觉称为“被遗忘的风味感觉”。毫无疑问，这种作用于三叉神经不同分支的刺激对食品风味的影响至关重要。例如，全世界每天都有相当一部分人食用含有强烈刺激性物质——辣椒素的辣椒。但是，我们对于这种刺激性物质对食品风味的影响却又知之甚少。正是这种认知缺乏激发了我对这一领域的研究兴趣。作为一名实验心理学家，我开始涉足与食品研究相关的化学感官领域。很快，我发现许多关于食品“辛辣感”的关键问题尚未得到解答，并意识到这些化学物质在我们日常食物中非常普遍。当时，我走进厨房，想选用一些刺激性风味的食材，为这个话题讨论的PPT制作准备素材。很轻易地我就找到了不少相关食材，如洋葱、姜、苏打水、朗姆酒、伏特加、芥末、胡椒和醋等。

当时，我非常幸运地拜访了“刺激中心”——莫耐尔Barry Green实验室。总体来看，那时从事化学物理觉研究的心理物理学家非常之少，能有一个全身心投入此领域的心理物理学家是推动该领域发展的关键因素。[①] 与此同时，一项非常重要的协同研究也在开展。Green在莫耐尔的同事Bruce Bryant、Tom Finger和Wayne Silver当时也在着手探讨后来被称为化学物理觉的生理学和解剖学问题的相关研究。

此外，另一个重要影响就是《刺激性感觉》一书本身。[②] 以下是该领域主要研究人员撰写的章节，涉及一系列学科，形成一个卓有成效、代表“当前最新发展水平”的文本。1991年我去莫耐尔时，我自己那本书里还夹着一张带有酒渍的餐巾纸，上面画有一个研究导图，探讨辣椒抑制食物中的其他味道（已证实辣椒确实会抑制甜味）是否因为它能更有效地引起注意。不过当时我尚未完成这个研究，也没有找到答案。差不多同时期，Green和Lawless（1991）撰写的有关化学物理觉的综述也成为该领域的重要文献资源。

《刺激性感觉》一书也让我意识到另外一个完全不同的化学物理觉领域，即关于鼻部和眼部刺激的研究。开展这个领域研究对于我们认识空气污染、工业化学刺激和室内空气质量

---

① 其他心理物理学家，如Harry Lawless、Dave Stevens和Beverly Cowart，对化学物理觉研究均做出了重要贡献。

② 我的那本书封底有钢笔签的联合编辑Russ Mason的名字。是他送给我的吗？如果是我自行拿的，我希望他觉得它去对了地方。

响应等具有重要意义。同时，目前也有刺激物对害虫防治潜力方面的研究。可以说，这些研究表明了化学物理觉研究有着非常广泛的应用。

自20世纪90年代初以来，化学物理觉的研究取得了实质性进展，这在本书的许多章节中均可看出。在过去的十年中，随着分子生物学研究，特别是传导过程研究的深入，我们对化学物理觉的作用机制研究取得了很大进展。许多已知的瞬时受体电位通道（TRP）可以被辣椒素、薄荷醇和其他刺激性化合物激活（见第4章、第5章和第14章）。这些TRP对温度敏感，因此常使用“热食”来描述辛辣食物以及产生热感的食物。在此之前，人们就已知辛辣味与温度能够相互促进，我们对刺激物及其他心理物理行为的理解越来越清晰（见第6章）。另外两个有趣的现象——敏化和脱敏也备受关注。当持续食用辛辣食物时，如果感觉食物变辣了，这种感觉是对的，称为敏化现象；但当你停止食用后会感觉口腔敏感度降低了，这种感觉也是对的，即脱敏现象。

学习化学物理觉的心理物理学具有重要的现实意义。随着辛辣食品在西方越来越流行，辛辣刺激物的敏化和脱敏特性也给此类产品开发带来了特殊挑战。面对不同辛辣刺激物在不同产品中“升热”感的差异，应如何评价其感官特性以及消费者对此的响应呢？食品感官评价专家迫切需要开发新的技术，建立此类产品的标准测试方法（见第10章）。

要评价化学物理觉带来的影响（特别是食品范畴内），首先需要对各种TRP刺激激发的感知特质有所了解。显然，化学物理觉不仅仅只是热感，其感知特性一直存在着诸多争论。温热感仅是低强度热吗？刺痛感和咬痛感一样吗？尽管目前对这些化学物理觉的术语尚未达成明确共识，也未对这些不同感觉特性的作用机制形成完整的认知，但我们可以确认薄荷醇产生的凉感（见第7章），以及丁香酚或CO_2产生的麻木感或刺痛感（见第8章）均属于化学物理觉的定义范畴。

《刺激性感觉》一书更注重学术性，书中将不同学科的方法结合在一起研究口腔的体觉。在本书中，我们增加了另一个重点，将目前已有的认知应用到饮食科学中。历史上，人们使用多种植物来增添食物的辛辣感（见第3章和第13章），如辣椒，因其含有强烈辛辣感化合物——辣椒素，是食品中化学物理觉的“旗手”，但很明显几乎所有的饮食文化都会尽可能地使用某种形式的化学调味品或香料来激活食物风味，如胡椒、芥末、肉桂、丁香和生姜等。显然，添加刺激性物质提升食物风味对人类有很强的吸引力。据观察，日本幸岛上的猴子也会通过将食物浸入海水中达到加盐提味的效果（Kawai，1962）。

通常，很容易解释人们对于冰淇淋或巧克力的喜爱，但为何人们会普遍喜爱食物中高强度的灼热感仍然是个谜。此外，辣椒中的辣椒素不仅可以用于食物中，还能用于喷洒到犯罪分子或其他社会不稳定分子的脸上。事实上，这两种情况下产生的效果具有相似性，都会带来流泪、疼痛、脸部潮红和过度流涎等现象。这也证实了任何情况下我们的身体似乎并不喜欢辣椒素。因此，喜食辣椒的现象反而引出了一个问题。尽管《刺激性感觉》一书中，Paul Rozin已经从多个角度解释了这个问题（Rozin，1990），但是这个疑问至今仍然存在。具体来说，就是“是什么决定了人们对辛辣食物喜好度的差异?”显然，我们必须首先学会去喜欢口腔刺激，遗传、性格及对感官刺激敏感性的差异通常也是重要原因（见第2章）。

许多否认辛辣食物带来愉悦感的消费者认为辛辣香料会过度遮盖其他味道或风味，减少后者带来的愉悦感。尽管有研究表明辣味会降低甜感，但这种论述还需要进一步证实（Prescott 和 Stevenson，1995）。如果化学物理觉的确能够促进食物对消费者的吸引力，那确定化学物理觉是如何与食物其他的感官特性相互作用是非常有必要的（见第9章）。

了解影响食物适口性和决定食物选择的主要因素对于确保膳食促进人体健康至关重要。近期的研究报告显示，经常食用辣椒可以延长寿命（Lv 等，2015），这就带来了可期的公众兴趣。长期以来，辣椒一直是维生素 C 和维生素 D 的重要来源，能使食品具有抗菌特性，与其他刺激性香料配合使用，还可促进唾液分泌和帮助消化。此外，越来越多的证据显示这种香料对食欲、能量摄入、血糖调节、新陈代谢及产热均有影响（见第12章）。

总而言之，《刺激性感觉》出版后又迎来了《化学物理觉——饮食中味觉和嗅觉之外的感觉》一书，这不仅对理解化学物理觉与食品风味的相关性来说是及时的，而且有望激励更多的食品科学家、心理物理学家和神经科学家继续为那些悬而未决的重要问题找到答案。

John Prescott
TasteMatters Research & Consulting
2015 年 8 月

参考文献

Green, B. G. and Lawless, H. T. 1991. The psychophysics of somatosensory chemoreception in the nose and mouth, in *Smell and Taste in Health and Disease*, (eds. T. V. Getchell *et al.*). New York: Raven Press, pp. 235-253.

Green, B. G., Mason, J. R., and Kare, M. R. (eds.) 1990. *Irritation*, New York: Marcel Dekker. Kawai, M. 1962. *On the newly-acquired behaviors of the natural troop of Japanese monkeys on Koshima Island*, Seventh Annual Meeting of the Society for Primate Researches, Inuyama, Japan.

Lv, J., Qi, L., Yu, C. *et al.* 2015. Consumption of spicy foods and total and cause specific mortality: population based cohort study. *British Medical Journal*, 351, h3942.

Prescott, J. and Stevenson, R. J. 1995. The effects of oral chemical irritation on tastes and flavors in frequent and infrequent users of chili. *Physiology & Behavior*, 58 (6), 1117-1127.

Rozin, P. 1990. *Getting to like the burn of chili pepper. Biological, psychological, and cultural perspectives*, in *Irritation*, (eds. B. G. Green, J. R. Mason, and M. R. Kare), New York: Marcel Dekker, pp. 231-269.

前言

很早，我们对化学物理觉这一主题就产生了兴趣，但本书编撰的发起是在 2013 年于芝加哥举办的食品技术协会（IFT）年会研讨会上才开始的。三位主编，一位风味化学家（Shane）、一位分析化学家（David）和一位生物心理学家（John），想从三个不同的视角开展化学物理觉研究。同时，我们邀请了很多相关领域的专家共同参与本书编写。这是第一本系统介绍化学物理觉的书，而上一本提出化学物理觉这个概念的书是 1990 年出版的。在过去的 25 年里，我们对这一感觉背后的化学物理刺激和生物学认知都有了爆炸式提升。

Shane 是一位风味化学家，早在 2007 年于 Kalsec® 工作时就已经对化学物理觉产生了兴趣。Kalsec® 最初销售的提取物就有辣椒油树脂。当时，该公司已经采用仪器分析手段（而非感官评价小组）对辣椒油树脂中辣椒素的含量进行量化。随后，Shane 在 *Perfumer & Flavorist* 上发表了一篇文章，阐明了辣椒、生姜、黑胡椒和芥菜等几种常用香料提取物在辛辣感上的差异。意识到这点后，Shane 将不同的辛辣香料提取物混合，为客户定制其所需的辛辣感。同时，他对另一种同样具有化学物理觉特性的香料——花椒也产生了兴趣。最后，Shane 和 David 与美国食用香料与提取物制造者协会（FEMA）合作，花椒提取物获得一般公认为安全（GRAS）认证，发布到 FEMA GRAS 列表 26，编号 FEMA#4754。

David 建议我们借花椒提取物获得 GRAS 认证的契机，在 2013 年举办的美国食品科学技术学会（IFT）年会上举办一个化学物理觉专题的研讨会。我们也想对产生化学物理觉香料的种植、生理学和心理学问题进行探索，最终，“化学物理觉，辣椒、花椒：一个火辣的世界!”研讨会得以举办。会议由 Shane 和 David 主持，会议上 Shane 谈到了花椒、千日菊油树脂和碳酸带来的刺痛感和嗡嗡感。会议还有三位发言人，来自康奈尔大学的 Michael Mazourek 和来自宾夕法尼亚州立大学的 John Hayes 与 Nadia Byrnes。Michael 谈到了植物的选择性育种，而 Nadia 在参加该研讨会时还是 John 研究小组的博士生，她介绍了摄入和享受辛辣食物的心理活动。John 揭示了化学物理觉背后的生物学问题。

在 IFT 会议上，Wiley 出版社的 David McDade 找到 Shane，询问我们是否有兴趣编写一本关于化学物理觉的书。起初，Shane 有点犹豫，因为他从未编写过书，同时也担心自己并不足够专业。然而，Shane 在经过短暂思考后，确定了本书的逻辑框架，从生理学、原材料、感官分析、仪器分析和食品科学等方面探讨化学物理觉的各种特性，以及对多种化学物理觉（热觉、冷觉、痛觉等）自身进行深入探索。我们有兴趣对化学物理觉这个主题进行更深入的探索，目的是为该领域研究提供最新的参考文献。最终，在 David McDade（非常有想法且编辑经验丰富）的帮助下 Shane 同意并编写了这本书。基于 John 在化学物理觉基础方面的研究以及对这一主题的高度热情，我们再次与他取得联系，希望他成为本书的联合作者。

本书作者团队人员到位后，我们三个人开始努力寻找各章节的最佳编撰者，积极与各位编者以及 Wiley 出版社合作，经过几年时间，最终编写出现在您手中的这本书。

本书以 John Prescott 的序和 Barry Green 的化学物理觉简史开篇。接下来的章节由莫耐尔化学感官中心的 Pam Dalton 和 Nadia Byrnes 博士（现为加州大学戴维斯分校的博士后）完成。这个章节中讨论了化学物理觉的心理学——为什么我们中的一些人开始喜欢通常被认为是痛苦和防御性的感觉？

食品中使用的大多数化学物理觉制剂来自于天然香料和草本植物。第 3 章中 Howard Haley 和 Shane McDonald 对这些原料展开了介绍。第 4 章中，比利时鲁汶大学的生物物理学家 Yeranddy Alpizar、Thomas Voets 和 Karel Talavera Pe Rez 对瞬时受体电位通道（TRP）的结构及其在化学物理觉中的作用进行了综述。

Wayne Silver 和 Cecil Saunders 对化学物理觉的解剖学和生理学问题进行了阐述（第 5 章）。第 6 章～第 8 章则分别介绍了不同类型的化学物理觉，包括辛辣感和热感（John Hayes）、凉感（Steve Pringle）以及针刺感和麻木感（Chris Simons）。

食品中的化学物理觉并不单独发挥作用，通常与其他感觉相互作用。Brian Byrne 在第 9 章中对这些交互作用进行了详细介绍。至于如何从行为上测量化学物理觉和分析引起这些感觉的刺激物，Cindy Ward 在第 10 章中介绍了感官分析测量方法，David Bolliet 在第 11 章中介绍了仪器分析测量方法。

第 12 章中，Rick Mattes 和 Mary-Jon Ludy 介绍了化学物理觉与健康。第 13 章中，Chris Loss 和 Ali Bouzari 回顾了食品科学和烹饪科学。最后第 14 章中，神经生物学家 Earl Carstens 对化学物理觉这一学科进行了全面回顾及简要展望。

本书对化学物理觉展开了多方面的全面综述，汇聚了多位相关领域资深专家多年的研究成果，我们希望它能够在深入细致的探讨与广泛的多学科有关化学物理觉的研究之间取得平衡。衷心感谢所有贡献者的辛勤付出，以及 David McDade 和其他 Wiley 出版社的工作人员对我们自项目启动到完成一直以来的鼓励。

Shane T. McDonald

David A. Bolliet

John E. Hayes

目录

1 引言：什么是化学物理觉

Barry G. Green

The John B. Pierce Laboratory, Department of Surgery (Otolaryngology),

Yale School of Medicine,

New Haven, CT, USA

1.1 发展简史

薄荷的清凉、肉桂的温热、辣椒的热、碳酸饮料的针刺、蜜蜂的刺痛、蚊子叮咬的痒、吸入氨的刺激、发炎关节的疼痛等，这些不同的感觉在化学物理觉中都有共同基础。这些感觉并不局限发生于鼻子和口腔中，而在躯体的大部分都能体验到。化学物理觉可简单描述为一种躯体而非味觉或嗅觉的化学感受性。但该定义不能表达出神经生物学的复杂性和化学物理觉的多样性及重要功能。因此，为了更好地理解化学物理觉，可以从头回溯到其取代的早期定义——共同化学感觉。

20 世纪的很长时间里，化学感官及相关领域研究人员一直认为，共同化学感觉是除了味觉和嗅觉之外的第三种特殊化学感觉。这个概念由哈佛动物学家 G. H. Parker（1912）提出，用来描述鱼和两栖动物皮肤的化学感受性，在这之前，这种化学感受性仅简单称为“化学感觉”或“未分化的化学感觉”。通过切割单个脑神经，观察 HCl、NaOH、NaCl 和奎宁浓溶液对两种鱼身体和尾部的行为反应，Parker 断定对化学刺激物的感受性是普通脊神经的特性，而非味觉和嗅觉神经的特性。同时他进一步提出，共同化学感觉是脊椎动物中的一种感官系统，与嗅觉和味觉不同（Parker，1912，p. 221），在感受性和功能上，共同化学感觉更接近于味觉。几年后，Crozier（1916）对青蛙进行了实验，为共同化学感觉提供了进一步的证据。几十年后，在《化学感官》一书中，Moncrieff（1944）通过将共同化学感觉描述为一种与味觉和嗅觉相协调但却独立的感官通道，进一步佐证了这一概念。

然而，一些研究人员对此概念并不满意，他们认为皮肤和黏膜的化学感受性是疼痛感的一个特性。M. H. Jones（1954）就是其中一员，她曾抱怨，“共同化学感觉”在并没有太多确切实证情况下被一些研究人员所接受，而同时又在没有更好证据情况下又被一些人草率拒绝（Jones，1954，p. 696）。Jones 研究发现，在人类下唇黏膜表面涂抹可卡因可降低对机械疼痛和化学疼痛的感受性，因此得出结论，这两种刺激都是由疼痛系统的神经末梢感受的。为支持这一结论，Jones 引用了 Carl Pfaffmann（1951）在《史蒂文斯实验心理学手册》中针对化学感觉撰写的章节，他写道：“痛觉和共同的化学感受性似乎是由相同的神经末梢介导的”（Pfaffmann，1951，p. 1144）。值得注意的是，这篇引文取自章节中的标题为“共同化学感觉”。其中，Pfaffmann 继续说道：“另一方面，很明显，这种化学感受性与触觉截然不同，它在嘴和鼻子中，区别于味觉和嗅觉”（p. 1145）。可以看出，Pfaffmann 使用了“共同化学感觉”这一术语，而且主张这种化学感受性是与味觉和嗅觉分离开的。尽管也有明显的证据表明这种化学感受性与疼痛有关，但这仍有助于支撑共同化学感觉这一概念。

此外，Keele 和其他研究者发表的有关疼痛的化学感受性的论文也进一步支撑了这一术语（除非它不是 Parker 提出的原始概念）（Armstrong 等，1953；Bleehen 和 Keele，1977；Keele，1962）。文章中提出了存在特定“化学伤害感受器”的可能性。这方面的工作毫无疑问地表明，这种引起化学感受性的刺激至少部分地由疼痛感受器的受体介导，同时也意味着共同化学感觉实际上是疼痛感中的一种特殊的化学感受性。实际上，Keele 给其 1962 年的论文定题为《共同化学感觉及其受体》。大约同时期发表的关于辣椒素（辣椒的热辣组分）的神经生理学和知觉反应的其他文章（Jancso 等，1968；Szolcsanyi，1977；Szolcsanyi 等，1988；Szolcsanyi 和 Jancso-Gabor，1973），通过表明辣椒素的致敏作用或脱敏作用能影响对机械痛和热痛的感受性，进一步强化了疼痛与化学刺激之间的关联（Green，1986；Szolcsanyi，1977；Szolcsanyi，1985；Szolcsanyi 等，1988）。这项研究与 Jones 早期的证据相一致，也支持了可卡因可降低对机械疼痛和化学疼痛的感受性这一观点。因此，无论是否存在专门的化学伤害感受器，有证据表明，化学刺激物不仅通过化学敏感的疼痛次感元被感知，也会激活非特异性（多模）伤害感受器。

同时期相关研究也表明薄荷醇不仅通过自身挥发带走热量而产生凉感，也可通过直接刺激冷觉神经纤维带来凉感，因而揭示了温度感觉具有化学感受性（Green，1985；Schafer 等，1986；Schafer 等，1989）。需注意的是，尽管早在几十年前的味觉神经电生理学研究中就已经证实了冷觉神经纤维对薄荷醇的感受性（Dodt 等，1953；Hensel 和 Zotterman，1951），但研究结果并没有出现在之后有关共同化学感觉讨论的报道中。尽管试验证实对辣椒素敏感的受体在温度调节中发挥了作用，且辣椒素增加温水或热水进入口腔的感知温度现象也表明辣椒素能调节热觉系统的兴奋性（Green，1986；Szolcsanyi 和 Jancso-Gabor，1973），但热觉神经纤维能被化学物激活仍然缺乏明确证据（Foster 和 Ramage，1981）。

在当时的认知阶段下，1988 年在莫耐尔（Monell）化学感官中心举办了“化学刺激”专题研讨会。会议聚集了不同领域顶尖研究人员，展示他们最新研究成果，并讨论了当下对这一主题的理解和未来研究方向。整个讨论过程中，专家们对共同化学感觉的概念并不满意。尽管定义是当时讨论的中心议题，但最终还是未能就替代术语达成一致意见。直到该次会议的论文集出版前，“化学物理觉（chemesthesis）”一词才作为替代概念在 Green 等出版的著作前言中被创造和提出（Green 等，1990）。书中将“化学物理觉”定义为皮肤和黏膜的化学感受性，而非化学感觉（chemical sense）。这个术语旨在表达当下收集的相关证据所表明的东西，即皮肤的化学感受性本质上是多模态的，主要来源于痛觉和温度觉的化学敏感受体。

这个定义将化学物理觉作为体觉系统的一个性质，视化学物理觉为一个统一的概念，涵盖了全身的化学感受性，而不仅仅是对化学感受性研究最集中的鼻腔和口腔中的化学感受性。事实上，除了 Keele 及其同事的研究外，几乎之前所有关于人类化学感受性的数据都来自于对口腔和鼻腔的感受性研究。也正是因为鼻黏膜和口腔前部区域均被三叉神经支配（CN V），化学感觉研究的科学家通常将引起味觉或嗅觉以外感觉的化学物质称为“三叉神经刺激物”。无滋味并且基本上无气味的化学物质，诸如香草醛常被称为三叉神经刺激物。在高浓度下会产生灼热感、刺痛感或者针刺感的味觉和嗅觉刺激物（如盐、酸、醇）

被称为具有三叉神经感的成分或者特性。该术语今天仍在使用，尤其当刺激作用的区域仅限于由三叉神经单独支配的区域时，该术语不仅适合甚至更好（Hummel，2000；Just 等，2007；Prah 和 Benignus，1984；Scheibe 等，2006）。尽管如此，单指出三叉神经的感受性也会过度简化口腔和鼻腔化学感受性的神经生物学基础。因为舌背上的体觉由舌咽神经（CN Ⅸ）（Nagy 等，1982；Yamada，1965；Zotterman，1935）控制，而迷走神经（CN Ⅹ）则支配呼吸道和食道，当刺激被吞入或吸入时，它们可以被至少一种除三叉神经之外的其他神经所感受。该神经关联着体觉受体，同时也是化学感觉性受体。

1.2 当下重要性

从本书各章节内容的多样性可以明显看出，自化学物理觉概念被引入以来的 25 年里，我们对这种感觉的认知和神经生物学的理解有了极大的提高。

虽然在 1988 年专题研讨会上，当时还就三叉神经刺激是否具有定性和定量维度进行了严肃认真的争论，但现在已有明确证据表明这些化学物质可以唤起触觉、热觉以及各种各样的痛觉（如灼痛、刺痛、咬痛等），这就很好地解决了这一争论（Dessirier 等，2000；Green，1991；Klein 等，2011；Zanotto 等，2007）。此外，与此概念最相关的发现是花椒酰胺类物质能激活机械感受器和伤害感受器（Albin 和 Simons，2010；Bryant 和 Mezine，1999；Lennertz 等，2010），显示化学物理觉具有触觉、温度觉和痛觉这三种主要体觉的性质。同时，发现温度感受性和伤害感受性神经元会表达对化学物质和 pH 敏感的瞬时受体电位通道（TRP）受体家族成员（Caterina 等，1997；Gerhold 和 Bautista，2009；Koltzenburg，2004；Patapoutian 等，2003；Peier 等，2002；Stucky 等，2009）。

此外，在哺乳动物和人类呼吸道中发现了口外 T2R“苦味”受体。似乎是通过由三叉神经或迷走神经引发呼吸暂停的感觉机制，以及通过肺动脉纤毛的非感觉机制来避免人体吸入有害化学物质而起到保护作用（Finger 等，2003；Gulbransen 等，2008；Tizzano 等，2010；Tizzano 等，2011）。这些发现进一步拓宽了对化学物理觉的神经生物基础和功能的理解。不仅扩充了化学物理觉涵盖的范围、强调了重要性，而且还指出了化学物理觉是人体应对环境中生物威胁和化学威胁的重要防御措施之一。在这个广泛的范围内，化学物理觉也可被认为是免疫系统的一部分。通过影响疼痛神经纤维对内源性炎症介质的感受性而发挥作用（Jancso-Gabor 等，1980；Rang 等，1991）。最初，Keele 和他的同事在皮肤上进行了研究（Armstrong 等，1953；Bleehen 和 Keele，1977；Keele，1962）。我们现在已经知道，对全身炎症和组织损伤的感受性在一定程度上是由同一类多模态疼痛受体所介导，这些受体对辣椒素和许多其他外源性刺激物都有反应，如瞬时受体电位通道 TRPV1（Blackshaw，2014）和 TRPA1（Dhaka 等，2009；Talavera 等，2009；Wang 等，2010；Willis 等，2011）。

因此，最近有人提出，化学物理觉可被视为身体的“化学防护综合体”（Green，2012）的感官部分，作为化学防御机制阵列单独起作用或共同起作用来清除有害化学物质和细菌以保护身体。

有趣的是，现代观点将化学物理觉与味觉和嗅觉同等对待。尽管 Gibson（1966）早期先驱性的观念认为化学物理觉只是在感知系统内发挥了某些功能，并不是一种特殊的感觉，可被归为一类。有人可能会说，在化学防御领域内，化学物理觉具有这三种感觉中最广泛的功能范围，既具有感受外部刺激的前哨功能，又具有发出组织损伤和/或感染信号的内部感受功能。然而，对于历史上，以专门化的感官系统为主题主导感觉神经科学领域的研究而言，化学物理觉的认知推进比针对经典的感官通道的研究缓慢许多。在针对经典的感官通道研究中，研究者们已能够聚焦于特定的感觉机制研究来解释特定的刺激与功能。然而，本书中所展示的广泛研究也已表明，对人类感官知觉的研究越来越强调多学科交叉和多感官的方法，这对更广泛和更深入地理解小荷才露尖尖角的化学物理觉已做出了重大贡献。

参考文献

Albin，K. C. and Simons，C. T. 2010. Psychophysical evaluation of a sanshool derivative（alkylamide）and the elucidation of mechanisms subserving tingle. *PLOS One*，5（3），e9520 available from：PM：20209090.

Armstrong，D.，Dry，R. M. L.，Keele，C. A.，and Markham，J. W. 1953. Observations on chemical excitants of cutaneous pain in man. *Journal of Physiology*，120，326-351.

Bautista，D. M.，Jordt，S. E.，Nikai，T. *et al.*，2006. TRPA1 mediates the inflammatory actions of environmental irritants and proalgesic agents. *Cell*，124（6），1269-1282 available from：PM：16564016.

Blackshaw，L. A. 2014. Transient receptor potential cation channels in visceral sensory pathways. *British Journal of Pharmacology*，171（10），2528-2536 available from：PM：24641218.

Bleehen，T. and Keele，C. A. 1977. Observations on the algogenic actions of adenosine compounds on the human blister base preparation. *Pain*，3（4），367-377.

Bryant，B. P. and Mezine，I. 1999. Alkylamides that produce tingling paresthesia activate tactile and thermal trigeminal neurons. *Brain Research*，842（2），452-460.

Caterina，M. J.，Schumacher，M. A.，Tominaga，M.，Rosen，T. A.，Levine，J. D.，and Julius，D. 1997. The capsaicin receptor：a heat-activated ion channel in the pain pathway. *Nature*，389，816-824.

Crozier，W. J. 1916. Regarding the existence of the “common chemical sense” in vertebrates. *The Journal of Comparative Neurology*，26，1-8.

Dessirier，J. M.，Simons，C. T.，Carstens，M. I.，O’Mahony，M.，and Carstens，E. 2000. Psychophysical and neurobiological evidence that the oral sensation elicited by carbonated water is of chemo-genic origin. *Chemical Senses*，25（3），277-284 available from：PM：10866986.

Dhaka，A.，Uzzell，V.，Dubin，A. E. *et al.* 2009. TRPV1 is activated by both acidic and basic pH. *Journal of Neuroscience*，29（1），153-158 available from：PM：19129393.

Dodt，E.，Skouby，A. P.，and Zotterman，Y. 1953. The effect of cholinergic substances on the discharge from thermal receptors. *Acta Physiologica Scandinavia*，28，101-114.

Finger, T. E., Bottger, B., Hansen, A., Anderson, K. T., Alimohammadi, H., and Silver, W. L. 2003. Solitary chemoreceptor cells in the nasal cavity serve as sentinels of respiration. *Proceedings of the National Academy of Sciences, U. S. A*, 100 (15), 8981-8986 available from: PM: 12857948.

Foster, R. W. and Ramage, A. G. 1981. The action of some chemical irritants on somatosensory receptors of the cat. *Neuropharmacology*, 20, 191-198.

Gerhold, K. A. and Bautista, D. M. 2009. Molecular and cellular mechanisms of trigeminal chemo-sensation. *Annals of the New York Academy of Sciences*, 1170, 184-189 available from: PM: 19686135.

Gibson, J. J. 1966. *The Senses Considered as Perceptual Systems*, Westport, CT: Greenwood Press. Green, B. G. 1985. Menthol modulates oral sensations of warmth and cold. *Physiology & Behavior*, 35, 427-434.

Green, B. G. 1986. Sensory interactions between capsaicin and temperature. *Chemical Senses*, 11, 371-382.

Green, B. G. 1991. Capsaicin cross-desensitization on the tongue: Psychophysical evidence that oral chemical irritation is mediated by more than one sensory pathway. *Chemical Senses*, 16, 675-689.

Green, B. G. 2012. Chemesthesis and the chemical senses as components of a "chemofensor complex". *Chemical Senses*, 37 (3), 201-206 available from: PM: 22210122.

Green, B. G., Mason, J. R., and Kare, M. R. 1990. *Chemical Senses, vol. 2: Irritation*, New York: Marcel Dekker, Inc.

Gulbransen, B., Silver, W., and Finger, T. E. 2008. Solitary chemoreceptor cell survival is independent of intact trigeminal innervation. *Journal of Comparative Neurology*, 508 (1), 62-71 available from: PM: 18300260.

Hensel, H. and Zotterman, Y. 1951. The effect of menthol on thermoreceptors. Acta *Physiologica Scandinavia*, 24, 27-34.

Hummel, T. 2000. Assessment of intranasal trigeminal function. *International Journal of Psychophysiology*, 36 (2), 147-155.

Jancso, G., Kiraly, E., and Jancso-Gabor, A. 1980. Chemosensitive pain fibres and inflammation. *International Journal of Tissue Reactions*, 2, 57-66.

Jancso, N., Jancso-Gabor, A., and Szolcsanyi, J. 1968. The role of sensory nerve endings in neurogenic inflammation induced in human skin and in the eye and paw of the rat. *British Journal of Pharmacology and Chemotherapy*, 32, 32-41.

Jones, M. H. 1954. A study of the "common chemical sense". *American Journal of Psychology*, 67, 696-699.

Just, T., Pau, H. W., Steiner, S., and Hummel, T. 2007. Assessment of oral trigeminal sensitivity in humans. *European archives of oto-rhino-laryngology*, 264 (5), 545-551.

Keele, C. A. 1962. The common chemical sense and its receptors. *Archives Internationales de Pharmacodynamie et de Therapie*, 139, 547-557.

Klein, A. H., Carstens, M. I., Zanotto, K. L., Sawyer, C. M., Ivanov, M., Cheung, S., and Carstens, E. 2011. Self-and cross-desensitization of oral irritation by menthol and cinnamaldehyde (CA) via peripheral interactions at trigeminal sensory neurons. *Chemical Senses*, 36 (2), 199-208.

Koltzenburg, M. 2004. The role of TRP channels in sensory neurons. *Novartis Foundation Symposium*, 260, 206-213 available from: PM: 15283452.

Lennertz, R. C., Tsunozaki, M., Bautista, D. M., and Stucky, C. L. 2010. Physiological basis of tingling paresthesia evoked by hydroxy-α-sanshool. *The Journal of Neuroscience*, 30 (12), 4353-4361.

Moncrieff, R. W. 1944. *The Chemical Senses*, London: Leonard Hill Ltd.

Nagy, J. I., Goedert, M., Hunt, S. P., and Bond, A. 1982. The nature of the substance P-containing nerve fibres in taste papillae of the rat tongue. *Neuroscience*, 7 (12), 3137-3151 available from:

PM：6186943.

Parker，G. H. 1912. The relations of smell，taste，and the common chemical sense in vertebrates. *Journal of the Academy of Natural Sciences of Philadelphia*，15，221-234.

Patapoutian，A.，Peier，A. M.，Story，G. M.，and Viswanath，V. 2003. ThermoTRP channels and beyond：mechanisms of temperature sensation. *Nature Reviews Neuroscience*，4（7），529-539 available from：PM：12838328.

Peier，A. M.，Moqrich，A.，Hergarden，A. C. *et al*. 2002. A TRP channel that senses cold stimuli and menthol. *Cell*，108（5），705-715 available from：PM：11893340.

Pfaffmann，C. 1951，Taste and smell，in *Handbook of Experimental Psychology*，（ed. S. S. Stevens），New York：John Wiley & Sons，Inc.，pp. 1143-1171.

Prah，J. D. and Benignus，V. A. 1984. Trigeminal sensitivity to contact chemical stimulation：a new method and some results. *Perception & Psychophysics*，35（1），65-68.

Rang，H. P.，Bevan，S.，and Dray，A. 1991. Chemical activation of nociceptive peripheral neurones. *British Medical Bulletin*，47，534-548.

Schafer，K.，Braun，H. A.，and Isenberg，C. 1986. Effect of menthol on cold receptor activity. Analysis of receptor processes. *Journal of General Physiology*，88（6），757-776 available from：PM：3794639.

Schafer，K.，Necker，R.，and Braun，H. A. 1989. Analysis of avian cold receptor function. *Brain Research*，501（1），66-72 available from：PM：2804699.

Scheibe，M.，Zahnert，T.，and Hummel，T. 2006. Topographical differences in the trigeminal sensitivity of the human nasal mucosa. *Neuroreport*，17（13），1417-1420.

Stucky，C. L.，Dubin，A. E.，Jeske，N. A.，Malin，S. A.，McKemy，D. D.，and Story，G. M. 2009. Roles of transient receptor potential channels in pain. *Brain Research Reviews*，60（1），2-23 available from：PM：19203589.

Szolcsanyi，J. 1977. A pharmacological approach to elucidation of the role of different nerve fibres and receptor endings in mediation of pain. *Journal of Physiology*（*Paris*），73（3），251-259 available from：PM：926026.

Szolcsanyi，J. 1985，Sensory receptors and the antinociceptive effects of capsaicin，in *Tachykinin antagonists*，（eds. R. Hakanson and F. Sundler），Amsterdam：Elsevier Science Publishers B. V.，pp. 45-54.

Szolcsanyi，J.，Anton，F.，Reeh，P. W.，and Handwerker，H. O. 1988. Selective excitation by capsaicin of mechano-heat sensitive nociceptors in rat skin. *Brain Research*，446，262-268.

Szolcsanyi，J. and Jancso-Gabor，A. 1973，Capsaicin and other pungent agents as pharmacological tools in studies on thermoregulation，in *The Pharmacology of Thermoregulation*，1st edn（eds. E. Schonbaum and P. Lomax），Basel：Karger，pp. 331-338.

Talavera，K.，Gees，M.，Karashima，Y.，Meseguer，V. M.，Vanoirbeek，J. A.，Damann，N.，Everaerts，W.，Benoit，M.，Janssens，A.，Vennekens，R.，Viana，F.，Nemery，B.，Nilius，B.，and Voets，T. 2009. Nicotine activates the chemosensory cation channel TRPA1. *Nature Neuroscience*，12（10），1293-1299 available from：PM：19749751.

Tizzano，M.，Cristofoletti，M.，Sbarbati，A.，and Finger，T. E. 2011. Expression of taste receptors in solitary chemosensory cells of rodent airways. *BMC Pulmonary Medicine*，11，3 available from：PM：21232137.

Tizzano，M.，Gulbransen，B. D.，Vandenbeuch，A.，Clapp，T. R.，Herman，J. P.，Sibhatu，H. M.，Churchill，M. E.，Silver，W. L.，Kinnamon，S. C.，and Finger，T. E. 2010. Nasal chemosensory cells use bitter taste signaling to detect irritants and bacterial signals. *Proceedings of the National Academy of Sciences*，*U. S. A.*，107（7），3210-3215 available from：PM：20133764.

Wang, Y. Y., Chang, R. B., and Liman, E. R. 2010. TRPA1 is a component of the nociceptive response to CO_2. *Journal of Neuroscience*, 30 (39), 12958-12963 available from: PM: 20881114.

Willis, D. N., Liu, B., Ha, M. A., Jordt, S. E., and Morris, J. B. 2011. Menthol attenuates respiratory irritation responses to multiple cigarette smoke irritants. *FASEB Journal*, 25 (12), 4434-4444 available from: PM: 21903934.

Yamada, K. 1965. The glossophyaryngeal nerve response to taste and thermal stimuli in the rat, rabbit and cat. *Kumamoto Medical Journal*, 18 (2), 106-108 available from: PM: 0005825888.

Zanotto, K. L., Merrill, A. W., Carstens, M. I., and Carstens, E. 2007. Neurons in superficial trigeminal subnucleus caudalis responsive to oral cooling, menthol, and other irritant stimuli. *Journal of Neurophysiology*, 97 (2), 966-978 available from: PM: 17151223.

Zotterman, Y. 1935. Action potentials in the glossopharyngeal nerve and in the chorda tympani. *Skandinavica Archive fur Physiologie*, 72, 73-77.

2 化学物理觉的心理学基础——为什么有人想要痛感

Pamela Dalton[1], Nadia Byrnes[2]

[1]*Monell Chemical Senses Center, Philadelphia, PA, USA*

[2]*Department of Viticulture and Enology, University of California Davis, Davis, CA, USA*

在我看来，辣椒是为数不多的让人着迷的食物之一。

Diana Kennedy, cookbook author

我对食物的要求就是它不会伤害我。

Michael Palin

2.1 引言与背景

人类对香料的渴望和迷恋并不是始于现代，实际上，有人认为是人类对香料的渴望推动了地理大发现并改变了历史进程（Le Couteur 和 Burreson，2004）。在克里斯托弗·哥伦布（意大利航海家）将红辣椒引入欧洲之前，胡椒碱（胡椒中具有辛辣刺激性的物质）已经深受欧洲人的喜爱。因此，辣椒并没有很快在当时的欧洲流行，但在世界其他地方，辣椒引进后不久就迅速流行开来。不到 50 年的时间里，辣椒已被用于全球各地的地方菜肴中。几个世纪后的现在，人们对这种刺激性化合物的渴望仍未减少。2014 年 6 月，Mintel 公司的一项调查报告显示，近 75%美国人在餐馆点餐时有兴趣尝试添加了辣椒和香料的菜肴（Fajardo，2014）。结果还表明，在美国各地，消费者均要求餐馆提供含有化学物理觉物质的菜肴和食物。

食物中的辛辣化合物刺激口腔三叉神经的自由神经末梢时，我们可能会产生热感、凉感、针刺感、刺痛感和灼热感等感觉，这是一种被称为“化学物理觉”的感觉（见第 1 章）。许多食物中含有这种能够引起化学物理觉的化合物，包括表 2.1 中列出的草本植物和香料。负责感知化学物理觉的躯体感觉系统是哺乳动物“痛觉”系统的原生部分。这些化合物浓度较低时，感知到的是一种“化学感觉”或针刺感；但随着浓度增加，“热感”或“针刺感”会被刺痛感和明显的灼热感取代。尽管如此，全世界有很大比例的人都热衷于食用含辛辣调味料的食物，这就引发了一个问题，“为什么有人会痛感?”

表 2.1 具有刺激特性的草本植物、香料和化学物理觉化合物

香料/草本植物	化合物	香料/草本植物	化合物
丁香	丁香酚	牛至	香芹酚
肉桂	肉桂醛	四川花椒	山椒素
生姜(新鲜)	姜酚	薄荷	薄荷醇
生姜(干制)	姜烯酚	辣根、芥菜、山葵	异硫氰酸烯丙酯
生姜(熟制)	姜油酮	辣椒	辣椒素
黑白胡椒	胡椒碱		

这些化合物引发的辛辣感在刺激范围、感觉属性和随时间的动态（增强和消退）变化规律上存在很大差异（Bennett 和 Hayes，2012；Bryant 和 Mezine，1999；Cicerale 等，2009；Cliff 和 Heymann，1992；Mcdonald 等，2010）。例如，薄荷醇会引发凉感和刺痛感，而肉桂醛则引发热感和灼热感。红辣椒（辣椒素）会引发一种缓慢但持续增强的灼热感，与辣根（异硫氰酸烯丙酯）所引发的那种快速地增强和消退的辛辣感有很大差别。不过，享受还是躲避这些刺激感，不同消费者有不同的选择。能够引发化学物理觉的香料化合物种类很多，其中辣椒素（红辣椒中的辛辣物质）消费最为普遍，据统计，世界上大约 1/4 的人每天都会食用辣椒素（Rozin，1990b）。由于目前关于化学物理觉制剂的喜好或偏好的研究大部分集中在与辣椒素消费有关的因素上，因此本章中所提及的大部分研究也主要与辣椒素相关。

本章将探讨食物带来的化学物理觉变化背后的因素，以及这些感觉如何从厌恶转变为迷恋的机制。本章内容分为三个部分：第一部分介绍个体间的生物学差异，或许这可以用来解释第一次接触辣椒素或其他化学物理觉制剂时个体感知强度差异的原因。这些生物学差异包括味蕾形态和辣椒素激活受体的遗传和表型变异。第二部分介绍个体逐渐开始享受辣椒素带来的感觉其背后的社会学机制，尽管在第一次食用辛辣食物时表现出的是厌恶感。最后一部分介绍与食物尝新性和辛辣食物喜好性相关的人格特征，以及认知因素（如预期或环境）对偏好性或可接受性的影响程度。图 2.1 描述了本章将探讨的变量之间的关联性。

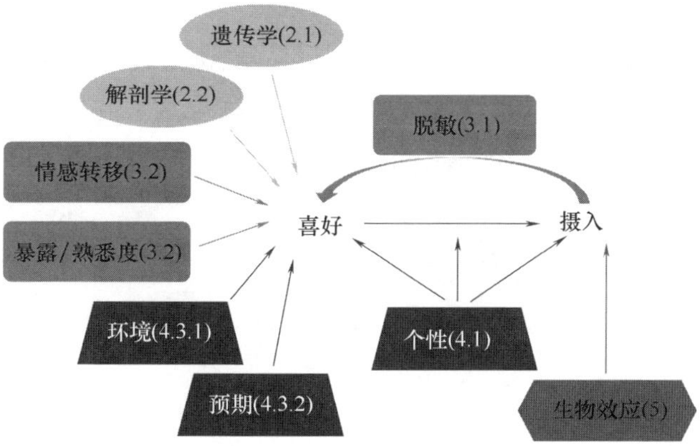

图 2.1 辛辣食品喜好度、摄入量和影响变量之间的关系

2.1.1 喜好响应的个体差异

目前关于辣椒素喜好度的报道中个体差异很大，有些人完全不喜欢辣，有些人却觉得不够辣（Prescott 和 Stevenson，1995a；Rozin 和 Schiller，1980；Tepper 等，2004）。部分人群甚至更享受脱离食品或饮料基质、直接的辛辣刺激。结合幼童和宠物的反馈结果（图 2.2），通常认为个体第一次接触辣椒时候是厌恶的。这就提出了一个问题，为何人们会反复去食用刺激性食物呢？类似的食物案例很多，最开始都是厌恶的，但最终人们却都喜欢上了这些食物，如酒、咖啡和香烟（Rozin 和 Schiller，1980）。这些食物具有影响喜好和消费的食后效应或社会效应（Rozin 和 Schiller，1980），如咖啡因的提神作用，可以使人们克

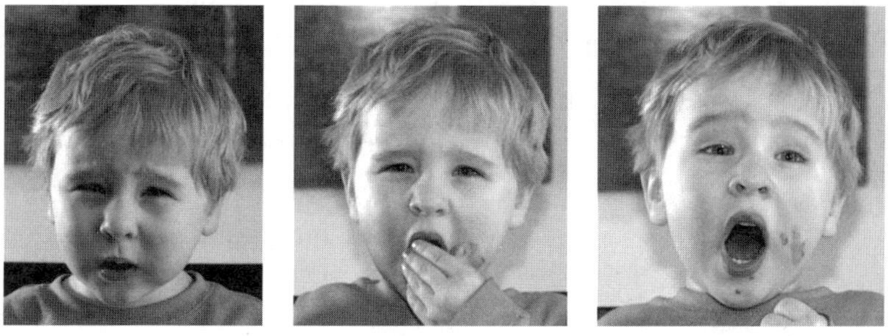

图 2.2 一个初级体验者（美国小孩）第一次接触肉桂味糖果的反应

服咖啡中令人厌恶的苦味。已经有报道证实了辣椒素的食后效应（Ludy 和 Mattes，2011；Rozin 和 Schiller，1980），提出这些食后效应可能是人们食用含辣椒素食物的因素之一的假设（Rozin 和 Schiller，1980），但到现在尚没有确实证据支持这一假设（见第12 章）。

2.2 生理差异：感觉不到灼热感

本章一开始提出了一个问题，为什么有人想要痛感？问题的前提是假设这些食用刺激性物质的个体能够真实地感受到刺激。事实上，在辛辣刺激敏感度和对辛辣食品刺激性风味整体喜好度方面，个体之间存在着显著差异（Lawless 等，1985；Prescott 和 Stevenson，1995b；Stevenson 和 Prescott，1994；Stevenson 和 Yeomans，1993；Yoshioka 等，2001）。目前，研究表明遗传变异（Hayes 等，2013）、口腔解剖特性（Miller 和 Reedy，1990）和味觉表型（Duffy，2007；Duffy 和 Bartoshuk，2000）等生理差异是解释人们对引发口腔刺激的食物产生偏爱的原因，同时也会影响个体对辣椒素的敏感度。本节简要概述了可能导致辣椒素和含辣椒素食品感知强度个体差异的生物学变量。

2.2.1 遗传学：感知和饮食的差异

遗传变异曾被认为是解释口腔感知和饮食选择差异的原因（Hayes 等，2013）。例如，个体对蔬菜苦味感知和摄入量的不同与 *TAS2R38* 基因差异有关。*TAS2R38* 基因通常包括两种单体型（即 PAV 单体型和 AVI 单体型）或等位基因的组合。这些单体型以氨基酸序列中三个特定位点的氨基酸残基命名，在第 49、262 和 296 位点上的氨基酸分别是脯氨酸（P）或丙氨酸（A）、丙氨酸（A）或缬氨酸（V）、缬氨酸（V）或异亮氨酸（I）（Kim 等，2003）。基因型为 PAV/PAV（PAV 纯合子）的个体对苦味感知能力最强，其次是杂合子 PAV（一份 PAV 单体型和一份 AVI 单体型），含纯合子 AVI/AVI 的个体（AVI 纯合子）对苦味感知能力最弱，蔬菜摄入量也是如此（Duffy 等，2010；Sacerdote 等，2007）。Duffy 等（2010）发现 *TAS2R38* 与酒精摄入量也有关，同时，纯合子 PAV 个体比杂合子 PAV 个体的酒精摄入量低。

不仅遗传变异影响味觉感知差异，唾液蛋白含量也会影响食物中涩味感知和喜好（Dinnella 等，2011；Dinnella 等，2010；Horne 等，2002）。受多酚类物质刺激后，唾液蛋白消耗水平较高的个体或高反应性（HR）个体，比低反应性（LR）个体表现出更高的感知能力和更低的喜好度。最新研究证实唾液蛋白水平以及产生的涩味感知可能由基因所决定（Törnwall 等，2012）。

与化学物理觉激发的涩味感知类似，辣椒素受体（TRPV1）的多态性是导致辣椒素响应个体差异的原因（Park 等，2007；Snitker 等，2009）。近期 Törnwall 等（2012）研究证实口腔辣感喜好的个体差异受到一种共同的遗传机制调控。其中，18%~58%的喜好差异可由遗传学解释，但由于这是一项双向研究，尚未发现特异性的遗传机制。这些数值与前期报道的甜味和酸味喜好的遗传性范围类似（Keskitalo 等，2007）。

虽然基因型差异可以解释各种口腔感知和喜好相关的差异，但需注意，表型变异也是引起个体感知差异的原因之一。对丙硫氧嘧啶（PROP）响应的个体差异很大程度上可以用 *TAS2R38* 基因的多态性解释（Kim 等，2003），含 PAV 等位基因的个体比含 AVI 等位基因的个体显示出更高的阈上 PROP 感知能力。“超级味觉者”这个术语最初就是被用来描述那些具有高 PROP 感知能力的人。但是，Hayes 等（2008）研究工作证实 *TAS2R38* 基因并不能解释目前所有的 PROP 感知变异，其他因素对 PROP 苦味的感知也有一定作用。

关于化学物理觉感知表型差异的相关研究表明，至少在对 PROP 的响应上，超级味觉者对众多化学物理觉刺激响应更广泛和强烈（Bajec 和 Pickering，2008；Bartoshuk 等，1994；Hayes 等，2008；Hayes 和 Duffy，2007；Pickering 和 Robert，2006；Pickering 等，2004；Tepper 和 Nurse，1998）。超级味觉者可能对辣椒素和其他化学物理的刺激感知会更高，同时对某些化学物理觉物质的副味感知也可能增强。有报道表明味觉响应水平较高的个体，其舌后部对辣椒素、胡椒碱和姜油酮中的副味（苦味）感知强度会增加（Green 和 Hayes，2004）。除去这些化学物理觉物质带来的口腔刺激，相较于中等味觉者或味盲者，苦味的感知可能会使超级味觉者更加厌恶这些化学物理觉物质。

2.2.2 解剖学：口腔表型和感知

感知强度和敏感度差异的原因之一可能是口腔解剖学上的差异。菌状乳头（FP）是舌头上含有味蕾的三种类型乳头之一，分布于舌头各个部位，舌尖附近密度最大。由于味蕾存在于 FP 中，通过计算舌尖部 FP 的个数可以粗略估计整体的味蕾密度，也是整体味觉功能的一种测量方法（Miller 和 Reedy，1990）。研究表明，FP 密度越高的个体其感受到的苦味、甜味和咸味越强烈（Miller 和 Reedy，1990）。FP 密度与 PROP 感知敏感能力的关联研究结果显示 PROP 超级味觉者通常具有更多的 FP（Bartoshuk 等，1994；Essick 等，2003；Miller 和 Reedy，1990），尽管并非所有的研究结果都支持这种关系（Feeney 和 Hayes，2014；Fischer 等，2013；Garneau 等，2014）。

也有人提出这样的观点，相比于 PROP 味盲者，PROP 超级味觉者对辣椒素引发的灼热感感知更为强烈（Karrer 和 Bartoshuk，1991；Karrer 等，1992）。在已知疼痛纤维位于 FP 味蕾中的前提下，提出了一种灼热感感知和 FP 密度的关联假设，对于 FP 密度更高的超级味觉者（Bartoshuk 等，1994；Miller 和 Reedy，1990），其感知辣椒素灼热感的疼痛纤维密度增加。但相关证据并没有证明这一关联性。Tepper 和 Nurse（1998）的研究及 Karrer 等（1992）未发表的研究结果表明，PROP 品尝者 FP 密度越高，对辣椒素越敏感。相反，Prescott 和 Swain Campbell（2000）测试了 PROP 敏感度与辣椒素感知强度间的关系，发现无论

PROP 超级味觉者独立一组还是与中等味觉者合为一组，二者之间没有关联。Törnwall 等（2012）研究结果同样证实 PROP 品尝者状况与口腔刺激响应之间没有关联。不一致性的研究结果表明，尽管 PROP 是可靠的味觉敏感度的预测物质，但不一定是可靠的化学物理觉刺激响应个体差异的预测物质。

2.3 接触对化学物理觉响应的影响(社会)

尽管生物学差异可能在决定化学物理觉制剂引发口腔感知的初始敏感度方面具有一定作用，但上述遗传和表型差异并不能解释这样一种事实：无论初始体验如何，很多个体确实逐渐开始享受辣椒素带来的感觉。辣感喜好的个体差异主要源于前期经验和对辣椒素（还包括含辣椒素的食品）的熟悉度（Ludy 和 Mattes，2012；Stevenson 和 Yeomans，1995）。这里主要探讨接触和对辛辣食的熟悉度是如何促进人们对辣椒素的喜爱。

2.3.1 脱敏

相较于不常食用辛辣食物者，经常食用辛辣食物者通常认为辣椒素的灼热感并不强烈，而且令人更加愉悦（图 2.3）。也有报道指出，人们对辛辣食物的喜爱是因为脱敏反应降低了对灼热感的敏感度（Lawless 等，1985；Prescott 和 Stevenson，1995a；Stevenson 和 Yeomans，1995）。

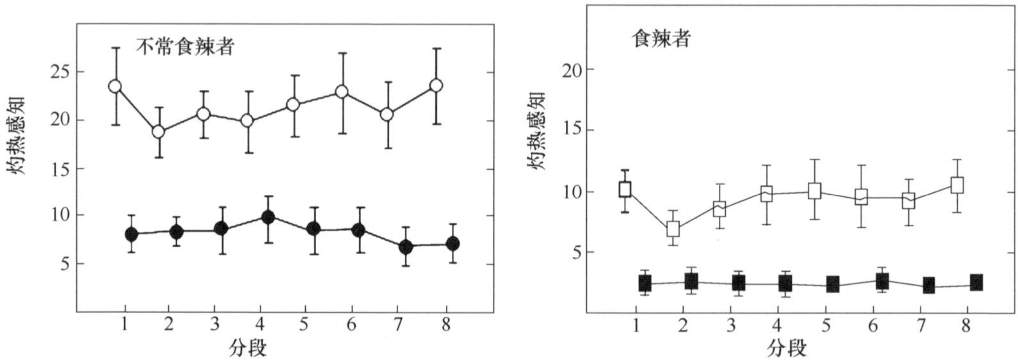

图 2.3 辣椒食用者和不常食用者对辣椒素溶液灼烧强度的量值估计（平均值，正负 1 个标准误差）

□辣椒素溶液吐出后的评分 ■对其他溶液的性质进行 4 次干预判断后的评分

资料来源：Lawless 等，1985。经牛津大学出版社许可转载。

换句话说，个体增加了辛辣食物的食用量，不是因为他们更享受灼热感，而是因为之前食用过辣椒素导致现在不再感知到这种感觉。对辣椒素的急性和慢性脱敏都是接触后的常见现象（Cowart，1987；Green 等，1993；Karrer 和 Bartoshuk，1991；Lawless 等，1985；

Logue 和 Smith，1986；Rozin 等，1981；Stevenson 和 Prescott，1994）。Rozin 和 Schiller（1980）对两个不同辣椒素消费水平的人群——美国人（成年人）和墨西哥人（乡村的成年人和儿童），开展了脱敏效应和喜好度测定。他们最初假设，墨西哥人对辣椒素制品的消费量更大，会导致：①墨西哥人的辣椒素觉察阈值更高；②觉察阈值与接触程度之间呈正相关；③相比中立或不喜欢辣椒素的个体，辛辣喜好度高的个体觉察阈值更高。实际结果与预期正好相反，二者在辣椒素觉察阈值上只有很小且非显著性的差异。美国的辣椒喜好者和不喜好者的觉察阈值没有差异。研究觉察阈值、偏好水平和极限阈值时，他们观察到墨西哥人和美国人在这些变量之间的关联度高度一致。辣椒偏好度和耐受水平与觉察阈值的相关性为 0.20~0.39，而偏好和耐受水平的相关性为 0.8~0.9。这些结果表明，灵敏度降低（即觉察阈值增加）不能表示含辣椒素食品的喜好度增加。RoZin 和 Schiller（1980）还发现接触量和年龄对阈值也没有明显影响。整体而言，通过脱敏作用对喜好影响的研究表明，适量食用辣椒可能会产生轻微脱敏作用（Rozin 等，1981），但对辣椒素的喜好度没有重要作用。

2.3.2 情感转变："尝试去喜欢"

通常，辛辣食物爱好者并不是因为感知强度降低导致喜好度增加，而是真正享受辣椒素带来的灼热感（Rozin 和 Schiller，1980；Stevenson 和 Yeomans，1993）。事实上，Rozin 和 Schiller（1980）的调查结果显示，墨西哥受试者似乎并不喜欢去掉辛辣味的红辣椒味道。Stevenson 和 Yeomans（1993）观察到类似现象，即便嗜辣和不吃辣的个体具有相同的灼热强度感知能力，嗜辣者拥有更高的愉悦度。这种情感转变机制还包括一个在喜食辣（辣椒素消费频繁）地区常见的摄入后生理反应，如唾液量增加，这可能有助于消化淀粉量高的饮食（如传统墨西哥菜）（Rozin 和 Schiller，1980 年）。其他机制还包括将辣椒素与具有饱腹感或其他令人愉悦的食物相结合，这将导致对灼热感的习惯性喜好（Rozin 和 Schiller，1980；Rozin 和 Vollmecke，1986）。

2.3.2.1 文化与熟悉程度

关于辣椒素喜好变化的机制，迄今为止研究最多的是"纯粹接触效应"。20 世纪 60 年代后期，Zajonc（1968）提出"个体反复接触刺激会增强他对刺激的态度"。通过反复给啮齿动物喂食糖精（Carroll 等，1975；Domjan，1972，1976；Domjan 和 Gillan，1976；Mitchell 等，1977；Nachman，1959）、酪蛋白（Domjan 和 Bowman，1974）、牛奶（Williams，1968）、蒜（Capretta 和 Rawls，1974）、蔗糖八乙酸酯（Warren 和 Pfaffmann，1959）及咖啡和醋（Siegel，1974）等啮齿动物最初并不喜欢的刺激性食物，发现啮齿动物对这些刺激的喜好度逐渐增加。

通过音乐片段（Mull，1957）、人脸（Zajonc，1968）、绘画（Zajonc，1937）和食物等各种刺激，"接触假说"效应已经在成年人群身上表现出显著效果。在受控条件下，味觉和模式行为的重复接触可以增加婴儿（Sullivan 和 Birch，1994）、儿童（Horne 等，2004；Lakkakula 等，2010；Sullivan 和 Birch，1990；Wardle 等，2003；Wardle 等，2003）和成年人（Pliner，1982）对各种食物的偏好度和接受度。在考察影响儿童对食物喜好度的重要因素时，Birch（1979a，1979b）发现熟悉程度是两个关键因素之一。Birch 和 Marlin（1982）在近期开展的一项持续 6 周给儿童接触各种类型干酪的测试中发现，儿童对干酪的偏好存在明显的纯粹接触效应。接触效应的影响并不仅限于儿童。成年人在食物接受度和偏好度上有类似的“纯粹接触”效应（Crandall，1985；Pliner，1982），从开始接触刺激到最后，喜好度呈增加趋势（Stein 等，2003）。

目前有大量支持“纯粹接触”情感转变的报道，但增加喜好度或偏好度所需的接触次数的数据却一样。对于幼儿，一次接触可能就已足够，但对于学龄儿童和成人，可能需要多达 15 次的接触。食物种类是引起喜好度或偏好度改变所需接触次数的重要影响因素（Costa 等，2014；Horne 等，2004；Liem 和 De Graaf，2004；Sullivan 和 Birch，1994；Wardle 等，2003；Wardle 等，2003）。例如，Costa 等（2014）的最新研究发现，尽管接触与接受山羊乳酸奶之间存在强正相关性（$r=0.99$），但在 6d 内迅速、反复地接触并不足以使产品接受度发生显著变化。

需注意的是，上述文中提到的文献均强调通过食用食物来研究纯粹接触效应，但也有报道表明，可能不需要真正食用这些新奇食物就能观察到纯粹接触效应对食物喜好度的影响。Birch（1980）的研究结果表明，同伴选择蔬菜的行为稳定增强了学龄前儿童对蔬菜的偏好度。即使一个孩子从来不吃辣椒，但如果与食辣成年人和同龄人接触的话可能会影响他们对辣椒的喜好度（Rozin 和 Vollmecke，1986）。有报道表明吃辣饮食习惯养成过程中，当一些孩子在 3~5 岁时就开始接触辛辣食物（Rozin 和 Schiller，1980），在 5~7 岁时就会发生从厌恶到喜爱的情感转变（Rozin，1990b；Rozin 和 Schiller，1980）。基于这一点，再加上纯粹接触效应会增加人们对食物的接受度和喜好度这一令人信服的证据，辣椒素接触和喜好度之间存在相同的效应也就不足为奇了。事实上，Stevenson 和 Yeomans 表明，在受控条件下，纯粹接触辣椒素可以提高灼热感带来的愉悦度，且这种转变与感官适应无关（Stevenson 和 Yeomans，1995）。

我们也可以提出这样的疑问，人们对辛辣的偏好是否与早期接触了羊水或母乳的味道和含有化学物理觉物质有关。尽管辣椒素在羊水中含量或分泌到母乳中的含量尚不清楚，但啮齿类动物和人类的相关研究表明，黑胡椒中的辛辣化合物胡椒碱会在食用后分泌到母乳中（Khachik 等，1997）。试验研究结果表明，对于人类，食物的味道以这种方式传播，导致人们在断奶时对这些味道的偏好和消费量增加（Beauchamp 和 Mennella，2009；Mennella 等，2001）。因此，这是一个有趣的结果，对于含化学物理觉化合物的食物的接受性可能源于胎儿时期的饮食经历。

有报道表明，因接触效应产生的对刺激接受性和喜好性增加，是因为接触消除了对新刺激的恐惧（Hill，1978；Rozin，1990）。一篇关于动物的评论中，Hill（1978）提出对新事物的恐惧心理会限制动物与该事物的互动，从而对动物进行保护，除非有证据表明不熟悉的物质并不危险。尽管新事物恐惧感减少后可能会使个体开始喜爱新事物，但 Rozin 和 Schiller（1980）认为个体食用辣椒素获得的快乐与其身体认为辣椒素危险是有关的。研究人员提出，人们享受着身体反差带来的刺激，一方面知道刺激会伤害身体（当食用辣椒素后产生口腔内灼热感、眼睛流泪和流鼻涕等现象），另一方面知晓这种刺激既不危险也不会危及生命。Rozin 和 Schiller 假设愉悦感觉来自于一种受约束的冒险行为，类似于坐过山车或赌博带来的愉悦感。Rozin 和 Schiller 将这种行为定义为"良性的自虐"（Rozin 和 Schiller，1980）。对喜欢吃辛辣食物的美国人和墨西哥人的研究表明，许多消费者喜欢的辣度接近于最大可耐受辣度（Rozin 和 Schiller，1980）。与无辣不欢的食用者相比，不喜欢辛辣食物的消费者喜好的辣度与最大可耐受辣度之间跨度很大。

2.4 化学物理觉响应的认知因素：状态与特质

本节概述了开展食物选择动机研究时所使用的各种人格特性的测量工具，包括感觉寻求量表（Zuckerman 等，1964）、Arnett's 感觉寻求模型（Arnett，1994）、新奇寻求量表（Cloninger，1987）、外倾性（来自 Eysenck 的 EPQ；Eysenck 和 Eysenck，1978）、奖惩敏感性问卷（Torrubia 等，2001）、个体意识（Miller 等，1981）、食物恐新症（Pliner，1982）及食物参与度量表（Bell 和 Marshall，2003）。本节简要概述如何使用量表测量人格特质，并将对辛辣食品的喜好和消费与这些量表所测量的人格特质之间的关联展开研究。

2.4.1 人格特质

2.4.1.1 感觉寻求（SS）

除了对食物恐新、苛求、挑剔等特性之外，食物选择方面的人格特质相关研究中最多的就是感觉寻求。感觉寻求最初被定义为"寻求多变的、新奇的、复杂的感觉和体验寻求"（Zuckerman 等，1964）。Zuckerman 在 1964 年出版了测量这一人格特质的《感觉寻求量表》（第一版），现在已经发行到第五版：《Zuckerman 感觉寻求量表》（第五版）（SSS-V）（Zuckerman，2007；Zuckerman 等，1964）。与第一版相比，最新版提出了 4 个因子：刺激性和冒险性寻求（TAS）、体验寻求（ES）、去抑制（DIS）和厌倦感受性（BS；Zuckerman，1996）。TAS 因子表示一种参加体能运动的愿望，这些活动可以带来特殊的体验和感觉，如登山或跳伞等。ES 表达了通过独立思维和感觉寻求新感觉和体验的渴望，如音乐、艺术和旅行等。这些感觉通常是通过一种不符合常规的生活方式来寻求，在 20 世纪

70年代被非正式地称为“嬉皮士因素”。DIS包括表示渴望通过他人或通过“享乐生活方式”来寻求感觉（Zuckerman，2007）。这种生活方式的活动包括狂饮酒会、参加狂欢派对以及寻求性伴侣。BS因子表达了对单调的厌恶以及避免或摆脱单调环境的渴望。

2.4.1.2 感觉寻求的生物学基础

Zuckerman和许多人格理论家均提出，感觉寻求方面观察到的差异可能具有一定的生物学基础（Zuckerman，2007）。双胞胎的遗传学研究表明，采用SSS-V中感觉寻求测量方法分析的双胞胎遗传度大约为0.58（Fulker等，1980；Hur和Bouchard Jr，1997），明显高于其他人格测量的遗传度（0.30~0.50）（Bouchard，1994；Loehlin，1992）。1995年，Zuckerman提出了一种生物模型用来展示3种行为机制间的相互作用，唤醒、抑制和趋近系统，这3种机制也被假定为感觉寻求的基础（Zuckerman，1995）。多巴胺活动与趋近行为相关，血清素活动与抑制行为相关，去甲肾上腺素活动与唤醒行为相关（Berridge和Stalnaker，2002）。因此，感觉寻求推测与多巴胺反应性强、血清素和去甲肾上腺素反应性弱有关。反应性指受体细胞的敏感性，单胺氧化酶（MAO）和多巴胺-羟基化酶（DBH）等酶可能影响反应性（Zuckerman，2007）。

2.4.2 感觉寻求量表的新形式

目前研究中使用最多的还是Zuckerman的感觉寻求量表，具有很好的效用，但是量表的语言表达和格式仍然受到很多质疑（Arnett，1994；Haynes等，2000）。初期的感觉寻求量表中包含了很多年轻人都不熟悉的语言，包括“嬉皮士（hippies）”“全职浪子（swingers）”和“乘喷气飞机旅行者（jet-setters）”。强制性选择的形式也被批评，因为可能给予的答案都不具代表性（Arnett，1994）。此外，量表中有很多题目，包括剧烈体力运动等，这可能会造成年龄偏差，因此应更谨慎地去理解与年龄相关的反应差异。为了解决这些问题，人们编制了许多不同类型的量表，有些是基于Zuckerman定义的原始感觉寻求结构，有些是重新定义了感觉寻求的特质，还有一些是评估感觉寻求相关的维度。下面几节将概述其中的一些量表。

2.4.2.1 Arnett's感觉寻求模型（AISS）

最初时候感觉寻求定义中包括新奇性和复杂性，这也是高感觉寻求者所追求刺激的重要特征，但不包括强度。Arnett在他的感觉寻求概念中强调刺激强度的重要性，并将量表分为两个子量表，新奇性寻求（NS）量表和强度寻求（IS）量表（Arnett，1994），每个子量表包含10个问题。Arnett更强调环境对人格的影响，并消除了年龄和性别偏见的问题。

尽管AISS和SSS-V的理论基础不同，但可以用于同类人格结构的测量，有报道表明两种量表间的相关系数范围为0.41~0.71（Andrew和Cronin，1997；Arnett，1994；Carretero

Dios 和 Salinas Martínez De Lecea，2008；Ferrando 和 Chico，2001；Haynes 等，2000；Zuckerman，2007）。专门针对量表间等效程度的研究发现，年轻人群（平均年龄为 22.61 岁的本科生）中，两种量表没有显著差异（Ferrando 和 Chico，2001）。然而，在年龄较大人群中，两种量表存在显著差异（Carretero Dios 和 Salinas Martínez De Lecea，2008）。

2.4.2.2 新奇性寻求（NS）

与 Zuckerman（Zuckerman，2002）想法类似，Cloninger 认为新奇寻求是与感觉寻求密切相关的 1 个特征，是五大人格特质中的主要人格因素之一，并不只是某个因素的一部分（Cloninger，1987；Cloninger 等，1993）。Cloninger 的三维人格问卷（TPQ）（Cloninger，1987）包含 3 个维度：新奇寻求（NS）、躲避伤害（HA）和奖赏依赖（RD）。Zuckerman 和 Cloninger 在 NS 和感觉寻求（SS）结构的类似程度上有不同意见，Zuckerman（Zuckerman，1988）认为 NS 实际上是等同于 SS 特质，而 Cloninger 则认为 SS 体系更为复杂，可能是人格模型所有 3 个维度（NS、HA 和 RD）的组合（Cloninger，1987）。相关研究表明，NS 与 SSS-V 具有很强的相关性，相关系数范围为 0.34～0.55（Mccourt 等，1993；Zuckerman 和 Cloninger，1996）。总量表值间的相关系数据支持了 Zuckerman 关于 NS 和 SS 关系密切的论点，但 NS 和 HA 与 SS 不同部分相关性证据支持了 Cloninger 的论点。

2.4.2.3 奖惩敏感性问卷（SPSRQ）

奖惩敏感性问卷（SPSRQ）是 Jeffrey Gray 人格理论的实操化，它与特定量表无关。目前有许多关于 Gray 人格维度测量的尝试，但 SPSRQ 仍然是 Gray 行为抑制系统和行为趋近系统的最佳衡量（Caseras 等，2003）。

SPSRQ 由 2 个量表组成，即用于测量特定的惩罚或威胁条件下的行为抑制的惩罚敏感性量表（SP）和测量有和无条件奖励类刺激（如金钱、性伴侣、赞美和社会地位）下积极行为的奖励敏感性量表（SR）（Caseras 等，2003；Torrubia 等，2001）。2 个量表代表不同的系统，个体的人格是惩罚和奖励敏感性两个系统的组合（如果某人是高 SR，则不一定是低 SP）。量表的英语版本是 O'Connor 及其同事提出的（O'Connor 等，2004），最终版本由 2 个量表组成，每个量表包含 24 个问题。

关于 SPSRQ 的早期研究中，Torrubia 等（2001）同事对 SPSRQ 与多种测量冲动、焦虑或同这些特质密切相关的量表，包括 Zuckerman 的 SSS-V 和 Cloninger 的 TPQ 量表，之间的相关性开展了广泛研究。通过 SP 数据与 Zuckerman 和 Cloninger 的数据对比可知，SP 与 SSS-V 总分及各子量表分值呈显著负相关，但 SP 与 Cloninger 中 HA 维度呈显著正相关（Torrubia 等，2001）。将 SR 子量化表与这些量表数据对比分析发现 SR 与 NS 间呈现弱显著正相关，而 SR 与 Zuckerman 的 SSS-V 总分和子量表分值有显著正相关，其相关程度从弱到中等（Torrubia 等，2001）。

冲动性与SS、NS和SR均存在相关性（Torrubia等，2001；Zuckerman，2007）。尽管冲动性与这些人格结构中的每一种可能都有关联，且在辛辣食物喜好度上可能发挥了重要作用，但冲动特质是一种多维概念，仅通过其中任何一种人格结构可能都无法全面地衡量（Evenden，1999；Eysenck 和 Eysenck，1978；Gerbing 等，1987；Parker 和 Bagby，1997；Pickering和Gray，1999；Torrubia等，2001）。

2.4.2.4 个体意识（PBC）

另一个与辛辣食物消费相关的人格理论是个体意识（PBC）。个体意识是指个体对自己的自我觉察和自我意识的程度（Miller等，1981）。这些状态变化包括心率、饥饿感和体温变化。要求被试者根据自己真实情况，对里克特5级量表（likert scale）上陈述意见的符合/赞同程度进行评价（0—非常不符合~4—非常符合）。结果表明，高PBC被试者比低PBC被试者在检测和识别食物感官特性差异的能力更强，这个主要与个体对感觉刺激的敏感性更高有关，如图2.4所示（Jaeger等，1998；Miller等，1981；Stevens，1990；Ueland，2001）。PBC与辛辣敏感度有关，如高PBC个体对辣椒素灼热感的感知强度更高（Ferguson和Ahles，1998；Martin等，1991；Stevens，1990）。不过，并非所有研究结果均支持这些发现（Byrne和Hayes，2013）。

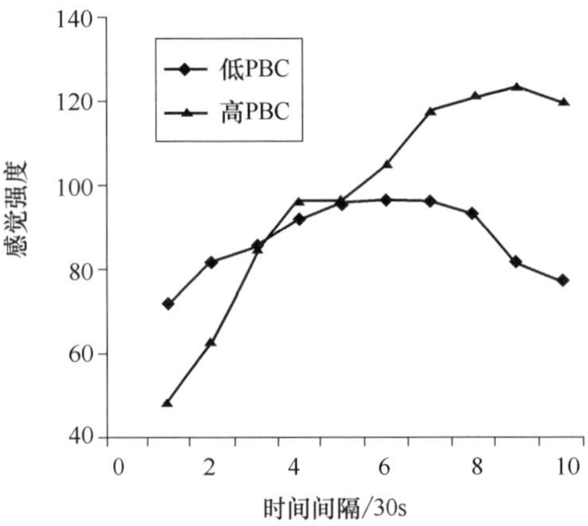

图2.4 高或低个体意识被试者（$n=10/gp$）对辣椒素引发的口腔刺激强度在5min内的平均变化

资料来源：改编自Stevens，1990。

2.4.2.5 食物恐新症（FN）和食物参与度量表

与食物偏好和消费相关的另外两个量表是食物恐新量表（FNS；Pliner和Hobden，1992）和食物参与度量表（FIS；Bell和Marshall，2003）。Pliner和Hobden提出的FNS是衡量个体是否愿意尝试新的食物。如前所述，食物恐新症属于一种人格特质，而且FN的发展具有假设性的进化意义（Pliner和Hobden，1992）。采用控制措施，如进食环境整体的新奇程度，的确影响人类和其他动物对食物的恐新程度，事实上，相对稳定的倾向性，是接近还是躲避新食物，早已经形成（Pliner和Hobden，1992）。FN的这种稳定性以及假设性的进化因素促使研究人员对食物恐新症的遗传因素进行了探索（Knaapila等，2007）。研究结果表明，食物恐新症中约2/3的差异可以归因于遗传效应，芬兰家庭和英国家庭中，遗传因素占比分别为69%和67%（Knaapila等，2007）。

这个量表包含10项陈述问题，被试者采用7点标度来表示同意或反对的程度（1="强烈反对”~7=“强烈同意”）。最后的分值范围为10~70，较高分值代表高恐新症，对新食物趋近行为的程度较低。量表的α系数非常高（$r=0.88$；Pliner和Hobden，1992），2~4周及12周的重测信度系数也得到类似结果（2~4周：$r=0.91$，$p<0.01$，12周：$r=0.82$，$p<0.01$；Pliner和Hobden，1992）.

通常认为食物恐新症特质与Zuckerman感觉寻求特质有关。与低感觉寻求者相比，高感觉寻求者更可能选择新奇的食物来增加唤醒水平。但目前相关报道并不完全支持该观点。Zuckerman SSS-V（Zuckerman和Neeb，1979）的ES子量表（个体愿意品尝不熟悉食物的数量）（OTIS，1984）与恐新症（$r=-0.46$，$p<0.05$；Pliner和Hobden，1992）之间存在显著负相关性。然而，另一项关于FNS和SSS-V间关系的研究中，并未发现感觉寻求在选择新食物的数量上有主要影响，尽管其与唤醒水平有显著相关性（Pliner和Melo，1997）。低唤醒状态下，高感觉寻求特质个体比低感觉寻求特质个体更愿意尝试新的食物。对于冒险性来说，寻求新和/或刺激（更新更刺激）体验的个体会比不爱冒险个体具有更低程度的恐新症（Terasaki和Imada，1988）。荷兰的一项研究中，在不考虑食物选择动机情况下，通过FNS评分有效地对荷兰本科学生的香料摄入量进行了预测（Ertman等，2005）。

Bell和Marshall（2003）提出的FIS是通过询问个体在谈论和考虑食品时的享受程度，以及在食品“生命周期”的5个阶段（获取、准备、烹饪、食用和处理；Goody，1982）参与食品相关活动的程度，衡量食物在一个人生活中的重要性。因子分析发现FIS中的2个子量表，即设置和处理（S&D）结构以及准备和食用（P&E）结构（Marshall和Bell，2004）。高FIS得分个体在食物项目的感官分析和喜好度分析（Bell和Marshall，2003）上能做出更精细区分。研究表明，FIS与含辣椒素食品喜好度间没有相关性，但与食物恐新症量表和VARSEEK量表有所关联（Bell和Marshall，2003；Marshall和Bell，2004）。高FIS得分个体可能更愿意冒险去尝试食物，即使他们初次接触辛辣食物时并不喜欢，但也更愿意去尝试。

2.4.3 人格特质和食物选择

尽管食物恐新症与辛辣食物喜好度相关性的研究较少，但食物恐新症已经广泛应用于食物选择性的相关研究中。食物参与度量表在食物选择性研究领域的应用较少。在一项关于荷兰本科生的研究中（Ertman等，2005），对人格特质、多种食物的选择动机和摄入量之间的关系开展了研究。不考虑食物选择动机时，FNS评分能够有效预测香料的摄入量（负相关；Eertmans等，2005）。Eertmans等（2005）发现，不考虑食物选择动机时，食物参与度会促进香料的摄入量。重要的是，这项研究同时指出“香料”不包括盐或胡椒，因此这种关系推测由不含有辣椒素香料所驱动。

目前有多项尝试将感觉寻求特质与辛辣饮食喜好度进行关联的研究。早期将人格特质与食物进行关联的研究重点是关注食物偏好与口欲被动性格-口欲施虐性格的Freudian人格维度间的关系（Wolowitz，1964）。近期研究表明感觉寻求者倾向于选择感官刺激更强的食物，如选择脆、酸、辣而不是甜、软和味道平淡的食物（Kish 和 Donnenwerth，1972；Brown 等，1974）。1980 年 Rozin 和 Schiller（1980）提出了辣椒偏好与感觉寻求间的关系，这是最著名的将人格与辛辣食物喜好相关联的研究之一，被认为可以牢固建立这些变量间关系的关键研究。对美国大学生的食用辣椒与一些“良性自虐”、刺激寻求的活动进行关联研究，比如坐过山车、赌博以及吃一些初时厌恶的食物（像酒、咖啡）（1980）。这些活动都有一个共同点：最初是反感的，但一些人后来慢慢喜欢上了这个物质。也许是因为意识到最初感知的风险并不会造成实际伤害，是“可约束的风险”（Rozin 和 Schiller，1980）。然而，尽管 Rozin 提出了有力的证据证实感觉寻求和辛辣食物喜好度间存在关联性，但是需要注意的是，这些数据并不是采用有效的人格测量方法得到的，而是基于一种诸如坐过山车、赌博和吃辣味食品等活动中公认的“可约束的风险”理论的推断，从而建立了与感觉寻求的联系。

许多研究报告表明，感觉寻求测量与含辣椒及辛辣食物喜好度或偏好度之间存在微弱但显著的相关性（Brown 等，1974；Logue 和 Smith，1986；Terasaki 和 Imada，1988）。但近期的研究表明，人们对辛辣食物的喜好度和摄入量与人格测量的感觉寻求模型（AISS）和奖励敏感性（SPSRQ；Byrnes 和 Hayes，2013）之间存在强正相关性。随后研究表明，感觉寻求和奖励敏感性可能作用于不同途径辛辣食物的摄入量（Byrne 和 Hayes，2015）。这些人格特质的影响在男性和女性之间存在差异，暗示人格测量的生物学差异也会影响喜好度和摄入量。有趣的是，冒险性和冲动性竟然与辛辣食物的喜好度无关。

尽管冲动性、感觉寻求、奖励敏感性和新奇寻求性之间具有相关性（见 2.4.1），但这些量表间的确切关系尚不清楚。目前比较明确的是，这些量表并没有测量相同的基本结构，这也许能够解释为何这些量表与辛辣食物喜好度和摄入量之间关联性的差异。推测感觉寻求和奖励敏感性对辛辣食物摄取量有相似的维度，但是与摄入量有关的这些特质基础结构可能有差异。感觉寻求中得分较高的个体，在摄入量上体现出的作用可能与喜爱有关，这反映出辣椒素可能会引起内在的愉快反应。奖励敏感性或冒险性得分高的个体中，人格对辛辣食物摄入量的影响可能反映了外在消费动机，如社会赞誉或与 Rozin 和 Schiller（1980）所提出的与力量或勇敢等相关的特质。

2.4.4 化学物理觉响应的认知因素：状态

化学物理觉的接受度和喜好度的个体差异可能会由影响感知的认知和情感因素所引发的。这种影响通常是“自上而下”的因素，包括个人经历中带来的性格特征，如已有知识背景、长期的信念或期望（Solso，2001）。我们接下来将描述这些非感知因素是如何影响和决定饮食中化学物理觉的喜好度和接受度。

2.4.4.1 情境

情境体验有助于判断可接受性（Zellner 等，2007）。例如，对于牙膏或漱口水中薄荷类化合物激发口腔针刺感带来的愉悦性，可通过持续使用此类产品最终实现。然而，当伴随其他风味出现或出现在另一种产品中时，这种感觉可能会不被接受。同样，当辛辣感出现在不熟悉的产品或风味中时，很大程度上会被认为是不愉悦的。

2.4.4.2 期望

使用风味化学物质刺激鼻部和眼部三叉神经系统的研究证实期望对刺激物激发的喜好度评价和接受度存在一定程度偏离。Dalton（1999）在3种不同信息给予条件下（没有信息、积极健康信息和负面健康信息）给予被试者温和的水杨酸甲酯（冬青）刺激。与被给予积极健康信息个体相比，给予负面健康信息个体对所诱发感觉的评价更为刺激和强烈。事实上，许多得到积极信息的个体都表示接触后会感到“精力恢复”和“精力充沛”。

有报道表明期望会影响咖啡（Olson和Dover，1976）和石榴汁（Cardello和Sawyer，1992）的苦味和橄榄油的辛辣味（Caporale等，2006）。整体而言，被试者会把期望融入到真实产品的分级中，从而将喜好响应转移到假设方向上。一项类似的研究中，对于1个苦甜参半的饮料，提供健康信息能增加产品的可接受性，但没有增加喜好评分（Stein等，2003）。因此，有理由怀疑对刺激性食品或饮料的期望可以改变产品感知特性和可接受性。

2.5 喜好的优势

通过适应性和进化机制可以探索饮食中广泛使用的化学物理觉制剂（如辣椒）进行研究。包括它们在食品保鲜、防止食品腐败、促进排汗等方面的优势，以及炎热环境中具有蒸发降温的效果。但目前几乎没有证据支持这些观点（Rozin，1990b）。

但有证据支持食用化学物理觉制剂能带来营养和感官的益处（见第12章）。如前所述，化学物理觉制剂刺激会促进唾液流量和胃液分泌，从而有助于消化。研究表明，辛辣香料（如生姜、胡椒碱、辣椒素）能刺激胆汁流动，从而促进脂肪消化和吸收，且具有的产热和增强脂质氧化功效不会导致脂肪堆积（Prakash和Srinivasan，2012）。此外，人们还发现了化学物理觉制剂具有抗炎性和低胆固醇的作用（Liang等，2013；Pal等，2009；Srinivasan，2013）。总而言之，食用含化学物理觉制剂的食品不仅能获得感官愉悦，可能还有餐后效应，这些均会增加它们的消费量。

2.6 小结

辛辣食物的消费很广，相关研究也很多，但关于消费者喜爱的辛辣食物激发口腔刺激的相关原理尚未达成明确共识。口腔敏感性的遗传因素可以解释初始时的个体差异，而人格差异或认知因素可以解释为何人们愿意去探索和最终接纳新奇食物的感觉，包括最初的反感。对于部分人来说，餐后效应也有助于其继续喜爱和消费这些食物。可以肯定的是，在获取和维持对辣感偏好方面起作用的可能不止一个因素，同时可以非常肯定的是，辛辣香料将在世界上众多饮食文化中继续引起高度关注和痴迷。

参考文献

Andrew，M. and Cronin，C. 1997. Two measures of sensation seeking as predictors of alcohol use among high school males. *Personality and Individual Differences*，22，393-401.

Arnett，J. 1994. Sensation seeking ：a new conceptualization and a new scale. *Personality and Individual Differences*，16，289-296.

Bajec，M. R. and Pickering，G. J. 2008. Thermal taste，PROP responsiveness，and perception of oral sensations. *Physiology & Behavior*，95，581-590.

Bartoshuk，L. M.，Duffy，V. B.，and Miller，I. J. 1994. PTC/PROP tasting：anatomy，psychophysics，and sex effects. *Physiology & Behavior*，56，1165-1171.

Beauchamp，G. K. and Mennella，J. A. 2009. Early flavor learning and its impact on later feeding behavior. *Journal of Pediatric Gastroenterology and Nutrition*，48，S25-S30.

Bell，R. and Marshall，D. W. 2003. The construct of food involvement in behavioral research：scale development and validation. *Appetite*，40，235-244.

Bennett，S. M. and Hayes，J. E. 2012. Differences in the chemesthetic subqualities of capsaicin，ibuprofen，and olive oil. *Chemical Senses*，37，471-478.

Berridge，C. W. and Stalnaker，T. A. 2002. Relationship between low-dose amphetamine-induced arousal and extracellular norepinephrine and dopamine levels within prefrontal cortex. *Synapse*，46，140-149.

Birch，L. L. 1979a. Dimensions of preschool children’s food preferences. *Journal of Nutrition Education*，11，77-80.

Birch，L. L. 1979b. Preschool children’s food preferences and consumption patterns. *Journal of Nutrition Education*，11，189-192.

Birch，L. L. 1980. Effects of peer models’ food choices and eating behaviors on preschoolers’ food preferences. *Child Development*，51，489-496.

Birch，L. L. and Marlin，D. W. 1982. I don’t like it；I never tried it：effects of exposure on two-year-old children’s food preferences. *Appetite*，3，353-360.

Bouchard，T. J. 1994. Genes，environment，and personality. *Science*，264，1700-1701.

Brown，L. T.，Ruder，V. G.，Ruder，J. H.，and Young，S. D. 1974. Stimulation seeking and the Change Seeker Index. *Journal of Consulting and Clinical Psychology*，42，311.

Bryant，B. P. and Mezine，I. 1999. Alkylamides that produce tingling paresthesia activate tactile and thermal trigeminal neurons. *Brain Research*，842，452-460.

Byrnes，N. K. and Hayes，J. E. 2013. Personality factors predict spicy food liking and intake. *Food Quality and Preference*，28，213-221.

Byrnes，N. K. and Hayes，J. E. 2015. Gender differences in the influence of personality traits on spicy food liking and intake. *Food Quality and Preference*，42，12-19.

Caporale, G., Policastro, S., Carlucci, A., and Monteleone, E. 2006. Consumer expectations for sensory properties in virgin olive oils. *Food Quality and Preference*, 17, 116-125.

Capretta, P. J. and Rawls, L. H. 1974. Establishment of a flavor preference in rats: importance of nursing and weaning experience. *Journal of Comparative and Physiological Psychology*, 86, 670-673.

Cardello, A. V. and Sawyer, F. M. 1992. Effects of disconfirmed consumer expectations on food acceptability. *Journal of Sensory Studies*, 7, 253-277.

Carretero Dios, H. and Salinas Martínez De Lecea, J. M. 2008. Using a structural equation model to assess the equivalence between assessment instruments: the dimension of sensation seeking as measured by Zuckerman's SSS-V and Arnett's AISS. *International Journal of Clinical and Health Psychology*, 8, 219-232.

Carroll, M. E., Dinc, H. I., Levy, C. J., and Smith, J. C. 1975. Demonstrations of neophobia and enhanced neophobia in the albino rat. *Journal of Comparative and Physiological Psychology*, 89, 457-467.

Caseras, X., Avila, C., and Torrubia, R. 2003. The measurement of individual differences in Behavioural Inhibition and Behavioural Activation Systems: a comparison of personality scales. *Personality and Individual Differences*, 34, 999-1013.

Cicerale, S., Breslin, P. A., Beauchamp, G. K., and Keast, R. S. 2009. Sensory characterization of the irritant properties of oleocanthal, a natural anti-inflammatory agent in extra virgin olive oils. *Chemical Senses*, 34, 333-339.

Cliff, M. and Heymann, H. 1992. Descriptive analysis of oral pungency. *Journal of Sensory Studies*, 7, 279-290.

Cloninger, C. R. 1987. A systematic method for clinical description and classification of personality variants. *A proposal. Archives of General Psychiatry*, 44, 573-588.

Cloninger, C. R., Svrakic, D. M., and Przybeck, T. R. 1993. A psychobiological model of temperament and character. *Archives of General Psychiatry*, 50, 975-990.

Costa, M., Balthazar, C., Franco, R., *et al*. 2014. Changes on expected taste perception of probiotic and conventional yogurts made from goat milk after rapidly repeated exposure. *Journal of Dairy Science*, 97, 2610-2618.

Cowart, B. J. 1987. Oral chemical irritation: does it reduce perceived taste intensity? *Chemical Senses*, 12, 467-479.

Crandall, C. S. 1985. The liking of foods as a result of exposure: Eating doughnuts in Alaska. *The Journal of Social Psychology*, 125, 187-194.

Dalton, P. 1999. Cognitive influences on health symptoms from acute chemical exposure. *Health Psychology*, 18, 579-590.

Dinnella, C., Recchia, A., Tuorila, H., and Monteleone, E. 2011. Individual astringency responsive-ness affects the acceptance of phenol-rich foods. *Appetite*, 56, 633-642.

Dinnella, C., Recchia, A., Vincenzi, S., Tuorila, H., and Monteleone, E. 2010. Temporary modifica-tion of salivary protein profile and individual responses to repeated phenolic astringent stimuli. *Chemical Senses*, 35, 75-85.

Domjan, M. 1972. CS preexposure in taste-aversion learning: Effects of deprivation and preexpo-sure duration. *Learning and Motivation*, 3, 389-402.

Domjan, M. 1976. Determinants of the enhancement of flavored-water intake by prior exposure. *Journal of Experimental Psychology: Animal Behavior Processes*, 2, 17-27.

Domjan, M. and Bowman, T. G. 1974. Learned safety and the CS-US delay gradient in taste-aversion learning. *Learning and Motivation*, 5, 409-423.

Domjan, M. and Gillan, D. 1976. Role of novelty in the aversion for increasingly concentrated saccharin solutions. *Physiology & Behavior*, 16, 537-542.

Duffy, V. B. 2007. Variation in oral sensation: implications for diet and health. *Current Opinion in Gastroenterology*, 23, 171-177.

Duffy, V. B. and Bartoshuk, L. M. 2000. Food acceptance and genetic variation in taste. *Journal of the American Dietetic Association*, 100, 647-655.

Duffy, V. B., Hayes, J. E., Davidson, A. C., *et al*. 2010. Vegetable intake in college-aged adults is explained by oral sensory phenotypes and *TAS2R38* genotype. *Chemosensory Perception*, 3, 137-148.

Eertmans, A., Victoir, A., Vansant, G., and Van Den Bergh, O. 2005. Food-related personality traits, food choice motives and food intake: Mediator and moderator relationships. *Food Quality and Preference*, 16, 714-726.

Essick, G. K., Chopra, A., Guest, S., and Mcglone, F. 2003. Lingual tactile acuity, taste perception, and the density and diameter of fungiform papillae in female subjects. *Physiology & Behavior*, 80, 289-302.

Evenden, J. L. 1999. Varieties of impulsivity. *Psychopharmacology*, 146, 348-361.

Eysenck, S. B. E. and Eysenck, H. J. 1978. Impulsiveness and venturesomeness: their position in a dimensional system of personality description. *Psychological Reports*, 43, 1247-1255.

Fajardo, K. 2014. Innovation on the Menu: Flavor Trends, report, Mintel Group Ltd.

Feeney, E. L. and Hayes, J. E. 2014. Regional differences in suprathreshold intensity for bitter and umami stimuli. *Chemosensory Perception*, 7, 147-157.

Ferguson, R. J. and Ahles, T. A. 1998. Private body consciousness, anxiety and pain symptom reports of chronic pain patients. *Behavoiur Research and Therapy*, 36, 527-535.

Ferrando, P. J. and Chico, E. 2001. The construct of sensation seeking as measured by Zuckerman's SSS-V and Arnett's AISS: a structural equation model. *Personality and Individual Differences*, 31, 1121-1133.

Fischer, M. E., Cruickshanks, K. J., Schubert, C. R., *et al*. 2013. Factors related to fungiform papillae density: the beaver dam offspring study. *Chemical Senses*, 38, 669-677.

Fulker, D. W., Eysenck, S. B., and Zuckerman, M. 1980. A genetic and environmental analysis of sensation seeking. *Journal of Research in Personality*, 14, 261-281.

Garneau, N. L., Nuessle, T. M., Sloan, M. M., *et al*. 2014. Crowdsourcing taste research: genetic and phenotypic predictors of bitter taste perception as a model. *Frontiers in Integrative Neuroscience*, May 27; 8: 33, DOI 10.3389/fnint.2014.00033. eCollection 2014.

Gerbing, D. W., Ahadi, S. A., and Patton, J. H. 1987. Toward a conceptualization of impulsivity: Components across the behavioral and self-report domains. *Multivariate Behavioral Research*, 22, 357-379.

Green, B. G. and Hayes, J. E. 2004. Individual differences in perception of bitterness from capsaicin, piperine and zingerone. *Chemical Senses*, 29, 53-60.

Green, B. G., Shaffer, G. S., and Gilmore, M. M. 1993. Derivation and evaluation of a semantic scale of oral sensation magnitude with apparent ratio properties. *Chemical Senses*, 18, 683-704.

Goody, J. 1982. *Cooking, Cuisine and Class: A Study in Comparative Sociology*. Cambridge: Cambridge University Press.

Hayes, J. E., Allen, A. L., and Bennett, S. M. 2013. Direct comparison of the generalized visual analog scale (gVAS) and general labeled magnitude scale (gLMS). *Food Quality and Preference*, 28, 36-44.

Hayes, J. E., Bartoshuk, L. M., Kidd, J. R., and Duffy, V. B. 2008. Supertasting and PROP bitterness depends on more than the TAS2R38 gene. *Chemical Senses*, 33, 255-265.

Hayes, J. E. and Duffy, V. B. 2007. Revisiting sugar-fat mixtures: sweetness and creaminess vary with phenotypic markers of oral sensation. *Chemical Senses*, 32, 225-236.

Hayes, J. E., Feeney, E. L., and Allen, A. L. 2013. Do polymorphisms in chemosensory genes matter for human ingestive behavior? *Food Quality and Preference*, 30, 202-216.

Haynes, C. A., Miles, J. N. V., and Clements, K. 2000. A confirmatory factor analysis of two models of sensation seeking. *Personality and Individual Differences*, 29, 823-839.

Hill, W. F. 1978. Effects of mere exposure on preferences in nonhuman mammals. *Psychological Bulletin*, 85, 1177-1198.

Horne, J., Hayes, J., and Lawless, H. T. 2002. Turbidity as a measure of salivary protein reactions with astringent substances. *Chemical Senses*, 27, 653-659.

Horne, P., Tapper, K., Lowe, C., *et al*. 2004. Increasing children's fruit and vegetable consumption: a peer-modelling and rewards-based intervention. *European Journal of Clinical Nutrition*, 58, 1649-1660.

Hur, Y. -M. and Bouchard, T. J., Jr. 1997. The genetic correlation between impulsivity and sensation seeking traits. *Behavior Genetics*, 27, 455-463.

Jaeger, S. R., Andani, Z., Wakeling, I. N., and Macfie, H. J. H. 1998. Consumer preferences for fresh and aged apples: a cross-cultural comparison. *Food Quality and Preference*, 9, 355-366.

Karrer, T. and Bartoshuk, L. 1991. Capsaicin desensitization and recovery on the human tongue. *Physiology & Behavior*, 49, 757-764.

Karrer, T., Bartoshuk, L., Conner, E., *et al*. 1992. *PROP status and its relationship to the perceived burn intensity of capsaicin at different tongue loci*, Abstracts, Fourteenth Annual Meeting of the Association for Chemoreception Sciences (AChemS XIV), Oxford: IRL Press at Oxford University Press.

Keskitalo, K., Knaapila, A., Kallela, M., *et al*. 2007. Sweet taste preferences are partly genetically determined: identification of a trait locus on chromosome 16. *The American Journal of Clinical Nutrition*, 86, 55-63.

Khachik, F., Spangler, C. J., Smith, J. C., *et al*. 1997. Identification, quantification, and relative con-centrations of carotenoids and their metabolites in human milk and serum. *Analytical Chemistry*, 69, 1873-1881.

Kim, U. -K., Jorgenson, E., Coon, H., *et al*. 2003. Positional cloning of the human quantitative trait locus underlying taste sensitivity to phenylthiocarbamide. *Science*, 299, 1221-1225.

Kish, G. B. and Donnenwerth, G. V. 1972. Sex differences in the correlates of stimulus seeking. *Journal of Consulting and Clinical Psychology*, 38, 42-49.

Knaapila, A., Tuorila, H., Silventoinen, K., *et al*. 2007. Food neophobia shows heritable variation in humans. *Physiology & Behavior*, 91, 573-578.

Lakkakula, A., Geaghan, J., Zanovec, M., Pierce, S., and Tuuri, G. 2010. Repeated taste exposure increases liking for vegetables by low-income elementary school children. *Appetite*, 55, 226-231.

Lawless, H., Rozin, P., and Shenker, J. 1985. Effects of oral capsaicin on gustatory, olfactory and irritant sensations and flavor identification in humans who regularly or rarely consume chili pepper. *Chemical Senses*, 10, 579-589.

Le Couteur, P. and Burreson, J. 2004. *Napoleon's Buttons: How 17 Molecules Changed History*, London: Penguin Books.

Liang, Y. T., Tian, X. -Y., Chen, J. N., *et al*. 2013. Capsaicinoids lower plasma cholesterol and improve endothelial function in hamsters. *European Journal of Nutrition*, 52, 379-388.

Liem, D. G. and De Graaf, C. 2004. Sweet and sour preferences in young children and adults: role of repeated exposure. *Physiology & Behavior*, 83, 421-429.

Loehlin, J. C. 1992. *Genes and environment in personality development*, Sage Publications, Inc.

Logue, A. and Smith, M. E. 1986. Predictors of food preferences in adult humans. *Appetite*, 7, 109-125.

Ludy, M. J. and Mattes, R. D. 2011. Noxious stimuli sensitivity in regular spicy food users and non-users:

Comparison of visual analog and general labeled magnitude scaling. *Chemosensory Perception*, 4, 123-133.

Ludy, M. J. and Mattes, R. D. 2012. Comparison of sensory, physiological, personality, and cultural attributes in regular spicy food users and non-users. *Appetite*, 58, 19-27.

Marshall, D. and Bell, R. 2004. Relating the food involvement scale to demographic variables, food choice and other constructs. *Food Quality and Preference*, 15, 871-879.

Martin, J. B., Ahles, T. A., and Jeffery, R. 1991. The role of private body consciousness and anxiety in the report of somatic symptoms during magnetic resonance imaging. *Journal of Behavior Therapy and Experimental Psychiatry*, 22, 3-7.

Maslow, A. 1937. The influence of familiarization on preference. *Journal of Experimental Psychology*, 21, 162-180.

Mccourt, W. F., Gurrera, R. J. and Cutter, H. S. 1993. Sensation seeking and novelty seeking. Are they the same? *Journal of Nervous and Mental Disease*, 181, 309-312.

Mcdonald, S., Barrett, P., and Bond, L. 2010. What kind of hot is it? *Perfumer & Flavorist*, 35, 32-39.

Mennella, J. A., Jagnow, C. P., and Beauchamp, G. K. 2001. Prenatal and postnatal flavor learning by human infants. *Pediatrics*, 107, E88.

Miller, I. J., Jr and Reedy, F. E., Jr. 1990. Variations in human taste bud density and taste intensity perception. *Physiology & Behavior*, 47, 1213-1219.

Miller, L. C., Murphy, R., and Buss, A. H. 1981. Consciousness of body: private and public. *Journal of Personality and Social Psychology*, 41, 397-406.

Mitchell, D., Scott, D. W., and Mitchell, L. K. 1977. Attenuated and enhanced neophobia in the taste-aversion "delay of reinforcement" effect. *Animal Learning & Behavior*, 5, 99-102.

Mull, H. K. 1957. The effect of repetition upon the enjoyment of modern music. *The Journal of Psychology*, 43, 155-162.

Nachman, M. 1959. The inheritance of saccharin preference. *Journal of Comparative and Physiological Psychology*, 52, 451-457.

O' Connor, R. M., Colder, C. R., and Hawk, L. W. 2004. Confirmatory factor analysis of the Sensitivity to Punishment and Sensitivity to Reward Questionnaire. *Personality and Individual Differences*, 37, 985-1002.

Olson, J. C. and Dover, P. 1976. Effects of expectation creation and disconfirmation on belief elements of cognitive structure. *Advances in Consumer Research*, 3, 168-175.

Otis, L. P. 1984. Factors influencing the willingness to taste unusual foods. *Psychological Reports*, 54, 739-745.

Pal, M., Angaru, S., Kodimuthali, A., and Dhingra, N. 2009. Vanilloid receptor antagonists: emerg-ing class of novel anti-inflammatory agents for pain management. *Current Pharmaceutical Design*, 15, 1008-1026.

Park, J. J., Lee, J., Kim, M. A., *et al.* 2007. Induction of total insensitivity to capsaicin and hypersensitivity to garlic extract in human by decreased expression of TRPV1. *Neuroscience Letters*, 411, 87-91.

Parker, J. D. and Bagby, R. M. 1997. Impulsivity in adults: a critical review of measurement approaches, in *Impulsivity: Theory, Assessment, and Treatment*, (eds. C. D. Webster and M. A. Jackson), New York: Guildford Press, pp. 142-155.

Pickering, A. D. and Gray, J. A. 1999. The neuroscience of personality. *Handbook of Personality: Theory and Research*, 2, 277-299.

Pickering, G. J. and Robert, G. 2006. Perception of mouthfeel sensations elicited by red wine are associated with sensitivity to 6-n-propylthiouracil. *Journal of Sensory Studies*, 21, 249-265.

Pickering, G. J. , Simunkova, K. , and Dibattista, D. 2004. Intensity of taste and astringency sensations elicited by red wines is associated with sensitivity to PROP (6-n-propylthiouracil). *Food Quality and Preference*, 15, 147-154.

Pliner, P. 1982. The effects of mere exposure on liking for edible substances. *Appetite*, 3, 283-290.

Pliner, P. and Hobden, K. 1992. Development of a scale to measure the trait of food neophobia in humans. *Appetite*, 19, 105-120.

Pliner, P. and Melo, N. 1997. Food neophobia in humans: effects of manipulated arousal and individual differences in sensation seeking. *Physiology & Behavior*, 61, 331-335.

Prakash, U. N. and Srinivasan, K. 2012. Fat digestion and absorption in spice-pretreated rats. *Journal of the Science of Food and Agriculture*, 92, 503-510.

Prescott, J. and Stevenson, R. J. 1995a. Effects of oral chemical irritation on tastes and flavors in frequent and infrequent users of chili. *Physiology & Behavior*, 58, 1117-1127.

Prescott, J. and Stevenson, R. J. 1995b. Pungency in food perception and preference. *Food Reviews International*, 11, 665-698.

Prescott, J. and Swain-Campbell, N. 2000. Responses to repeated oral irritation by capsaicin, cinnamaldehyde and ethanol in prop tasters and non-tasters. *Chemical Senses*, 25, 239-246.

Rozin, P. 1990a. Acquisition of stable food preferences. *Nutrition Reviews*, 48, 106-113.

Rozin, P. 1990b. Getting to like the burn of chili pepper: biological, psychological, and cultural perspectives, in *Chemical Senses*, *Vol.* 2: *Irritation*, (eds. B. G. Green, F. R. Mason, and M. R. Kare), New York: Dekker.

Rozin, P. , Mark, M. , and Schiller, D. 1981. The role of desensitization to capsaicin in chili pepper ingestion and preference. *Chemical Senses*, 6, 23-31.

Rozin, P. and Schiller, D. 1980. The nature and acquisition of a preference for chili pepper by humans. *Motivation and Emotion*, 4, 77-101.

Rozin, P. and Vollmecke, T. A. 1986. Food likes and dislikes. *Annual Review of Nutrition*, 6, 433-456.

Sacerdote, C. , Guarrera, S. , Smith, G. D. , *et al.* 2007. Lactase persistence and bitter taste response: instrumental variables and mendelian randomization in epidemiologic studies of dietary factors and cancer risk. *American Journal of Epidemiology*, 166, 576-581.

Siegel, S. 1974. Flavor preexposure and "learned safety". *Journal of Comparative and Physiological Psychology*, 87, 1073.

Snitker, S. , Fujishima, Y. , Shen, H. , *et al.* 2009. Effects of novel capsinoid treatment on fatness and energy metabolism in humans: possible pharmacogenetic implications. *American Journal of Clinical Nutrition*, 89, 45-50.

Srinivasan, K. 2013. Dietary spices as beneficial modulators of lipid profile in conditions of meta-bolic disorders and diseases. *Food & Function*, 4, 503-521.

Solso, R. L. 2001. *Cognitive Psychology*, 6th edn, Boston: Allyn and Bacon, Inc. , chap. 4.

Stein, L. J. , Nagai, H. , Nakagawa, M. , and Beauchamp, G. K. 2003. Effects of repeated exposure and health-related information on hedonic evaluation and acceptance of a bitter beverage. *Appetite*, 40, 119-129.

Stevens, D. A. 1990. Personality variables in the perception of oral irritation and flavor. in *Chemical Senses*, *Vol.* 2: *Irritation*, (eds. B. G. Green, F. R. Mason, and M. R. Kare), New York: Marcel Dekker.

Stevenson, R. J. and Prescott, J. 1994. The effects of prior experience with capsaicin on ratings of its burn. *Chemical Senses*, 19, 651-656.

Stevenson, R. J. and Yeomans, M. R. 1993. Differences in ratings of intensity and pleasantness for the capsaicin burn between chilli likers and non-likers; implications for liking development. *Chemical Senses*, 18,

471-482.

Stevenson, R. J. and Yeomans, M. R. 1995. Does exposure enhance liking for the chilli burn? *Appetite*, 24, 107-120.

Sullivan, S. A. and Birch, L. L. 1990. Pass the sugar, pass the salt: Experience dictates preference. *Developmental Psychology*, 26, 546-551.

Sullivan, S. A. and Birch, L. L. 1994. Infant dietary experience and acceptance of solid foods. *Pediatrics*, 93, 271-277.

Tepper, B. J., Keller, K. L., and Ullrich, N. V. 2004. Genetic variation in taste and preferences for bitter and pungent foods: implications for chronic disease risk. *Challenges in Taste Chemistry and Biology*, 867, 60-74.

Tepper, B. J. and Nurse, R. J. 1998. PROP taster status is related to fat perception and preferences. *Annals of the New York Academy of Sciences*, 855, 802-804.

Terasaki, M. and Imada, S. 1988. Sensation Seeking and Food Preferences. *Personality and Individual Differences*, 9, 87-93.

Törnwall, O., Silventoinen, K., Kaprio, J., and Tuorila, H. 2012. Why do some like it hot? Genetic and environmental contributions to the pleasantness of oral pungency. *Physiology & Behavior*, 107, 381-389.

Törnwall, O., Silventoinen, K., Keskitalo-Vuokko, K., *et al.* 2012b. Genetic contribution to sour taste preference. *Appetite*, 58, 687-694.

Torrubia, R., Avila, C., Molto, J., and Caseras, X. 2001. The Senstivity to Punishment and Sensitivity to Reward Questionnaire (SPSRQ) as a measure of Gray's anxiety and impulsivity dimensions. *Personality and Individual Differences*, 31, 837-862.

Ueland, ϕ. 2001. Private body consciousness, in: *Food*, *People and Society*, New York: Springer.

Wardle, J., Cooke, L. J., Gibson, E. L., *et al.* 2003. Increasing children's acceptance of vegetables; a randomized trial of parent-led exposure. *Appetite*, 40, 155-162.

Wardle, J., Herrera, M., Cooke, L., and Gibson, E. L. 2003. Modifying children's food preferences: the effects of exposure and reward on acceptance of an unfamiliar vegetable. *European Journal of Clinical Nutrition*, 57, 341-348.

Warren, R. P. and Pfaffmann, C. 1959. Early experience and taste aversion. *Journal of Comparative and Physiological Psychology*, 52, 263-266.

Williams, R. A. 1968. Effects of repeated food deprivations and repeated feeding tests on feeding behavior. *Journal of Comparative and Physiological Psychology*, 65, 222-226.

Wolowitz, H. M. 1964. Food preferences as an index or orality. *The Journal of Abnormal and Social Psychology*, 69, 650.

Yoshioka, M., Doucet, E., Drapeau, V., Dionne, I., and Tremblay, A. 2001. Combined effects of red pepper and caffeine consumption on 24h energy balance in subjects given free access to foods. *British Journal of Nutrition*, 85, 203-211.

Zajonc, R. B. 1968. Attitudinal effects of mere exposure. *Journal of Personality and Social Psychology*, 9, 1-27.

Zellner, D. A., Saito, S., and Gonzalez, J. 2007. The effect of stress on men's food selection. *Appetite*, 49, 696-699.

Zuckerman, M. 1988. Sensation seeking and behavior disorders. *Archives of General Psychiatry*, 45, 502-503.

Zuckerman, M. 1995. Good and bad humors: Biochemical bases of personality and its disorders. *Psychological Science*, 6, 325-332.

Zuckerman, M. 1996. The psychobiological model for impulsive unsocialized sensation seeking: a comparative approach. *Neuropsychobiology*, 34, 125-129.

Zuckerman, M. 2002. Zuckerman-Kuhlman Personality Questionnaire (ZKPQ): an alternative five-factorial model, in *Big Five Assessment*, (eds. B. De Raad and M. Perugini), Seattle: Hogrefe & Huber, pp. 377-396.

Zuckerman, M. 2007. *Sensation Seeking and Risk*, Washington, DC: American Psychological Association.

Zuckerman, M. and Cloninger, C. R. 1996. Relationships between Cloninger's, Zuckerman's, and Eysenck's dimensions of personality. *Personality and Individual Differences*, 21, 283-285.

Zuckerman, M., Kolin, E. A., Price, L., and Zoob, I. 1964. Development of a sensation-seeking scale. *Journal of Consulting Psychology*, 28, 477-482.

Zuckerman, M. and Neeb, M. 1979. Sensation seeking and psychopathology. *Psychiatry Research*, 1, 255-264.

3 具有化学物理觉效应的香料和草本植物提取物

Howard Haley, Shane T. McDonald

Kalsec©. Inc., Kalamazoo, MI, USA

3.1 为什么植物具有化学物理觉性质

许多植物的成分和提取物中含有化学物理觉物质（感受物），包括草本植物（温带地区植物的叶部），如薄荷；香料（热带植物的任何部位），如姜、肉桂和丁香；果蔬，如辣椒（*Capsicum*）。植物为什么会含有这些化合物呢？植物没有神经系统，不能移动躲避想吃掉它们或它们的果实的昆虫和脊椎动物，且易受病原体影响。植物利用各种防御措施，如刺、坚硬表皮和产生有毒化合物保护自身（Roach，2008）。本章中，我们将具体讨论能激发化学物理觉效应、具有挥发性和非挥发性的一类植物化合物。

辣椒果实中的高浓度辣椒素能够抑制被昆虫刺穿而感染的真菌（Roach，2008），辣椒素也是辣椒的一种“定向威慑”防御。鸟类是辣椒种子的有效传播者，且不受植物辛辣影响，因为鸟类 TRPV1 受体对辣椒素不产生响应。哺乳动物会吃掉种子，但并不食用辛辣植物的果实，因而成为这类植物的无效传播者（Tewksbury 和 Nabhan，2001）。植物会受到细菌、真菌、昆虫、原生动物和脊椎动物引起的疾病和损伤。植物挥发油中的萜烯类物质是有效的抗菌剂。薄荷类植物能够分泌薄荷醇等萜类物质，抑制微生物和昆虫病原体（Freeman 和 Beattie，2008）。

作为响应，以植物为食物的生物体通过“化学感受器”感觉（包括化学物理觉）发展出感知这些潜在危险化合物的能力（Green，2011）。同样地，人类也开始享受特定植物原料带来的化学物理觉效应并将它们应用在食品中（见第 2 章和第 6 章）。

本章主要介绍具有化学物理觉效应植物原料在食品中的应用，并讨论香料提取物生产及质量控制方法。

3.2 热性辛辣香料：辣椒（种）

辣椒（*Capsicum*）是茄科（Solanaceae）家族成员植物，茄科家族包括多种重要蔬菜，主要有热带的马铃薯（*Solanum tuberosum*）、茄子（*S. melongena*）、番茄（*Lycopersicon esculentum*）和烟草（*Nicotiana tabacum*）等（Purseglove 等，1981a）。

辣椒原产于南美洲，早在公元前 7500 年就已应用在食物中。有证据表明，公元前 5200 年至公元前 3400 年间，美洲原住居民就已经开始种植辣椒。自哥伦布发现美洲并把辣椒带到欧洲后，辣椒就开始在全球范围传播。目前约有 20 个野生品种，但具有商业价值的只有 5 种：辣椒（*Capsicum annuum*，包括甜椒、墨西哥辣椒、红辣椒、塞拉诺及其他品种）、浆果状辣椒（*C. baccatum*，如 aji）、绒毛辣椒（*C. pubescens*，如 rocoto）、小米椒（*C. frutescens*，如 tabasco 和 malagueta）和黄灯笼辣椒（*C. chinense*，如 habanero 和 scotch bonnet）等（Raju 等，2010；Bosland，1996）。

辣椒最大价值是含有（在大多数种类中）一种辛辣的香草基酰胺类生物碱，会产生“热感”或辛辣感，我们称之为辣椒素类物质（见第6章）。辣椒素类物质种类很多，主要包括辣椒素（69%）、二氢辣椒素（22%）和少量降二氢辣椒素（7%）、高辣椒素（1%）和高二氢辣椒素（1%），以及其他次要的类辣椒素类物质（Raju等，2010）。辣度通常用斯科维尔指数（SHU）表示，本章后面将对此进行阐述。辣椒素类物质的SHU分别为：辣椒素1610万SHU、二氢辣椒素1610万SHU、降二氢辣椒素930万SHU、高辣椒素690万SHU、高二氢辣椒素810万SHU（Todd等，1977）。辣椒素是非挥发性化合物，如辣椒油树脂，是通过溶剂提取获取（而不是精油馏出物）。辣椒中几乎不含精油，果皮是辛辣的主要来源，包括表皮和白色的内隔膜（Attokaran，2011a~h）。事实上，去掉辣椒籽和果皮可以大大减少辛辣，如去籽的墨西哥辣椒被称为去辣辣椒（阉椒，castrated ones）。

尽管辣椒原产于南美洲，但现在已遍布世界各地。辣椒是一年生或生命周期较短的多年生植物，味辛辣，不同品种间果实大小和形状差异很大。有些品种完全没有辣，如柿子椒；部分品种辣椒非常辣，如哈瓦那辣椒（habanero）。辣椒通过蜜蜂或蚂蚁自然授粉，也可以自授粉或杂交授粉。生长区域包括海平面到2000米的热带地区，喜温暖、怕霜冻，更辣的品种通常需要更长成熟时间（Purseglove等，1981a）。

什么会影响辣椒的辣度？通常果实成熟时最辣，但最大影响因素是品种，通过选择性育种可以增加辣度（Purseglove等，1981a）。据2014年《吉尼斯世界纪录》报道，世界上最辣的辣椒是“卡罗莱纳死神”，辣度超过150万SHU，它是巴基斯坦的纳加和红哈巴尼罗的杂交品种（Pepper Source，2014）。

研究发现一种传统热哈巴涅罗辣椒品种，该品种几乎不产生热感，被称为“哈瓦纳达”（Stewart等，2007）。也有对辣椒品种进行改良的研究，将含量非常少的辣椒素类物质变为主要物质。一个辣椒品种中辛酰基香草酰胺（octanoyl vanillamide）含量被提高了。值得注意的是，在感官测试中，这种辣椒素物质的辣感在摄入后30 s达到峰值，与辣椒素相同；但辣度比辣椒素下降快，对于不希望留辣的消费者是有益的。另一辣椒品种也是提升了一种典型类辣椒素物质，肉豆蔻酰胺辣椒素，摄入4min后达到辣度峰值（Mazourek，2013）。因此，随着现代育种技术发展，未来可培育多个不同辣度和不同辣度持续时间的辣椒品种，有助于产品开发人员根据产品辣度进行更精细化设计。

3.3 其他香料

3.3.1 锡兰肉桂和中国肉桂

肉桂属是樟科家族或月桂家族的成员，包括鳄梨和黄樟。肉桂属包括“真”肉桂

[*Cinnamomum verum*，也称为锡兰肉桂（*C. zeylanicum*）] 和被称为“中国肉桂（cassia）”的植物（如 *C. burmannii*、*C. cassia* 和 *C. loureirii*）。锡兰肉桂喜欢亚热带湿润地区，如斯里兰卡和塞舌尔。肉桂以扦插繁殖和种子繁殖方式生长，通常不会让其长太高，每隔几年就会修剪（反复如此）以便产生更多枝条。3~4 年后可以进行第一次采剥树皮，发酵 24h 可以去除外层树皮的酸味。10 年后采收率开始下降。cassia 主要分布在印度尼西亚、中国、越南等地。除了最初和随后的几次剪枝间需要较长时间间隔，cassia 的生长和收获与锡兰肉桂类似，且外部树皮不再需要发酵（Rosegarten，1973）。

肉桂的内皮层通常形成圆桶状，可以直接出售，通常制成粉出售。肉桂最重要的香味成分和主要辛辣化合物是反式肉桂醛（简称肉桂醛），在肉桂油中含量为 30%~90%。影响反式肉桂醛含量因素包括树龄、树皮类型（内树皮或枝条、外皮等）、品种、生长条件和产地等。发酵可以大幅增加反式肉桂醛含量，推测是醛类从糖苷和其他结合体中释放的结果（Purseglove 等，1981b）。

不同于辣椒素，反式肉桂醛是一种挥发性物质，通常存在精油和油树脂中。这意味着气味和辛辣性是关联在一起的，风味化学师很难区分辛辣对香气的影响。锡兰肉桂皮中精油含量约为 1%，其中肉桂醛和丁香酚含量分别占 75% 和 2%。中国肉桂皮层中含 0.5%~5% 的精油，反式肉桂醛和丁香酚含量分别占 87% 和 1%。肉桂叶中精油 70% 以上为丁香酚。中国肉桂油约有 70% 是反式肉桂醛（Vernin 等，1994；Attokaran，2011a~c）。

3.3.2 黑胡椒和白胡椒

胡椒来自于胡椒属，是一种巨大的攀蔓植物，还包括一些商业价值不高的辛辣香料，如荜拔（*P. longum* 或 long pepper）、长果荜拔（爪哇长果胡椒 *P. officinarum* 或 Javanese pepper）。

胡椒喜欢潮湿的热带气候，通常以扦插方式进行繁殖。因为是藤蔓植物，需要树木或木结构类支撑物供其攀缘。结果时侧枝会大量生长，修剪可以抑制蔓枝生长。胡椒容易受到微生物、害虫等病虫害及杂草危害，必须加强种植培育。栽培两年形成开花刺突，开花 6 个月收获约 60 个穗状花序核果。黑胡椒果实在即将成熟、仍然呈现绿色时进行采摘，阳光下堆起发酵，摊开晾晒几天后干瘪变黑，完成从绿色到黑色的转变。磨碎的黑胡椒中既有白色颗粒又有黑色颗粒：外皮质为黑色，髓内为白色。

白胡椒来自同样的浆果，但果实需要先浸泡几天，这样容易脱去外层深色果皮，保留白色的果肉（Purseglove 等，1986d）。除味道温和、颜色浅外，白胡椒通常带有来自吲哚和对甲酚的“谷仓”味（Steinhaus 和 SheBele，2005）。也可以采用机械磨去外果皮生产白胡椒，其香气几乎与黑胡椒相同。

胡椒常以胡椒粒或胡椒粉形式使用，也可油树脂形式。精油可以提升风味和香气，同时不具有辛辣感。黑和白胡椒的主要辛辣成分是胡椒碱，一种香草酰胺。油树脂中还含有多种具有辛辣感和针刺感的化合物，但主要的辛辣感来自胡椒碱（Dawic 等，2012）。干黑胡椒中胡椒碱含量约为2%~4%，典型黑胡椒油树脂中胡椒碱和精油分别约为40%和20%。胡椒碱可以从油树脂中结晶出来并出售，提供无香味的辛辣感（Attokaran等，2011d）。

提高产量和抗病虫害能力是胡椒育种的重要内容，胡椒碱含量高低与品种、气候、温度和产地等相关。

3.3.3 生姜

生姜（*Zingiber officinale Rosc*）是姜科家族的成员，除生姜外，还包括姜黄（*Curcuma longa* 或 *C. domestica*）、豆蔻（*Elettaria cardamomum*）和高良姜（*Alpinia galanga*）。用于香料的是生姜植物位于地下的根茎部分。

通常认为生姜原产于南洋，目前在印度、亚洲、印度尼西亚、非洲部分地区和牙买加均有种植。生姜生长在潮湿热带地区，是多年生植物，为了提高产量通常作一年生作物栽培，利用地下肉质根茎进行无性繁殖。对田地进行深覆膜和施肥是获得高产的必备条件，通常7个月后就可以收获根茎，延迟收获根茎容易纤维状，则更适合生产姜粉（Purseglove等，1981c）。

与辣椒和黑胡椒一样，姜中辛辣物质是非挥发性香草酰胺类物质。鲜姜中含有辛辣的姜酚，常见的有6-姜酚、8-姜酚和10-姜酚，都含有长烃链结构。姜酚受热后发生脱水反应形成姜烯酚（对应的是6-姜烯酚、8-姜烯酚和10-姜烯酚）（McHale等，1989）。姜烯酚具有更强的辛辣特性（姜烯酚约为160000 SHU，而姜酚则为80000 SHU）。此外，新鲜姜脱水时还生成副产物姜油酮。姜油酮约为50000 SHU，部分姜油酮则高达100000 SHU（Richard，1991）。加工方式会影响生姜中辛辣物质的种类和辛辣强度，通过对辛辣化合物开展分析可以知道产品品质。常见生姜产品有姜粉、姜油树脂、鲜姜和蜜饯姜，生姜精油不具有辛辣感。

3.4 鼻热香料

这些香料特点是在鼻部产生灼热感，而不是类似于辣椒素的口腔灼热感。

3.4.1 芥菜

芥菜属于十字花科的一种多分枝、一年生草本植物，十字花科家族包含许多具有刺激感的重要蔬菜，如甘蓝（*B. oleracea*）、花椰菜（*B. oleracea* var. *botrytis*）、栽培萝卜（*Raphanus sativus* L.）、山葵（*Wasabia japonica*）、辣根（*Armoracia rusticana*）、豆瓣菜（*Nasturtium officinale*）（美国农业部，2015）。芥菜有许多品种，如黑色或棕色的黑芥（*B. nigra*）、白芥（*Sinapis Alba*）及印度芥（*B. juncea*）。芥末原产于欧洲，广泛分布于世界各地的温带至热带国家和地区，如印度、加拿大、美国、南美洲和非洲（Reineccius, 1994）。芥菜属于种子繁殖，芥籽用于生产香料及精油。

新鲜磨碎的芥籽粉几乎没有香气，但含有芥子苷（葡萄糖异硫氰酸酯）。芥籽粉与水接触时，葡萄糖异硫氰酸酯在芥子酶作用下反应生成辛辣挥发性化合物异硫氰酸烯丙酯。可以将整粒芥菜种子磨粉制备成芥籽粉，或从种子中提取出挥发油（Lewis，1994）。

3.4.2 辣根

辣根是一种耐寒多年生草本植物，原产于东欧，但现在分布在世界各地，特别是气候较冷的地区，通过根扦插方式繁殖（Rosegarten，1973）。其根茎应用于生产辛辣香料（Reineccius，1994）。与芥菜一样，辣根含有芥子苷，根茎被破坏后转化为异硫氰酸烯丙酯。破碎的根及辣根油中含有大量异硫氰酸苯乙酯，这是芥子苷对葡萄糖豆瓣菜素作用的结果。辣根中辛辣物质水平取决于品种和生长条件（Tomsone 等，2013）。根部几乎没有香气，但磨碎或切碎后香气刺激性非常强足，产生类似芥末油一样的灼热感，但消失也很快。因此，辣根常被用作调味品。

3.4.3 山葵

山葵是芥菜家族的另一成员，原产于日本，现在主要在新西兰、美国西北岸以及田纳西州和北卡罗来纳州的蓝岭山脉。山葵属于种子繁殖，也可以根部扦插繁殖。喜欢阴凉多湿的环境，如山间溪流间生长。植株各部分均可食用，但灼热感风味物质主要集中在根或根茎部。山葵种植条件较为严苛，磨碎后 20min 内就会失去所有味道。因此，实际应用中山葵经常会被辣根取代（Real Wasabi，2005）。

山葵和辣根一样，异硫氰酸烯丙酯含量很高，但山葵中不含有异硫氰酸苯乙酯（辣根油的主要成分）。这种化合物和少量异硫氰酸盐是山葵和辣根风味差异的最大原因（Saltana 等，2003）。

3.5 凉感香料

3.5.1 薄荷

与辣椒类似，薄荷属家族植物的广泛种植与培育是因为其含有的化学物理觉物质（薄荷醇及其衍生物）、香气及其他特性。前文提到，辣椒中的辣椒碱属于不挥发性化学物理觉物质，并不影响香料固有的香味。但薄荷醇类化合物不仅具有薄荷的香气/风味，同时具有清凉效应。因此，薄荷天然提取物中的清凉感和薄荷香气/风味是相辅相成的。

薄荷（薄荷属）是唇形科的家族成员，唇形科是一个大科，包括多种具有重要经济价值的植物成员，如罗勒、牛至、迷迭香、鼠尾草和百里香（Boelens，1991）。其中，只有薄荷因为其化学物理觉特性用途专门种植，其他唇形科草本植物主要用于生产含有化学物理觉物质的精油。

薄荷的清凉感主要来自薄荷醇。与薄荷醇最相关的两个品种是辣薄荷（*M. piperita*）和野薄荷（*M. arvensis*）。辣薄荷主要生长在美国，美国人喜欢薄荷风味，包括化学物理觉的清凉感。野薄荷主要生长在印度和中国。与辣薄荷相比，野薄荷风味较低，但薄荷醇含量更高。因此，野薄荷常用于生产薄荷醇，同时生成副产物薄荷素油（Boelens，1991）。

薄荷的繁殖方式有扦插繁殖或分株繁殖，通常情况下，薄荷在最盛花期时采收，也可等花枯萎时采收，去除部分水分。部分脱水的植物叶子通过水蒸馏法提取精油。以野薄荷为例，室温下薄荷醇是固体，可在冷冻的精油中结晶析出（Lawrence，2008）。

辣薄荷中精油含量随品种、生长区域和生长条件差异很大。通常薄荷叶中挥发油和薄荷醇含量分别为0.3%~0.4%和29%~48%，还含有其他具有较低凉感的化合物，如乙酸薄荷酯（3%~10%）和薄荷酮（20%~31%）。野薄荷油中挥发油含量为1%~2%，其中薄荷醇占70%~95%，薄荷酮占10%~20%，另外少量其他成分（Leung 和 Foster，1996b）。

3.5.2 桉树

桉树是桃金娘科乔木植物，也包括丁香（*Syzygium aromaticum*）。目前约有1000种桉树，其中用于提取的约十个品种，包括蓝桉。蓝桉是目前唯一可以用机械收获的品种，其桉树油中桉叶醇含量非常高。精油是采用水蒸气从新鲜或部分干燥的叶子中蒸馏制成。桉树油含有70%~85%桉叶醇（也称1,8-桉叶素）。通常以桉树油80/85油（桉树油百分比）形式销售（Lebermuth，2014）。

桉叶醇具有清凉感和樟脑特有香气（Burdock，2010）。桉叶醇与薄荷醇的凉感效应略有不同，通过刺激凉感受体而不是产生冷害（Takaishi 等，2012）。因此，桉叶醇也是一种天然镇痛剂（Takaishi 等，2012）。

3.6 麻木感香料

3.6.1 丁香

丁香（*Syzygium aromaticum*）是常青树上的干燥花蕾（未开花），属于桃金娘科家族的成员。丁香起源于摩鹿加群岛（或马鲁古群岛），该岛很久前被称为“香料群岛”，现属于印度尼西亚。该植物主要生长在马来西亚、印度、斯里兰卡和坦桑尼亚。通过种子繁殖，6~8年即可收获，收获期长达60年（Lewis，1984）。

丁香花蕾主要作为香料使用，其芽、叶和嫩枝用于生产油树脂或精油。丁香花蕾具有良好风味，产油量约15%~18%，丁香酚是其主要的化学物理觉物质，含量约为60%~90%。丁香叶产油量约为2%~3%，风味较低，其中丁香酚含量约为82%~88%。嫩枝产油量约4%~6%，其中含约90%~95%丁香酚。通常将茎和叶中提取精油与花蕾中提取精油混合以降低成本，或作为丁香酚原料来源（Leung 和 Foster，1996a）。

丁香酚是一种镇痛药（Park 等，2011），常应用于牙科治疗，报道证实丁香酚可激活三叉神经相关受体（Saunders 等，2011）。丁香一个非医学应用是"kretek"丁香香烟，一种印尼非常流行的香烟。"kretek"丁香香烟是烟草和15%~40%的干丁香花蕾混合而成，可以舒缓哮喘患者咽喉和肺部不适。丁香酚的镇痛作用可使口腔和喉部神经末梢麻木，从而减轻吸烟带来的刺激性（Polzin 等，2007）。

3.6.2 冬青

冬青（*Gaultheria procumbens*）是杜鹃花科家族的成员，杜鹃花科包括欧石楠（heath）、帚石楠（heather）和蓝莓等多种植物。冬青原产于北美洲，果实是可食用红浆果。叶子蒸馏得到精油，植物底部切断采收、叶片进行干燥，叶片浸泡在热水中发酵24h以上，促进精油释放。发酵时冬青苷被水解（一种糖苷）释放出水杨酸甲酯，赋予冬青独特的香味。然后，将叶片进行蒸气蒸馏制备精油（Lebermuth，2014）。水杨酸甲酯也是一种镇痛剂，作为芳香/风味化合物应用外，也被广泛应用局部止痛药。

3.7 针刺感香料

3.7.1 金钮扣

桂圆菊（也称金钮扣或千日菊）是一种开黄花的矮灌菊科草本植物，菊科植物包括天竺葵、雏菊和向日葵。桂圆菊（也称天神草，paracress）原产于巴西北部，在帕拉州常用叶和茎入菜。桂圆菊生长于热带和亚热带气候（Costa 等，2013），喜欢潮湿和耕地里。花和叶具有针刺感和麻木感，应用于药用领域（Ramsewak 等，1999），也常被称为"牙痛植物"，用于缓解牙痛和其他口腔疼痛。产生化学物理觉效应的是活性酰胺类物质千日菊酰胺，可以从植物各个部分获得，花中含量最高（1%，Burdock，2010），针刺感和麻木感与辣椒搭配后，产生一种类似于四川花椒的独特效果（Katzner，2002）。

3.7.2 四川花椒

这种香料可以从花椒属许多成员中获取，属于芸香科或柑橘属家族的成员。常见名称有中国花椒（Chinese prickly ash）、四川花椒（Sichuan pepper）、牙痛树（toothache tree）和 hua jiao（汉语“花椒”）或 sancho（日语）。这些植物是灰色主干的小树或灌木，长有锋利小刺。雄性和雌性植物必须靠近便于授粉，繁殖方式是种子繁殖和茎、根扦插繁殖。花椒分布广泛，包括东亚、东南亚、北美和南美洲、非洲。用于香料的花椒品种原产于中国四川省的半干旱平原，主要利用果皮（Mehdi 等，2013）。FEMA GRAS 26 中列出提取油树脂的花椒品种：花椒（*Z. bungeanum*）、山椒（*Z. piperitum*）、野花椒（*Z. simulans*）和青花椒（*Z. schinifolium*）（Marnett 等，2013）。2 种主要品种，红花椒和青花椒的香气不同，但均含有具有针刺感化合物：具有酰胺键的 α-羟基山椒素。该化合物的结构和作用与千日菊酰胺类似，但不存在精油中（Lim，2012）。与千日菊酰胺一样，α-羟基山椒素与辣椒混合后可产生一种称为“麻辣（má là）”的新感觉，其中，“麻”是花椒带来的针刺感，“辣”是辣椒的辛辣（McDonald，2013）。

3.8 香料和草本植物提取物

新鲜草本植物可以直接销售和应用，由于易腐和季节限制主要以家庭和烹饪用为主。大部分香料以干制为主，有时仍然保留植物原有外观特征，如黑胡椒或丁香。市面上最常见的还是粉碎的香料和草本植物，粉碎后的均匀状态使其更容易与其他香料混合复配。为防止微生物和害虫污染，香料通常采用环氧乙烷、辐射、蒸汽或其他方法进行灭菌。

3.8.1 提取物

香料提取物在工业生产中普遍使用，最常见的两种提取物是精油和油树脂。

3.8.1.1 精油

精油是植物中的挥发性芳香物质（Attokaran，2011f），通过蒸汽蒸馏或水蒸馏方式将精油从香料基质中分离。香料全部或部分干燥，研磨能便于蒸汽与香料充分混合，但研磨颗粒不能太小，避免香料粉末过细团聚。蒸汽蒸馏时，香料放置在萃取容器中，外源蒸汽由下至上通过香料层，蒸汽产生的热量和压力使植物细胞破裂，植物油流出与蒸汽混合，易挥发组分与蒸汽形成共沸物通过冷凝器流出。水和精油流入收集器后，与水不混溶的精油浮在表面，然后将精油与水进一步分离。非挥发性成分，如基质、蜡质、色素和非挥发性物质留在萃取容器中。一般来说，精油不会暴露在超过 100℃ 的温度下，因此不会受到很大的热损害。真空可以降低沸点，水馏和蒸馏类似，植物原料与水在锅中混合，水被加热沸腾形成蒸汽而分离。

丁香、锡兰肉桂/中国肉桂、薄荷等植物精油中分别含有丁香酚、反式肉桂醛和薄荷醇等挥发性化学物理觉物质。黑胡椒中的化学物理觉物质胡椒碱是不挥发性物质，黑胡椒粉精油具有黑胡椒特有的香气，却完全没有辛辣“咬痛感”。采用溶剂萃取法制备油树脂，是不挥发性化学物理觉物质的常用提取方法。

3.8.1.2 油树脂

采用有机溶剂萃取香料和草本植物并去除所用溶剂后的提取物称为油树脂。对于溶剂提取物，香料或草本植物首先需要部分或完全干燥，抑制微生物并有助于油的释放。此外，植物原料中残余水会影响溶剂极性，导致其他成分被一起提取。研磨有助于溶剂和香料充分混合均匀，需注意，香料研磨太细容易窜流，导致原料提取不充分。

许多溶剂可用于油树脂制备。根据美国联邦法规21CFR 173，香料油树脂的常用溶剂包括已烷、甲醇、丙酮和二氯甲烷，并对残留溶剂限量进行了规定（美国食品和药物监督管理局，2014）。其他溶剂还包括脂肪烃（丙烷、丁烷和已烷），醇类如甲醇、乙醇和异丙醇，以及羰基化合物如丙酮和乙酸甲酯（Bernardo-Gil，1997）等。卤素类化合物如二氯甲烷是很好的溶剂，但因为消费者不接受而很少使用。

萃取后保留溶剂的提取成品称为酊剂，通常用的溶剂是乙醇。由于酒精度原因通常酊剂强度不高，因此去除溶剂后更高浓度提取物的应用更广（Lewis，1984）。目标提取物会受到溶剂极性和选择性影响，溶剂沸点应低，以便不损失所需风味化合物前提下去除溶剂。其他条件还包括：相对惰性、对氧和光稳定、低黏度、安全、成本合理等，另外使用也必须是合法。

常温下不连续过滤法是最简单的提取工艺，香料或草本植物置于垂直容器中，其底部设计为活动式，溶剂喷淋到物料上，从底部进行收集。采用多容器、多批次、逆流提取系统可促进提取率增加。

最常用的提取工艺是连续提取技术，物料放置在连续提取器中进行提取，出口端再次喷洒新溶剂，最后对原料残渣进行最大程度提取。部分前端富集溶剂（称为油水混合物）被喷淋到下一提取阶段。这种方式通常有6~12个重复段，保证富集程度最高的溶剂可以与最新鲜原料接触。

提取后的残余植物原料称为“废料”，进一步加工可以用于食物配料。溶剂为水或乙醇时，提取物可以直接处理；如果其他有机溶剂，则溶剂残存量必须低于法律规定残留水平后才可进一步加工。国际香料工业组织（IOFI，2014）提出了油树脂中允许的溶剂种类和残留量水平。通过精馏法（不是剥离精油）去除溶剂，所得成品被称为油树脂（Attokaran，2011g）。

两阶段萃取技术也是常用的溶剂萃取方法，特别在印度非常普遍。首先通过蒸汽蒸馏去除香料或草本植物中精油，再用油树脂常用提取技术和溶剂进行提取，最后脱去溶剂后再将足量精油添加回油树脂中。这种方法优点是精油不与有机溶剂接触，脱除溶剂过程挥发物没有损失。精油可以单独销售，也可与油树脂重新组合后使用。(Attokaran，2011h)。

3.8.1.3 其他萃取工艺

高压技术是一种替代有机溶剂从香料和草本植物中提取风味物质的新提取技术。干燥、研磨后的物料用约 200000kPa、90~120℃进行提取，处理 1min 后可使油树脂从香料中分离出。香料种子为原料时无须添加任何溶剂，含有少量或不含精油植物原料，如辣椒，则需添加适量植物油，如菜籽油作为溶剂。这种高压工艺设计能提高逆流萃取的萃取效率，但需要添加油作为溶剂。压力提取技术的优点是无有机溶剂残留，不会产生部分消费者担心的溶剂残留问题。此外，无脱溶剂步骤，不会导致挥发性物质损失。目前，该技术在美国两项专利中有详细描述（Todd，1998，1999）。

二氧化碳（CO_2）在压力下会液化，目前有采用液态 CO_2 的提取工艺，但工业中更常见的是超临界 CO_2 萃取。CO_2 接近临界压力（72.74atm 或 7.37MPa）和温度（30.97℃）时，气相密度增大，而液相密度降低，临界点之上表现出兼具气液两相性质。超临界和近临界 CO_2 表现出特有性质，如低黏度和表面张力，具有更强的溶解能力可以溶解多种物质（Pereda 等，2007）。压力下液化的 CO_2 具有极高溶解力，促进了对香料和草本植物中挥发性和某些非挥发性成分的提取能力。这个过程可以产生大量提取物，包括类似于精油（蒸汽或水馏）的提取物，以及类似于油树脂（有机溶剂萃取）产品，含酯、重萜烯、蜡、树脂和色素等（Bernardo-Gil，1997）。

通常来说，香料提取物在超临界 CO_2 中的溶解度随压力或密度增大而增高，随温度降低而达到极限“交叉”压力，高于此压力的溶解度随温度和压力的升高而增加。这种现象使 CO_2 可以通过降低温度或增加压力（或二者同时改变）在分离器内状态循环。通过控制压力和温度，可以实现良好的选择性，甚至可以进行分馏。

批处理操作时，干燥研磨后的香料（低于 10%的水分）放置于萃取室篮子中，采用超临界 CO_2 处理，100000~5000000kPa、40~80℃下调节，提取时间 2~4h。提取结束后 CO_2 流入分离室，通过减压和加热转化为气态后失去溶剂能力。液体提取物从溶液中分离，恢复气态的 CO_2 可以回收并重复使用。通过多个萃取室和分离室联用可以实现半连续操作。分馏可以通过逐步增压/温度组合、逐步降压或使用共溶剂来完成（Martinez 和 Vance，2007）。

超临界 CO_2 基本上属于非极性，提取极性化合物时并不是一个合适选择。但对于香料提取来说是一个优势，因为极性的糖和其他物质被保留下来。如果需要更多极性物质，可以通过添加食品级极性共溶剂，如乙醇、水或乙酸乙酯来促进。

超临界 CO_2 可以用于草本植物和香料中的化学物理觉成分萃取。提取红辣椒时，上层提取物（轻质层）包含大部分辣椒素；下层（重质层）含有大部分色素沉淀物和甘油三酯。提取生姜时，轻质层含有精油，具有生姜香味但没有辛辣味，重质层含有姜黄和姜酚。同样，提取黑胡椒时，也分为高精油含量的轻质层和胡椒碱含量高达60%的重质层。

3.9 具有化学物理觉效应的香料和草本植物提取物的质量控制

美国香料贸易协会（ASTA）制定了香料和草本植物质量控制的方法（ASTA，2015）。对于精油和油树脂产品，微生物指标重要性不高，因为油树脂和精油的生产过程中通常会杀灭大部分细菌，如溶剂提取过程会使胡萝卜颗粒中沙门氏菌数量降低6个对数值（Kalsec©，2015）。加工过程中同时能或部分去除香料中害虫。

对于含丁香、芥末和肉桂等挥发性化学物理觉物质的油树脂，挥发油含量的测定至关重要。通过与标准品进行相对密度、折射率等指标比对，可以进行提取物真伪判断。例如，ASTA 17.0检测方法中，采用间接滴定法测定反式肉桂醛和肉桂酮含量。气质联用法（GC-MS）也可用于挥发性化学物理觉物质的定性和定量测定。对于辣椒等不含精油的香料，由于辣椒素属于不挥发性物质，可采用高效液相色谱法（ASTA 21.3检测方法）进行辣椒碱类化合物的分析测定。黑胡椒油树脂中的胡椒碱可采用ASTA 12.1进行测定，或采用感官方法对其辛辣程度进行测定（ASTA 21.2检测方法）。

色素用途的辣椒应用中（如辣椒红，paprika）会存在苏丹红等非法染料的问题，目前主要采用高效液相色谱（HPLC）法检测辣椒中此类染料的存在问题（ASTA 28.0和29.0检测方法）。

3.10 香料、精油和油树脂的优点

在一些需要视觉效果的特定应用中香料粒发挥了重要作用，如肉桂卷上的肉桂粉。由于挥发性物质包裹在香料中，较高温度中应用效果更好。相比于精油或油树脂，磨碎或完整的香料会面临更多问题，如微生物和虫害，暴露氧气中导致色泽和风味不稳定，体积大，以及非水溶性或油溶性而导致应用时风味呈现需要一段时间等。此外，香料中化学物理觉物质含量受季节、地区及批次影响较大。

精油是含有香料香气的浓缩液体，挥发性化学物理觉物质主要富集在香料精油中。精油不包括香料中的大部分色素、蜡质和其他不溶性化合物，黏度较低，热处理过程中其易挥发性成分容易逸散损耗。

采用溶剂或压榨提取的油树脂比香料的浓度更高，含有香料完整风味，还包括色素、

抗氧化活性物质及黏稠物（如蜡）。油树脂常被标准化为特定的有效单位，如辣椒碱或挥发油。油树脂是一种油溶性液体产品，可转化成粉末状产品，或通过乳化剂、表面活性剂或分散技术使水分散。油树脂比香料更稳定，比精油更耐热。

辣椒油树脂是经过脱色和除臭后得到一种无味无色、重要的辣味添加剂。

油树脂质稠、色深，有时候会分离成精油层和非挥发性物质层，例如黑胡椒油树脂。当油树脂溶解时，一些挥发性组分容易逸散损失。

由于超临界 CO_2 萃取技术的选择性，油树脂中通常含有与传统溶剂萃取类似的香料成分，或含有与精油相同的成分。这种提取方法通常不存在有机溶剂残留问题，除非使用有机溶剂作为共溶剂。萃取温度可以控制在 40~60℃的较低范围内，减少风味的热损耗。

表 3.1 概述了各种工艺提取的香料成分（Bernardo-Gil，1997）。

表 3.1 不同提取工艺的香料成分

成分	提取方法				
	水蒸气蒸馏	有机溶剂	CO_2(8MPa)$^+$	CO_2(10MPa)$^+$	CO_2(30MPa)$^+$
精油	●	●	●	●	●
酯类和重萜烯	○	●	◐	●	●
脂肪酸	○	●	○	●	●
甘油三酯	○	●	○	●	●
蜡	○	●	○	◐	●
树脂	○	●	○	○	●
色素	○	◐	○	○	◐

注：●全部提取；◐部分提取；○未提取；+提取温度=40℃。

资料来源：Bernardo-Gil，1997，经许可复制。

参考文献

American Spice Trade Association. 2015 Download analytical methods by method, http://www.astaspice.org/food-safety/astas-analytical-methods-manual/download-analytical-methods-by-method/(accessed 25 September 2015).

Attokaran, M. 2011a. Cassia, in *Natural Food Flavors and Colorants*, Blackwell Publishing and the Institute of Food Technologists, chap. 34.

Attokaran, M. 2011b. Cinnamon leaf, in *Natural Food Flavors and Colorants*, Blackwell Publishing and the Institute of Food Technologists, chap. 35.

Attokaran, M. 2011c. Cinnamon, in *Natural Food Flavors and Colorants*, Blackwell publishing and the Institute of Food Technologists, chap. 31.

Attokaran, M. 2011d. Black pepper, in *Natural Food Flavors and Colorants*, Blackwell Publishing and the Institute of Food Technologists, chap. 35.

Attokaran, M. 2011e. Capsicum, in *Natural Food Flavors and Colorants*, Blackwell Publishing and the

Institute of Food Technologists, chap. 25.

Attokaran, M. 2011f. Essential oils, in *Natural Food Flavors and Colorants*, Blackwell Publishing and the Institute of Food Technologists, chap. 4.

Attokaran, M. 2011g. Solvent extraction, in *Natural Food Flavors and Colorants*, Blackwell Publishing and the Institute of Food Technologists, chap. 8.

Attokaran, M. 2011h. Spices, in *Natural Food Flavors and Colorants*, Blackwell Publishing and the Institute of Food Technologists, chap. 3.

Bernardo-Gil, G. 1997. Extraction and isolation methods. 5. 0 in Topics in Food Chemistry, Technical Institute of Portugal (Lisbon), http://web. ist. utl. pt/ist11061/fidel/fidel3topics. html (accessed 24 September 2015).

Boelens, M. 1991. Spices and condiments Ⅱ, in *Volatiles Compounds in Foods and Beverages*, (ed. H. Maarse), Dekker, chap. 13.

Bosland, P. 1996. Capsicum: Innovative uses for an ancient crop, in *Progress in New Crops*, (ed. J. Janick), Arlington, VA: ASHS Press, pp. 479-487.

Burdock, G. 2010. *Fenarolli's Handbook of Flavor Ingredients*, 6th edn, Boca Raton, FL: CRC Press.

Costa, S., Arumugam, D., Gariepy, Y., Rocha, S., and Raghavan, V. 2013. Spilanthol extraction using microwave: calibration curve for gas chromatography. *Chemical Engineering Transactions*, 35, 1783-1788.

Dawic, C., Henze, A., Frank, O., *et al.* 2012. Structural and sensory characterization of key pungent and tingling compounds from black pepper (*Piper nigrum* L.). *Journal of Agricultural and Food Chemistry*, 60, 2884-2895.

US Food & Drug Administration. 2014. Secondary direct food additives permitted in food for human consumption. *Code of Federal Regulations*, 21CFR 173.

Freeman, B. C. and Beattie, G. A. 2008. An overview of plant defenses against pathogens and herbivores. *The Plant Health Instructor*, DOI: 10. 1094/PHI-I-2008-0226-01.

Green, B. 2011, Chemesthesis and the chemical senses as components of a "chemofensor complex". *Chemical Senses*, 37, 201-206.

Guinness World Records. 2015. *Hottest Chili*, http://www. guinnessworldrecords. com/world-records/1/hottest-chili (accessed 23 September 2015).

IOF. 2014. IOFI IL 1515 Enclosure. IOFI Review of Extraction and Carrier Solvents for Flavors, http://www. femaflavor. org/iofi/information-letters/updated-list-residual-and-carrier-solvents-food-1514 (accessed 1 March 2014).

Kalsec©, Inc. 2015. Kalsec© validates kill step of Salmonella in its extraction process, http://www. kalsec. com/files/misc/Press%20Release%20-%20Kalsec%20Validates%20Kill%20Step%20of%20 Salmonella%20in%20its%20Extraction%20Process%201_28_15. pdf (accessed 24 September 2015).

Katzner, G. 2002. Spice pages: paracress (*Spilanthes acmella/oleracea*, Para cress). http://gernot-katzers-spice-pages. com/engl/Spil_acm. html (accessed 23 September 2015).

Lawrence, B. 2008. *Peppermint Oil*, Carol Stream, IL: Allured Publishing Company.

Lebermuth Company. 2014. June newsletter, 2014. *Wintergreen*, p. 3.

Leung, A., and Foster, S. 1996a. Cloves, in *Encyclopedia of Common Natural Ingredients Used in Food, Drugs, and Cosmetics*, 2nd edn, New York: John Wiley & Sons, Inc., pp. 174-177.

Leung, A., and Foster, S. 1996b. Mints, in *Encyclopedia of Common Natural Ingredients Used in Food, Drugs, and Cosmetics*, 2nd edn, New York: John Wiley & Sons, Inc., pp. 368-372.

Lewis, Y. 1984. *Spices and Herbs for the Food Industry*, Orpington, UK: Food Trade Press.

Lim, T. 2012. *Zanthoxylum simulans*, in *Edible Medicinal and Non-medicinal Plants*: *Vol.* 4,

Fruits. Springer Science Business Media, pp. 904-911.

Marnett, L., Cohen, S., Fukushima, S., *et al.* 2013. GRAS Flavoring Substances 26. *Food Technology*, 8, 39-56.

Martinez, J., and Vance, S. 2007. Supercritical extraction plants. Equipment, process, and costs, in *Supercritical Fluid Extraction of Nutraceuticals and Bioactive Compounds* (ed. J. Martinez), Boca Raton, FL: CRC Press, chap. 2.

Mazourek, M. 2013. Enhancing quality capsicum through plant breeding. Presented on July 16, 2013 at the Institute of Food Technologists Annual Meeting, Chicago, IL.

McDonald, S. 2013. Application of tingling sensates in food. Presented on July 16, 2013 at the Institute of Food Technologists Annual Meeting, ChicagoIL.

McHale, D., Laurie, W., and Sheridan, J. 1989. Transformation of the pungent principles in extracts of ginger. *Flavour & Fragrance Journal*, 4, 9-15.

Medhi, K., Deka, M., and Bhau, B. 2013. The genus *Zanthoxylum*-a stockpile of biological and ethnomedicinal properties. 2: 697 DOI: 10. 4172/scientificreports. 697.

Park, S., Sim, Y., Lee, J., *et al.* 2011. The analgesic effects and the mechanisms of orally administered eugenol. *Archives of Pharmacal Research*, 34 (3), 501-507.

Peppersource. eu. 2014. *Carolina Reaper*, http: //www. pepperseeds. eu/carolina-reaper. html (accessed 23 September 2015).

Pereda, S., Bottini, S., and Brignole, E. 2007. Fundamentals of supercritical fluid technology, in *Supercritical Fluid Extraction of Nutraceuticals and Bioactive Compounds* (ed. J. Martinez), Boca Raton, FL: CRC Press, chap. 1.

Polzin, G., Stanfill, S., Brown, C., Ashley, D., and Watson, C. 2007. Determination of eugenol, anethole, and coumarin in the mainstream cigarette smoke in Indonesian clove cigarettes. *Food and Chemical Toxicology*, 45, 1948-1953.

Purseglove, J, Brown, E., Green, C., and Robbins, S. 1981a. Chillies: *Capsicum* spp., in Spices, vol. 1, Longman, chap. 7.

Purseglove, J, Brown, E., Green, C., and Robbins, S. 1981b. Cinnamon and cassia, in *Spices*, vol. 1, Longman, chap. 3.

Purseglove, J, Brown, E., Green, C., and Robbins, S. 1981c. Ginger, in Spices, vol. 2, Longman, chap. 8. Purseglove, J, Brown, E., Green, C., and Robbins, S. 1981d. Pepper, in Spices, vol. 1, Longman, chap. 2.

Raju, P. S., Chauhan, O. P., and Bawa, A. S. 2010. Chili flavor, in *Handbook of Fruit and Vegetable Flavors* (ed. Y. H. Hui), Chichester: John Wiley & Sons, Ltd, chap. 10.

Ramsewak, R., Erickson, A., and Nair, M. 1999. Bioactive N-isobutylamides from the flower buds *of Spilanthes acmella. Phytochemistry*, 51, 729-732.

Real wasabi LLC. 2005. Wasabi is quite picky about its growing conditions, http: //www. realwasabi. com/cultivation/index. asp (accessed 23 September 2015).

Reineccius, G., 1994. *Source Book of Flavors*, 2nd edn, New York: Chapman and Hall, chap. 7, pp. 176-364.

Richard, H. 1991. Spices and condiments I, in *Volatiles Compounds in Foods and Beverages* (ed. H. Maarse), Dekker, chap. 12.

Roach, J. 2008. Fungus puts the heat in chili peppers, study says. 8/11/2008. National Geographic News, http: //news. nationalgeographic. com/news/2008/08/080811-chili-bugs. html (accessed 3 October 2015).

Rosegarten, F. 1973. *The Handbook of Spices, a New Revised Edition*, New York: Jove Publications.

Saltana, T., Savage, G., McNeil, D., Porter, G., and Clark, B. 2003. Comparison of flavour compounds in wasabi and horseradish. WFL Publisher. *Science and Technology*, http: //world-food. net/comparison-of-flavour-compounds-in-wasabi-and-horseradish/(accessed 24 September 2015).

Saunders, C., Winston, Y., Patel, T., Muday, J., and Silver, W. 2013. Dissecting the role of TRPV1 in detecting multiple trigeminal irritants in three behavioral assays for sensory irritation. [v1; ref status: indexed http: //f1000r. es/p8] F1000Research 21013, 2: 74, DOI: 10. 12688/f1000research. 2-74. v1 (accessed 23 September 2015).

Steinhaus, M., and SchieberleP., 2005. Characterization of odorants causing an atypical aroma in white pepper powder (*Piper nigrum* L.) based on quantitative measurements and orthonasal breakthrough thresholds. *Journal of Agricultural and Food Chemistry*, 53 (15), 6049-6055.

Stewart, C., Mazourek, M., Stellari, G., O'Connell, M., and Jahn, M. 2007. Genetic control of pungency in C. *chinense via the Pun*1 locus. *Journal of Experimental Botany*, 58 (5), 979-991.

Takaishi, M., Fujita, F., Uchida, K., *et al.* 2012. 1, 8-Cineole, a TRPM8 agonist, is a novel natural antagonist of human TRPA1. Molecular Pain, 8, 8, http: //www. molecularpain. com/content/8/1/86, (accessed 23 September 2015).

Tewksbury, J. and Nabhan, G. 2001. Directed deterrence by capsaicin in chillies. *Nature*, 412, 403.

Todd, G. 1998. High temperature countercurrent solvent extraction of capsicum solids. US patent 5, 773, 075.

Todd, G. 1999. High temperature extraction of spices and herbs. US Patent 5, 985, 352.

Todd, P., Bensinger, M., and Biftu, T. 1977. Determination of pungency due to capsicum by gas-liquid chromatography. *Journal of Food Science*, 42, 660-665.

Tomsone, L., Kruma, Z., Galoburda, R., and Talou, T. 2013. Composition of volatile compounds of horseradish roots (*Armoracea rustican* L.) depending on genotype. *Proceedings of the Latvia University Agriculture*, 29, 324.

United State Department of Agriculture (USDA). 2015. Natural resources conservation service. Plants database. Classification for kingdom Plantae down to family *Brassicaceae*. https: //plants. usda. gov/java/ClassificationServlet? source=profile&symbol=Brassicaceae&display=31 (accessed 23 September 2015).

Vernin, G., Vernin, E., Metzger, J., Pujol, L., and Parkanyi, C. 1994. GC/MS Analysis of cinnamon and cassia oils: A comparative study, in *Spices, Herbs, and Edible Fungi* (*Developments in Food Science*), vol. 34 (ed. G. Charalambous), Amsterdam: Elsevier, pp. 411-425.

4 TRP通道在化学物理觉效应中的分子机制

Yeranddy A. Alpizar，Thomas Voets，Karel Talavera

Department of Cellular and Molecular Medicine. Laboratory of Ion Channel Research and TRP Research Platform Leuven（TRPLe）. Leuven，Belgium

4.1 引言

化学感觉是生物体接收化学环境刺激，并对其中潜在有害或有益物质做出的适当反应。化学感觉通常与味觉和嗅觉有关，它们分别用于检测和鉴定唾液或空气中溶解的化合物。然而，通过化合物与在感觉神经和上皮细胞中表达的特异性受体的相互作用，化学感觉也会在皮肤、黏膜和内脏中产生。这些过程统称为化学物理觉，主要依赖于激活瞬时受体电位通道（TRP）这一阳离子通道家族的各类成员。例如，TRPV1 能被辣椒中的辛辣化合物和细胞外酸中毒激活，TRPM8 能被薄荷醇和其他凉感化合物激活，TRPA1 对亲电活性物质和其他多种化学刺激物具有很强的敏感性。本章总结了目前采用相关激动剂激活这些通道的分子机制的最新理论。阐明这些机制对于理解化学刺激引起的感觉现象和行为基础，以及设计针对感觉障碍的有效治疗策略至关重要。

TRP 通道蛋白在机械、渗透、热、光以及味嗅觉所产生的信号检测和转导过程中起着至关重要的作用（Hardie，2014；Plant，2014；Roper，2014；Shimizu 等，2014；Voets，2014；Vriens 等，2014；Zanini 和 Gopfert，2014；Zufall，2014）。研究发现，食物中很多化学物质能够激活三叉神经纤维末梢的 TRP 通道，导致膜去极化反应和激发动作电位，从而使 TRP 通道最终编码的感觉信息与解剖学上独特的味觉和嗅觉神经所携带的信息不同。如薄荷醇的清新感、辣椒的辛辣感、芥末的（鼻腔）熏刺感以及碳酸饮料的针刺感。此外，有证据表明，有些化学感觉 TRP 通道蛋白在口鼻角化细胞中有表达（Kawashima 等，2012；Kido 等，2003；Kun 等，2012；Seki 等，2006；Stander 等，2004），表明这些细胞和感觉神经末梢之间产生了额外的信号转导。目前有许多讨论化学感觉 TRP 通道的病理生理和治疗相关性的报道（Moran 等，2011；Nilius 和 Appendino，2013；Nilius 和 Szallasi，2014；Roper，2014；Sexton 等，2014；Shimizu 等，2014）。在本章中，我们将向读者详细介绍 TRP 通道在化学物理觉中的分子机制。尽管很多 TRP 通道蛋白均可在整个口腔和鼻腔中表达，但这里我们只关注 TRPM8、TRPV1 和 TRPA1。这些通道蛋白都与日常饮食中体验到的化学物理觉最相关，也是化学诱导激活的分子机制的最好解释。

TRPM8、TRPV1 和 TRPA1 通道由四聚体结构蛋白组成，每个单体含有 6 个跨膜结构域（S1-S6）及胞内 *N*-末端和 *C*-末端。S5 和 S6 段及 S5-S6 连接体（P-环）形成了阳离子通道的孔形结构（Owsianik 等，2006）。与 TRPM8 相比，TRPV1 和 TRPA1 均在 *N*-末端包含几个通道功能所需的锚蛋白域。*C*-末端包含多个关键结构域，如 TRP 域，主要负责四聚体结构和通道功能。近期的一篇综述中详细阐明了 TRPM8、TRPV1 和 TRPA1 的明确结构、生物物理特性、表达模式和病理生理相关性（Almaraz 等，2014；Bevan 等，2014；Zygmunt 和 Hogestatt，2014）。这些通道在化学物理觉中的作用很大程度上取决于其在口鼻腔黏膜感觉神经末梢上的表达情况。然而，应该强调的是，绝大多数的解剖学研究都是在小鼠身上进行的，对于 TRPM8、TRPV1 和 TRPA1 功能的精确定位及其在口鼻喉部位非特异性但高度相关的

TRP 激动剂［如薄荷醇和异硫氰酸烯丙酯（也称芥籽油）］检测中的作用仍需进一步研究。

4.2 TRPM8

最初的研究表明 TRPM8 可以被天然凉感化合物薄荷醇激活，这种化合物存在薄荷属植物如辣薄荷中（Nilius 和 Appendino，2013）。与人类化学物理觉相关的 TRPM8 天然激动剂有：薄荷酮、香叶醇、芳樟醇、桉树脑、羟基香茅醛和樟脑（Behrendt 等，2004；McKemy 等，2002；Selescu 等，2013）。此外，TRPM8 也可以被合成化合物（如超冷剂 Icilin）激活（Almaraz 等，2014）。

在此，必须指出，尽管薄荷醇也可以激活小鼠 TRPV3（McFrason 等，2006）和 TRPA1（Kalasima 等，2007），抑制鸡和大鼠的感觉神经元的电压门控性钙离子通道（Swandulla 等，1987）和大鼠感觉神经元的电压门控钠离子通道（Gaudioso 等，2012），但薄荷醇主要作为 TRPM8 的特异性激动剂应用于多个研究中。此外，薄荷醇通过调节神经系统的 γ-氨基丁酸（GABA）和甘氨酸受体增强神经元电流（Hall 等，2004；Zhang 等，2008）。关于薄荷醇激活作用（未使用 TRPM8 敲除小鼠或高选择性 TRPM8 拮抗剂进行适当控制）的 TRPM8 功能表达的报道必须非常谨慎。

4.2.1 TRPM8 功能的数学模型：关于凉感通道的激烈争论

令人惊讶的是，单通道水平上薄荷醇对 TRPM8 的影响研究甚少。研究表明，薄荷醇存在时，TRPM8 通道具有不同的电导系数（Hui 等，2005；McKemy 等，2002）、通道开放频率和电压依赖性（Hui 等，2005）。但由于没有受控条件下 TRPM8 通道特性的比较研究，因而不能确定薄荷醇对电压门控通道的实际影响。Gkika 等（2015）近期的一项研究表明，薄荷醇主要通过影响闭合状态间的转变来增加通道开放的频率。进一步分析结果表明，薄荷醇增加了转变到开放状态的速率，并将闭合状态转变的速率降低了大约 20%。

TRPM8 是至今为止门控特性数学描述研究最充分的化学感觉的 TRP 通道。目前提出了很多相关的数学模型来阐明电压、温度和薄荷醇对 TRPM8 的影响。这些模型可以分为两类。一类是 Monod-Wyman-Changeux（MWC）模型（Changeux，2012），该模型认为薄荷醇结合后稳定了通道开放状态（Janssens 和 Voets，2011；Voets 等，2007）。通道的开放或闭合均具有电压依赖性和温度依赖性［图 4.1（a），后面将进一步解释］。电压依赖性通道开放概率 P_0（V）可以用经典的 Boltzmann 函数来描述，P_0（V）在极负电位下趋于零，在极正电位下趋于 1：

$$P_0(V)=\frac{1}{\left(1+\exp\left(-\frac{zF}{RT}(V-V_{1/2})\right)\right)} \tag{4.1}$$

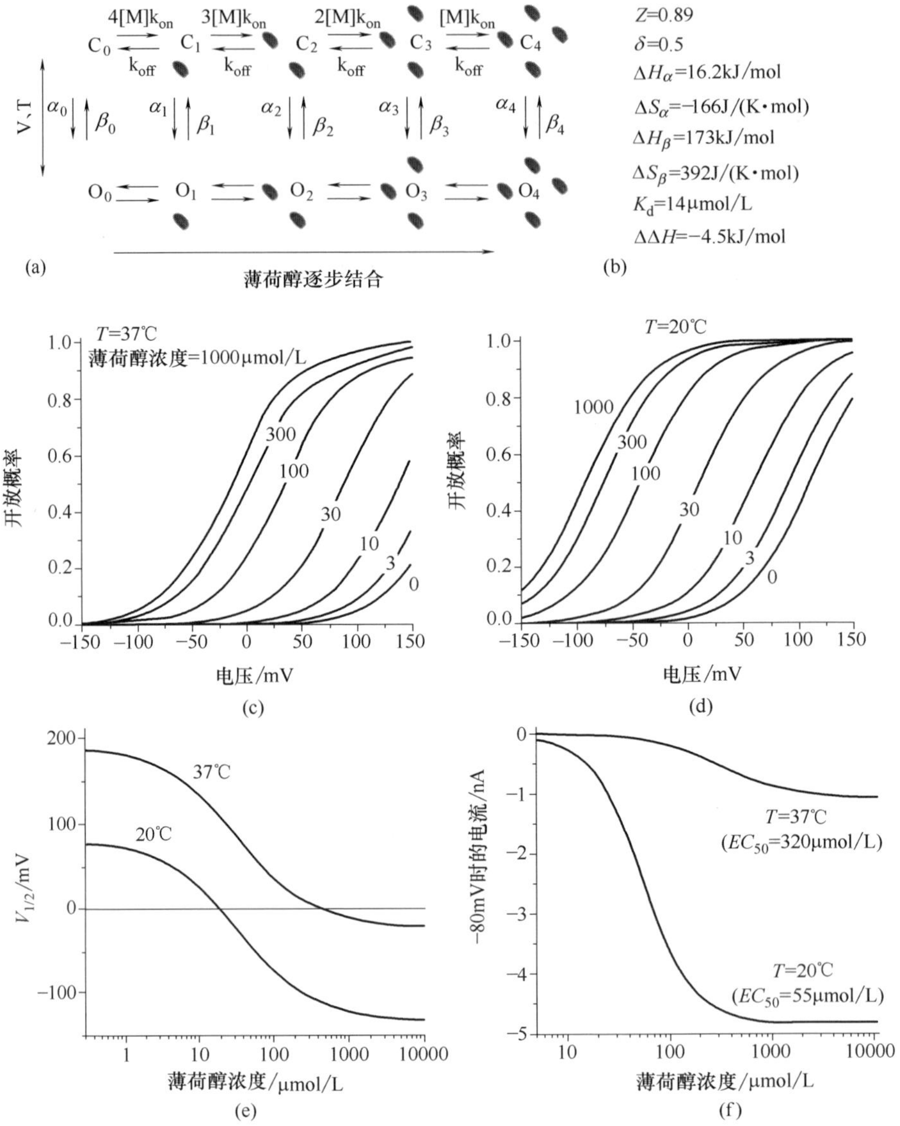

图 4.1　模拟薄荷醇对 TRPM8 门控的影响

注：(a) Monod-Wyman-Changeux 模型，描述了电压、温度和薄荷醇对 TRPM8 门控的影响。C_i 和 O_i 分别表示通道的不同闭合和开放状态（i=0、1、2、3 或 4）。在不同状态下，与通道结合的薄荷醇分子的数量用薄荷叶的数量表示。速率常数 k_{on} 和 k_{off} 分别与单一 TRPM8 通道单体的薄荷醇结合和释放有关。速率常数 α_i 和 β_i 与通道开放（从 C_i 到 O_i 的转变）和闭合（从 O_i 到 C_i 的转变）相关，并且对电压和温度有明确的依赖性（见左边的 V、T）。

(b) 定义 TRPM8 热力学模型的参数值列表（Voets 等，2007）。

(c) 和 (d) MWC 模型模拟不同薄荷醇浓度下 TRPM8 活化的电压依赖性（式 4.14）。模拟温度为 37℃ (c) 或 20℃ (d)。薄荷醇浓度（μmol /L）从右到左：0、3、10、30、100、300 和 1000。

(e) 薄荷醇模拟温度为 37℃（上曲线）或 20℃（下曲线）时，TRPM8 的最大半激活电压的依赖性 [$V_{1/2}=V_{act}-\Delta V_{薄荷醇}$，见式 (4.14)]。

(f) 在 37℃（上曲线）与 20℃（下曲线）时，-80mV 的内向 TRPM8 电流下薄荷醇的浓度依赖性比较。电流通过此公式计算 $I=N\cdot P_0\cdot g\cdot(-80-V_{rev})$，其中 N 为通道数（设为 1000），P_0 为根据式 (4.14) 计算出的 -80mV 时的通道开放概率，g 为单通道电导率（=80pS），V_{rev} 是反转电位（=0mV）。

其中，z 为通道的表观门控价，F 为法拉第常数（9.64 · 104C/mol），R 为气体常数（8.31J/K），T 为绝对温度，V 为膜电位，$V_{1/2}$为最大半激活电压。

另一类是基于模块化（或层列式）模型，其中温度、电压和薄荷醇被认为可独立激活TRP 通道。这些分层模型的另一个显著特征是去极化只是部分通道激活剂（Brauchi 等，2004；Matta 和 Ahern，2007；Raddatz 等，2014；Taberner 等，2014）。值得注意的是，模块化模型通常被称为“变构模型”（与 MWC 相反）。这可能令人困惑，因为它忽略了 MWC 模型中所指明薄荷醇对通道门控特性的变构效应这一事实（Janssens 和 Voets，2011；Voets 等，2004；Voets 等，2007）。

MWC 模型和模块化模型的适用性一直存在激烈争论，在我们看来，它们均不完全令人满意。例如，这些模型没有考虑薄荷醇结合和释放的速率，因此不能完整的描述其对电流动力学的影响。此外，MWC 模型是假设在没有薄荷醇情况下，人类 TRPM8 的门控可以用一个两态闭开模型来描述（Janssens 和 Voets，2011；Voets 等，2007）。然而，尽管这有助于准确描述离子电流的动力学和稳态特性，但单通道数据表明确实存在多个开放和闭合状态（Fernandez 等，2011；Hui 等，2005）。

鉴于其复杂性，模块化模型原则上可以提供更好的备选方案来描述单通道动力学的细节。然而，目前可用的最详细的模块化模型并不包括薄荷醇的影响（Raddatz 等，2014）。另外，Matta 和 Ahern（2007）提出了一个薄荷醇对 HEK 293F 细胞转染大鼠 TRPM8 通道门控作用的模块化模型。他们断然否定了 MWC 模型并声明全细胞电导 $G(V)$ 应该被描述为：

$$G(V)=\frac{I(V)}{V}=\frac{G_{\mathrm{Max}}-G_{\mathrm{Min}}}{\left(1+\exp\left(-\frac{zF}{RT}(V-V_{1/2})\right)\right)}+G_{\mathrm{Min}} \tag{4.2}$$

其中，$I(V)$ 为在不同膜电位下测量的稳态电流，G_{Max}和 G_{Min}分别为在极正或负膜电位下确定的全细胞电导。报道显示，在有 0.8 或 6mmol/L 薄荷醇存在情况下，G_{Max}和 G_{Min}均比对照组大，并以此作为薄荷醇不具有电压依赖性效应（即电压和薄荷醇可独立激活 TRPM8 通道）以及去极化是部分通道激活剂的证据。

然而，现有实验数据解释中仍然存在很多争议（Zhu，2007）。特别是，在极端电压和高薄荷醇浓度（1mmol/L）下电流测定可能受到泄漏和/或背景成分的影响，从而使 $G_{\mathrm{Min}}>0$。值得注意的是，Taberner 等（2014）的一份报告显示，在 1mmol/L 薄荷醇存在的情况下，G_{Min}等于零。此外，G_{Max}的最终增加不仅可以用一个更大的最大开放概率来解释，还可以通过在质膜或单通道电导表达的功能通道数量的增加来解释。Matta 和 Ahern 提供的数据不能区分这些可能性，因此不能确切地证明薄荷醇以与电压无关的方式独立激活 TRPM8。重要的是，迄今为止，Fernandez 等（2011）所开展的关于 TRPM8 最佳单通道特性研究清楚地表明，在 20℃、极正电位下，电压依赖性的开放概率实际上达到饱和 1。这意味着众所周知的薄荷醇的强大增效作用不能用最大开放概率的增加来解释，而是通过 MWC 模型预测的通道激活的电压依赖性的负偏移来解释（Janssens 和 Voets，2011；Voets 等，2007）。此外，对单通道动力学更详细的分析表明，冷却和去极化对决定 TRPM8 门控的速率常数有类似的影响（Fernandez 等，2011），这支持了这些刺激会影响 MWC 模型中的相同门控步骤的想法（Janssens 和 Voets，2011；Voets 等，2007）。最后，薄荷醇对 Voets 小组使用的人类异构体（Janssens 和 Voets，2011；Voets 等，2007）以及 Matta 和 Ahern（2007）使用的大鼠异构体影响的差异可能导致了这些研究数据之间的差异。

综上，我们认为 MWC 模型是解释薄荷醇对 TRPM8 通道门控影响最简洁的模型。接下来，我们对方程的数学推导过程进行了详细描述，以便于从机械角度模拟和理解 TRPM8 的功能性质。

如图 4.1（a）所示，MWC 模型要求 TRPM8 结构中的 4 个单体同时经历闭合态和开放态间转变，并要求薄荷醇与每个单体逐步结合。

通道开放概率 P_O 为：

$$P_O = P_{O0} + P_{O1} + P_{O2} + P_{O3} + P_{O4} \tag{4.3}$$

其中，P_{Oi} 为通道处于第 i 开放态的概率［图 4.1（a）］。

开放态之间的平衡取决于薄荷醇浓度［M］以及薄荷醇结合（k_{on}）和释放（k_{off}）速率。假设薄荷醇与任何单体的结合不影响与其他单体的结合，那么在相邻开放态下通道开放概率之间的关系可以描述为：

$$P_{Oi} = P_{Oi-1}\frac{(5-i)\cdot[\mathrm{M}]k_{on}}{i\cdot k_{off}} = P_{Oi-1}\frac{(5-i)\cdot[\mathrm{M}]}{i\cdot k_d} \tag{4.4}$$

其中 $i=0$ 到 4，$k_d = k_{off}/k_{on}$ 是在开放构象中每个通道单体的结合亲和力。

结合式（4.3）和式（4.4）得到：

$$P_O = P_{O0}\cdot\left(1+4\frac{[\mathrm{M}]}{K_d}+6\left(\frac{[\mathrm{M}]}{K_d}\right)^2+4\left(\frac{[\mathrm{M}]}{K_d}\right)^3+\left(\frac{[\mathrm{M}]}{K_d}\right)^4\right) \tag{4.5}$$

或者

$$P_O = P_{O0}\cdot\left(1+\frac{[\mathrm{M}]}{K_d}\right)^4 \tag{4.6}$$

对闭合状态的类似分析得出：

$$P_C = P_{C0}\cdot\left(1+\frac{[\mathrm{M}]}{K_d'}\right)^4 \tag{4.7}$$

其中 K_d' 是薄荷醇在闭合构象中各通道单体的结合亲和力。

状态 O_0 和 C_0 之间的平衡可以用下式描述：

$$P_{C0} = P_{O0}\cdot\exp\left(-\frac{zF}{RT}(V-V_{act})\right) \tag{4.8}$$

其中 V_{act} 是不存在薄荷醇时开放概率为 0.5 的电压。

将 P_{C0} 代入式（4.7）中，得到：

$$P_C = P_{O0}\cdot\left(1+\frac{[\mathrm{M}]}{K_d'}\right)^4\cdot\exp\left(-\frac{zF}{RT}(V-V_{act})\right) \tag{4.9}$$

如果我们从这个方程中分离出 P_{OO} 并将其代入式（4.6）中以及分离出 P_C 我们会发现：

$$P_C = P_O \cdot \frac{\left(1+\frac{[\mathrm{M}]}{K_d'}\right)^4}{\left(1+\frac{[\mathrm{M}]}{K_d}\right)^4} \cdot \exp\left(-\frac{zF}{RT}(V-V_{act})\right) \tag{4.10}$$

最后，将 P_C 替换为归一化条件 $P_O+P_C=1$，分离 P_O 我们得到：

$$P_O(V) = \frac{1}{\left(1+\frac{\left(1+\frac{[\mathrm{M}]}{K_d'}\right)^4}{\left(1+\frac{[\mathrm{M}]}{K_d}\right)^4} \cdot \exp\left(-\frac{zF}{RT}(V-V_{act})\right)\right)} \tag{4.11}$$

指数前的因子可以写成：

$$\frac{\left(1+\frac{[\mathrm{M}]}{K_d'}\right)^4}{\left(1+\frac{[\mathrm{M}]}{K_d}\right)^4} = \exp\left(-4 \cdot \ln\left(\frac{1+\frac{[\mathrm{M}]^4}{K_d}}{1+\frac{[\mathrm{M}]^4}{K_d'}}\right)\right) \tag{4.12}$$

那么，

$$P_O(V) = \frac{1}{\left(1+\exp\left(-\frac{zF}{RT}(V-V_{act})-4 \cdot \ln\left(\frac{1+\frac{[\mathrm{M}]}{K_d}}{1+\frac{[\mathrm{M}]}{K_d'}}\right)\right)\right)} \tag{4.13}$$

这个方程可以写成：

$$P_O(V) = \frac{1}{\left(1+\exp\left(-\frac{zF}{RT}(V-V_{act}+\Delta V_{薄荷醇})\right)\right)} \tag{4.14}$$

其中，

$$\Delta V_{薄荷醇} = 4\frac{RT}{zF}\ln\left(\frac{1+\frac{[\mathrm{M}]}{K_d}}{1+\frac{[\mathrm{M}]}{K_d'}}\right) \tag{4.15}$$

通过考虑微观可逆性的原理，可以发现 K_d 和 K_d' 之间的关系，即：

$$\alpha_0 \cdot 4k_{on} \cdot \beta_1 \cdot k'_{off} = \beta_0 \cdot 4k'_{on} \cdot \alpha_1 \cdot k_{off} \tag{4.16}$$

那么，

$$K_d' = K_d \frac{\alpha_1 \cdot \beta_0}{\alpha_0 \cdot \beta_1} \tag{4.17}$$

速率常数 α_i 和 β_i 可通过艾林速率理论确定：

$$\alpha_i = \frac{k_B T}{h}\exp\left(\frac{-\Delta H_{\alpha_i}+T\Delta S_{\alpha_i}+z_i F\delta V}{RT}\right) \tag{4.18}$$

和

$$\beta_i=\frac{k_B T}{h}\exp\left(\frac{-\Delta H_{\beta_i}+T\Delta S_{\beta_i}-z_i F(1-\delta)V}{RT}\right) \tag{4.19}$$

其中，k_B是玻尔兹曼常数（1.38×10^{-23}J/K），h 是普朗克常数（6.63×10^{-34}J·s），δ 是门控电荷感应的局域电场与膜电位 V 之间的耦合关系，$\Delta H_{\alpha i}$、$\Delta S_{\alpha i}$、$\Delta H_{\beta i}$和 $\Delta S_{\beta i}$是与开启和闭合转变相关的相应焓和熵值变化（Talavera 等，2007）。

通过在式（4.17）中引入相应速率常数的表达式。我们得到：

$$K_d'=K_d\exp\left(\frac{-\Delta H_1^{\ddagger}+T\Delta S_1^{\ddagger}+\Delta H_0^{\ddagger}-T\Delta S_0^{\ddagger}+FV(z_1-z_0)}{RT}\right) \tag{4.20}$$

其中，$\Delta H_0^{\ddagger}$（$=\Delta H_{\alpha0}-\Delta H_{\beta0}$）、$\Delta S_0^{\ddagger}$（$=\Delta S_{\alpha0}-\Delta S_{\beta0}$）、$\Delta H_1^{\ddagger}$（$=\Delta H_{\alpha1}-\Delta H_{\beta1}$）、$\Delta S_1^{\ddagger}$（$=\Delta S_{\alpha1}-\Delta S_{\beta1}$）是开放和闭合状态之间的焓和熵的差异，$z_0$和 z_1是表观门控电荷的相应价态。

假设薄荷醇对激活曲线的斜率没有显著影响（Janssens 和 Voets，2011；Voets 等，2007 年）我们可以认为所有表观门控电荷都有相同的价态（$z_i=z$）。此外，薄荷醇不会改变最大半激活电压与温度之间依赖关系的斜率（Janssens 和 Voets，2011；Voets 等，2007），表明对所有转换来说 $\Delta S_i^{\ddagger}$ 是相同的（$=\Delta S^{\ddagger}$）。

那么，

$$K_d'=K_d\exp\left(\frac{-\Delta H_1^{\ddagger}+\Delta H_0^{\ddagger}}{RT}\right)=K_d\exp\left(\frac{-\Delta\Delta H}{RT}\right) \tag{4.21}$$

其中，$\Delta\Delta H$ 是由薄荷醇与各个通道单体结合诱导的开放和闭合状态之间焓差的变化。

那么，$\Delta V_{薄荷醇}$可以写成：

$$\Delta V_{薄荷醇}=4\frac{RT}{zF}\ln\left(\frac{1+\frac{[\mathrm{M}]}{K_d}}{1+\frac{[\mathrm{M}]}{K_d}\cdot\exp\left(\frac{\Delta\Delta H}{RT}\right)}\right) \tag{4.22}$$

由此我们可以确定，在饱和薄荷醇浓度下，$\Delta V_{薄荷醇}$达到最大值 $\Delta V_{薄荷醇,\mathrm{Max}}$，可以写成：

$$\Delta V_{薄荷醇,\mathrm{Max}}=-4\frac{\Delta\Delta H}{zF} \tag{4.23}$$

此表达式类似于先前推导出的温度对最大半数激活电压的影响（Nilius 等，2005）：

$$\frac{\mathrm{d}V_{act}}{\mathrm{d}T}=-\frac{\Delta S^{\ddagger}}{zF} \tag{4.24}$$

该方程表明，TRP 电压门控通道对温度的高灵敏性是由于开放和封闭状态的熵差较大以及门控电荷较少（Voets 等，2007）。实际上，与传统的电压门控通道相比，它有较多的门控电荷（7~14 个单一电荷；Hille，2001）并且对膜电位的变化非常敏感，所有已知的 TRPs 电压门控通道都有极少的门控电荷（<1 单位电荷；Nilius 等，2005；Talavera 等，2007；Voets 等，2007）。

有趣的是，式（4.23）推导出了两个类似的结论。首先，薄荷醇可诱导的最大位移与在薄荷醇结合时开放状态稳定所涉及的能量（$\Delta\Delta H$）成正比。其次，$\Delta V_{薄荷醇,\mathrm{Max}}$与 z 成反比，表明 TRPM8 对薄荷醇的高灵敏度至少部分原因是由于其门控电荷数量较少决定的。人们很容易猜到同样的原理可能也适用于其他电压门控通道和配体门控 TRP 通道。

通过式（4.14）、式（4.23）和式（4.24）可以进一步解释 MWC 模型的电位以再现实验数据。模块化模型多次被描述为有可能将不同刺激（去极化，温度变化和化学激动剂）的作用与不同通道域联系起来（Almaraz 等，2014；Brauchi 等，2006；Matta 和 Ahern，2007）。这一特征被认为是这类模型优于 MWC 模型一个标志，以解释特定结构变化会改变对某些刺激的反应，而对其他刺激的反应则不受影响这一事实（见后文）。然而，重要的是，要注意 MWC 模型也具有这种优势。事实上，式（4.14）、式（4.23）、式（4.24）清楚地表明，由于完全不同的通道结构的改变而产生的 z、$\Delta\Delta H$、K_d、和 $\Delta S^{\ddagger}$ 的变化可能会分别独立影响通道对电压、薄荷醇功效及薄荷醇亲和力的灵敏度以及对温度的敏感性。换言之，虽然 MWC 模型的特点是反应温度和电压之间的紧密联系，但它可以根据结构决定因素进行模块化，以检测不同的刺激类型。

图 4.1（b）中显示的参数集从 MWC 模型中获得的一些模拟。在 $T=35$℃、无薄荷醇时，通道在极正电位下激活，具有最大半数激活电压 $V_{1/2}=V_{act}=+188$mV［图 4.1（c）］。在 20℃时，通道被以比 37℃时更低的负电位激活。在该温度及薄荷醇不存在的情况下，$V_{1/2}=V_{act}=+78$mV。增加薄荷醇浓度将激活曲线转移到负电位［图 4.1（c）～（e）］，这在膜电位的生理范围内出现通道的显著激活现象。薄荷醇引起的最大值 $\Delta V_{薄荷醇,Max}$ 为 -210mV［式（4.23）］。温度的影响可通过稳态电流-薄荷醇浓度函数（图 4.1f）反映。综上所述，该模型解释了 TRMP8 的主要特征，如通道激活的电压依赖性转移到由薄荷醇和凉感的增强效应所诱导的负电位。因此，MWC 模型对于探索 TRPM8 在描述凉感和薄荷醇对感觉神经元兴奋性影响的数学模型中的作用极其有用。

4.2.2 薄荷醇激活 TRPM8 的结构测定

结构-功能相关的研究已经确定了 TRPM8 化学激活的几种决定性因素。Bandell 等（2006）利用高通量随机诱变筛选法发现，在跨膜段 S2（Y745）中存在的残基突变为组氨酸，从而导致薄荷醇激活通道剂量依赖性增加。另一方面，L1009（*C*-末端区域）精氨酸的突变降低了薄荷醇的功效（图 4.2）。这两种突变都导致薄荷醇的凉感敏感性降低，但不影响通道激活的电压依赖性、对凉感和 PIP_2（激动剂，4,5-二磷酸磷脂酰肌醇）的调节。

然而，本研究也表明，Y745 和 L1009 残基并不是薄荷醇激活 TRPM8 的唯一决定因素。事实上，将 TRPM8 的氨基酸序列与同族但对薄荷醇不敏感的 TRPM2 的氨基酸序列进行比较，结果表明 Y745 较为稳定，TRPM8 中 L1009 残基突变为 TRPM2 中相应的脯氨酸，但对薄荷醇的敏感性并没有降低。此外，某些通道嵌合体（如 TRPM2 的 *C*-末端序列的短片段被替换到了 TRPM8 的 L1009 附近的相应位置）对薄荷醇也很敏感。最后，TRPM8 的 S2 段和 TRP 结构域转移至 TRPM2 会导致嵌合通道对薄荷醇不敏感。

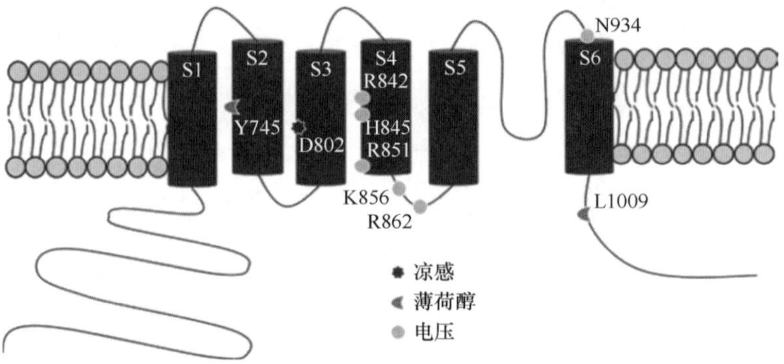

图 4.2　TRPM8 结构图：残基位置对凉感（中间）、薄荷醇（左）和膜电位（右）的重要影响

Voets 等（2007）随后的一项研究专门揭示 TRPM8 激活的电压、凉感和薄荷醇依赖性和结构决定因素之间的关系。结果表明，与野生型相比，S4 段上带正电荷的残基和假定的 S4-S5 连接中性的残基发生突变，导致通道的门控电荷减小。因此，R842 和 K856 残基被认为电压传感器的一组成部分（图 4.2）。值得注意的是，R842A 突变体对薄荷醇的敏感性降低，对于通道激活的电压依赖性（$EC_{50,\Delta V}$）偏移的半数影响需要更高的薄荷醇浓度。另一方面，K856A 突变体的薄荷醇敏感性比野生型 TRPM8 更高，并表现出更低的 $EC_{50,\Delta V}$ 和更高的最大效应（$\Delta V_{薄荷醇,Max}$）。与此同时，野生型 TRPM8 的薄荷醇结合亲和力也发生了变化，R842A 降低，K856A 增加。有趣的是，发现 L1009R 突变体未改变而 Y745H 突变体降低了薄荷醇的结合力。

综上所述，这些研究有力地表明，在 S2（Y745）和 S4（R842）段中的残基形成了薄荷醇的结合位点，并且其他突变（如在 *C*-末端 TRP 结构域），通过薄荷醇结合下游的反应来影响薄荷醇功效。使用 MWC 模型对野生型和突变型通道的热力学分析支持了这一论点。将模型参数与实验数据拟合后得出，R842 残基突变的通道亲和力常数 K'_d 增大了，而 K856A 残基突变的模型 K_d 较野生型低。另一方面，这些突变并未改变 $\Delta\Delta H$（即薄荷醇功效）。

这一结果揭示确定 TRP 通道化学敏感性时应该考虑的潜在方法学问题。如前所述，通过分析化学品对机械相关门控参数的影响，能够明确识别影响通道功能的结构决定因素（Meseguer 等，2011）。例如，薄荷醇可以诱导突变体 K856A 最大电流和 $\Delta V_{薄荷醇,Max}$ 增加，表明薄荷醇在 TRPM8 突变体比在野生型中更高效。然后，进一步采用 MWC 模型仔细表征 2 个通道，结果表明突变体 K856A 表现出比野生型更大的 $\Delta V_{薄荷醇,Max}$，并不是因为薄荷醇功效（$\Delta\Delta H$）增加，而是其门控电荷较低［式（4.21）］。基于这一点，当 TRPM8 的 S4 中部片段被对薄荷醇不敏感的 TRPM5 相应片段取代时，TRPM8 突变结构表现出比其野生型更低的薄荷醇功效。需注意的是，S4 中另外 2 个片段被取代后产生不活跃的膜蛋白，表明该区域 TRPM8 的特定序列对通道功能至关重要。另一项研究中报道了类似发现，其中 TRPM2 通道孔区（S5-S6）被 TRPM8 取代后生成几乎没有通道活性的嵌合体（Kühn 等，2010）。

Pedretti 等（2011）通过与其他已知结构蛋白质同源性比较建立的 TRPM8 结构模型确定 S2 和 S4 区段残基是 TRPM8 与薄荷醇结合的必需结构（Pedretti 等，2011；Pedretti 等，2009）。对接模拟实验表明羟基薄荷醇基团通过 H 键与 Y745 相互作用，而结构的其余部分通过疏水相互作用与非极性残基接触。R842 在薄荷醇结合中作用不太明确，因为在所提出的结构模型中，该残基位于相对远离 Y745 的位置。研究人员认为 R842 可能不与薄荷醇直接接触，但会对结合位点产生稳定作用。根据该研究小组最近一项分子动力学模拟研究表明，薄荷醇与 Y745 的结合破坏了该残基与 D802 的相互作用，使其接近 R842，导致 S4 区段和通道激活的剧烈构象变化。

对解释 R842 残基在薄荷醇结合中所起作用还存在另外一种可能，认为在 TRPM8 真实结构中，R842 和 Y745 距离比模型预测更小，由此，羟基薄荷醇基团可以与 R842 直接相互作用或通过 H 键与 Y745 作用。R842 和 Y745 是稳定薄荷醇结合的必需残基。

前面提到的模拟预测激发了 Winking 等（2012）的研究兴趣，以确定 S3 区段残基在薄荷醇敏感性中所起作用。研究发现，D802N 突变并未降低 TRPM8 对薄荷醇的敏感性，但严重影响对冷感的响应。该区域的其他突变确实影响薄荷醇（和凉感）敏感性，但这与质膜上糖基化蛋白缺失有关，表明突变体通道的一般功能已受损。需注意的是，与野生型 TRPM8 相比，未经糖基化的突变体 N934Q 显示出通道激活的电压依赖性，其转变为更高的正电位，降低对冷感和薄荷醇的反应（Pertusa 等，2012）。

Pedretti 等（2009；2011）报道过 S3 和 S4 段残基间存在相互作用，Kühn 等（2010）通过对转变为带反相电荷残基突变体的性质分析，进一步确认了这种相互作用。研究发现突变体 R842D 和 R842E 并非功能性通道，推测与蛋白质成熟度不足有关。有趣的是，替代残基 D802R 保留了这些突变体功能。更令人惊讶的是，产生的双突变体在电压依赖性门控方面与野生型通道几乎没差别，并且对凉感和薄荷醇保持了几乎完全的响应能力。重要的是，这些结果表明 R842 并不参与构成薄荷醇结合位点，并且发现阻止薄荷醇结合的突变 R842A（Voets 等，2007）可能使该化合物与残基 Y745 的相互作用不稳定。另外，这些数据表明在 S3 和 S4 中存在相反电荷的氨基酸对是通道功能所必需的要素。然而，与野生型相比，突变 D802R 导致形成了具有相似的电压依赖性和薄荷醇敏感性通道（尽管对凉感的敏感性会降低）。对这些结果最简单的解释是，对于完整的电压传感器（S4），位置 802 处的氨基酸电荷不是通道功能的决定因素。然而，如果位置 842 处电压传感残基的电荷被反转，则必须在该处引入补偿性变化以形成功能性通道。

近期两项研究中，Pertusa 等（2014）和 Taberner 等（2014）分别对 *N*-末端和 *C*-末端近端区域在 TRPM8 门控中所起作用展开了研究。基于 Phelps 和 Gaudet（2007）对 TRPM8 中 *N*-末端区域的定位及其在四聚体化中的重要性初步报道基础上，Pertusa 等（2012）调查了这些区域突变的功能性后果。研究发现，相对于对照通道构建体（mTRPM8-myc），具有特定结构修饰的通道构建体表现出对薄荷醇响应降低或增强的现象。

另一方面，Taberner 等（2014）发现几种嵌合体和突变体的基础门控特性和薄荷醇效应会发生显著变化，其中部分 TRPV1 被取代到 TRPM8 的 *C*-末端。然而，我们并不认同这些研究人员对薄荷醇效应的分析方法。因为在他们记录条件（30℃）下，通道激活的电压依赖性很大程度上转移到正电位，并且在没有薄荷醇存在情况下开放概率并未达到最大值。同时，我们认为这会导致最大开放概率被低估（即 $G_{Max}<1$）并使用于比较不同通道突变体和嵌合体的门控特性的模块化模型更合理。但是，他们的主要研究结论仍然有效，因为数据表明，*C*-末端区域参与了薄荷醇结合的通道开放机制的形成。

综上所述，现有研究数据表明，薄荷醇与 TRPM8 电压传感核心附近残基相互作用，并且其他通道区域下游序列的门控对于薄荷醇结合也具有重要作用。因此，可以明确指出，想要理解薄荷醇结合的机制及其对通道门控的影响，需要通过直接结构观察和分子动力学模拟进一步展开探索。

4.3 TRPV1

TRPV1 在机体和内脏感觉神经元中分布广泛，主要表达在背根、迷走神经和三叉神经节中的中小直径神经元（Caterina 等，1997；Helliwell 等，1998）。TRPV1 被称为多感觉感受器，能够被香草素、热、质子和膜去极化等多种外源性介质激活。在体内，TRPV1 可探测和整合伤害性的化学和热刺激（Caterina 等，2000；Caterina 等，1997；Davis 等，2000；Tominaga 等，1998）。这一特性对 TRPV1 参与口鼻腔中辛辣味、咸味和一些非营养性甜味剂金属味的产生尤为重要（Riera 等，2007）。

TRPV1 是目前研究最多的 TRP 家族成员之一，大量关于 TRPV1 的药理学特性和病理生理学的研究结果表明在辣椒素存在或不存在（Cao 等，2013；Hellmich 和 Gaudet，2014）时，该通道都具有高分辨率结构。然而，由于缺乏描述化学激动剂对 TRPV1 通道的门控特性影响的定量生物物理模型，因此关于该通道激活机制方面的研究并不深入。

辣椒素，辣椒（辣椒属；Thresh，1876）中主要辛辣成分，是 TRPV1 通道最重要的激活剂，目前影响辣椒素诱导 TRPV1 激活的结构因素的相关研究较多。构建香草素不敏感的 TRPV2 通道和对辣椒素不敏感的 TRPV1 通道的同源性基因（如禽和兔）的嵌合体有助于识别 TPRV1 中 S2 和 S3 区段对辣椒素结合（Jordt 和 Julius，2002）。使用大鼠/兔嵌合体可以鉴定单个氨基酸替代物 I550T，可以赋予对天然辣椒素不敏感的兔同源基因产生敏感性。此外，T550I 的反向取代物，T550I，能减少人与大鼠中 TRPV1 对辣椒素的响应（Gavva 等，2004）。另外，突变分析也支持辣椒素的香草基胺部分与胞质芳香族残基 Y511 及其他极性残基如 S512、R491 和 M547 相互作用的这一推测（Chou 等，2004；Gavva 等，2004；Jordt 和 Julius，2002）。

总之，这表明 T550 对于适应香草基胺残基至关重要，而 Y511 参与了与疏水烃尾的相互作用（Gavva 等，2004）。与此一致的是，模型研究表明辣椒素香草基胺和 Y511 之间存在 π-π 双键和疏水性相互作用，同时相邻的 S512 也参与氢键作用。同样，羰基也通过氢键与 Y511 和 K571 相互作用（Lee 等，2011）。Cao 等（2013）近期基于大鼠低温电子显微镜成像研究结果报道 TRPV1 与辣椒素结合的结构模型。该模型证实了 S3 和 S4 作为辣椒素宿主介入了提供了辣椒素的结合位点（图 4.3）以及该模型中 Y511 存在两个配体依赖型旋转异构体，表明香草素可能遵循“诱导拟合”机制。此外，他们发现了 S4-S5linker 和位于相邻亚基 S6 的 L669 也会起作用。因此，假定辣椒素位点会同时影响两个直接参与孔域结构的区域，即 S4-S5linker 和 S6。具体来说，辣椒素诱导的构象变化通过增加残基 G643 的羰基氧之间的距离，来扩展外孔区域的选择性过滤器。此外，M644 的向下运动进一步促进了过滤器的扩展。同样地，在 S6 中的 I679 远离孔道的中心轴线旋转，扩大了下闸门。所有这些都被认为会导致孔域扩大。

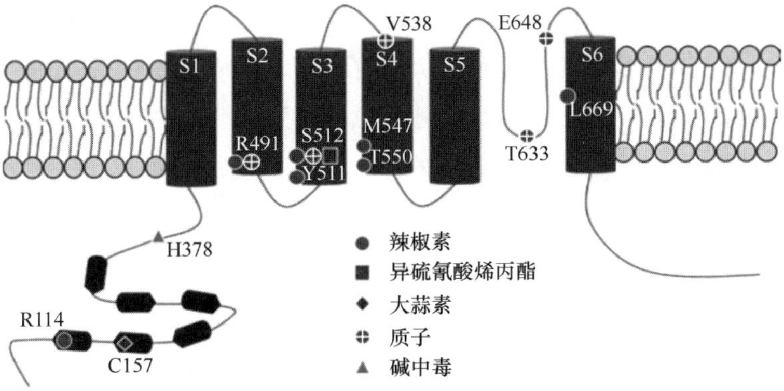

图 4.3　TRPV1 结构图：残基位置对辣椒素、异硫氰酸烯丙酯、大蒜素、质子和碱中毒的重要影响

有趣的是，目前的证据排除了最初提出的 *N*-末端的 R114 是辣椒素的结合位点（Jung 等，2002）。然而，这种残基是辣椒素亲水相互作用的必需结构，或者它可能在锚蛋白域 1（多个其他调节配体结合的区域）附近的调节结构域中至关重要。已知 R114 和 Y199 参与 TRPV1 通道的 ATP 结合位点（Lishko 等，2007）。

与辣椒素类似，一些具有香草基结构的植物源分子可以以不同效力激活 TRPV1 通道。这些物质包括：存在于黑胡椒或白胡椒，胡椒碱和胡椒基-哌啶（Izzo 等，2001；Mandadi 和 Roufogalis，2008）等生物碱、丁香酚（一种来自丁香和肉桂叶油中的酚）、姜辣素及姜酚（来自生姜 Holzer，2008；Mandadi 和 Roufogalis，2008）和一些精油（百里香、玫瑰、玫瑰草）中存在的物质，如香茅醇和香叶醇（Nilius 和 Appendino，2013）。尽管这些化合物的激活机制尚未阐明，但它们很可能与前面所描述的辣椒素的结合位点相同。

除了香草素，一些植物源化合物也是 TRPV1 激动剂，如蒜中的有机硫化物大蒜素（Salazar 等，2008）、芥末酱和山葵中的刺激感物质异硫氰酸烯丙酯（AITC）等。尽管激活机制与香草素不同，但这些化合物均可激活 TRPV1（Everaerts 等，2011；Ohta 等，2007）。

大蒜素通过共价修饰*N*-末端结构域中的单个半胱氨酸残基（即第二个锚蛋白结构域中内螺旋2内的C157）激活TRPV1（Salazar等，2008）。另一方面，AITC是通过对辣椒素敏感性至关重要的残基S512来激活TRPV1（Everaerts等，2011；Gees等，2013）。对于辣椒素诱导的激活，AITC诱导通道激活的电压依赖性向负电压转移，这是TRP通道激动剂常见的特征（Nilius等，2005；Talavera等，2008；Voets等，2005）。这些残基特异性相互作用如何引起通道门控的问题仍有待解决。

这里提到所有TRPV1激动剂均是高亲脂性，据推测，它们在插入或穿过细胞膜后与TRPV1跨膜和/或细胞内结构域相互作用。尽管如此，但TRPV1激活剂并不限于疏水分子。最常用的非营养性甜味剂（阿斯巴甜、糖精、乙酰磺胺酸钾和环己基氨基磺酸钠）已证实在一定剂量下可激活TRPV1（Riera等，2007）。尽管尚未阐明具体机制，但已知Y511突变会影响乙酰磺胺酸钾和甜蜜素反应，但对阿斯巴甜和糖精没有影响（Riera等，2008）。细胞内Y511的鉴定提出了一个有趣但有争议的问题，即这些化合物是否可以在没有特异转运方式的情况下穿过细胞膜。生理pH下，非营养性甜味剂主要以阴离子形式存在，表现出膜不可渗透状态。这个难题能在两亲性阴离子在双层膜的渗透性得到一个尝试性解释（Thomae等，2005）。但是，阴离子的渗透速率远低于酸的非带电形式，这与这些化合物诱导的快速TRPV1电流间存在明显矛盾（Riera等，2007）。据报道，产生金属味的带Cu^{2+}、Mg^{2+}、Fe^{2+}和Zn^{2+}的硫酸盐可以激活TRPV1（Riera等，2007）。然而，目前尚未有关于相互作用的位点或机制的假设。

胞外环中的酸性残基在细胞外pH降低（低于6.2）后容易质子化，从而使TRPV1具有酸敏感性（Bevan和Yeats，1991；Caterina等，2000；Jordt等，2000；Tominaga等，1998）。TRPV1诱变表明质子驱动的激活和酸敏化需要不同的残基（Jordt等，2000）。

例如，上述的S512和R491突变证实这些残基参与了质子反应（Jordt和Julius，2002）。同样，E648突变生成中性氨基酸并选择性地消除质子诱导反应，使TRPV1被质子直接激活，但保留了辣椒素敏感性（Jordt等，2000）。依赖孔道区域内的F660，具有电压依赖性TRPV1被质子激活时向膜负电位转变（Aneiros等，2011）。有趣的是，S3和S4连接部位中的非极性残基V538以及孔螺旋中的T633也是质子介导TRPV1激活的必需要素（Ryu等，2007）。由于这2个残基缺少质子化位点而使它们处于调节功能，从而最有可能影响质子结合与通道门控的耦合（Bevan等，2014）。需注意，细胞内的碱中毒也可以激活TRPV1。细胞溶质pH升高会引发位于锚蛋白结构域和第一跨膜区段间的组氨酸残基H378的脱落（Dhaka等，2009）。

生理温度下，在初级感觉神经元和重组体中表达的TRPV1，浓度范围为0.1%~3%（0.017~0.5mol/L）乙醇诱导使细胞内钙的浓度依赖性显著增加（Trevisani等，2002）。乙醇的激动剂属性与其在TRPV1响应热刺激的敏化作用密切相关。乙醇诱导热响应的表观阈值从42℃降至34℃，从而激活TRPV1。因此，乙醇接触时TRPV1表达感觉传入时被体温激活。较低温度（-23℃）下的电生理记录证实未发现乙醇介导的 TRPV1 激活现象（Trevisani 等，2002），这进一步验证了“敏化介导激活”假说。不幸的是，乙醇诱导的 TRPV1 敏化作用已经引起了研究人员的更多关注，但相关激活机制和分子决定因素研究还处于起步阶段。

4.3.1 TRPV1 激动剂之间的交叉敏化

自然条件下，TRPV1 通道激动剂很少以单一刺激形式存在，比如食品和饮料中的化学和热激动剂通常共同激活 TRPV1 通道。已有大量文献表明不同 TRPV1 激动剂之间存在交叉敏化现象。例如，除了上述的降低热阈值外，乙醇增强通道对辣椒素和质子的敏感性（Trevisani 等，2002）。同样，酸中毒也增强 TRPV1 对辣椒素（Jordt 等，2000；McLatchie 和 Bevan，2001）和 AITC 的敏感性（Gees 等，2013）。正如辣椒素与热敏化（Voets 等，2004）、酸中毒和 AITC 间的交叉敏化主要通过诱导电压依赖性通道的附加位移（Gees 等，2013）。实际上，E600 突变（决定质子激活曲线移动的残基）完全消除了细胞外酸中毒的敏化作用（Aneiros 等，2011）。谷氨酸在该通道外部孔环中通过潜在氢键与主链 Y653 和 D654 相互作用，将外部孔限制为非导电构象。E600 的质子化可能最终破坏了这种三角相互作用，促进门控相关的孔螺旋运动和选择性过滤器的扩张（Cao 等，2013）。另一方面，AITC 诱导激活曲线向负电位方向移动，使其对较低 pH 敏感，同时降低了热诱导激活的表观阈值（Alpizar 等，2014）。

现有一种新说法，从非生理学相关的电压范围到功能相关电压来增加通道电压依赖性的偏移，通过这种方式对敏化作用进行控制（Voets 等，2004）。首先，假设 TRPV1 在开放和闭合状态之间移动，并符合自由能变化（Voets 等，2007）。另一种方法提出通过添加两个与电压无关的传感器变构机制，其中一个传感器反映温度依赖性（Brauchi 等，2004），另一个与配体诱导的变化相关（Matta 和 Ahern，2007）。因此，电压、温度和配体不仅能够独立诱导，也会进行变构合作通道诱导门控。然而，正如之前关于 TRPM8 所述，该模型所依赖的数据并没有证明辣椒素能够以与电压无关的方式激活 TRPV1。

4.4 TRPA1

TRPA1 最初命名为 ANKTM1（来自锚蛋白重复序列和跨膜域），是一种冷刺激激活的阳离子通道，在感觉神经元中大量表达（Story 等，2003）。哺乳动物 TRPA1 的冷刺激敏感性与其病理生理相关性一直是热议话题。在我们看来，大多数争议来自于是否选择适宜 TRP 通道激动剂来确定其在感觉神经元中的功能表达，例如，使用薄荷醇作为 TRPM8 的特定激动剂。通过已有报道的整体回顾，可以确定 TRPA1 具有冷刺激敏感性，并参与冷刺激激发的某些（非所有）行为和生理反应（Aubdool 等，2014；Karashima 等，2007；Voets，2014）。

最初报道（Story 等，2003）及后续相关研究均证实（Kobayashi 等，2005），TRPA1 主要表达在 TRPV1 的小鼠感觉神经元亚群中，而与 TRPM8 的共表达基本可忽略。目前 TRPA1 在人鼻腔组织中表达模式的相关研究较少。少量的人体解剖学研究结果表明，TRPA1 不在舌上皮的感觉神经元中表达，而主要表达在咽和鼻上皮分布的神经元中表达（Peyrot des Gachons 等，2011）。需要注意，这些报道证实了 AITC 是通过激活 TRPV1 通道而非激活 TRPA1 通道来引发人类的舌部感受（Everaerts 等，2011）。

目前研究已证实 TRPA1 通道可以被多种化合物激活。除 2004 首次报道芥籽油、大麻素和肉桂醛之外（Bandell 等，2004；Jordt 等，2004），还有很多化学物质可以激活 TRPA1 通道。但这些激动剂化学特性有很大差异，因此在通道激活机制上也存在很大差异。这方面最有代表性的是亲电子化合物组，如 AITC 和肉桂醛，这些物质主要通过共价修饰 *N*-末端半胱氨酸残基激活通道，从而引发人体产生相关的物理化学觉。最初关于野生型 TRPA1（Hinman 等，2006）（图 4.4）的研究表明，3 个半胱氨酸（C619、C639 和 C663）被取代后的人类 TRPA1 突变体对亲电子化合物响应较弱，同时保留了对非亲电子激动剂［δ-9-四氢大麻酚和 2-氨基乙氧基苯硼酸（2-APB）］的响应。

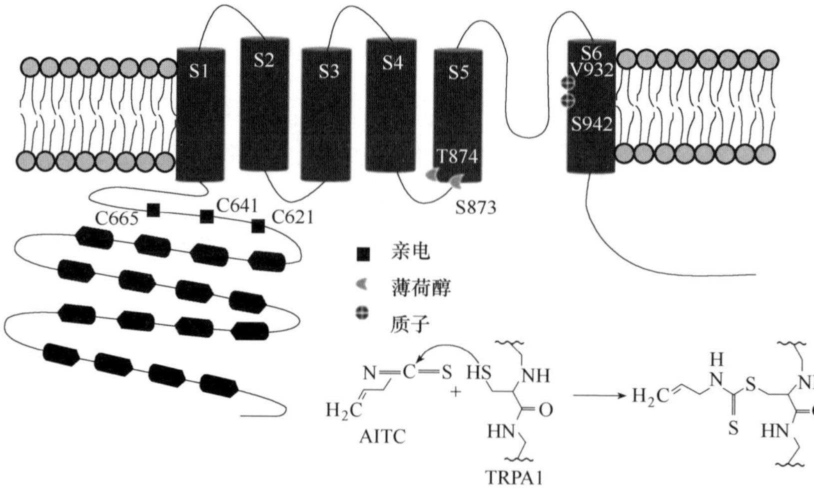

图 4.4 TRPA1 结构图：残基位置对亲电化合物如异硫氰酸烯丙酯、薄荷醇和质子的重要影响

注：右下角是异硫氰酸烯丙酯共价修饰半胱氨酸残基的反应。

此外，赖氨酸残基（K708Q）的突变被证实可以消除人类三联半胱氨酸 TRPA1 突变体对 AITC 的残余响应。Macpherson 等（2007）的一篇报道直接证实了 TRPA1 的共价修饰作用，研究表明免疫沉淀的小鼠蛋白通过烷基标记激动剂（碘乙酰胺、AITC 和超肉桂醛）进行共价标记。此外，未标记激动剂（如碘乙酰胺、AITC、肉桂醛和超级肉桂醛）而非亲电子激动剂 icilin，进行预处理后减少了烷基碘乙酰胺的标记。质谱分析发现至少有 14 个半胱氨酸残基被碘乙酰胺修饰，其中 3 个（C415、C422 和 C622）已证实是通过 AITC 激活通道，而 icilin 则不能激活通道。

需注意，Macpherson 等（2007）与 Hinman 等（2006）的研究结果出现显著差异。前者发现 AITC 诱导了超过 10min 的不可逆通道激活，而后者却证实该化合物洗脱后几分钟内的可逆作用。差异的原因目前尚不清楚，但推测与记录条件、表达系统（非洲爪蟾卵母细胞与哺乳动物细胞）和/或使用不同 TRPA1 亚型（人与小鼠）有关。此外，根据 Hinman 等（2006）的研究结果，激活人体 TRPA1 所需的 3 种半胱氨酸残基被认为位于最后一个锚蛋白重复和第一个跨膜段之间。相反，激活小鼠 TRPA1 的关键半胱氨酸残基位于接近或在锚蛋白重复序列中。这些细节方面的差异对于通过小鼠模型来开展亲电子刺激物引发人类化学感觉的替代研究具有显著意义。

最后，Macpherson 等（2007）研究指出这些残基的突变可能会导致通道结构变化进而与通道功能相互干扰。Zygmunt 和 Högestätt（2014）的近期研究表明 *N*-末端半胱氨酸可能形成二硫键，这对于天然通道结构稳定非常重要。事实上，Wang 等（2012）采用质谱法分析发现在小鼠 TRPA1 中可能存在 4 种组合，即 C666—C622、C666—C463、C666—C193 和 C622—C609。每两个残基可以在不同桥接体中共享，表明这些残基分别代表不同的通道构象。此外，几个半胱氨酸残基对 *N*-甲基马来酰亚胺的反应呈现浓度依赖性，表明动态构象变化改变了这些残基对亲电化合物的亲近性。但需注意的是，半胱氨酸修饰后激活通道的机制尚不明确。此外，正如 Zygmunt 和 Högestätt（2014）所概括，亲电化合物调节 TRPA1 还有其他可能性。首先，其中一些化合物可以激活人类野生型和半胱氨酸三点突变体。第二，其他化合物可以通过共价修饰和形成二硫键来激活通道。第三，额外的非共价相互作用可能导致通道激活。另外，有研究人员提出 AITC 诱导囊泡的胞吐作用，增加了 TRPA1 的膜表达（Schmidt 等，2009）。最后，我们已经报道了典型的亲电子激动剂 AITC 和肉桂醛在药理学相关的高浓度下具有抑制作用（Alpizar 等，2013；Everaerts 等，2011）。

除了亲电化合物之外，已知的 TRPA1 激动剂成员中还包含许多其他化学物质。例如，细胞内 Ca^{2+}（Doerner 等，2007；Zurborg 等，2007），刺激性重金属如 Zn^{2+}、Cd^{2+} 和 Cu^{2+}（Gu 和 Lin，2010；Hu 等，2009），活性氧（H_2O_2，O_3），以及气体信号因子（H_2S、NO、O_2 和 CO_2）（Nilius 等，2012；Shimizu 等，2014；Zygmunt 和 Hogestatt，2014）。

由此可见，Ca^{2+} 和 CO_2 因其与人类化学物理觉的相关性而被关注。实际上，尽管细胞外 Ca^{2+} 本身并非 TRPA1 天然激动剂且也不影响通道功能，但是 Ca^{2+} 渗透通道会强烈增强通道激活（Doerner 等，2007；Zurborg 等，2007），并诱导不可逆转的脱敏过程（Wang 等，2008）。值得注意的是，已经有证据表明，亲电化合物激活 TRPA1 时，通道孔径增加，Ca^{2+} 的相对渗透性增强（Banke，2011；Banke 等，2010；Chen 等，2008；Karashima 等，2010）。所有这些 Ca^{2+} 相关机制被认为具有影响 TRAP1 的化学感觉作用，但其方式尚待阐明。基于这一点，人们可以假设 Ca^{2+} 诱导激活和 Ca^{2+} 通透性增加充当 TRPA1 电流的初始放大器，而

于 Ca^{2+} 依赖性的脱敏现象可以用于终止响应，确保能够恢复感觉神经末梢的反应性以及避免细胞内 Ca^{2+} 超负荷和随之而来的细胞应激。

研究表明 TRPA1 是被胞外高浓度 CO_2 诱导的胞内酸化作用激活（Wang 等，2010）。因此，有研究者提出 TRPA1 激活参与介导高浓度 CO_2 引发的疼痛（或刺激感）感觉。读者可以参考 Roper（2014）的最新报道，深入全面讨论了感官 TRP 在碳酸饮料引发的碳酸感、酸和辛辣感中所起的作用。

目前已知数量最多的一组 TRPA1 激动剂是由非亲电化合物构成，其中包括大麻素（Jordt 等，2004）、局部麻醉剂（Leffler 等，2011；Piao 等，2009）、全身麻醉剂（Fischer 等，2010；Matta 等，2008）、抗真菌化合物（Meseguer 等，2008）、二氢吡啶（Fajardo 等，2008）、非甾体抗炎药（Hu 等，2010；Peyrot des Gachons 等，2011）、伯醇（Komatsu 等，2012）、多不饱和脂肪酸（Materazzi 等，2008；Motter 和 Ahern，2012）、薄荷醇衍生物（Karashima 等，2007）、植物生物碱如咖啡因（Nagatomo 和 Kubo，2008）和尼古丁（Talavera 等，2009）。此外，最近发现 TRPA1 被特定脂多糖（如来自大肠杆菌）激活并介导这些细菌内毒素引发的急性疼痛和神经源性炎症（Meseguer 等，2014）。目前关于 TRPA1 激动剂的作用机制所知甚少，但有研究提出一种可能，即这些作用是基于对插入化合物产生质膜机械性能改变的检测（Hill 和 Schaefer，2007；Meseguer 等，2014）。但仍需进一步研究来验证此假设。后面将进一步讨论薄荷醇，一种目前已知、可调节 TRPA1 的最成熟非亲电化合物。如图 4.5 所示，这一讨论说明了薄荷醇调节 TRPA1 的主要特征，包括双峰效应、TRP 通道家族内外的混杂，以及种间差异。

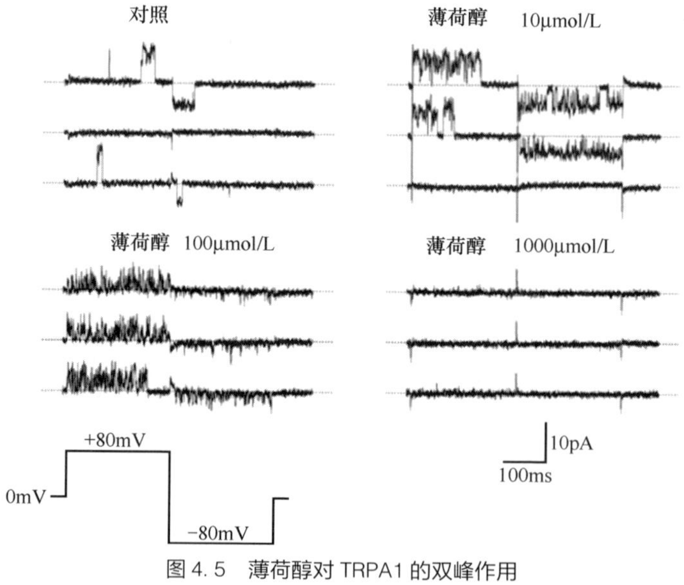

图 4.5 薄荷醇对 TRPA1 的双峰作用

注：CHO 细胞中对照组和测试组（薄荷醇浓度为 10、100 或 1000μmol/L）的 TRPA1 单通道电流记录。虚线表示零电流，每一条件均在三条代表性的电流迹线上显示。薄荷醇诱导使通道活性增加，但也会使通道闪烁阻滞，最终导致高浓度薄荷醇产生强阻滞效果。

左下图显示了在+80（向外电流）和−80mV（向内电流）下诱导通道活动的电压。

资料来源：Karashima 等，2007。

薄荷醇是最具代表性的TRP通道激动剂之一，其对TRPM8激活作用证实了TRP通道除检测热觉和灼热感化合物外，也能检测凉感和产生凉感的化合物（McKemy等，2002；Peier等，2002）。因此，薄荷醇被认为（很不幸至今仍有人认为是）是TRPM8特异性激动剂。此外，薄荷醇因其具有的化学物理觉感觉特性也可作为TRPA1调节剂。尽管已知薄荷醇会使人产生凉感和舒缓感，这些感觉一定程度上是薄荷醇介导TRPM8激活（薄荷醇对TRPM8依赖性的钝化作用），但也会引发热觉、灼热感、刺激感和痛感等。但后者并非由TRPM8介导，因为该通道在伤害型感受器中几乎没有表达。最初报道中认为TRAP1对薄荷醇不敏感（Story等，2003）或被其（Macpherson等，2006）抑制，从而导致薄荷醇在TPRA1中的作用被掩盖。然而，Karashima等（2007）后来对小鼠背根神经节TRPA1电流的影响研究表明低浓度薄荷醇（浓度低于100μmol/L）有刺激作用，较高浓度则会诱导可逆抑制。需要注意的是，阻断浓度下薄荷醇持续洗脱会导致TRPA1电流幅值在基础水平上突然增高。这种反弹效应进一步支持了低剂量薄荷醇可以作为TRPA1激动剂的观点。

单通道电流记录结果表明，10~300μmol/L浓度范围的薄荷醇诱导通道活性增加，表明对通道具有激活作用。但薄荷醇也会引起快速闪烁阻滞，导致平均电流显著降低，且薄荷醇浓度为1mmol/L时不激活TRPA1通道（图4.5）。基于以上研究以及薄荷醇对通道电压依赖性激活的影响，Karashima等（2007）提出了一个假设，该化合物与2个结合位点结合，其中1个确定激活曲线向负电位方向转变（如TRPM8中的薄荷醇和TRPV1中的辣椒素），另一种则引起快速阻滞。后者认为是由于孔阻塞所致，但是抑制变构机制这一因素也不能忽略。

重要的是，Karashima等（2007）研究指出，在薄荷醇增加了背根神经节TRPA1基础电流强度时，薄荷醇抑制了AITC先前增强的电流。这与最初的观察结果一致，即薄荷醇抑制肉桂醛先前激活的TRPA1电流（Macpherson等，2006）并强调该通道化学调控的复杂性。然而，这项研究最有价值的结论是薄荷醇不是TRPM8的特异性激动剂。例如，这对于理解TRPA1（相对于TRPM8）作为冷刺激感受器的作用（Karashima等，2009）以及解释薄荷醇对人类的影响具有重要意义。

有趣的是，Xiao等（2008）报道发现，与小鼠TRPA1相反，薄荷醇可以激活但不会抑制人类的TRPA1，而昆虫中有几种TRPA1亚基对该化合物却不敏感。通过这些功能差异，研究人员采用嵌合方法来确定薄荷醇对mTRPA1抑制作用的分子决定因素。研究发现跨膜片段S5和S6中参与通道孔构成的9个特定残基，是薄荷醇对阻断mTRPA1的必需结构。基于哺乳动物TRPA1序列与果蝇TRPA1序列比较的类似途径，确定了S5区段中残基S876和T877是薄荷醇激活mTRPA1和hTRPA1的关键决定因素。采用与细菌K^+通道KcsA结构相似的TRPM8结构模型进行分子对接模拟研究，发现该孔可以作为薄荷醇的结合位点。但仍需要更直观结构信息和进一步功能分析来证实这种预测，并明确薄荷醇对不同TRPA1亚型作用差异。

需注意的是，报道证实除薄荷醇外，许多其他化合物也对 TRPA1 具有双峰作用，包括代表性的亲电激动剂 AITC（Everaerts 等，2011）、肉桂醛（Alpizar 等，2013）、薄荷醇衍生物（Karashima 等，2007）、柠檬醛（Stotz 等，2008）、尼古丁（Talavera 等，2009）、CO_2（Wang 等，2010）、伞形酮及相关化合物（Zhong 等，2011a）、藁本内酯（Zhong 等，2011b）和樟脑（Alpizar 等，2013）。需注意，这里包含多种不同化学特性的化合物，可以推测通道抑制作用是通道固有的门控特性，而不是由抑制剂的特定作用引起。不管是何种机制，必须明确在开展 TRPA1 的体内化学感觉作用研究时需考虑到这一结果。

需注意，Paulsen 等（2015）报道了一种基于蛋白质低温电镜图像、嵌入在两亲性聚合物中的人类 TRPA1 结构模型。结构模型约有一半覆有蛋白质，并允许所谓的四聚体通道结构确认和特有结构特性的识别，如与稳态多磷酸盐和抑制剂 A-967079 的相互作用位点。然而，目前仅能确认在亲电化合物激活作用的半胱氨酸的胞内位置，而这些化合物作用的机制尚不清楚。

4.5 小结

TRP 通道是目前化学感觉分子机制的研究核心。这些通道的表达模式和响应多种化学物理觉化合物及整合多种刺激的能力，使其在化学物理觉感知中发挥了独特的作用。化学感应 TRP 通道不仅对于食品、饮料、化妆品中化合物检测很重要，在疼痛和镇痛机制研究中也发挥基础性作用。本章主要阐明如何通过不同方法探索天然激动剂对这些通道的激活机制。例如，TRPM8 通道的门控特性数学建模方面研究非常成熟，TRPV1 是唯一一个其部分高分辨率结构可用于推断激动剂作用机制的 TRP 通道，通过 TRPA1 可以更好理解部分激动剂和通道特异性残基间的相互作用。未来研究则希望将所有方法结合应用，并结合这些通道在人类化学感觉组织中表达的解剖学特征，便于我们更好理解香料是如何刺激和激活这些复杂的 TRP 通道和调控我们的化学感官。但是，我们真的想通过揭示潜在的分子机制来破坏这些感觉的魔力吗？

致谢

本研究得到鲁汶大学研究委员会（OT/12/091、GOA/14/011、EF/95/010、PF-TRPLe）和佛兰芒研究基金会（FWO，G. 0702. 12、G. 0C77. 15N）的资助。

参考文献

Almaraz, L., Manenschijn, J. A., de la Peña, E., and Viana, F. 2014. TRPM8. *Handb. Exp. Phar-*

macol. , 222, 547-579.

Alpizar, Y. A. , Boonen, B. , Gees, M. , *et al.* 2014. Allyl isothiocyanate sensitizes TRPV1 to heat stimulation. *Pflügers Arch. EJP*, 466, 507-515.

Alpizar, Y. A. , Gees, M. , Sanchez, A. , *et al.* 2013. Bimodal effects of cinnamaldehyde and camphor on mouse TRPA1. *Pflügers Arch. EJP*, 465, 853-864.

Aneiros, E. , Cao, L. , Papakosta, M. , *et al.* 2011. The biophysical and molecular basis of TRPV1 proton gating. *EMBO J.* , 30, 994-1002.

Aubdool, A. A. , Graepel, R. , Kodji, X. , *et al.* 2014. TRPA1 is essential for the vascular response to environmental cold exposure. *Nat. Commun.* , 5, 5732.

Bandell, M. , Dubin, A. E. , Petrus, *et al.* 2006. High-throughput random mutagenesis screen reveals TRPM8 residues specifically required for activation by menthol. *Nat. Neurosci.* , 9, 493-500.

Bandell, M. , Story, G. M. , Hwang, S. W. , *et al.* 2004. Noxious cold ion channel TRPA1 is activated by pungent compounds and bradykinin. *Neuron*, 41, 849-857.

Banke, T. G. 2011. The dilated TRPA1 channel pore state is blocked by amiloride and analogues. *Brain Res.* , 1381, 21-30.

Banke, T. G. , Chaplan, S. R. , and Wickenden, A. D. 2010. Dynamic changes in the TRPA1 selectivity filter lead to progressive but reversible pore dilation. *Am. J. Physiol. Cell. Physiol.* , 298, C1457-1468.

Behrendt, H. J. , Germann, T. , Gillen, C. , Hatt, H. , and Jostock, R. 2004. Characterization of the mouse cold-menthol receptor TRPM8 and vanilloid receptor type-1 VR1 using a fluorometric imaging plate reader (FLIPR) assay. *Br. J. Pharmacol.* , 141, 737-745.

Bevan, S. , Quallo, T. , and Andersson, D. A. 2014. TRPV1. *Handb. Exp. Pharmacol.* , 222, 207-245.

Bevan, S. , and Yeats, J. 1991. Protons activate a cation conductance in a sub-population of rat dorsal root ganglion neurones. *J. Physiol.* , 433, 145-161.

Brauchi, S. , Orio, P. , and Latorre, R. 2004. Clues to understanding cold sensation: thermodynamics and electrophysiological analysis of the cold receptor TRPM8. *Proc. Natl. Acad. Sci. USA*, 101, 15494-15499.

Brauchi, S. , Orta, G. , Salazar, M. , Rosenmann, E. , and Latorre, R. 2006. A hot-sensing cold receptor: C-terminal domain determines thermosensation in transient receptor potential channels. *J. Neurosci.* , 26, 4835-4840.

Cao, E. , Liao, M. , Cheng, Y. , and Julius, D. 2013. TRPV1 structures in distinct conformations reveal activation mechanisms. *Nature*, 504, 113-118.

Caterina, M. J. , Leffler, A. , Malmberg, A. B. , *et al.* 2000. Impaired nociception and pain sensation in mice lacking the capsaicin receptor. *Science*, 288, 306-313.

Caterina, M. J. , Schumacher, M. A. , Tominaga, M. , *et al.* 1997. The capsaicin receptor: a heat-activated ion channel in the pain pathway. *Nature*, 389, 816-824.

Changeux, J. P. 2012. Allostery and the Monod-Wyman-Changeux model after 50 years. *Annu. Rev. Biophys.* , 41, 103-133.

Chen, J. , Zhang, X. F. , Kort, M. E. , *et al.* 2008. Molecular determinants of species-specific activation or blockade of TRPA1 channels. *J. Neurosci.* , 28, 5063-5071.

Chou, M. Z. , Mtui, T. , Gao, Y. D. , Kohler, M. , and Middleton, R. E. 2004. Resiniferatoxin binds to the capsaicin receptor(TRPV1) near the extracellular side of the S4 transmembrane domain. *Biochemistry*, 43, 2501-2511.

Davis, J. B. , Gray, J. , Gunthorpe, M. J. , *et al.* 2000. Vanilloid receptor-1 is essential for inflammatory thermal hyperalgesia. *Nature*, 405, 183-187.

Dhaka, A. , Uzzell, V. , Dubin, A. E. , *et al.* 2009. TRPV1 is activated by both acidic and basic pH. *J. Neurosci.* , 29, 153-158.

Doerner, J. F. , Gisselmann, G. , Hatt, H. , and Wetzel, C. H. 2007. Transient receptor potential channel A1 is directly gated by calcium ions. *J. Biol. Chem.* , 282, 13180-13189.

Everaerts, W. , Gees, M. , Alpizar, Y. A. , *et al.* 2011. The capsaicin receptor TRPV1 is a crucial mediator of the noxious effects of mustard oil. *Curr. Biol.* , 21, 316-321.

Fajardo, O. , Meseguer, V. , Belmonte, C. , and Viana, F. 2008. TRPA1 channels: novel targets of 1,4-dihydropyridines. *Channels* (*Austin*), 2, 429-438.

Fernandez, J. A. , Skryma, R. , Bidaux, G. , *et al.* 2011. Voltage-and cold-dependent gating of single TRPM8 ion channels. J. *Gen. Physiol.* , 137, 173-195.

Fischer, M. J. , Leffler, A. , Niedermirtl, F. , *et al.* 2010. The general anesthetic propofol excites nociceptors by activating TRPV1 and TRPA1 rather than GABAA receptors. *J. Biol. Chem.* , 285, 34781-34792.

Gaudioso, C. , Hao, J. , Martin-Eauclaire, M. F. , Gabriac, M. , and Delmas, P. 2012. Menthol pain relief through cumulative inactivation of voltage-gated sodium channels. *Pain*, 153, 473-484.

Gavva, N. R. , Klionsky, L. , Qu, Y. , *et al.* 2004. Molecular determinants of vanilloid sensitivity in TRPV1. J. *Biol. Chem.* , 279, 20283-20295.

Gees, M. , Alpizar, Y. A. , Boonen, B. , *et al.* 2013. Mechanisms of transient receptor potential vanilloid 1 activation and sensitization by allyl isothiocyanate. *Mol. Pharmacol.* , 84, 325-334.

Gkika, D. , Lemonnier, L. , Shapovalov, G. , *et al.* 2015. TRP channel-associated factors are a novel protein family that regulates TRPM8 trafficking and activity. *J. Cell. Biol.* , 208, 89-107.

Gu, Q. , and Lin, R. L. 2010. Heavy metals zinc, cadmium, and copper stimulate pulmonary sensory neurons via direct activation of TRPA1. *J. Appl. Physiol.* (1985), 108, 891-897.

Hall, A. C. , Turcotte, C. M. , Betts, B. A. , *et al.* 2004. Modulation of human GABAA and glycine receptor currents by menthol and related monoterpenoids. *Eur. J. Pharmacol.* , 506, 9-16.

Hardie, R. C. 2014. Photosensitive TRPs. *Handb. Exp. Pharmacol.* , 223, 795-826.

Helliwell, R. J. , McLatchie, L. M. , Clarke, M. , *et al.* 1998. Capsaicin sensitivity is associated with the expression of the vanilloid (capsaicin) receptor (VR1) mRNA in adult rat sensory ganglia. *Neurosci. Lett.* , 250, 177-180.

Hellmich, U. A. , and Gaudet, R. 2014. High-resolution views of TRPV1 and their implications for the TRP channel superfamily. *Handb. Exp. Pharmacol.* , 223, 991-1004.

Hill, K. , and Schaefer, M. 2007. TRPA1 is differentially modulated by the amphipathic molecules trinitrophenol and chlorpromazine. *J. Biol. Chem.* , 282, 7145-7153.

Hille, B. 2001. *Ion Channels of Excitable Membranes*, Sunderland, MA: Sinauer Associates.

Hinman, A. , Chuang, H. H. , Bautista, D. M. , and Julius, D. 2006. TRP channel activation by reversible covalent modification. *Proc. Natl. Acad. Sci. USA*, 103, 19564-19568.

Holzer, P. 2008. The pharmacological challenge to tame the transient receptor potential vanilloid-1 (TRPV1) nocisensor. *Br. J. Pharmacol.* , 155, 1145-1162.

Hu, H. , Bandell, M. , Petrus, M. J. , Zhu, M. X. , and Patapoutian, A. 2009. Zinc activates damage-sensing TRPA1 ion channels. *Nat. Chem. Biol.* , 5, 183-190.

Hu, H. , Tian, J. , Zhu, Y. , *et al.* 2010. Activation of TRPA1 channels by fenamate nonsteroidal anti-inflammatory drugs. *Pflügers Arch. EJP*, 459, 579-592.

Hui, K. , Guo, Y. , and Feng, Z. P. 2005. Biophysical properties of menthol-activated cold receptor TRPM8 channels. *Biochem. Biophys. Res. Commun.* , 333, 374-382.

Izzo, A. A. , Capasso, R. , Pinto, L. , *et al.* 2001. Effect of vanilloid drugs on gastrointestinal transit in mice. *Br. J. Pharmacol.* , 132, 1411-1416.

Janssens, A. , and Voets, T. 2011. Ligand stoichiometry of the cold-and menthol-activated channel TRPM8. *J. Physiol.* , 589, 4827-4835.

Jordt, S. E. , Bautista, D. M. , Chuang, H. H. , *et al.* 2004. Mustard oils and cannabinoids excite sensory nerve fibres through the TRP channel ANKTM1. *Nature*, 427, 260-265.

Jordt, S. E. , and Julius, D. 2002. Molecular basis for species-specific sensitivity to " hot " chili peppers. *Cell*, 108, 421-430.

Jordt, S. E. , Tominaga, M. , and Julius, D. 2000. Acid potentiation of the capsaicin receptor determined by a key extracellular site. *Proc. Natl. Acad. Sci. USA*, 97, 8134-8139.

Jung, J. , Lee, S. Y. , Hwang, S. W. , *et al.* 2002. Agonist recognition sites in the cytosolic tails of vanilloid receptor 1. *J. Biol. Chem.* , 277, 44448-44454.

Karashima, Y. , Damann, N. , Prenen, J. , *et al.* 2007. Bimodal action of menthol on the transient receptor potential channel TRPA1. *J. Neurosci.* , 27, 9874-9884.

Karashima, Y. , Prenen, J. , Talavera, K. , *et al.* 2010. Agonist-induced changes in Ca^{2+} permeation through the nociceptor cation channel TRPA1. *Biophys. J.* , 98, 773-783.

Karashima, Y. , Talavera, K. , Everaerts, W. , *et al.* 2009. TRPA1 acts as a cold sensor in vitro and in vivo. *Proc. Natl. Acad. Sci. USA*, 106, 1273-1278.

Kawashima, M. , Imura, K. , and Sato, I. 2012. Topographical organization of TRPV1-immunoreactive epithelium and CGRP-immunoreactive nerve terminals in rodent tongue. *Eur. J. Histochem.* , 56, e21.

Kido, M. A. , Muroya, H. , Yamaza, T. , Terada, Y. , and Tanaka, T. 2003. Vanilloid receptor expression in the rat tongue and palate. *J. Dent. Res.* , 82, 393-397.

Kobayashi, K. , Fukuoka, T. , Obata, K. , *et al.* 2005. Distinct expression of TRPM8, TRPA1, and TRPV1 mRNAs in rat primary afferent neurons with adelta/c-fibers and colocalization with trk receptors. *J. Comp. Neurol.* , 493, 596-606.

Komatsu, T. , Uchida, K. , Fujita, F. , Zhou, Y. , and Tominaga, M. 2012. Primary alcohols activate human TRPA1 channel in a carbon chain length-dependent manner. *Pflügers Arch. EJP*, 463, 549-559.

Kühn, F. J. , Witschas, K. , Kuhn, C. , and Luckhoff, A. 2010. Contribution of the S5-pore-S6 domain to the gating characteristics of the cation channels TRPM2 and TRPM8. *J. Biol. Chem.* , 285, 26806-26814.

Kun, J. , Helyes, Z. , Perkecz, A. , *et al.* 2012. Effect of surgical and chemical sensory denervation on non-neural expression of the transient receptor potential vanilloid 1 (TRPV1) receptors in the rat. *J. Mol. Neurosci.* , 48, 795-803.

Lee, J. H. , Lee, Y. , Ryu, H. , *et al.* S. 2011. Structural insights into transient receptor potential vanilloid type 1 (TRPV1) from homology modeling, flexible docking, and mutational studies. *J. Comput. Aided Mol. Des.* , 25, 317-327.

Leffler, A. , Lattrell, A. , Kronewald, S. , Niedermirtl, F. , and Nau, C. 2011. Activation of TRPA1 by membrane permeable local anesthetics. *Mol. Pain*, 7, 62.

Lishko, P. V. , Procko, E. , Jin, X. , Phelps, C. B. , and Gaudet, R. 2007. The ankyrin repeats of TRPV1 bind multiple ligands and modulate channel sensitivity. *Neuron*, 54, 905-918.

Macpherson, L. J. , Dubin, A. E. , Evans, M. J. , *et al.* 2007. Noxious compounds activate TRPA1 ion channels through covalent modification of cysteines. *Nature*, 445, 541-545.

Macpherson, L. J. , Hwang, S. W. , Miyamoto, T. , *et al.* 2006. More than cool: promiscuous relationships of menthol and other sensory compounds. *Mol. Cell. Neurosci.* , 32, 335-343.

Mandadi, S. , and Roufogalis, B. D. 2008. ThermoTRP channels in nociceptors: taking a lead from capsaicin receptor TRPV1. *Curr. Neuropharmacol.*, 6, 21-38.

Materazzi, S., Nassini, R., Andre, E., *et al.* 2008. Cox-dependent fatty acid metabolites cause pain through activation of the irritant receptor TRPA1. *Proc. Natl. Acad. Sci. USA*, 105, 12045-12050.

Matta, J. A., and Ahern, G. P. 2007. Voltage is a partial activator of rat thermosensitive TRP channels. *J. Physiol.*, 585, 469-482.

Matta, J. A., Cornett, P. M., Miyares, R. L., *et al.* 2008. General anesthetics activate a nociceptive ion channel to enhance pain and inflammation. *Proc. Natl. Acad. Sci. USA*, 105, 8784-8789.

McKemy, D. D., Neuhausser, W. M., and Julius, D. 2002. Identification of a cold receptor reveals a general role for TRP channels in thermosensation. *Nature*, 416, 52-58.

McLatchie, L. M., and Bevan, S. 2001. The effects of pH on the interaction between capsaicin and the vanilloid receptor in rat dorsal root ganglia neurons. *Br. J. Pharmacol.*, 132, 899-908.

Meseguer, V., Alpizar, Y. A., Luis, E., *et al.* 2014. TRPA1 channels mediate acute neurogenic inflammation and pain produced by bacterial endotoxins. *Nat. Commun.*, 5, 3125.

Meseguer, V., Karashima, Y., Talavera, K., *et al.* 2008. Transient receptor potential channels in sensory neurons are targets of the antimycotic agent clotrimazole. *J. Neurosci.*, 28, 576-586.

Meseguer, V. M., Denlinger, B. L., and Talavera, K. 2011. Methodological considerations to understand the sensory function of TRP channels. *Curr. Pharm. Biotechnol.*, 12, 3-11.

Moran, M. M., McAlexander, M. A., Biro, T., and Szallasi, A. 2011. Transient receptor potential channels as therapeutic targets. *Nat. Rev. Drug Discov.*, 10, 601-620.

Motter, A. L., and Ahern, G. P. 2012. TRPA1 is a polyunsaturated fatty acid sensor in mammals. *PLoS One*, 7, e38439.

Nagatomo, K., and Kubo, Y. 2008. Caffeine activates mouse TRPA1 channels but suppresses human TRPA1 channels. *Proc. Natl. Acad. Sci. USA*, 105, 17373-17378.

Nilius, B., and Appendino, G. 2013. Spices: the savory and beneficial science of pungency. Rev. *Physiol. Biochem. Pharmacol.*, 164, 1-76.

Nilius, B., Appendino, G., and Owsianik, G. 2012. The transient receptor potential channel TRPA1: from gene to pathophysiology. *Pflügers Arch. EJP*, 464, 425-458.

Nilius, B., and Szallasi, A. 2014. Transient receptor potential channels as drug targets: from the science of basic research to the art of medicine. *Pharmacol. Rev.*, 66, 676-814.

Nilius, B., Talavera, K., Owsianik, G., *et al.* 2005. Gating of TRP channels: a voltage connection? *J. Physiol.*, 567, 35-44.

Ohta, T., Imagawa, T., and Ito, S. 2007. Novel agonistic action of mustard oil on recombinant and endogenous porcine transient receptor potential V1 (pTRPV1) channels. *Biochem. Pharmacol.*, 73, 1646-1656.

Owsianik, G., Talavera, K., Voets, T., and Nilius, B. 2006. Permeation and selectivity of TRP channels. *Annu. Rev. Physiol.*, 68, 685-717.

Paulsen, C. E., Armache, J. P., Gao, Y., Cheng, Y., and Julius, D. 2015. Structure of the TRPA1 ion channel suggests regulatory mechanisms. *Nature*, 520, 511-517.

Pedretti, A., Labozzetta, A., Lo Monte, M., *et al.* 2011. Exploring the activation mechanism of TRPM8 channel by targeted MD simulations. *Biochem. Biophys. Res. Commun.*, 414, 14-19.

Pedretti, A., Marconi, C., Bettinelli, I., and Vistoli, G. 2009. Comparative modeling of the quaternary structure for the human TRPM8 channel and analysis of its binding features. Biochim. *Biophys. Acta*, 1788, 973-982.

Peier, A. M., Moqrich, A., Hergarden, A. C., *et al.* 2002. A TRP channel that senses cold stimuli and menthol. *Cell*, 108, 705-715.

Pertusa, M., Gonzalez, A., Hardy, P., Madrid, R., and Viana, F. 2014. Bidirectional modulation of thermal and chemical sensitivity of TRPM8 channels by the initial region of the N-terminal domain. *J. Biol. Chem.*, 289, 21828-21843.

Pertusa, M., Madrid, R., Morenilla-Palao, C., Belmonte, C., and Viana, F. 2012. N-glycosylation of TRPM8 ion channels modulates temperature sensitivity of cold thermoreceptor neurons. *J. Biol. Chem.*, 287, 18218-18229.

Peyrot des Gachons, C., Uchida, K., *et al.* 2011. Unusual pungency from extra-virgin olive oil is attributable to restricted spatial expression of the receptor of oleocanthal. *J. Neurosci.*, 31, 999-1009.

Phelps, C. B., and Gaudet, R. 2007. The role of the N terminus and transmembrane domain of TRPM8 in channel localization and tetramerization. *J. Biol. Chem.*, 282, 36474-36480.

Piao, L. H., Fujita, T., Jiang, C. Y., *et al.* 2009. TRPA1 activation by lidocaine in nerve terminals results in glutamate release increase. *Biochem. Biophys. Res. Commun.*, 379, 980-984.

Plant, T. D. 2014. TRPs in mechanosensing and volume regulation. *Handb. Exp. Pharmacol.*, 223, 743-766.

Raddatz, N., Castillo, J. P., Gonzalez, C., Alvarez, O., and Latorre, R. 2014. Temperature and voltage coupling to channel opening in transient receptor potential melastatin 8 (TRPM8). *J Biol. Chem.*, 289, 35438-35454.

Riera, C. E., Vogel, H., Simon, S. A., Damak, S., and le Coutre, J. 2008. The capsaicin receptor partici-pates in artificial sweetener aversion. *Biochem. Biophys. Res. Commun.*, 376, 653-657.

Riera, C. E., Vogel, H., Simon, S. A., and le Coutre, J. 2007. Artificial sweeteners and salts producing a metallic taste sensation activate TRPV1 receptors. *Am. J. Physiol. Regul. Integr. Comp. Physiol.*, 293, R626-634.

Roper, S. D. 2014. TRPs in taste and chemesthesis. *Handb. Exp. Pharmacol.*, 223, 827-871.

Ryu, S., Liu, B., Yao, J., Fu, Q., and Qin, F. 2007. Uncoupling proton activation of vanilloid receptor TRPV1. *J. Neurosci.*, 27, 12797-12807.

Salazar, H., Llorente, I., Jara-Oseguera, A., *et al.* 2008. A single N-terminal cysteine in TRPV1 deter-mines activation by pungent compounds from onion and garlic. *Nat. Neurosci.*, 11, 255-261.

Schmidt, M., Dubin, A. E., Petrus, M. J., Earley, T. J., and Patapoutian, A. 2009. Nociceptive signals induce trafficking of TRPA1 to the plasma membrane. *Neuron*, 64, 498-509.

Seki, N., Shirasaki, H., Kikuchi, M., Sakamoto, T., Watanabe, N., and Himi, T. 2006. Expression and localization of TRPV1 in human nasal mucosa. *Rhinology*, 44, 128-134.

Selescu, T., Ciobanu, A. C., Dobre, C., Reid, G., and Babes, A. 2013. Camphor activates and sensi-tizes transient receptor potential melastatin 8 (TRPM8) to cooling and icilin. *Chem. Senses*, 38, 563-575.

Sexton, J. E., Vernon, J., and Wood, J. N. 2014. TRPs and pain. *Handb. Exp. Pharmacol.*, 223, 873-897.

Shimizu, S., Takahashi, N., and Mori, Y. 2014. TRPs as chemosensors (ROS, RNS, RCS, gaso-trans-mitters). *Handb. Exp. Pharmacol.*, 223, 767-794.

Stander, S., Moormann, C., Schumacher, M., *et al.* 2004. Expression of vanilloid receptor subtype 1 in cutaneous sensory nerve fibers, mast cells, and epithelial cells of appendage structures. *Exp. Dermatol.*, 13, 129-139.

Story, G. M., Peier, A. M., Reeve, A. J., *et al.* 2003. ANKTM1, a TRP-like channel expressed in nociceptive neurons, is activated by cold temperatures. *Cell*, 112, 819-829.

Stotz, S. C., Vriens, J., Martyn, D., Clardy, J., and Clapham, D. E. 2008. Citral sensing by Transient [corrected] receptor potential channels in dorsal root ganglion neurons. *PLoS One*, 3, e2082.

Swandulla, D., Carbone, E., Schafer, K., and Lux, H. D. 1987. Effect of menthol on two types of Ca currents in cultured sensory neurons of vertebrates. *Pflügers Arch. EJP*, 409, 52-59.

Taberner, F. J., Lopez-Cordoba, A., Fernandez-Ballester, G., Korchev, Y., and Ferrer-Montiel, A. 2014. The region adjacent to the C-end of the inner gate in transient receptor potential melastatin 8 (TRPM8) channels plays a central role in allosteric channel activation. *J. Biol. Chem.*, 289, 28579-28594.

Talavera, K., Gees, M., Karashima, Y., *et al.* 2009. Nicotine activates the chemosensory cation channel TRPA1. *Nat. Neurosci.*, 12, 1293-1299.

Talavera, K., Nilius, B., and Voets, T. 2008. Neuronal TRP channels: thermometers, pathfinders and life-savers. *Trends Neurosci.*, 31, 287-295.

Talavera, K., Voets, T., and Nilius, B. 2007. Mechanisms of thermosensation in TRP channels, in *Sensing with Ion Channels*, (ed. B. Martinac), Springer.

Thomae, A. V., Wunderli-Allenspach, H., and Kramer, S. D. 2005. Permeation of aromatic carboxylic acids across lipid bilayers: the pH-partition hypothesis revisited. *Biophys. J.*, 89, 1802-1811.

Thresh, C. F. 1876. Capsaicin, the active principle in Capsicum fruits. *The Analyst*, 1, 148-149.

Tominaga, M., Caterina, M. J., Malmberg, A. B., *et al.* 1998. The cloned capsaicin receptor integrates multiple pain-producing stimuli. *Neuron*, 21, 531-543.

Trevisani, M., Smart, D., Gunthorpe, M. J., *et al.* 2002. Ethanol elicits and potentiates nociceptor responses via the vanilloid receptor-1. *Nat. Neurosci.*, 5, 546-551.

Voets, T. 2014. TRP channels and thermosensation. *Handb. Exp. Pharmacol.*, 223, 729-741.

Voets, T., Droogmans, G., Wissenbach, U., *et al.* 2004. The principle of temperature-dependent gating in cold-and heat-sensitive TRP channels. *Nature*, 430, 748-754.

Voets, T., Owsianik, G., Janssens, A., Talavera, K., and Nilius, B. 2007. TRPM8 voltage sensor mutants reveal a mechanism for integrating thermal and chemical stimuli. *Nat. Chem. Biol.*, 3, 174-182.

Voets, T., Talavera, K., Owsianik, G., and Nilius, B. 2005. Sensing with TRP channels. *Nat. Chem. Biol.*, 1, 85-92.

Vriens, J., Nilius, B., and Voets, T. 2014. Peripheral thermosensation in mammals. *Nat. Rev. Neurosci.*, 15, 573-589.

Wang, L., Cvetkov, T. L., Chance, M. R., and Moiseenkova-Bell, V. Y. 2012. Identification of in vivo disulfide conformation of TRPA1 ion channel. *J. Biol. Chem.*, 287, 6169-6176.

Wang, Y. Y., Chang, R. B., and Liman, E. R. 2010. TRPA1 is a component of the nociceptive response to CO_2. *J. Neurosci.*, 30, 12958-12963.

Wang, Y. Y., Chang, R. B., Waters, H. N., McKemy, D. D., and Liman, E. R. 2008. The nociceptor ion channel TRPA1 is potentiated and inactivated by permeating calcium ions. *J. Biol. Chem.*, 283, 32691-32703.

Winking, M., Hoffmann, D. C., Kuhn, C., *et al.* 2012. Importance of a conserved sequence motif in transmembrane segment S3 for the gating of human TRPM8 and TRPM2. *PLoS One*, 7, e49877.

Xiao, B., Dubin, A. E., Bursulaya, B., *et al.* 2008. Identification of transmembrane domain 5 as a critical molecular determinant of menthol sensitivity in mammalian TRPA1 channels. *J. Neurosci.*, 28, 9640-9651.

Zanini, D., and Gopfert, M. C. 2014. TRPs in hearing. *Handb. Exp. Pharmacol.*, 223, 899-916.

Zhang, X. B., Jiang, P., Gong, N., *et al.* 2008. A-type GABA receptor as a central target of TRPM8 agonist menthol. *PLoS One*, 3, e3386.

Zhong, J., Minassi, A., Prenen, J., *et al.* 2011a. Umbellulone modulates TRP channels. *Pflügers Arch. EJP*, 462, 861-870.

Zhong, J., Pollastro, F., Prenen, J., *et al.* 2011b. Ligustilide: a novel TRPA1 modulator. *Pflügers Arch. EJP*, 462, 841-849.

Zhu, M. X. 2007. Understanding the role of voltage gating of polymodal TRP channels. *J. Physiol.*, 585, 321-322.

Zufall, F. 2014. TRPs in olfaction. *Handb. Exp. Pharmacol.*, 223, 917-933.

Zurborg, S., Yurgionas, B., Jira, J. A., Caspani, O., and Heppenstall, P. A. 2007. Direct activation of the ion channel TRPA1 by Ca^{2+}. *Nat. Neurosci.*, 10, 277-279.

Zygmunt, P. M., and Hogestatt, E. D. 2014. TRPA1. *Handb. Exp. Pharmacol.*, 222, 583-630.

5 化学物理觉的解剖学和生理学基础

Cecil J. Saunders[1], Wayne L. Silver[2]

[1]*Department of Otorhinolaryngology, Perelman School of Medicine, University of Pennsylvania, Philadelphia, PA, USA*

[2]*Department of Biology, Wake Forest University, Winston-Salem, NC, USA*

5.1 引言

1912 年人们观察到鱼对其腹侧的酸物质有响应，表明嗅觉和味觉在化学刺激物检测中并不一定发挥作用（Parker，1912）。Parker（1912）选择用“共同化学感觉”一词来描述检测刺激性化学物质的系统。随后解剖学研究表明，共同化学感觉是通过脊椎动物上皮和黏膜中发现的游离神经末梢介导的（Parker，1922）。虽然这些神经末梢类似于疼痛感受器，但 Parker（1922）得出的结论是“共同化学感觉是一种真正的感觉，具有独立的受体集和完全属于自己感觉特性”。如今我们知道，对刺激性化学物质起反应的神经纤维不是分别的独立感觉系统的一部分，而是共同体感系统的一部分。这些纤维是疼痛和温度敏感纤维的子集，终止于鼻、口、呼吸道、眼睛、肛门和生殖器孔的整个皮肤和黏膜的自由神经末梢。1990 年，“化学物理觉”一词取代了“共同化学感觉”，用来描述化学刺激躯体感觉神经引起的感觉（见第 1 章）。最近，已发现孤立的化学感受器细胞对这些体感轴突的化学物质和突触有反应。

本章中，我们对与化学物理觉相关的鼻子和口腔的解剖学和生理学问题进行论述。

5.2 解剖学

躯体感觉神经介导的化学物理觉支配整个身体表面以及上皮细胞衬体孔。调节化学物理觉的是直径小（直径 1~1.5μm；5~30m/s）、缓慢导电，无髓鞘的 A-纤维和直径小（直径 0.2~1.5μm；0.5~2m/s）、缓慢导电、无髓鞘的 C-纤维。这些神经纤维的细胞体存在于背根和半月（三叉神经，第 V 个颅神经）神经节中，少数存在于岩状（舌咽神经，第 IX 个颅神经）和结节（迷走神经，第 X 个颅神经）神经节。背根细胞投射到身体，而三叉、岩石和结节细胞投射到头部和面部。

尽管食物中化学刺激物同样会刺激角膜（如切洋葱时）和肛门（需注意辛辣食物可能产生 2 次灼热感）中的体感神经，本章主要关注的是口腔和鼻腔，因为它们是化学物理觉刺激反应中最常发生部位。

5.2.1 口腔

口腔内有 3 种鳞状上皮细胞：牙龈和硬腭的角质化上皮，口腔区域和口底的非角质化上皮，以及舌头部分的特殊上皮（角质化和非角质化上皮混合物）（Finger 和 Simon，2000）。参与化学物理觉的神经纤维并没有穿过这些上皮层，而是通过紧密连接的自由神经末梢将上皮层细胞连接一起。尽管已在多种黏膜中观察到单独的化学感受器细胞（后面会展开讨论），但在成年哺乳动物口腔上皮细胞中从未观察到（Sbarbati 和 Osculati，2003）。

因此，在口腔中，大多数化学物理觉刺激物必须是亲脂性，才能被上皮细胞膜消化并到达下部的游离神经末梢。

口腔部位三叉神经有三条分支：颊神经、舌神经（来自下颌骨）和腭神经（来自上颌骨分支）。颊神经主要支配面颊和部分牙齿，舌神经突出于舌头和周围组织的前 2/3 部分，而腭神经支配口腔顶部和软腭。在舌头味蕾周围发现高丰度的游离神经末梢，特别是在菌状乳头中（Farbman 和 Hellekant，1978；Suemune 等，1992）。在口腔中也发现了不能支配味觉受体细胞的舌咽和迷走神经的分支。这些神经纤维位于舌头的后 1/3 处、咽（IX）、喉头、舌根和会厌（X），可能对化学物质起反应。

人类鼻腔和口腔是相通的，它们通过鼻咽管相连接。因此，口腔内挥发物会进入鼻腔。咀嚼食物时舌头搅动食物的行为有助于挥发性化合物的释放，食物风味主要由此产生。尽管辣椒素是食物中最常见的辛辣化合物，但它不易挥发，主要停留在口腔中。然而，有许多其他化学物理觉刺激物会被直接递送到鼻腔，包括异硫氰酸烯丙酯（芥末），薄荷醇（薄荷）和丁香酚（丁香）。当我们呼气时，来自肺部的空气通过鼻咽管，鼻咽管吸收这些化合物并传送到鼻腔中。

5.2.2 鼻腔

气体通过鼻子进入和排出呼吸道。由于鼻腔结构的特定性，可以在空气吸入鼻腔、但尚未到达下呼吸道时对空气进行采样、过滤和调节（Harkema 等，2006）。空气吸入过程中，空气通过鼻孔首先进入鼻前庭，经鼻后瓣到达后鼻腔（Djupesland，2013）。鼻瓣是上呼吸道的最窄部分（Messerklinger，1978；Youngs 等，2006），通常白天时，鼻瓣附近的勃起黏膜会膨胀，使鼻腔相反侧在吸气期间更受青睐（Cole，2003）。这种在鼻孔间的循环与气味感知有关（Zhou 和 Chen，2009；Zhou 等，2010），但也会限制有毒化学物质暴露于鼻腔的一侧。

几个大的骨性突起，也称为鼻甲或外耳，从鼻腔的侧壁延伸并向下弯曲到鼻孔（Messerklinger，1978；Young 等，2006）。鼻甲被高度血管化的黏膜上皮覆盖，提供了一个湿气储存位置，预防鼻腔顶部发现的嗅上皮脆弱组织产生干燥和刺激（Welch 等，2002；Harkema 等，2006）。除了润湿吸入的空气外，鼻甲迷路还能够清除环境中潜在的破坏性活性化学物质（Morris 等，2005）。由于许多化学物理觉化合物因其活性而被认为是有害物质（Sadofsky 等，2011），因此该特性进一步证实了鼻腔在保护气道免受有毒化学物质侵害方面的作用。

鼻腔迷路是吸入的有毒空气经过的第一个位置，空气在被传送到下呼吸道之前在此进行有毒化学物质检查。因此，鼻腔包含三叉神经的感觉分支：筛窦神经（眼科）和鼻腭神经（来自上颌骨）（Bryant 和 Silver，2000）。筛窦神经支配前鼻黏膜和鼻外表面，而鼻腭神经支配鼻腔后部（Richards 等，2010）。三叉神经节的神经纤维到达鼻腔并在鼻上皮内展开

（Finger 等，1990）。

鼻腔内衬有三种类型的上皮细胞。第一种在鼻前庭中发现的薄鳞状上皮，由于其中度角化，在某种程度上可对其自身进行保护以免受化学物理觉物质刺激（Harkema 等，2006）。相反，在人类鼻腔顶部的小斑块中发现的嗅觉上皮细胞是检测气味所需的假分层黏膜组织（Schild 和 Restrepo，1998；Brann 和 Firestein，2014）。在人类中，这两种上皮类型构成鼻腔中少数的上皮细胞（Harkema 等，2006）。

上呼吸道大部分被呼吸道上皮覆盖，呼吸道上皮是假复层的非角化上皮屏障，其由几种主要细胞类型组成（Basbaum 和 Jany，1990）。传统意义上，这些上皮细胞在化学物理觉中的作用仅限于它们的物理屏障作用，但是目前的研究已经对这种观点提出了质疑（Green，2012）。具体而言，孤立化学感受细胞（一种与三叉神经 C-纤维形成突触的神经上皮细胞）的发现使人们不得不重新评估以前以神经为中心的化学物理觉观点（Tizzano and Finger，2013）。即使是更为人熟知的呼吸道上皮细胞，例如纤毛细胞，最近也被发现在化学刺激物的检测和响应中起作用（Lee 和 Cohen，2013）。

5.2.3 孤立性化学感受细胞

关于孤立性化学感受细胞（SCCs）提出了一种新机制，气道腔中化学物质如何刺激下游体感神经纤维的机制（Finger，1997；Merigo 等，2005）。这种新机制挑战了 21 世纪初的一个普遍观点：化学物理觉化学物是通过上皮层扩散后激活下部神经纤维（Finger 等，2003）。从解剖学上看，SCCs 具有作为三叉神经感觉终末端器官功能，但直到最近，研究者才开始充分认识到其在检测外源性物质和引发炎症方面的作用（Tizzano 等，2010；Lee 等，2014b；Saunders 等，2014）。

SCCs 的结构使其能够监测鼻腔并经由三叉神经纤维传递信号（Silver 和 Finger，2009）。SCCs 具有类似于味觉感受器细胞的瓶形结构，它们会将多个顶端突起从宽圆形细胞体投射到上皮层内腔中（图 5.1）（Gulbransen 等，2008a；Gulbransen 等，2008b）。这些顶端突起（可能会有几个）终止于微绒毛簇（Finger 等，2003）。一些 SCCs 也有一个通过向外伸展并接触三叉神经纤维的基础过程（Saunders 等，2013b，2014）。这种独特形态使得 SCCs 将鼻腔内化学成分信息传输到下游三叉神经纤维。

SCCs 利用了最初与味觉受体细胞相关的受体和下游信号组分来传递有关潜在危险化学品的信息（Finger 等，2003；Tizzano 等，2010）。虽然它们有许多相似之处，但 SCCs 和味觉细胞之间最显著的差异之一是 SCCs 共同表达苦味敏感味觉受体蛋白（T2R）和甜味敏感味觉受体蛋白（T1R），但味觉受体细胞通常只表达其中的一种或另一种（图 5.2）（Lee 等，2014b）。小鼠的 SCCs 会表达苦味敏感的味觉受体蛋白 mT2R8 和 mT2R19（Finger 等，2003），而人体内的 SCCs 会表达 hT2R47（Lee 等，2014b）。SCCs 利用与味觉细胞相同的二级信使蛋白集合：G-d-味转导素、PLCβ2、IP_3R3 和 TRPM5 来表达 T2R 的激活（Finger 等，

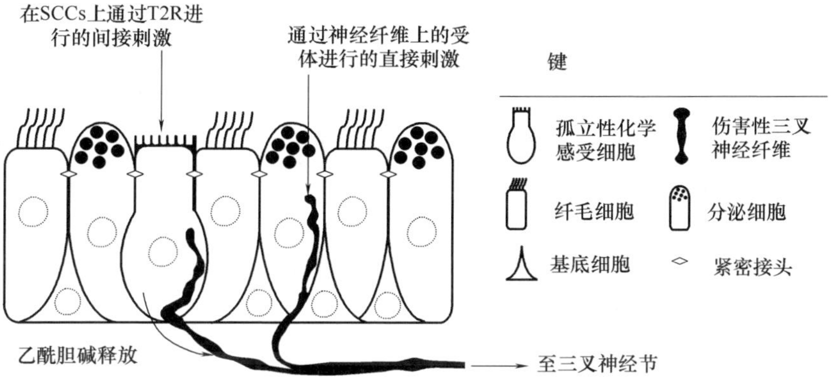

图 5.1 鼻上皮由几种不同的细胞类型组成，并受伤害性三叉神经纤维的支配

注：通过直接刺激神经纤维上的受体（例如 TRPV1 或 TRPA1）或通过激活孤立性化学感受细胞（SCCs）上的苦味受体（T2R）可产生化学物理觉，最后释放乙酰胆碱以激活神经纤维。SCCs 和纤毛细胞均可以通过 T2R 检测“苦味”物质，但只有 SCCs 能形成神经纤维突触。在 SCCs 或纤毛细胞上刺激 T2R 引发局部防御反应，例如纤毛摆动频率增加，生成氮氧化物和分泌抗微生物肽。

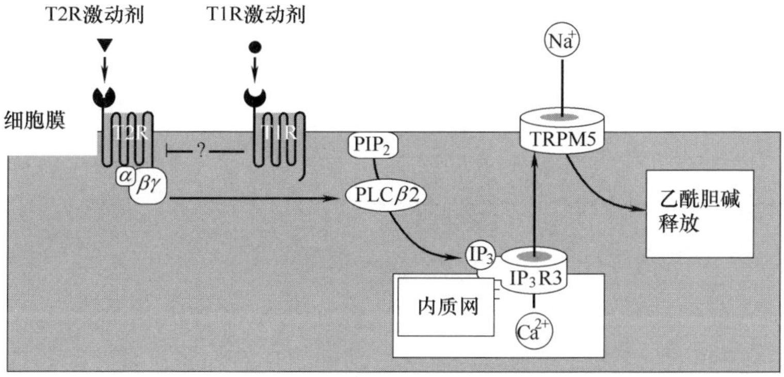

图 5.2 孤立的化学感觉细胞同时表达“苦”味 T2R 和“甜”味 T1R 受体

注：T2R 的激活生成 PLCβ2 介导的 IP_3 生成，然后 IP_3 触发 3 型 IP_3 受体（IP_3R3）。IP_3R3 的激活使钙从内质网释放，反过来，又使一价阳离子通道 TRPM5 打开。TRPM5 打开时钠进入细胞并使细胞去极化。该信号级联的激活导致乙酰胆碱释放到伤害性三叉神经纤维上，并产生刺激感。T1R 受体的激活通过尚未确定的机制抑制 T2R 通路。

2003；Gulbransen 等，2008a；Tizzano 等，2010；Barham 等，2013）。有趣的是，最近结果表明，尽管目前还不知道造成这种抑制的确切信号通路是什么，SCCs 甜味受体的共同激活抑制了 SCCs 对苦味物质的响应（Lee 等，2014b）。虽然 SCCs 的细胞内信号组分与味觉受体细胞有很多共同之处，且二者都是通过味觉（如苦味或甜味）刺激 SCCs 的化合物，但是重要的是要始终牢记 SCCs 仅与三叉神经纤维形成突触，因此当被“苦”味物质刺激时，只能产生与化学物理觉相关的感觉（Tizzano 和 Finger，2013）（见第 6 章的“神经特殊能量学说”）。

SCCs 与三叉神经 C-纤维形成许多重复的、紧密的接触（Finger 等，2003）。在光学显微镜下，多肽三叉神经纤维似乎缠绕和包裹着 SCCs 细胞体和突起（Gulbransen，2008a；Saunders 等，2014）。在电子显微镜下，SCCs 的细胞膜会陷入大部分接触部位的神经纤维部分（Finger 等，2003）。此外，SCCs 和神经纤维之间的接触点包含许多与突触相关的特征，包括定位于神经干细胞从神经纤维释放到神经纤维上的小泡（Finger 等，2003）。这些囊泡可能含有乙酰胆碱，因为 SCCs 会产生神经递质、胆碱乙酰转移酶和血管胆碱转运体释放所需的两种酶（Lin 等，2008；Krasteva 等，2011；Saunders 等，2014）。SCCs 和三叉神经纤维之间存在胆碱突触使 SCCs 可监测鼻腔并激活三叉神经纤维，响应不能穿透上皮的化学物质。

5.2.4 其他化学感觉上皮细胞

SCCs 与三叉神经纤维关系密切，同时也与呼吸上皮的其他类型细胞相互作用。SCCs 通常表现为单峰，或较少见的双峰和三联体，占上皮细胞总数的约 1%（Saunders 等，2013b）。这与更丰富的纤毛、分泌物和基底细胞形成对比，他们各占上皮细胞的约 30%（Cole 等，2010；Reynolds 和 Malkinson，2010）。最近一项人体组织培养中进行的研究表明，SCCs 可通过间隙连接向邻近的上皮细胞发出信号（Lee 等，2014b）。因此，由化学物理觉制剂刺激的 SCCs 不仅会引发神经反应，而且还会在纤毛和分泌细胞中产生局部保护性反应。

纤毛上皮细胞不但是防御效应器，同时也是化学探测器（Kinnamon 和 Reynolds，2009；Kinnamon，2012）。纤毛细胞利用味觉转导途径的许多因素来检测潜在的危险化学物质（Shah 等，2009）。苦味受体 hT2R4、hT2R38、hT2R43 和 hT2R46 以及转导蛋白 α 转导素、PLCβ2 和 TRPM5 存在于纤毛细胞中，这些物质也富集于纤毛中或纤毛附近（Shah 等，2009；Lee 等，2014a）。该通路的刺激导致纤毛搏动频率及一氧化氮增加，这可能是为了去除和杀死致病细菌。目前，纤毛细胞和 SCCs-三叉神经系统对“苦”化合物的响应拥有不同的通路，几乎没有任何串扰（Lee 等，2012；Lee 等，2014a；Lee 等，2014b）。纤毛细胞产生一氧化氮的能力，除了杀菌特性之外，也是一种可扩散的信号分子（Dupont 等，2014），提升了局部炎症通路和神经介导的刺激之间相互作用的可能性。

目前的鼻炎症信号模型中，在 SCCs 和纤毛细胞上发现的 T2R（“苦味”）受体可检测细菌代谢物（Lee 等，2014a；Saundes 等，2014）。某些细菌，包括机会性病原体假单胞菌，会分泌它们在群体感应中的信号分子（Fuqua 等，1994；Folkesson 等，2012）。这些细菌信号，特别是酰基高丝氨酸内酯（AHL）这类分子（Fuqua 和 Greenberg，2002），激活气道中苦味受体并引发炎症和免疫反应来抵抗细菌感染（Tizzano 等，2010；Krasteva 等，2012；Lee 等，2014a；Lee 等，2014b）。

除细菌代谢物外，这些 T2R 受体还能够响应上皮细胞苦味剂（Finger 等，2003；Gulbransen 等，2008a；Lin 等，2008；Lee 等，2014b）。因此，来自口腔食物中的挥发性苦味化学物质能够通过鼻腔通道进入鼻腔，实现对 SCCs 的刺激。

5.3 生理学

5.3.1 反射

化学物理觉三叉神经纤维激活多种生理反射（James 和 Daly，1969）。它们是体内最强大的反射物之一，可以减少化学刺激物的影响，保护身体免受进一步的暴露伤害。反射主要通过三叉神经纤维上 TRP 通道的化学激活（见第 4 章和第 14 章）介导（Gerhold 和 Bautista，2009；Julius，2013）。

化学物质刺激鼻腔内的化学神经引起的反射包括呼吸频率和鼻通畅率降低（Warren 等，1994）、咳嗽（Geppetti 等，2010）、心率降低（Nalivaiko 等，2003）、支气管收缩（Eilers 等，2010）、鼻腔分泌物增加和打喷嚏（Geppetti 等，1988）、流泪（Philip 等，1994）、呼吸暂停（Vijayaraghavan 等，1993；Saunders 等，2013a），以及脑血流增加（Kunkler 等，2011）。刺激物刺激口腔可引起类似的反射，以及唾液量增加（Lawless，1984；Takahashi 等，1995）、脸部潮红（血管舒张）（Kashima 和 Hayashi，2013；Ma 等，2014）和出汗（Lee，1954）。

当食用含辣椒素的辛辣食物时会产生大量类似反应，辣椒素激活肽能三叉神经 C-纤维上的 TRPV1 受体（Tominaga 等，1998）。受刺激的受体纤维在刺激部位释放大量炎性肽，这种现象称为轴突反射（Langley，1900；Finger 等，1990；Julius，2013）。P 物质和降钙素基因相关肽（CGRP）作用于血管，使其扩张后血浆外渗，导致与辣椒素食用相关的涨红（Rather，1971；Rodger 等，1995）。这些炎性神经肽也作用于 C-纤维本身，使它们变得敏感，从而形成热感并引发出汗（O'Connor 等，2004）。尽管并不含有刺激性化学物质，但人们认为冰淇淋头痛（也称为脑冻结）也是类似机制（Selekler 和 Budak，2004），即刺激三叉神经纤维导致脑血流量变化。

5.3.2 化学物理觉的神经生理学基础

化学物理觉刺激的神经反应有 3 种检验方法：①单三叉神经节细胞检测，背根神经节细胞或表达化学物理觉受体的异源细胞；②三叉神经纤维的细胞体外检测；③中枢三叉神经区域的细胞体外检测和脑成像。这里，我们主要关注（但不唯一）与食物相关的刺激。

5.3.2.1 单细胞检测

近期关于化学物理觉响应的研究大多均是关于膜片钳或细胞内钙成像。这些报道表明三叉神经元中的 TRP 通道（见第 4 章和第 14 章）对食物中辛辣化合物刺激有响应。这些化合物包括：丁香酚（丁香：TRPV1、TRPV3 和 TRPA1）（Yang 等，2003；Bandell 等，2004；Xu 等，2006；Chung 等，2014）、香芹酚（牛至：TRPA1 和 TRPV3）（Xu 等，2006）、姜酚（姜：TRPV1 和 TRPA1）（Bandell 等，2004）、异硫氰酸烯丙酯（芥末和辣根：TRPA1）（Jordt 等，2004；Bandell 等，2004）、肉桂醛（肉桂：TRPA1）（Bandell 等，2004）、薄荷醇（薄荷：TRPM8 和 TRPA1：高浓度抑制）（McKemy 等，2002；Karashima 等，2007）、辣椒素（辣椒：TRPV1）（Caterina 等，1997）和胡椒碱（黑胡椒：TRPV1 和 TRPA1）（Okumura 等，2010）。

口腔中角质细胞上的 TRPV3 对丁香酚和香芹酚有响应（Xu 等，2006）。其作用机制目前尚不清楚，但 TRPV3 可使刺激物温度上升。最近实验表明，角质形成细胞释放的 ATP 可以激活化学物理觉化合物刺激的神经纤维。

有趣的是，人工甜味剂，如糖精、阿斯巴甜、环己基氨基磺酸钠和乙酰磺胺酸钾等均能激活三叉神经节细胞上 TRPV1 的表达，这也部分解释了为何这些化合物具有不良余味（Riera 等，2007；Riera 等，2008）（见第 8 章）。另一个通道家族（对 pH 和麻醉药敏感的双孔钾通道）是四川花椒中辛辣化合物产生针刺感和麻木感的作用机制（Bautista 等，2008）（见第 8 章）。

碳酸饮料中的 CO_2 不仅对鼻腔产生刺激性，还能激活三叉神经纤维（Komai 和 Bryant，1993；Erickson 和 Silver，1994）。CO_2 扩散进入细胞膜激活三叉神经末梢。细胞内，在碳酸酐酶存在下与水发生反应，解离成碳酸氢盐和质子，TRPA1 通道被细胞中的酸性刺激并激活（Wang 等，2010）。类似地，弱酸，如醋中的乙酸，黄油和干酪中的丙酸，均可进入细胞膜，激活三叉神经纤维上 TRPA1 通道（Wang 等，2011）。

5.3.2.2 神经检测

早期关于化学物理觉的三叉神经检测是多重综合反应，侧重于各种刺激物的阈值测定（Ito，1962；Tucker，1971；Silver 和 Moulton，1982）。如大鼠筛窦神经阈值的变化范围从辛醇的 3×10^{-6}到甲醇的 3020×10^{-6}。脂溶性对化学物理觉物质具有重要作用，化合物脂溶性越强，阈值越低（Silver 等，1986）。口腔中化学物理觉具有类似关联性（Bryant 和 Silver，2000）。一些具有刺激性的化合物（如甲醇、甲苯和乙酸丁酯）表现出高阈值，而其他化合物（如丙酸和薄荷醇）具有相对低的阈值（Silver，1992）。

研究表明花椒能激活口腔三叉神经纤维（Okuni，1978），但此类研究很少。在其他研究中（H. Alimohammadi 和 W. L. Silver，未发表的结果），鼻腔三叉神经纤维对多种香料均有响应（图 5.3）。不同测试香料表现出特有的综合响应模式，响应起始和偏移均存在差异。5 种测试香料中，辣椒刺激性最强，接下来依次是生姜、黑胡椒、丁香和黄芥末。

5.3.2.3 中枢神经系统的化学物理觉

通常将增强风味的香料产生的感觉误认为“味道”或“气味”。尽管这种误解容易被

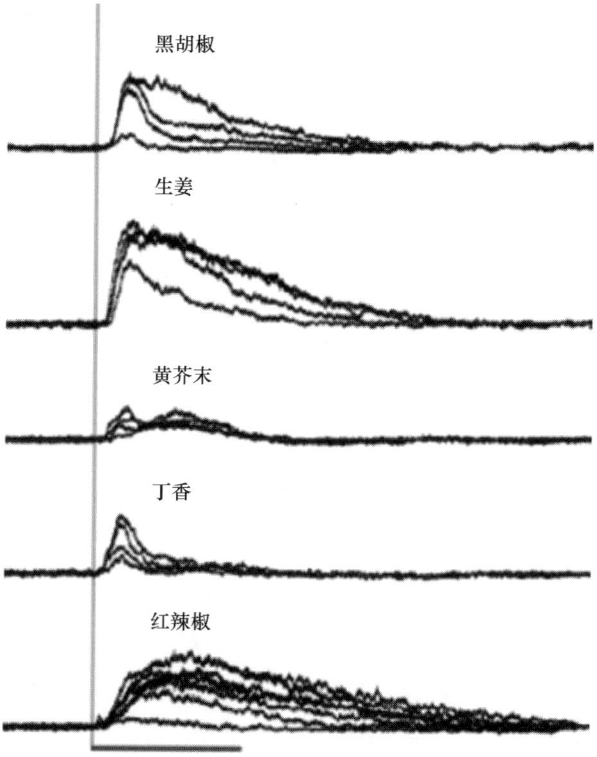

图 5.3　大鼠筛窦神经对大鼠林格氏液（pH7.2）配制的香料溶液全神经综合响应

注：以所示顺序（黑胡椒至红辣椒）记录一只大鼠对不同稀释度的五种香料溶液的响应。为了便于呈现，我们将不同稀释度（10%、40%、70%和 100%的原液，加上 1%、4%和 7%的红辣椒原液）的响应曲线进行了重叠。垂直灰色线表示推注刺激液的时间。图底部水平条代表 30s。

认定是对化学物理觉的忽视，但这种误解实际上也揭示了化学物理觉与其他化学感觉的相互作用（见第 9 章）。正如躯体感觉神经的预期结果，三叉神经元除了会向与触觉、温度觉和痛觉相关的大脑区域传递化学物理觉信号，同时神经元中的一部分还会向与嗅觉和味觉相关的大脑区域传递化学物理觉信号。

三叉神经的大多数感觉分支突出到三叉神经感觉核，感觉核从中脑分布到髓质。在细胞核上纤维对汇集在脊髓三叉神经脊束核尾侧亚核的化学物理觉进行响应和测定后，每个细胞核均表现出不同的体感模态。

三叉神经脊束核尾侧亚核（Vc）内神经元会接收含有 TRPV1、TRPA1、TRPM8 和 TRPV3 等受体的神经纤维的整合输入，并对辛辣化合物产生响应。Carstens 实验室开展了大量细胞体外试验来测定 Vc 内细胞对传递到口腔中的刺激性化学物的响应（Carstens 等，1998；Carstens 等，2002；Simons 等，2004；Zanotto 等，2007；Zanotto 等，2008；Klein 等，2014）。他们证实了背内侧 Vc 浅层中大部分神经元对薄荷醇、肉桂醛、异硫氰酸烯丙酯、辣椒素、香芹酚和丁香酚有热和冷感响应，此外，引起热觉的化学物质香芹酚和丁香酚对 Vc 细胞的热诱发电反应有协同作用。

除了细胞体外试验，fMRI 和 EEGs 也被应用化学物理觉刺激激活的大脑区域范围确认研究中。关于嗅觉和三叉神经刺激（通常是 CO_2）研究报道较多，但很少研究中是采用食物源辛辣化学物作为刺激物（Kobal 和 Hummel，1988；Boyle 等，2007；Bensafi 等，2008；Hummel 等，2009；Huart 等，2011；Billot 等，2011）。三叉神经刺激通常会激活脑干、丘脑、尾状核、前部和背外侧眶额皮质、额内侧回、额叶岛盖、颞上回、扣带回皮层和中央后回。嗅觉系统和三叉神经刺激会激活大脑的几个共同区域，包括内侧眶额皮质，杏仁核，海马旁回和小脑。嗅觉系统和三叉神经系统之间神经通路的这种趋同性提示了两个系统的整合程度。除了激活大脑区域外，三叉神经节神经元还影响嗅球中细胞。通过三叉神经节神经元上的轴突直接输入嗅球中，化学物理觉化合物刺激开始调节最早中枢激发的嗅觉处理系统（Schaefer 等，2002）。

与嗅觉系统类似，三叉神经系统的解剖学结构使其具有调节味觉系统的能力。来自口腔的许多三叉神经自由神经末梢投射到孤束核（NTS）中，这是脑中味觉信息的初始传递位置（Braud 等，2012；Corson 等，2012；Felizardo 等，2009）。下颌三叉神经纤维横断减少了促味剂诱发的 NTS 神经元活动；相反，这些三叉神经纤维的电刺激可以诱导这类神经元的活动（Boucher 等，2003）。此外，热刺激三叉神经会调节 NTS 神经元的活性，对各种口味物质产生响应（Wilson 和 Lemon，2013）。

这些结果表明三叉神经刺激对味觉有潜在影响，但化学物理觉刺激作用的验证研究较少。有研究表明尼古丁是一种有效的三叉神经刺激物，具有苦味，主要通过味觉和三叉神经作用调节 NTS 神经元（Simons 等，2006）。另一项类似研究测定乙醇对 NTS 神经元的影响，并观察到它在调节甜味刺激的细胞以及一种未调整到任何味觉形态的额外神经元类型中产生活性（Lemon 等，2011）。饮酒时，酒精会产生苦味、甜味和灼痛感。除了化学物理神经纤维外，许多经常食用的化学物质也能激活味觉和嗅觉系统，通常很难将化学物理觉与这两种感觉区分开。

5.4 小结

鼻腔和口腔中的化学物理觉感知的神经纤维对食物中存在的各种辛辣化合物进行响应，刺激这些神经纤维对增加风味很有帮助。进食期间，口腔中挥发性化学物质在呼气或吞咽后进入鼻腔，激活了鼻腔中三叉神经纤维。三叉神经末梢既可以通过自由神经末梢直接刺激，也可以通过孤立的化学感受器进行细胞间接刺激（图 5.1）。三叉神经纤维激活后触发了与食用辛辣食物有关的反射，包括涨红、流泪、打喷嚏、出汗和咳嗽。化学物理觉的相关分子机制主要有 TRP 通道，其除了能检测温度变化外，还与辛辣食物中发现的许多化合物相互作用。

参考文献

Bandell, M., Story, G. M., Hwang, S. W., *et al.* 2004. Noxious cold ion channel TRPA1 is activated by pungent compounds and bradykinin. *Neuron*, 41, 849-857.

Basbaum, C. and Jany, B. 1990. Plasticity in the airway epithelium. *Am. J. Physiol.*, 259 (2 Pt 1), L38-L46.

Barham, H. P., Cooper, S. E., Anderson, C. B., *et al.* 2013. Solitary chemosensory cells and bitter taste receptor signaling in human sinonasal mucosa. *Int. Forum Allergy Rhinol.*, 3 (6), 450-457.

Bautista, D. M., Sigal, Y. M., Milstein, A. D., *et al.* 2008. Pungent agents from Szechuan peppers excite sensory neurons by inhibiting two-pore potassium channels. *Nat. Neurosci.*, 11, 772-779.

Bensafi, M., Iannilli, E., Gerber, J., and Hummel, T. 2008. Neural coding of stimulus concentration in the human olfactory and intranasal trigeminal systems. *Neuroscience*, 154, 832-838.

Billot, P. E., Comte, A., Galliot, E. *et al.* 2011. Time course of odorant-and trigeminal-induced activation in the human brain: An event-related functional magnetic resonance imaging study. *Neuroscience*, 189, 370-376.

Boyle, J. A., Heinke, M., Gerber, J., Frasnelli, J., and Hummel, T. 2007. Cerebral activation to intra-nasal chemosensory trigeminal stimulation. *Chem. Senses*, 32, 343-353.

Boucher, Y., Simons, C. T., Faurion, A., Azerad, J., and Carstens, E. 2003. Trigeminal modulation of gustatory neurons in the nucleus of the solitary tract. *Brain Res.*, 973, 265-274.

Brann, J. H. and Firestein, S. J. 2014. A lifetime of neurogenesis in the olfactory system. *Front. Neurosci.*, 8, 182.

Braud, A., Vandenbeuch, A., Zerari-Mailly, F., and Boucher, Y. 2012. dental afferents project onto gustatory neurons in the nucleus of the solitary tract. *J. Dent. Res.*, 91, 215-220.

Bryant, B. and Silver, W. L. 2000. Chemesthesis: The common chemical sense, in *Neurobiology of Taste and Smell*, 2nd edn (eds. T. E. Finger, W. L. Silver, and D. Restrepo), New York: Wiley-Liss, Inc., pp. 73-100.

Carstens, E., Kuenzler, N., and Handwerker, H. O. 1998. Activation of neurons in rat rigeminal subnucleus caudalis by different irritant chemicals applied to oral or ocular mucosa. *J. Neurophysiol.*, 80, 465-492.

Carstens, E., Carstens, M. L., Dessirier, J.-M., *et al.* 2002. It hurts so good: oral irritation by spices and carbonated drinks and the underlying neural mechanisms. *Food Qual. Prefer.*, 13, 431-443.

Caterina, M. J., Schumacher, M. A., Tominaga, M. *et al.* 1997. The capsaicin receptor: A heatactivated ion channel in the pain pathway. *Nature*, 389, 816-824.

Chung, G., Im, S. T., Kim, Y. H. *et al.* 2014. Activation of transient receptor potential ankyrin 1 by eugenol. *Neuroscience*, 261, 153-160.

Cole, B. B., Smith, R. W., Jenkins, K. M. *et al.* 2010. Tracheal Basal cells: a facultative progenitor cell pool. *Am. J. Pathol.*, 177, 362-376.

Cole, P. 2003. The four components of the nasal valve. *Am. J. Rhinol.*, 17, 107-110.

Corson, J., Aldridge, A., Wilmoth, K., and Erisir, A. 2012. A survey of oral cavity afferents to the rat nucleus tractus solitarii. *J. Comp. Neurol.*, 520, 495-527.

Djupesland, P. G. 2013. Nasal drug delivery devices: characteristics and performance in a clinical perspective-a review. *Drug. Deliv. Transl. Res.*, 3, 42-62.

Dupont, L. L., Glynos, C., Bracke, K. R., Brouckaert, P., and Brusselle, G. G. 2014. Role of the nitric oxidesoluble guanylyl cyclase pathway in obstructive airway diseases. *Pulm. Pharmacol. Ther.*, 29, 1-6.

Eilers, H., Cattaruzza, F., Nassini R. *et al.* 2010. Pungent general anesthetics activate transient receptor potential-A1 to produce hyperalgesia and neurogenic bronchoconstriction. *Anesthesiology*, 112, 1452-1463.

Erickson, J. L. and Silver, W. L. 1994. Acetazolamide inhibits ethmoid nerve responses to carbon dioxide but not other irritants. *Chem. Senses*, 19, 466-467.

Farbman, A. I. and Hellekant, G. 1978. Quantitative analysis of the fiber population in rat chorda tympani nerves and fungiform papillae. *Am. J. Anat.*, 153, 509-522.

Felizardo, R., Boucher, Y., Braud, A., *et al.* 2009. Trigeminal projections on gustatory neurons of the nucleus of the solitary tract: A double-label strategy using electrical stimulation of the chorda tympani and tracer injection in the lingual nerve. *Brain Res.*, 1288, 60-68.

Finger, T. E., St Jeor, V. L., Kinnamon, J. C., and Silver, W. L. 1990. Ultrastructure of substance P-and CGRP-imnunoreactive nerve fibers in the nasal epithelium of rodents. *J. Comp. Neurol.*, 294, 293-305.

Finger, T. E. 1997. Evolution of taste and solitary chemoreceptor cell systems. *Brain Behav. Evol.*, 50, 234-243.

Finger, T. E., Bottger, B., Hansen, A. *et al.* 2003. Solitary chemoreceptor cells in the nasal cavity serve as sentinels of respiration. *Proc. Natl. Acad. Sci. USA.*, 100, 8981-8986.

Finger, T. E. and Simon, S. A. 2000. *Cell biology of taste epithelium*, *in Neurobiology of Taste and Smell*, 2nd edn (eds. T. E. Finger, W. L. Silver, and D. Restrepo), New York: Wiley-Liss Inc., pp. 287-314.

Folkesson, A., Jelsbak, L., Yang, L. *et al.* 2012. Adaptation of *Pseudomonas aeruginosa* to the cystic fibrosis airway: an evolutionary perspective. *Nat. Rev. Microbiol.*, 10, 841-851.

Fuqua, C. and Greenberg, E. P. 2002. Listening in on bacteria: Acyl-homoserine lactone signalling. *Nat. Rev. Mol. Cell Biol.*, 3, 685-695.

Fuqua, W. C., Winans, S. C., and Greenberg, E. P. 1994. Quorum sensing in bacteria-the Luxr-Luxi family of cell density-responsive transcriptional regulators. *J. Bacteriol.*, 176, 269-275.

Geppetti, P., Fusco, B. M., Marabini, S. *et al.* 1988. Secretion, pain and sneezing induced by the application of capsaicin to the nasal mucosa in man. *Br. J. Pharmacol.*, 93, 509-514.

Geppetti, P., Patacchini, R., Nassini, R., and Materazzi, S. 2010. Cough: The emerging role of the TRPA1 channel. *Lung*, 188, S63-S68.

Gerhold, K. A. and Bautista, D. M. 2009. Molecular and cellular mechanisms of trigeminal chemosensation. *Ann. NY Acad. Sci.*, 1170, 184-189.

Green, B. G. 2012. Chemesthesis and the chemical senses as components of a "chemofensor complex". *Chem. Senses*, 37, 201-206.

Gulbransen, B. D., Clapp, T. R., Finger, T. E., and Kinnamon, S. C. 2008a. Nasal solitary chemoreceptor cell responses to bitter and trigeminal stimulants in vitro. *J. Neurophysiol.*, 99, 2929-2937.

Gulbransen, B. D., Silver, W. L., and Finger, T. E. 2008b. Solitary chemoreceptor cell survival is independent of intact trigeminal innervation. *J. Comp. Neurol.*, 508, 62-71.

Harkema, J. R., Carey, S. A., and Wagner, J. G. 2006. The nose revisited: a brief review of the comparative structure, function, and toxicologic pathology of the nasal epithelium. *Toxicol. Pathol.*, 34, 252-269.

Huart, C., Meusel, T., Gerber, J. *et al.* 2011. The depth of the olfactory sulcus is an indicator of congenital anosmia. *Am. J. Neuroradiol.*, 32, 1911-1914.

Hummel, T., Iannilli, E., Frasnelli, J., Boyle, J., and Gerber, J. 2009. Central processing of trigeminal activation in humans. *Ann. N. Y. Acad. Sci.* , 1170, 190-195.

Ito, K. 1962. Electrophysiological studies on the peripheral olfactory nervous system of mammalia. *Kitahanto J. Med. Sci.* , 18, 405-417.

James, J. E. A. and DaleyM. de B. 1969. Nasal reflexes. *Proc. Roy. Soc. Med.* , 62, 1287-1293.

Jordt, S. E. , Bautista, D. M. , Chuang, H. H. *et al.* 2004. Mustard oils and cannabinoids excite sensory nerve fibres through the TRP channel ANKTM1. *Nature*, 427, 260-265.

Julius, D. 2013. TRP channels and pain. *Ann. Rev. Cell. Dev. Biol.* , 29, 355-384.

Karashima, Y. , Damann, N. , Prenen, J. *et al.* 2007. Bimodal action of menthol on the transient receptor potential channel TRPA1. *J. Neurosci.* , 27, 9874-9884.

Kashima, H. and Hayashi, N. 2013. Facial skin blood flow responses to irritant stimuli in the oral cavity. *Auton. Neurosci.* , 174, 61-65.

Kinnamon, S. C. 2012. Taste receptor signalling-from tongues to lungs. *Acta. Physiol.* , 204, 158-168.

Kinnamon, S. C. and Reynolds, S. D. 2009. Using taste to clear the air (ways) . *Science*, 325, 1081-1082.

Klein, A. H. , Joe, C. L. , Davoodi, A. *et al.* 2014. Eugenol and carvacrol excite first-and second-order trigeminal neurons and enhance their heat-evoked responses. *Neuroscience*, 271, 45-55.

Kobal, G. and Hummel, C. 1988. Cerebral chemosensory evoked potentials elicited by chemical stimulation of the human olfactory and respiratory nasal mucosa. *Electroencephalogr. Clin. Neurophysiol.* , 71, 241-250.

Komai, M. and Bryant, B. P. 1993. Acetazolamide specifically inhibits lingual trigeminal nerve responses to carbon dioxide. *Brain Res.* , 612, 122-129.

Krasteva, G. , Canning, B. J. , Hartmann, P. *et al.* 2011. Cholinergic chemosensory cells in the trachea regulate breathing. *Proc. Natl. Acad. Sci. USA*, 108, 9478-9483.

Krasteva, G. , Canning, B. J. , Papadakis, T. , and Kummer, W. 2012. Cholinergic brush cells in the trachea mediate respiratory responses to quorum sensing molecules. *Life Sci.* , 91, 992-996.

Kunkler, P. E. , Ballard, C. J. , Oxford, G. S. , and Hurley, J. H. 2011. TRPA1 receptors mediate envi-ronmental irritant-induced meningeal vasodilatation *Pain*, 152, 38-44.

Langley, J. N. 1900. On axon-reflexes in the pre-ganglionic fibres of the sympathetic system. *J. Physiol.* , 25, 364-398.

Lawless, H. 1984. Oral chemical irritation psychophysical properties. *Chem. Senses*, 9, 143-155.

Lee, R. J. , Chen, B. , Redding, K. M. , Margolskee, R. F. , and Cohen, N. A. 2013. Mouse nasal epithelial innate immune responses to Pseudomonas aeruginosa quorum-sensing molecules require taste signaling components. *Innate Immun.* , 20, 606-617.

Lee, R. J. and Cohen, N. A. 2014a. The emerging role of the bitter taste receptor T2R38 in upper respiratory infection and chronic rhinosinusitis. *Am. J. Rhinol. Allergy*, 27, 283-286.

Lee, R. J. , Kofonow, J. M. , Rosen, P. L. *et al.* 2014b. Bitter and sweet taste receptors regulate human upper respiratory innate immunity. *J. Clin. Invest.* , 124, 1393-1405.

Lee, R. J. , Xiong, G. , Kofonow, J. M. *et al.* 2012. T2R38 taste receptor polymorphisms underlie susceptibility to upper respiratory infection. *J. Clin. Invest.* , 122, 4145-4159.

Lee, T. S. 1954. Physiological gustatory sweating in a warm climate. *J. Physiol.* , 124, 528-542.

Lemon, C. H. , Wilson, D. M. , and Brasser, S. M. 2011. Differential neural representation of oral ethanol by central taste-Sensitive neurons in ethanol-preerring and genetically heterogeneous rats. *J. Neurophysiol.* , 106, 3145-3156.

Lin, W. , Ogura, T. , Margolskee, R. F. , Finger, T. E. , and Restrepo, D. 2008. TRPM5-expressing solitary chemosensory cells respond to odorous irritants. *J. Neurophysiol.* , 9, 1451-1460.

Ma, L., Lee, B. H., Mao, R. *et al.* 2014. Nicotinic acid activates the capsaicin receptor TRPV1: potential mechanism for cutaneous flushing. *Arterioscler. Thromb. Vasc. Biol.*, 34, 1272-1280.

McKemy, D. D., Neuhausser, W. M., and Julius, D. 2002. Identification of a cold receptor reveals a general role for TRP channels in thermosensation. *Nature*, 416, 52-58.

Merigo, F., Benati, D., Tizzano, M., Osculati, F. and Sbarbati, A. 2005. alpha-Gustducin immuno-reactivity in the airways. *Cell Tissue Res.*, 319, 211-219.

Messerklinger, W. 1978. *Endoscopy of the Nose*, Baltimore, MD: Urban and Schwarzenberg.

Morris, J. B., Wilki, W. S., and Shusterman, D. J. 2005. Acute respiratory responses of the mouse to chlorine. *Toxicol. Sci.*, 83, 380-387.

Nalivaiko, E., De Pasquale, C. G., and Blessing, W. W. 2003. Electrocardiographic changes associated with the nasopharyngeal reflex in conscious rabbits: vago-Sympathetic co-activetion. *Auton. Neurosci.*, 105, 101-104.

O'Connor, T. M., O'Connell, J., O'Brien, D. I. *et al.* 2004. The role of substance P in inflammatory disease. *J. Cell Physiol.*, 201, 167-180.

Okumura, Y., Narukawa, M., Iwasaki, Y. *et al.* 2010. Activation of TRPV1 and TRPA1 by black pepper components. *Biosci. Biotech. Biochem.*, 74, 1068-1072.

Okuni, Y. 1978. Response of lingual nerve fibers of the rat to pungent spices and irritants pungent spices. *Shika Gakuho.*, 78, 1323-1349.

Parker, G. H. 1912. The relations of smell, taste and the common chemical sense in vertebrates, *J. Acad. Sci. Phila.*, 15, 221

Parker, G. H. 1922. *Smell, Taste, and Allied Senses in Vertebrates*, Philadelphia: Lippincott.

Philip, G., Baroody, F. M., Proud, D., Naclerio, R. M., and Togias, A. G. 1994. The human nasal response to capsaicin. *J. Allergy Clin. Immunol.*, 94, 1035-1045.

Rather, L. J. 1971. Disturbance of function (functio laesa): the legendary fifth cardinal sign of inflammation, added by Galen to the four cardinal signs of Celsus. *Bull. NY Acad. Med.*, 47, 303-322.

Reynolds, S. D. and Malkinson, A. M. 2010. Clara cell: Progenitor for the bronchiolar epithelium. *Int. J. Biochem. Cell Biol.*, 42, 1-4.

Richards, PM., Saunders, C. J., and Silver, W. L. 2010. Functional neuroanatomy of the upper airway in experimental animals, in *Toxicology of the Nose and Upper Airways* (eds. J. B. Morris and D. J. Shusterman), Informa Healthcare Books, 712 pp. 45-64.

Riera, C. E., Vogel, H., Simon, S. A., Damak, S., and le Coutre, J. 2008. The capsaicin receptor participates in artificial sweetener aversion. *Biochem. Biophys. Res. Commun.*, 376, 653-657.

Riera, C. E., Vogel, H., Simon, S. A., and Coutre, J. 2007. Artificial sweeteners and salts producing a metallic taste sensation activate TRPV1 receptors. *Am. J. Physiol. Regul. Integr. Comp. Physiol.*, 293, R626-R634.

Rodger, I. W., Tousignant, C., Young, D., Savoie, C., and Chan, C. C. 1995. Neurokinin receptors subserving plasma extravasation in guinea pig airways. *Can. J. Physiol. Pharmacol.*, 73, 927-931.

Sadofsky, L. R., Boa, A. N., Maher, S. A. *et al.* 2011. TRPA1 is activated by direct addition of cysteine residues to the N-hydroxysuccinyl esters of acrylic and cinnamic acids. *Pharmacol. Res.*, 63, 30-36.

Saunders, C. J., Li, W. Y., Patel, T. D., Muday, J. A., and Silver, W. L. 2013a. Dissecting the role of TRPV1 in detecting multiple trigeminal irritants in three behavioral assays for sensory irritation. [v1; ref status: indexed, http://f1000r.es/p8] F1000Research 2013, 2: 74, DOI: 10.12688/f1000research.2-74.v1 (accessed 22 September 2015).

Saunders, C. J., Reynolds, S. D., and Finger, T. E. 2013b. Chemosensory brush cells of the trachea: A stable population in a dynamic epithelium. *Am. J. Respir. Cell. Mol. Biol.*, 49, 190-196.

Saunders, C. J., Christensen, M., Finger, T. E., and Tizzano, M. 2014. Cholinergic neurotransmission links solitary chemosensory cells to nasal inflammation. *Proc. Natl. Acad. Sci. USA*, 111, 6075-6080.

Sbarbati, A. and Osculati, F. 2003. Solitary chemosensory cells in mammals? *Cells Tiss. Organs*, 175, 51-55.

Schaefer, M. L., Bottger, B., Silver, W. L., and Finger, T. E. 2002. Trigeminal collaterals in the nasal epithelium and olfactory bulb: A potential route for direct modulation of olfactory information by trigeminal stimuli. *J. Comp. Neurol.*, 444, 221-226.

Schild, D. and Restrepo, D. 1998. Transduction mechanisms in vertebrate olfactory receptor cells. *Physiol. Rev.*, 78, 429-466.

Seleker, H. M. and Budak, F. 2004. Idiopathic stabbing headache and experimental ice cream headache (short-lived headaches) *Europ. Neurol.*, 51, 6-9.

Shah, A. S., Ben Shahar Y., Moninger, T. O., Kline, J. N., and Welsh, M. J. 2009. Motile cilia of human airway epithelia are chemosensory. *Science*, 325, 1131-1134.

Silver, W. L. 1992. Neural and pharmacological basis for nasal irritation, in *Sources of Indoor Air Contaminants: Characterizing Emissions and Health Impacts* (eds. W. G. Tucker, B. P. Leaderer, L., Mφlhave, and W. S. Cain), New York: Ann. N. Y. Acad. Science, pp. 152-163.

Silver, W. L. and Moulton, D. G. 1982. Chemosensitivity of rat nasal trigeminal receptors. *Physiol. Behav.*, 28, 927-931.

Silver, W. L., Mason, J. R., Adams, M. A., and Smeraski, C. 1986. Nasal trigeminal chemoreception: Responses to *n*-aliphatic alcohols. *Brain Res.*, 376, 221-229.

Silver, W. L. and Finger, T. E. 2009. The anatomical and electrophysiological basis of peripheral nasal trigeminal chemoreception. *Ann. NY. Acad. Sci.*, 1170, 202-205.

Simons, C. T., Sudo, S., Sudo, M., and Carstens, E. 2004. Mustard oil has differential effects on the response of trigeminal caudalis neurons to heat and acidity. *Pain*, 110, 64-71.

Simons, C. T., Boucher, Y., Carstens, M. I., and Carstens, E. 2006. Nicotine suppression of gustatory responses of neurons in the nucleus of the solitary tract. *J. Neurophysiol.*, 96, 1877-1886.

Suemune, S., Nishimori, T., Hosoi, M. *et al.* 1992. Trigeminal nerve endings of lingual mucosa and musculature of the rat. *Brain Res.*, 586, 161-165.

Takahashi, H., Izumi, H., and Karita, K. 1995. Parasympathetic reflex salivary secretion in the cat parotid gland. *Jpn. J. Physiol.*, 45, 475-490.

Tizzano, M., Gulbransen, B. D., Vandenbeuch, A. *et al.* 2010. Nasal chemosensory cells use bitter taste signaling to detect irritants and bacterial signals. *Proc. Natl. Acad. Sci. USA*, 107, 3210-3215.

Tizzano, M. and Finger, T. E. 2013. Chemosensors in the nose: guardians of the airways. *Physiology (Bethesda)*, 28, 51-60.

Tominaga, M., Caterina, M. J., Malmberg, A. B. *et al.* 1998. The cloned capsaicin receptor integrates multiple pain-Producing stimuli. *Neuron*, 21, 531-543.

Tucker, D. 1971. Nonolfactory responses from the nasal cavity: Jacobson's organ and the trigeminal system, in *Handbook of Sensory Physiology*, vol. IV, part I, (ed. L. M. Beidler), Berlin: Springer-Verlag, pp. 151-181.

Vijayaraghavan, R., Schaper, M., Thompson, R., Stock, M. F., and Alarie, Y. 1993. Characteristic modifications of the breathing pattern of mice to evaluate the effects of airborne chemicals on the respiratory tract. *Arch. Toxicol.*, 67, 478-490.

Wang, Y. Y., Chang, R. B., and Liman, E. R. 2010. TRPA1 is a component of the nociceptive response to CO_2. *J. Neurosci.*, 30, 12958-12963.

Wang, Y. Y., Chang, R. B., Allgood, S. D., Silver, W. L., and Liman, E. R. 2011. A TRPA1-

dependent mechanism for the pungent sensation of weak acids. *J. Gen. Physiol.*, 137, 493-505.

Warren, D. W., Walker, J. C., Drake, A. F., and Lutz, R. W. 1994. Effects of odorants and irritants on respiratory behavior. *Laryngoscope*, 104, 623-626.

Welch, K. C., Foster, G. D., Ritter, C. T. *et al.* 2002. A novel volumetric magnetic resonance imaging paradigm to study upper airway anatomy. *Sleep*, 25 (5), 532-542.

Wilson, D. M. and Lemon, C. H. 2013. Modulation of central gustatory coding by temperature. *J. Neurophysiol.*, 110, 1117-1129.

Xu, H., Delling, M., Jun, J. C., and Clapham, D. 2006. Oregano, thyme and clove-derived flavors and skin sensitizers activate specific TRP channels. *Nat. Neurosci.*, 9, 628-635.

Yang, B. H., Piao, Z. G., Kim, Y. B. *et al.* 2003. Activation of vanilloid receptor 1 (VR1) by eugenol. *J. Dent. Res.*, 82, 781-785.

Youngs, R., Evans, K., and Watson, M. 2006. *The Paranasal Sinuses: A Handbook of Applied Surgical Anatomy*, London and New York: Taylor and Francis Group.

Zanotto, K. L., Iodi Carstens, M., and Carstens, E. 2008. Cross-desensitization of responses of rat trigeminal subnucleus caudalis neurons to cinnamaldehyde and menthol. *Neurosci. Lett.*, 430, 29-33.

Zanotto, K. L., Merrill, A. W., Carstens, M. I., and Carstens, E. 2007. Neurons in superficial trigeminal subnucleus caudalis responsive to oral cooling, menthol and other irritant stimuli. *J. Neurophysiol.*, 97, 966-978.

Zhou, W. and Chen, D. 2009. Binaral rivalry between the nostrils and in the cortex. *Curr. Biol.*, 19, 1561-1565.

Zhou, W., Jiang, Y., He, S., and Chen, D. 2010. Olfaction modulates visual perception in binocular rivalry. *Curr. Biol.*, 20, 1356-1358.

6 化学物理觉类型 Ⅰ：辛辣和灼热——历史观点、描述词和时间特征

John E. Hayes

Sensory Evaluation Center and Department of Food Science, College of Agricultural Sciences, The Pennsylvania State University, University Park, PA, USA

6.1 引言

6.1.1 缪勒、梅尔斯和神经特殊能量学说

1840年，缪勒（Johannes Müller）出版了《人体生理学手册》一书，书中写道："我们无法直接通过神经状态来感知外在事物。不同的感觉性质引发不同的神经，引起不同的感觉，即神经介导。根据感觉性质，相同的外部刺激作用不同的感觉器官，可以引发不同性质的感觉，即感觉调节。每种可以通过各种内外刺激引发各种感觉神经的特殊感觉能力。因此，感觉不是把一种性质或一种客观对象转变为意识的过程，但感觉神经与感知性质或对象的通信是由外在事物引起的。此外，在不同的感觉神经中，感知性质或'感觉能量'是不同的。"

这个概念有时被称为神经特殊能量学说。后来，英国医生和心理学家查尔斯·迈尔斯（Charles Samuel Myers）将"适宜刺激"（即感觉器官适应的特定刺激）和"刺激不足"（能够激活感觉器官的其他任何刺激）进行了区分（Myers，1909）。通过按压（轻轻地）眼睛一侧可以很容易证实，这会增加眼压并刺激视神经反应。尽管光感受器是由机械刺激而不是光子激活，但由此产生的感觉被认为是一道闪光。回到缪勒之前的说法，感觉的具体性质取决于受刺激神经的性质，而不是刺激方式。

这些概念虽然陈旧，但在讨论化学物理觉的口腔辛辣感和"灼热"感时仍然有用。正如本书所述，TRPV1受体（*née* VR1）是一种多模式伤害感受器，温度高于42.5℃时会引起热痛反应（Caterina等，2000；Caterina等，1997；McIntyre等，2001）。然而，当接触辣椒素和其他化学物质如胡椒碱时，TRPV1受体使钙进入细胞的温度显著降低（Caterina等，1997；McNamara等，2005），引起细胞去极化且产生我们称之为"灼热"感觉。或者引用Myers的概念，即使不存在有害热刺激的情况下，辣椒素和胡椒碱仍会引起热痛感但我们仍可以视其为刺激不足。从进化的角度来看，用次生代谢物中断热痛传感器的方法非常新颖，但我们需注意不要给植物提供这种媒介。尽管如此，这些化学物质显然具有进化优势，因为可以使植物避免被捕食（Glendinning，2007），或者以物种特异性方式选择捕食者，促进其种子传播（Jordt和Julius，2002；Tewksbury和Nabhan，2001）。由于植物产生这些化学物质是为了防止被其他生物（至少是哺乳动物）捕食，这就引发了一个重要问题：为什么人类会执意寻找并食用会引起疼痛感的植物？第2章对此问题进行深入讨论，因此本章仅简要讨论我们谈论这些感觉的方式及介绍引起这些感觉的植物。

6.1.2 哥伦布大交换和寻找香料

哥伦布大交换是指旧大陆从新大陆带回可可、马铃薯、番茄和辣椒的过程，而新大陆

则获得了咖啡、天花、麻疹和梅毒。从烹饪角度上看这一事件具有不可低估的重要性，因为很难想象比利时人没有马铃薯或巧克力，意大利人没有番茄，泰国人没有辣椒的话会怎样。回顾来看，也许哥伦布寻找新大陆的目的并不仅是为了发现新大陆或寻找金银等贵金属；相反，寻找辛辣香料是寻找通往印度群岛的另一条路线的主要动机。据报道，1498 年 5 月瓦斯科·达·伽马及其同伴在印度西海岸的 Kappakadavu 登陆后，大喊着“为了基督和香料!”，并向着相反的方向航行。

辣椒原产于中美洲和南美洲，人类食用辣椒历史已超过 7000 年。根据秘鲁 Guitarrero 洞穴（前陶器时代）的物品推测哈瓦那辣椒（*Capsicum chinense*）在距今 10000 年前就已被驯化（Smith Jr，1980），尽管这一时期一直存在争议。比较一致的一个说法是，在秘鲁考古遗址 Huaca Prieta 发现的辣椒果实（Pickersgill，1969）和种子（Chiou 和 Hastorf，2012）的证据表明距今 4500 年前就有了驯化物种（*C. chinense* 和 *C. baccatum*）。最近有报道表明，南美洲沿海地区距今 7600 年前就开始了主动特定类型辣椒（*C. baccatum*）主动种植（Chiou 等，2014）。这些推测与古生物学语言上的证据基本一致：中美洲和南美洲原始语言的研究表明，墨西哥中南部在至少距今 6500 年前就有辣椒的相关记载，南美洲在距今 4400 年前也有相关记载（Brown 等，2013）。古生物语言学中的日期代表了这种语言最近一次的使用日期，表明该语言的使用者可能在此日期前数百年或数千年前就掌握了辣椒这一术语（Kraft 等，2014）。

正如 Szallasi 和 Blumberg（1999）所述，辣椒（*Capsicum* spp.）常被错误地与另一种植物黑胡椒（*Piper nigrum*）联系在一起。尽管黑胡椒也会引起灼热感且含有 TRPV1 激动剂胡椒碱。同样，花椒（*Zanthoxylum simulans*）和山椒（*Zanthoxylum piperitum*）通常被称为四川花椒和日本辣椒。它们都含有山椒素，能够引发口腔的麻木感、刺痛感和灼热感（Albin 和 Simons，2010；Sugai 等，2005）。

这种词汇混用并非偶然之举：当我们接触到一些引发感知的新刺激，但又缺乏丰富的描述性语言去描述这个感觉时，我们很可能会在之前经验中搜寻些熟悉的例子，就像我们用具体的参照来命名气味一样［例如，“闻起来像割草的味道（cut grass）”］。因此，从植物学多样性来看，旧大陆和新大陆的植物共同使用同一描述词“（pepper）”也就不足为奇了。至少英语中是如此。

6.2 描述词

文献报道了很多被试者对辣椒素的热觉、灼热感和刺痛感进行评估的研究。值得注意的是，这些术语通常由测试者提供，有或者没有定义，且很少要求被试者对化学物理觉物质刺激感觉进行表征或描述。明确要求使用英语的被试者从罗列的 7 个英语描述词（灼热感、刺痛感、瘙痒、针刺感、热觉、麻木感和痒觉）中识别出口服辣椒素的主要感觉时，最认可的是灼热感（占所有试验 56%），其次是热觉（占所有试验 19%），和刺痛感（占所有试验 13%）（Bennett 和 Hayes，2012）。这些结果与早期研究基本一致：Lawless 和 Stevens 的报告指出，灼热感和刺痛感是辣椒素在舌尖部位上最易产生的热觉和触觉（Lawless 和 Stevens，1988），而 Green 报道辣椒素主要产生刺痛感和灼热感，其中刺痛感的支持者更多一些（Green，1991a）。同样，描述性分析小组数据表明，辣椒素、胡椒碱和生姜油树脂的主要感觉是灼热感及少许的刺痛感或麻木感；相反，乙醇也会产生同样的灼热感及刺痛感，同时伴随强烈的麻木感（Cliff 和 Heymann，1992）。对于姜油酮，Prescott 和 Stevenson 认为相对于麻木感，灼热感和热觉更被认同；而针刺感和刺痛感要弱于灼热感和热觉，但却强于麻木感，但这些感觉差异并不显著（Prescott 和 Stevenson，1996b）。对于香芹酚，麻木感和热觉占主导地位，而丁香酚产生的主要感觉是麻木感、热觉和刺痛感（Klein 等，2013）。整体而言，目前化学物理觉刺激引发的特性研究相对匮乏。这可能是因为许多研究人员的个人经验为其提供了足够的面部有效性信息，可以将灼热感/针刺感进行详尽地描述，至少辣椒和辣椒素来说是如此。因此，似乎没有必要再进行额外显著的考虑。

关于其他语种中化学物理感觉描述词的丰富度及相关探索研究较少。将 9 种化学物理觉刺激物和两种促味剂（如辣椒素、姜油酮、薄荷醇、柠檬酸和丁香酚等）分成几组后，要求初级被试者为每组样品确定相应的描述词，然后将描述词作为向量回归到排序数据生成的多维空间中。对于英语为母语的被试者，会用热觉、灼热感、刺痛感和针刺感等词语描述异硫氰酸烯丙酯、姜油酮和辣椒素（Byrnes 等，2015）等物质引发的刺激。当 30 名英西双语被试者用西班牙语完成同样任务时，诸如 ardiente（灼热感）和 irritando（刺激感）等词语成为多维空间中的重要矢量；picando（刺痛感/咬痛感）、picante（辛辣）和 caliente（热觉）等描述词也被使用，但令人惊讶的是这些词语使用频率并未达到统计显著性水平（Boone，2014）。

为了更深入地了解西班牙语使用者所确定的 24 个描述词的细微差别，约一半的相同被试者（$n=12$）进行了一项后续研究。要求被试者在卡片分类任务中将口头描述词进行分组，结果如图 6.1 所示，形成了 4 个组：一个为清爽/凉感组，一组为特定食物和味道，一组为触觉和一个灼热/辛辣组。清爽/凉感组包含：refrescante（清爽感）、menta（薄荷）、mentol（薄荷醇）、enfriando（凉感）和 hierba（草本植物）。第二组由许多食物、风味和一些触觉组成，包括 cebolla（洋葱）、canela（肉桂）和 ajo（蒜）等食物，原味如 dulce（甜）、salado（咸）、ácido（酸）、amargo（苦）和 metálico（金属味），及 secando（干燥感）和 entumeciendo（麻木感）两种感觉。第三组为触觉组，包含 cosquilleo（痒觉/针刺感）、hormigueo（痒觉/针刺感）、adormecido（麻木感）、analgésico（镇痛感）、irritando（刺激感），picando（咬痛感/刺痛感）以及 ardiente（灼热感）。最后一组仅有 2 个属性，picante（辛辣，如风味）和 caliente（热感觉，如温度指示）（Boone，2014）。尽管只是一

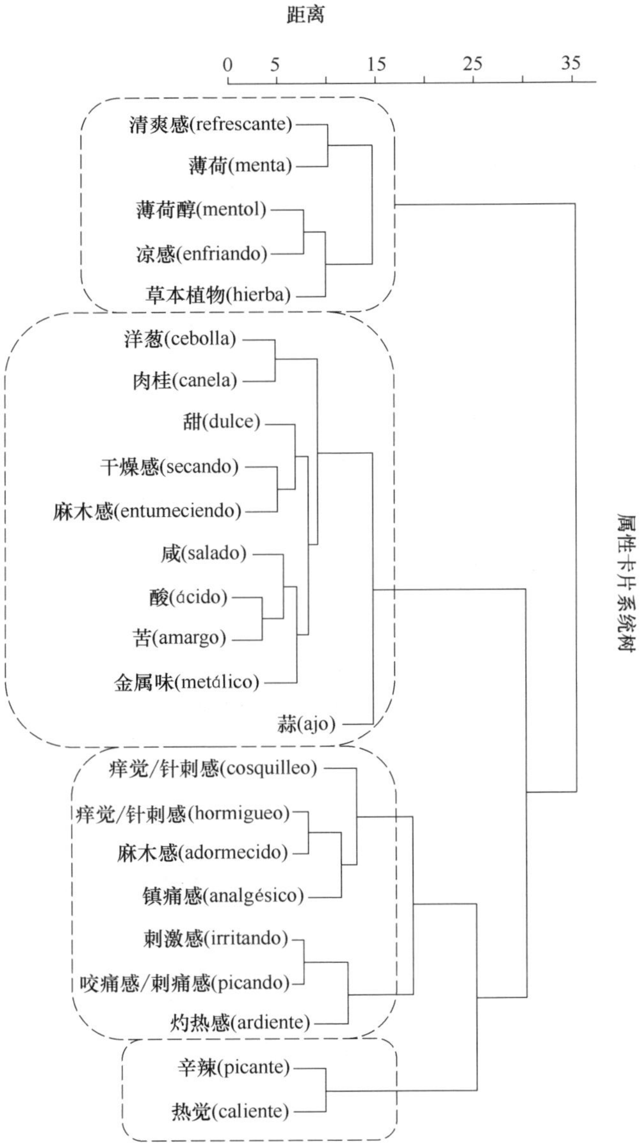

图 6.1　由在线卡片分类任务中，12 位西班牙语母语被试者对 24 个西班牙语描述词分类的聚类分析树形图

个初步研究，但数据表明，有必要开展进一步的研究来确定西班牙语（或其他语种）中是否可以包含更多更丰富的词汇，对应英语中描述为“热觉”或“灼热感”的化学物理觉特性。

6.3　与典型风味的差异

如第 1 章所述，人们早就认识到口腔辛辣感/化学诱导热与 1997 年克隆的、距今近一个世纪之久的典型辣椒素受体 TRPV1 “基本” 口味[①]是不同的（Caterina 和 Julius，2001；Caterina 等，1997 年）。事实上，在 1909 年，迈尔斯写道“……早期分类包括许多味道（例如，干燥、涩、辛辣……），现在我们已经认识到这些感觉并不是由味觉产生，而是由舌头上的末端器官产生的触觉和温度觉等因素所激发”（Myers，1909）。不过，现在被广泛接受的典型味道，鲜味，并不属于这个范畴（Yamaguchi，1987），但注意，辣椒素也恰巧落在经典的亨宁（Henning）口味四面体（顶点分别为甜、酸、咸和苦）之外（Lim 和 Green，2007）。

口腔辛辣与基本味觉感知（如甜味或苦味）在几个关键方面存在不同，包括感觉的时间过程（起始和消散）、敏化和脱敏。一般说来，味觉感知速度相对较快，其阈值反应时间约为 400~800ms（Halpern，1986），峰值强度发生在 10s 内（Lawless 和 Skinner，1979），大约 1min 后开始衰减和消失（Lawless 和 Skinner，1979；Leach 和 Noble，1986）（不能忍受三氯蔗糖或一些苦味剂的残留味）。相反，灼热刺激需要更长时间才能达到最大值（Cliff 和 Heymann，1993），且可能 3~10min 内都不会消散，这种刺激的延续以及消散时间具体看刺激物浓度（Bennett 和 Hayes，2012；Green 和 Hayes，2004）；Green 和 Schullery，2003；Lawless，1984）。

味觉的适应速度通常非常快，适应被定义为反复接触刺激后对特定刺激的反应减弱。例如，每分钟提供新鲜奎宁、氯化钠或蔗糖样品，共进行 5min，每个刺激物的刺激强度在 2min 内会下降到不足初始刺激强度 50%；如果相同样品持续地留在口中，到刺激结束时，其刺激强度减少了约 90%（Meiselman，1968）。重要的是这些味觉反应具有特异性，如对蔗糖的感觉适应不会降低奎宁的刺激强度。同样，气味也具有大、快速和特异适应性等特点（Dalton，2000）。相反，辣椒素和胡椒碱等辛辣刺激物在反复刺激时，刺激强度有增加的现象，其中灼热感知在重复、周期性刺激后强度会增大，这种现象通常在心理物理学中称为敏化[②]。

6.4 敏化作用

1985 年，Lawless 和 Gillette 首次描述了口腔的心理物理学敏化作用。当使用流动装置连续地将 2×10^{-6}辣椒素溶液经过舌头的同一区域时，口腔感觉强度增加，并在 7min 后增加了 1 倍以上（Lawless 和 Gillette，1985）。随后，Stevens 和 Lawless 报道了一个全口腔刺激的

① 请参阅 Delwit CH（1996），对基本口味的概念是否有效或是否有用进行的深度的讨论。

② 敏化这一术语也被用于描述外周神经元或中枢神经系统中的伤害感受器对疼痛刺激的反应增强的生理过程。例如，蛋白激酶 C 和蛋白激酶 A 通过特异性丝氨酸残基的磷酸化使 TRPV1 敏化。关键在于有心理物理学的敏化现象并不意味着有特定的生理机制。

连续“增强”现象：当被试者口腔中连续接触两个辣椒素样品，样品间隔时间为1min，第二个样品的感知强度增加了约50%，胡椒碱中也得到相同的结果（Stevens 和 Lawless，1987）。当使用7mm滤纸片对特定口腔区域，如舌头、唇、腭部和颊部进行靶向测定时，辣椒素和胡椒碱均表现出敏化性，并且舌尖部位表现出显著的感知增加，5min后增强至原感知强度的2~3倍（Lawless 和 Stevens，1988）。需注意的是，感觉过程在一定程度上取决于感知形式而不是刺激物质。例如，氯化镁（Green 和 Hayes，2003）、氯化钾（Green 和 Gelhard，1989）或氯化钠（Green 和 Gelhard，1989）等盐类物质为刺激物时，即使在相对中等浓度下也会有刺激作用。当氯化钠以1min的间隔反复啜饮且不漱口时，感觉到的刺激强度会持续增加，15min后刺激强度加倍。但咸味评价并没有表现出相同的增长趋势（Green 和 Gelhard，1989）。但需注意，并不是所有引发灼热感的化学刺激都具有敏化作用，因为有许多灼热刺激物质似乎并不产生敏化作用。

当乙醇或氯化钠浸渍的滤纸片以30s间隔时间放置在前舌上时，氯化钠的刺激强度会增强，10min后增至3倍；而乙醇的刺激强度并不随多次接触而增强（Green，1990）。目前还不确定乙醇灼热感不具有敏化性是否反映某种竞争性麻醉过程，但根据 Cliff 和 Heymann（1992）所描述的乙醇具有麻木感现象，开展这方面深入研究很有必要。同样，来自姜油酮（Prescott 和 Stevenson，1996a）、尼古丁（Dessirier 等，1997）、肉桂醛（Prescott 和 Swain-Campbell，2000）和芥籽油（Simons 等，2003）的刺激也不会产生敏化现象（至少对大多数被试者会有此现象）。现有报道数据与乙醇反复接触的反应模型结果相矛盾（Green，1990；Prescott 和 Swain-Campbell，2000），推测可能与浓度或递送方式差异（如啜饮、吐出和滤纸片方式）有关，但任何情况下均未出现敏化作用。

辣椒素的敏化作用很大程度上取决于接触时间。当刺激间隔（ISI）较短（2min或更短）时，局部和全口腔的辣椒素刺激可以明显观察到敏化作用（Dessirier 等，1997；Green，1989，1991b；Green 和 Hayes，2003；Prescott，1999；Simons 等，2003）。但当ISI较长时，敏化作用并不明显或不存在。Nasrawi 和 Pangborn 研究发现被试者在ISI为2.5min、5mL辣椒素的个体反应中观察到大约一半被试者表现出与敏化作用一致的反应，其余被试者的灼热感知降低（Nasrawi 和 Pangborn，1990）。随后，Green 系统研究了辣椒素不同接触时间敏化作用的变化，所有被试者采用相同的反应时间，ISI为1或2.5min会发生敏化，但5或10min的较长ISI会导致脱敏现象（Green，1989）。

尽管辣椒素的敏化作用具有普遍稳定性，但仍需注意，因为模型体系的数据可能无法推广到真正食物中。报道的一项（也可能是唯一一项）实际食物潜在敏化效应评价的研究中，通过模拟正常饮食模式条件（以固定时间间隔用辣椒素溶液刺激局部或整个口腔不同），致敏作用的证据微乎其微（Prescott，1999）。因此，需要进一步研究来确定：①未观察到辣椒素或胡椒碱敏化反应的现象是否能推广到其他食物中；②对某些具有灼热感的刺激物（如肉桂醛、芥籽油、乙醇等）不具有敏化作用是否与浓度或非最佳ISI有关。

6.5 心理物理学的急性脱敏反应

20 世纪 40 年代 Nicholas Jancsó 和 Aurelia Jancsó-Gábor 首次发现辣椒素接触脱敏的证据，相关结果于 1955 年以德文出版（Szolcsanyi，2014）。1954 年 T. S. Lee 首次发表了一项关于“味觉性出汗”反应的心理物理脱敏的英文报道，他将面部出汗量和口腔接触辣椒和其他刺激物反应进行关联研究（Lee，1954）。Lee 以 15~20min 时间间隔在舌面上依次涂抹 7 次辣椒酱，每次辣椒酱与舌头接触时间为 3.5min。第 2 次涂抹辣椒酱后面部出汗量增加，但随后试验中面部出汗量减少，同时观察到主观疼痛的报告也减少。值得注意的是，Lee 还观察到辣椒酱涂于唇部时会产生疼痛和出汗，这恰好印证了化学物理觉与味觉的独立性这一结论，因为嘴唇不含味觉神经。随后 Jancsó's protégé 和 Szolcsanyi 研究证实，在 40min 内舌头接触 10000×10^{-6}的辣椒素溶液 10 次，每次 60s，可使舌头完全脱敏，并持续数小时。至关重要的是这种现象具有选择性：辣椒素、芥籽油和姜油酮的反应均减少，对触摸、冷却（热和化学冷却）或味道阈值（葡萄糖、奎宁、盐和抗坏血酸）都没有影响（Szolcsanyi，1977）。观察到这种效应也不需要使用极端剂量。在实验室中，经常食用辣椒的被试者食用辣椒素（Lawless 等，1985）或姜酮（Prescott 和 Stevenson，1996b）后的灼热感评分较低，这可解释为饮食相关剂量的脱敏证据。有报道表明实验室中可以通过并不痛苦的低剂量刺激诱导心理物理脱敏（Green，1989）。

目前，在实验室中有意诱导心理物理学急性脱敏的主要方式包括在短时间间隔（30~60s）反复将受试者暴露于低剂量，紧接着是相对较长的时间间断。这样操作时，在初始调节阻滞期间经常（但不总是）观察到敏化作用，随后在间断后呈现的刺激报告中显示灼热感显著减少。例如，当用棉签将辣椒素涂抹于舌前部 5min，时间间隔 30s，第 10 次刺激的平均灼热感得分比第 1 次刺激增强了约 52%，在广义标记标度（gLMS）上达到“强”和“非常强”之间的数值；然而，休息 20min 后，最终刺激的灼热感比第 1 次刺激要低约 82%（低于 gLMS 的“弱”值）（Green 和 Hayes，2003）。舌后部也观察到类似的效应。第 1 次刺激和第 10 次刺激之间的灼热感增加约 106%（即大于 2 倍），而最后一次刺激产生的灼热感比第一次刺激产生的灼热感要低约 60%。

许多其他研究表明，在最终刺激和探索试验之间进行 10~15min 的时间间隔时，辣椒素灼热感会有相似的下降：对于全口腔刺激，观察到按照丙硫氧嘧啶（PROP）的水平分组的评价员（Snyder 等，2008）的灼热感降低了 45%~60%（Prescott 和 Swain-Campbell，2000），而采用滤纸片置于舌尖部位的组感觉到灼热感根据浓度不同（Green，1996）有 88%~112% 的降低。尽管时间过程不一样，但非口腔组织的辣椒素刺激也观察到类似的敏化和脱敏反应（Green，1998）。

其他化学物理觉物质刺激急性脱敏的证据不太一致，而且刺激接触过程的时间也非常关键。对于辣椒素，我们需要在试验中间隔 3.5min 或更长时间，否则就会发生敏化作用

（Green，1989，1991b）。间隔 10~15min 后胡椒碱会产生自我脱敏现象，而胡椒碱和姜油酮与前舌部位的辣椒素发生交叉脱敏现象（Green，1993，1996），同时肉桂醛全口腔刺激下也发生自脱敏现象（Prescott 和 Swain-Campbell，2000）。相反，尽管全口腔乙醇刺激以 1min 的时间间隔提供给被试者时，可以感觉到灼热感稳定下降，但 10min 的时间间隔却没有显示明显的自身脱敏现象（Prescott 和 Swain-Campbell，2000）。这可能是威士忌或龙舌兰酒在第 4 次或第 5 次啜饮后没有那么强烈灼热感的原因。

在辣椒素敏化条件下，含有 TRPA1 激活剂——异硫氰酸烯丙酯的芥末油以 1min 的时间间隔提供给被试者时，似乎会发生自脱敏；给予 10min 的时间间隔后，对芥末油的反应也会大大降低（约 70%），表明发生自脱敏（Simons 等，2003）。尽管脱敏量值非常小，但在芥末油和辣椒素间也存在交叉的脱敏证据。对于姜油酮，一种 TRPV1 激活剂，早期研究表明并没有自我脱敏现象（Green，1989），但后期研究揭示，30s 的时间间隔时姜油酮存在自我脱敏，这种脱敏在 5min 时间间隔后仍然存在（Prescott 和 Stevenson，1996a）。当 TRPV3 激活剂丁香酚和香芹酚以滤纸片置于舌前部并给予 1min 的时间间隔时，这些激活剂均会产生自脱敏，10min 的时间间隔后自脱敏仍然存在（Klein 等，2013）。10min 时间间隔后，反复接触丁香酚和香芹酚也会降低辣椒素的灼热感（Klein 等，2013），表明脱敏可能发生在神经元水平而非受体水平。

需注意的是，辣椒素脱敏能减少乙醇和肉桂醛的灼热感和刺痛感，但改变不了二者的麻木感或肉桂醛的热觉（Green，1991a）。同样，辣椒素脱敏可降低前舌部位氯化镁和尿素的灼热感和刺痛感，但没有改变尿素的酸度或氯化镁的咸度（Green 和 Hayes，2003）。这些特异性结果是否与全口腔刺激相关仍未可知，需要更多的研究。

最后，对于心理物理学急性脱敏现象的讨论，不考虑 Green 所说的“刺激诱导恢复”就不够完整。也就是说，与促味剂和芳香剂常见的适应性形成鲜明对比的是，在观察到心理物理学的脱敏后，如果每隔几秒（Green，1996；Green 和 Rentmeister-Bryant，1998）或几分钟（Green 和 Rentmeister-Bryant，1998）用辣椒素额外刺激可以引起灼热感恢复，且灼热感强度最终能恢复到接近初始刺激引起的强度。然而，只看整个群体的平均值可能会掩盖这种现象的个体差异：一份研究报告的相关数据表明 95% 的被试者表现出刺激恢复（Green，1996），而另一份研究报告结果表明 96% 的被试者表现出前舌端的脱敏，但只有 33% 的被试者表示完全恢复，而大多数被试者（62%）仅表示有部分恢复（Green，1998）。

刺激诱导恢复的机制提供了一个重要观点，它不支持以细胞功能的破坏或神经递质的消耗，例如 P 物质作为急性脱敏的解释。这些效应并不限于辣椒素，胡椒碱中也观察到刺激诱导恢复现象（Green，1996）。有趣的是，如果被试者之前的饮食中接触刺激物，直接进入实验室时处于慢性脱敏状态，那么在实验室中第一次重复刺激时似乎会是急性敏化，这实际上是由刺激诱导恢复引起的。有部分证据支持这一观点（Green，1996），但在更自然的饮食条件下，需要额外对饮食相关的剂量进一步确认。

6.6 心理物理学的慢性脱敏反应

已有研究报道了摄入频率和灼热感知间的关系（Byrnes 和 Hayes，2015；Green，1996；McBurney 等，1997），但最初的研究表明低剂量辣椒素的心理物理学脱敏作用可能持续数天，这些证据来自于在实验室中经常食用辣椒的人员对辣椒素（Cowart，1987；Lawless 等，1985；Stevenson 和 Yeomans，1993）和姜油酮（Prescott 和 Stevenson，1995）灼热感评分较低的观察结果。实验室中对照研究表明无论哪种辣椒素接触方式均会导致脱敏作用，并持续数天。通过滤纸片将 100×10^{-6}辣椒素反复作用于前舌部位，24h 后第一次试验结果显示，被试者的灼热感降低了 57%（Green，1996）。脱敏期甚至可以持续数天，但具体的脱敏时间取决于刺激物浓度：用棉签进行区域试验时，10×10^{-6}辣椒素引起的脱敏症状在一两天内便可恢复，100×10^{-6}辣椒素造成的脱敏中恢复可能需要长达 4d（Karrer 和 Bartoshuk，1991）。

有多项关于以糖果作为辣椒素传递载体的研究报道，主要研究集中于开发特殊配方。McBurney 等（1997）让被试者在第 1 天和第 5 天采用滤纸片评价 100×10^{-6}辣椒素的灼热感，第 2~4 天每天含食 75×10^{-6}辣椒素的硬糖 10~12min。当比较第 1 天和第 5 天的滤纸片方式的灼热感峰值时，灼热感强度减少了 48%；第 4 天糖果方式和第 5 天滤纸片方式之间时间间隔约为 24h。相反，Green 和 Rentmeister-Bryant（1998）在给被试者食用含辣椒素的太妃糖期间，未观察到脱敏症状的任何证据。据报道，含辣椒素太妃糖的脱敏反应也可减轻癌症患者口腔黏膜炎的疼痛感（Berger 等，1995）。

唾液变化的诱发原因认为是脱敏作用，而不是环境效应。所有结果通常被解释为脱敏的证据，但较低的分值仍然可能反映出接触环境的变化。也就是说，如果实验室外频繁使用或实验室内多次改变“热感”评价时用的内部参比时，灼热感的评分可能下降。但不是因为脱敏，而是因为被试者已经有了更大范围、更激烈的口腔灼热感经历，导致他们对测试刺激强度的评价变弱（Stevenson 和 Prescott，1994）。当还是 Harry Lawless 实验室的硕士生时，我设计了一个 24 名受试者模仿饮食咀嚼接触方案来验证这个假设，并推测诱发唾液量变化的原因是脱敏作用而不是环境效应。被试者被随机分配到辣椒素或柠檬酸组后，在家用每天使用 30mL 漱口水（含 2×10^{-6}辣椒素或 238mmol/L 柠檬酸）持续漱口 10d。在接触前 2d 和接触后 2d，在实验室测量辣椒素诱发的灼热感和唾液量。试验结束后，辣椒素组的灼热感（$F[1, 17]=5.0$；$p<0.04$）和唾液量（$F[1, 15]=10.0$；$p<0.007$）显著降低了，但柠檬酸组没有减少，表明每日低剂量接触后的灼热感评分降低不仅使用标度的改变（Hayes，2000）。后续研究中（图 6.2），35 名被试者在第 1、2、12 和 13 天每 15s 对辣椒素 1min 内的灼热感进行评价；在第 5~9 天，被试者来到实验室，用 2×10^{-6}辣椒素（$n=18$）或柠檬酸（$n=17$）漱口，但不进行评价。在周末（第 3、4、10 和 11 天）不进行接触试验。如图 6.2 所示，即使经过几天休息，混合模型方差分析显示时间（之前/之后）对 1×10^{-6}辣椒素的灼热感有显著组间差异。这些数据表明，低剂量的 2×10^{-6}辣椒素口腔接触诱

导脱敏作用至少持续 72h。

6.7 小结

植物已经进化出多种次级代谢物，能对人类和其他动物产生感官活性，可能是为保护自身，以免被捕食或选择性地进行捕食。然而，人类从这些物质中似乎发现许多具有吸引力、而且是令人满意而不是令人厌恶的材料。事实上，几千年来人类一直被这些材料吸引，并推动了这些材料非常早期的作物驯化以及被发现时代。许多情况下，这些材料具有独特的时间属性，这使它们与研究更好的嗅觉和味觉化学感官有明显的区别，而我们用来描述它们的词语经常（但并非总是）与热感觉相似。从语言学到分子生物学再到心理物理学，需要综合的、跨学科的方法来充分描述这些材料的特性、作用机制以及在我们食物供应中的地位。

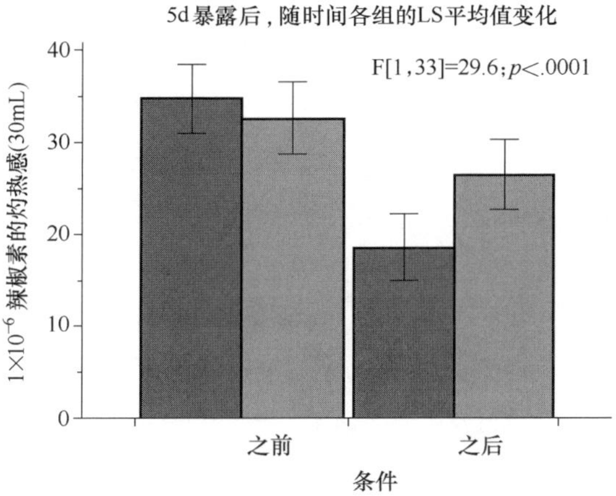

图 6.2 从分配给 2×10^{-6} 辣椒素（n=18）组或柠檬酸（n=17）组的 35 名被试者收集的 1min 内 1×10^{-6} 辣椒素溶液的灼热感

注：将被试者随机分配至辣椒素尝试组或柠檬酸对照组，并在 5d 里，实验室中用各自的漱口水刺激口腔。1min 内进行反复评价，辣椒素组（暗条）的最小二乘（LS）平均值显示处理后感知灼热下降 47%，而柠檬酸对照组（亮条）下降 19%。有关时间设置的详细信息，请参阅相关文献。

资料来源：Hayes，2000。

参考文献

Albin，K. C. and Simons，C. T. 2010. Psychophysical evaluation of a sanshool derivative （alkylamide） and the elucidation of mechanisms subserving tingle. *Plos One*，5 （3），DOI：ARTN e9520，DOI：10. 1371/journal. pone. 0009520.

Bennett，S. M. and Hayes，J. E. 2012. Differences in the chemesthetic subqualities of capsaicin，ibuprofen，and olive oil. *Chem. Senses*，37 （5），471-478，DOI：bjr129 [pii]，10. 1093/chemse/bjr129.

Berger，A.，Henderson，M.，Nadoolman，W. *et al*. 1995. Oral capsaicin provides temporary relief for oral mucositis pain secondary to chemotherapy/radiation therapy. *J. Pain Symptom. Manage.*，10 （3），243-248，DOI：10. 1016/0885-3924 （94） 00130-D.

Boone，L. M. 2014. Perceptual mapping of chemesthetic stimuli in Spanish and English speakers. BS Honors Thesis. Pennsylvania State University，University Park，PA. Retrieved from https：//honors. libraries. psu. edu/paper/21396/（accessed 20 January 2015）.

Brown，C. H.，Clement，C. R.，Epps，P.，Luedeling，E.，and Wichmann，S. R. 2013. The paleobiolin-guistics of domesticated chili pepper （*Capsicum spp.*）. *Ethnobiol. Lett.*，4，1-11.

Byrnes, N. K. and Hayes, J. E. (2015) Gender differences in the influence of personality traits on spicy food liking and intake. *Food Qual. Pref.*, 42, 12-19.

Byrnes, N. K., Nestrud, M. A., and Hayes, J. E. 2015. Perceptual mapping of chemesthetic stimuli in naÏve assessors. *Chemosens. Percept.*, 8 (1), 19-32.

Caterina, M. J., and Julius, D. 2001. The vanilloid receptor: a molecular gateway to the pain pathway. *Annu. Rev. Neurosci.*, 24, 487-517.

Caterina, M. J., Leffler, A., Malmberg, A. B., *et al.* 2000. Impaired nociception and pain sensation in mice lacking the capsaicin receptor. *Science*, 288 (5464), 306-313.

Caterina, M. J., Schumacher, M. A., Tominaga, M., *et al.* 1997. The capsaicin receptor: a heat-activated ion channel in the pain pathway. *Nature*, 389 (6653), 816-824.

Chiou, K. L., and Hastorf, C. A. 2012. *Capsicum spp. at the Preceramic sites of Huaca Prieta and Paredones, Chicama Valley, Peru.* Berkeley, California, retrieved from http://archaeobotany.berkeley.edu/Research/LabReport/lab74/lab74.pdf (accessed 18 January 2015).

Chiou, K. L., Hastorf, C. A., Bonavia, D., and Dillehay, T. D. 2014. Documenting cultural selection pressure changes on chile pepper (*Capsicum baccatum L.*) seed size through time in coastal Peru (7, 600 B. P.-present). *Econ.* Bot., 68 (2), 190-202, DOI: 10.1007/S12231-014-9270-Y.

Cliff, M. and Heymann, H. 1992. Descriptive analysis of oral pungency. *J. Sens. Stud.*, 7 (4), 279-290.

Cliff, M., and Heymann, H. 1993. Time-intensity evaluation of oral burn. *J. Sens. Stud.*, 8, 201-211.

Cowart, B. J. 1987. Oral chemical irritation: Does it reduce perceived taste intensity? *Chem. Senses*, 12 (3), 467-479.

Dalton, P. 2000. Psychophysical and behavioral characteristics of olfactory adaptation. *Chem. Senses*, 25 (4), 487-492.

Delwiche, J. 1996. Are there 'basic' tastes? *Trends Food Sci. Technol.*, 7 (12), 411-415.

Dessirier, J. M., O'Mahony, M., and Carstens, E. 1997. Oral irritant effects of nicotine: psychophysical evidence for decreased sensation following repeated application and lack of cross-desensitization to capsaicin. *Chem. Senses*, 22 (5), 483-492.

Glendinning, J. I. 2007. How do predators cope with chemically defended foods? *Biol. Bull.*, 213 (3), 252-266.

Green, B. G. 1989. Capsaicin sensitization and desensitization on the tongue produced by brief exposures to a low concentration. *Neurosci. Lett.*, 107 (1-3), 173-178.

Green, B. G. 1990. Effects of thermal, mechanical, and chemical stimulation on the perception of oral irritation, in *Irritation* (eds. B. G. Green, J. R. Mason, and M. R. Kare), New York: Dekker.

Green, B. G. 1991a. Capsaicin cross-desensitization on the tongue-psychophysical evidence that oral chemical irritation is mediated by more than one sensory pathway. *Chem. Senses*, 16 (6), 675-689, DOI: 10.1093/Chemse/16.6.675.

Green, B. G. 1991b. Temporal characteristics of capsaicin sensitization and desensitization on the tongue. *Physiol. Behav.*, 49 (3), 501-505.

Green, B. G. 1993. Evidence that removal of capsaicin accelerates desensitization on the tongue. *Neurosci. Lett.*, 150 (1), 44-48.

Green, B. G. 1996. Rapid recovery from capsaicin desensitization during recurrent stimulation. *Pain*, 68 (2-3), 245-253.

Green, B. G. 1998. Capsaicin desensitization and stimulus-induced recovery on facial compared to lingual skin. *Physiol. Behav.*, 65 (3), 517-523.

Green, B. G., and Gelhard, B. 1989. Salt as an oral irritant. *Chem. Senses*, 14 (2), 259-271.

Green, B. G., and Hayes, J. E. 2003. Capsaicin as a probe of the relationship between bitter taste and chemesthesis. *Physiol. Behav.*, 79 (4-5), 811-821.

Green, B. G., and Hayes, J. E. 2004. Individual differences in perception of bitterness from capsaicin, piperine and zingerone. *Chem. Senses*, 29 (1), 53-60.

Green, B. G., and Rentmeister-Bryant, H. 1998. Temporal characteristics of capsaicin desensitiza-tion and stimulus-induced recovery in the oral cavity. *Physiol. Behav.*, 65 (1), 141-149.

Green, B. G., and Schullery, M. T. 2003. Stimulation of bitterness by capsaicin and menthol: differences between lingual areas innervated by the glossopharyngeal and chorda tympani nerves. *Chem. Senses*, 28 (1), 45-55.

Halpern, B. P. 1986. Constraints imposed on taste physiology by human taste reaction-time data. *Neurosci. Biobehav. Rev.*, 10 (2), 135-151.

Hayes, J. E. 2000. Psychophysical and physiological response of humans to the oral irritant capsaicin. MS thesis. Cornell University.

Jordt, S. E., and Julius, D. 2002. Molecular basis for species-specific sensitivity to "hot" chili peppers. *Cell*, 108 (3), 421-430.

Karrer, T., and Bartoshuk, L. 1991. Capsaicin desensitization and recovery on the human tongue. *Physiol Behav*, 49 (4), 757-764.

Klein, A. H., Carstens, M. I., and Carstens, E. 2013. Eugenol and carvacrol induce temporally desensitizing patterns of oral irritation and enhance innocuous warmth and noxious heat sensation on the tongue. *Pain*, 154 (10), 2078-2087, DOI: 10. 1016/j. pain. 2013. 06. 025.

Kraft, K. H., Brown, C. H., Nabhan, G. P., *et al.* 2014. Multiple lines of evidence for the origin of domesticated chili pepper, Capsicum annuum, in Mexico. *Proc. Nat. Acad. Sci. USA*, 111 (17), 6165-6170, DOI: 10. 1073/Pnas. 1308933111.

Lawless, H. T. 1984. Oral chemical irritation: Psychophysical properties. *Chem. Senses*, 9 (2), 143-155.

Lawless, H. T., and Gillette, M. 1985. Sensory responses to oral chemical heat, in *Characterization and Measurement of Flavor Compounds* (eds. D. D. Bills and C. J. Mussinan), Washington, D. C.: American Chemical Society.

Lawless, H. T., Rozin, P., and Shenker, J. 1985. Effects of oral capsaicin on gustatory, olfactory and irritant sensations and flavor identification in humans who regularly or rarely consume chili pepper. *Chem. Senses*, 10 (4), 579-589.

Lawless, H. T., and Skinner, E. Z. 1979. The duration and perceived intensity of sucrose taste. *Percept. Psychophys.*, 25 (3), 180-184.

Lawless, H. T., and Stevens, D. A. 1988. Responses by humans to oral chemical irritants as a function of locus of stimulation. *Percept. Psychophys.*, 43 (1), 72-78.

Leach, E J., and Noble, A. C. 1986. Comparison of bitterness of caffeine and quinine by a time intensity procedure. *Chem. Senses*, 11 (3), 339-345, DOI: 10. 1093/Chemse/11. 3. 339.

Lee, T. S. 1954. Physiological gustatory sweating in a warm climate. *J. Physiol.*, 124, 528-542.

Lim, J. Y., and Green, B. G. 2007. The psychophysical relationship between bitter taste and burning sensation: Evidence of qualitative similarity. *Chem. Senses*, 32 (1), 31-39. DOI: 10. 1093/Chemse/Bjl033.

McBurney, D. H., Balaban, C. D., Christopher, D. E., and Harvey, C. 1997. Adaptation to capsaicin within and across days. *Physiol. Behav.*, 61 (2), 181-190.

McIntyre, P., McLatchie, L. M., Chambers, A., *et al.* 2001. Pharmacological differences between the human and rat vanilloid receptor 1 (VR1). *Br. J. Pharmacol.*, 132 (5), 1084-1094.

McNamara, F. N., Randall, A., and Gunthorpe, M. J. 2005. Effects of piperine, the pungent component of black pepper, at the human vanilloid receptor (TRPV1). *Br. J. Pharmacol.*, 144 (6), 781-790.

Meiselman, H. L. 1968. Magnitude estimations of course of gustatory adaptation. *Percept. Psychophys.*, 4 (4), 193-196, DOI: 10.3758/Bf03206299.

Müller, J. 1840. *Handbuch der Physiologie des Menchschen für Vorlesungen*. Coblenz: Holscher.

Myers, C. S. 1909. *A text-book of Experimental Psychology*, Harlow: Longmans, Green.

Nasrawi, C. W., and Pangborn, R. M. 1990. Temporal gustatory and salivary responses to capsaicin upon repeated stimulation. *Physiol. Behav.*, 47 (4), 611-615.

Pickersgill, B. 1969. Archaeological record of chili-peppers (Capsicum spp) and sequence of plant domestication in Peru. *Am. Antiq.*, 34 (1), 54-61, DOI: 10.2307/278313.

Prescott, J. 1999. The generalizability of capsaicin sensitization and desensitization. *Physiol. Behav.*, 66 (5), 741-749.

Prescott, J., and Stevenson, R. J. 1995. Effects of oral chemical irritation on tastes and flavors in frequent and infrequent users of chili. *Physiol. Behav.*, 58 (6), 1117-1127.

Prescott, J., and Stevenson, R. J. 1996a. Desensitization to oral zingerone irritation: effects of stimulus parameters. *Physiol. Behav.*, 60 (6), 1473-1480.

Prescott, J., and Stevenson, R. J. 1996b. Psychophysical responses to single and multiple presenta-tions of the oral irritant zingerone: relationship to frequency of chili consumption. *Physiol. Behav.*, 60 (2), 617-624.

Prescott, J., and Swain-Campbell, N. 2000. Responses to repeated oral irritation by capsaicin, cinnamaldehyde and ethanol in PROP tasters and non-tasters. *Chem. Senses*, 25, 239-246.

Simons, C. T., Carstens, M. I., and Carstens, E. 2003. Oral irritation by mustard oil: self-desensitization and cross-desensitization with capsaicin. *Chem. Senses*, 28 (6), 459-465.

Smith Jr, C. E. 1980. Plant remains from Guitarrero cave, in *Guitarrero Cave: Early Man in the Andes*, New York: Academic Press, pp. 87-120.

Snyder, D. J., Duffy, V. B., Hayes, J. E., and Bartoshuk, L. M. 2008. Propylthiouracil (PROP) taste, in *The Senses: A Comprehensive Reference* (eds-in chief A. I. Basbaum, A. Kaneko, G. M. Shepherd, *et al.*), New York: Academic Press, pp. 391-399.

Stevens, D. A., and Lawless, H. T. 1987. Enhancement of responses to sequential presentation of oral chemical irritants. *Physiol. Behav.*, 39 (1), 63-65.

Stevenson, R. J., and Prescott, J. 1994. The effects of prior experience with capsaicin on ratings of its burn. *Chem. Senses*, 19 (6), 651-656.

Stevenson, R. J., and Yeomans, M. R. 1993. Differences in ratings of intensity and pleasantness for the capsaicin burn between chili likers and non-likers: Implications for liking development. *Chem. Senses*, 18 (5), 471-482.

Sugai, E., Morimitsu, Y., Iwasaki, Y., *et al.* 2005. Pungent qualities of sanshool-related compounds evaluated by a sensory test and activation of rat TRPV1. *Biosci. Biotechnol. Biochem.*, 69 (10), 1951-1957, DOI: 10.1271/Bbb.69.1951.

Szallasi, A., and Blumberg, P. M. 1999. Vanilloid (Capsaicin) receptors and mechanisms. *Pharmacol. Rev.*, 51 (2), 159-212.

Szolcsanyi, J. 1977. A pharmacological approach to elucidation of the role of different nerve fibres and receptor endings in mediation of pain. *J. Physiol.* (*Paris*), 73 (3), 251-259.

Szolcsanyi, J. 2014. Capsaicin and sensory neurones: a historical perspective, in *Capsaicin as a Therapeutic Molecule* (ed. O. Abdel-Salam), Basel: Springer.

Tewksbury, J. J., and Nabhan, G. P. 2001. Seed dispersal. Directed deterrence by capsaicin in chilies. *Nature*, 412 (6845), 403-404.

Yamaguchi, S. 1987. Fundamental properties of umami in human taste sensation, in *Umami: A Basic Taste*, New York,: Dekker, pp. 41-73.

7 化学物理觉类型 Ⅱ：凉感

Steven Pringle

Aroma Chemical Services International, Gmbh, Höxter-Stahle, Germany

7.1 消费者和口腔感知：化学物理觉对风味的贡献

“风味”一词应用非常普遍，但容易被误解，也很难定义。即便在学术界的不同专业和应用领域，术语“风味”通常被用来描述不同效应。国际标准化组织（ISO）对风味的定义是：“品尝过程中感知到的嗅感、味感和三叉神经感的复合感觉。风味可能会受到触觉、温度觉、痛觉和/或动觉的影响”。

7.1.1 味道感知

很小时我们就被教导人有五种感觉，味觉就是其中之一，主要来自食物与舌面不同部位的相互作用。正如我们所知，味道通常由甜、咸、酸、苦和鲜 5 种组成，通过味蕾来感受。随着学习越来越深入，我们逐渐意识到这种理解并不完全准确，有许多因素会影响我们对味道的感知。

气味或嗅觉是影响风味感知的主要因素之一。气味活性分子是挥发性化合物，与位于鼻腔顶部和两眼下方正中的嗅觉上皮细胞相互作用。气味活性分子必须具有一定分子特性，能够提供必要的感官特性以供识别。必须具有一定水溶性、相对较高的蒸汽压、低极性、一定亲脂性和表面活性。据报道（Demole 和 Wuest，1967），目前没发现相对分子质量高于 294 的气味分子，并且嗅觉能够辨别相当多种低浓度的挥发性化合物（Ohloff，1994）。

数以千计的香气化合物都具有自己独特的气味特征，训练有素的观察者能够感受到风味间的明显差异。然而，气味分子不会单独产生风味。例如，当你把一片甘草放到鼻前，你肯定能闻到与甘草相关的独特茴香气味；但你不把甘草放入口中，你是不会感受到甘草中甘草甜素带来的甜味。同样，当你捏住鼻子并将一些红色果冻豆放入口中时，你能尝出甜味和感受到凝胶质地，但你无法辨别果冻豆是草莓香、覆盆子香还是其他香气，除非让挥发性物质刺激你的嗅觉上皮细胞。从狭义技术层面上来看，味道仅由 5 种基本味所组成：甜味、酸味、咸味、苦味和鲜味。然而，即使嗅觉和味觉神经感受器受到响应，这两个通道也不足以完全解释风味感知。

因此，这表明鼻腔中另有一套“三叉神经”感觉系统。三叉神经是最大的颅神经和感觉神经（面部、口腔、牙齿、大部分头皮和咀嚼肌的运动神经），主要负责眼睛、口腔和鼻腔区域痛觉、温度觉、触觉和压力觉的第二组神经末梢。在这个区域，某些化学刺激物，如 L-薄荷醇（薄荷）、樟脑、异硫氰酸烯丙酯（芥末、芥末油）、辣椒素（辣椒）和二烯丙基硫醚（蒜）等，高浓度时对鼻腔产生刺激效果。这种现象可以用不同方式来解释。Ohloff（1994）提出约有 70%气味可以引起三叉神经响应，尽管灵敏度可能不如嗅觉感受器。

由上所述，风味的感知受到多个神经通路的共同影响。因此，“味道只是刺激舌头和鼻子后引起的响应”这种观点就过于简单了。如图 7.1 所示，风味的感知受到很多因素影响，嗅上皮组织与三叉神经的相互作用只是图中的一部分。

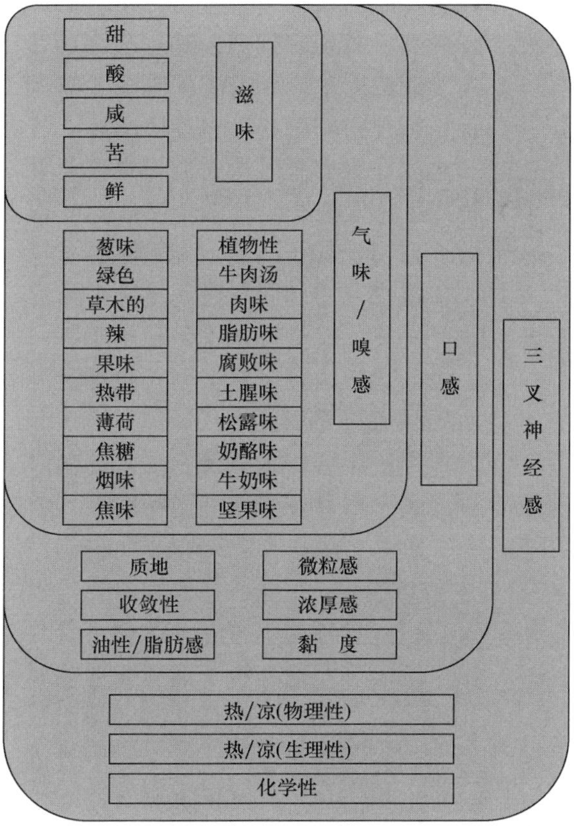

图 7.1　影响味觉的因素

这种超越嗅觉的刺激通常称为化学物理觉（Bryant 和 Silver，2000）。一些气味剂可以诱发三叉神经（刺激感知相关的）的刺激响应，但这种响应不会产生与刺激感相关的感觉，反而导致更高强度气味。化学物理觉（来自与化学反应相关的“化学”和与感觉能力相关的“感知”）取代之前被称为“普通化学感觉”的概念（Parker，1912）。化学敏感性纤维是疼痛和温度敏感纤维的一部分（分别是痛觉和温度觉），它们分布全身，不仅仅存在于口腔中。为了到达相关的神经受体，化合物必须通过水相细胞膜的脂质相。因此，化学物理觉的感知速度要慢于嗅觉。通常，表现出这些特性的化合物至少具备与相关受体的结合力和脂/水边界的穿透力。

无论受体间相互作用感知到的是热觉还是凉感，本质都是依赖离子的跨膜转移。除了受体蛋白的离子通道，其他受体细胞膜不能渗透 K^+ 或 Ca^{2+} 等离子。过去 20 年中，我们对这些受体的认识有了显著提高，例如当热刺激或化学刺激激活背侧或三叉神经节神经元时，温度感受器（表 7.1）被激活了（Jordt 等，2003）。这些受体是瞬态受体电位通道（TRP）类型的亚型通道，共有 7 个，分别为 TRPC、TRPV、TRPM、TRPA、TRPP、TRPML 和 TRPN。TRPV1 是第一个被表征受体，可以被辣椒素或热激活，通常称为辣椒素受体。本书其他章节更加详细地阐述这些受体的作用机制，本章重点关注 McKemy 等（2004）提到的凉感受体 TRPM8。

表 7.1　典型的温度感受器激动剂

化学激动剂	植物来源	TRP 通道
辣椒素	红辣椒	TRPV1
胡椒碱	黑胡椒	TRPV1
6-姜辣素和 8-姜辣素	生姜	TRPV1
α-羟基山椒素	花椒	TRPV1，TRPA1
大蒜素	蒜	TRPV1，TRPA1
樟脑	樟树	TRPV3，TRPV1

续表

化学激动剂	植物来源	TRP 通道
大麻环萜酚	大麻	TRPV2，TRPA1
(−)-薄荷醇	薄荷	TRPM8，TRPV3
1,8-桉叶醇	桉树	TRPM8
香芹酚	牛至油	TRPV3
WS-3	合成物	TRPM8
肉桂醛	肉桂，桂皮	TRPA1，TRPV3
异硫氰酸烯丙酯	芥末，辣根	TRPA1

7.2 分子结构和生理凉感

自然界天然化合物，如薄荷醇、薄荷酮、乙酸薄荷酯，以及薄荷油（含高浓度这些天然化合物），长期应用于口腔凉感和外敷冷却。同时，这些化合物还应用于如沐浴露、洗发水和其他个人护理产品中。由于所需剂量相对较高，以及与之相关的气味和典型香气，这些化合物主要集中在如口香糖、薄荷糖和口腔护理等领域的风味应用，如牙膏和漱口水。

当然，这些产品也存在一些缺陷。值得注意的是，目前应用最广的凉味剂 L-薄荷醇有使用限量，超过该限量后会生成令人不悦的强薄荷味及相关苦味和灼热感。近四十多年，人们在其替代化合物研发方面开展了大量工作，希望开发一种具有同样清凉效应、但不会产生明显苦味或不舒服气味的替代品。英国 Wilkinson Sword 公司的 Watson 等（1977）的目标就是开发能应用在公司其他消费品上的风味产品，特别是化妆品应用领域。

许多生理学研究表明，化学结构与凉感活性的关联研究能够充分解释薄荷醇与相关受体间的相互作用（Hansch 和 Fujita，1964；Hansch 和 Steward，1964；Fujuta 等，1964；Hansch 等，1965；Leo 等，1971；Hansch 和 Dunn，1972；Hansch 和 Clayton，1973；Fleischer 等，1976）。Wilkinson Sword 团队合成了约 1200 种凉感化合物，并提出具备有效凉感的化合物所必须满足的重要条件：

- 分子具备结合氢键的功能；
- 具有致密的碳氢化合物结构；
- 合适的亲水/疏水平衡，疏水常数（log P）值范围为 1.5~5.0；
- 相对分子质量范围为 150~350。

总之，生理凉味剂化学结构与凉感活性的相关性尚未完全明确。根据相关经验，酰胺类物质比结构中不含氮的化合物具有更快速的冷却功效。通过两个完全不同类型的结构深度解析，能够更加容易理解凉味剂的工作原理。它们是：①薄荷醇及其衍生物，包括薄荷酯和醚，以及薄荷酰胺；②非薄荷醇衍生物。

7.2.1 薄荷醇衍生物

7.2.1.1 薄荷醇

在以薄荷醇为研究起点开展凉感研究前，首先需要了解薄荷醇及其对映体，以及与薄荷醇结构相似的分子。在凉感方面，L-薄荷醇（1）衍生物比D-薄荷醇（2）衍生物具有更强的清凉效果，因为L-薄荷醇的活性约为D-薄荷醇的45倍（图7.2）。L-薄荷醇的制备方法有天然提取和人工合成2种途径，是美国食品香料与萃取物制造者协会（FEMA）的批准使用物质（编号2665），也是欧洲食品安全管理局（EFSA）列出的欧洲风味成分之一（编号2.218）。

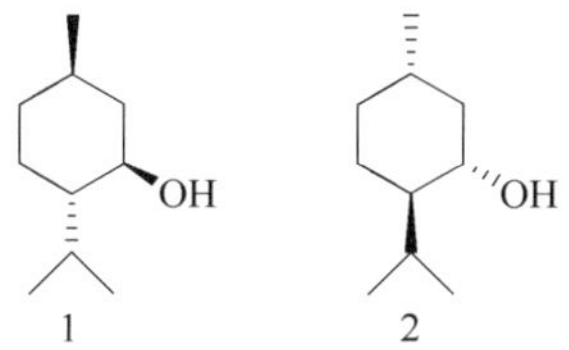

图7.2 L-薄荷醇和D-薄荷醇的化学结构

薄荷醇可以从多种植物原料中提取，在各种薄荷油中也普遍存在，如胡椒薄荷油（*Mentha piperita*）和野薄荷油（*Mentha arvensis*）。这些蒸汽蒸馏的薄荷精油中L-薄荷醇分别约为75%和50%，但通常也会变。根据原料不同，生产合成薄荷醇有多种途径，如百里酚（Fleischer等，1976）、月桂烯（Akutagawa，1997）、β-水芹烯（Kane等，1977）、柠檬醛（−）-异胡薄荷醇和(*R*)-（+）-香茅醇（Rauls等，2008；Heydrich，2009）。Takasago的一项专利中就提到了采用香叶醇生产薄荷醇的工艺（Hisanri等，2009）。

Leffingwell撰写了一篇关于薄荷醇的综述，对薄荷醇（3-10）对映体及其感官特性进行了详细描述，部分数据总结在表7.2中，立体定向结构见图7.3。文章可在其个人网站（http：//leffingwell. com/menthol1/menthol1. htm）上找到。

表7.2 薄荷醇对映体的凉感和味觉阈值 单位：×10⁻⁶

同分异构体	凉感阈值	味觉阈值	同分异构体	凉感阈值	味觉阈值
(−)-新异薄荷醇	6	1	(−)-异薄荷醇	30	0.6
(+)-新异薄荷醇	28	0.2	(+)-异薄荷醇	7	0.7
(−)-新薄荷醇	25	0.6	(+)-薄荷醇	3	0.3
(+)-新薄荷醇	2.5	0.5	(−)-薄荷醇	0.8	0.4

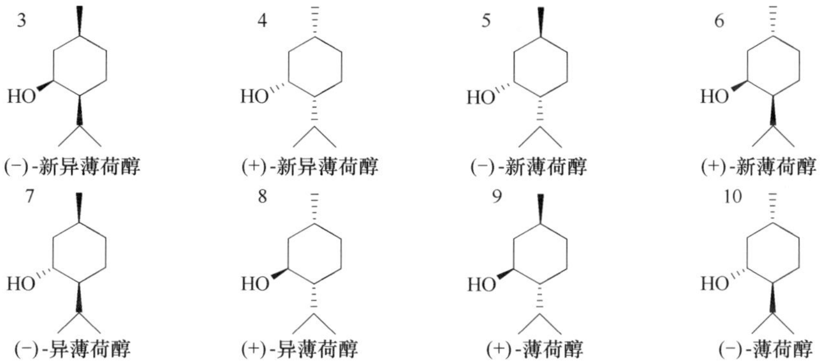

图7.3 薄荷醇的对映体结构

7.2.1.2 L-薄荷酮

薄荷酮(11）是 EFSA（7.059）和 FEMA（2667）批准可以使用物质，具有薄荷香，10%二丙二醇（DPG）溶液中还具有独特的薄荷、中草药和樟脑味。与 L-薄荷醇相比，薄荷酮（11）凉感程度非常低，仅次于其嗅觉特性。

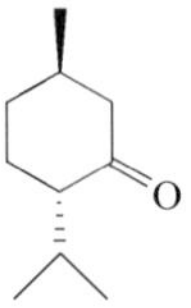

11

7.2.1.3 薄荷酯和醚

薄荷醇衍生方式很多，如所示化合物 12~16。最简单方式通过—OH 基团酯化，如乙酸 L-薄荷酯（12）和乳酸 L-薄荷酯（13）最容易制备。其他衍生物，如 L-薄荷醇乙二醇碳酸酯（14）和 L-薄荷醇丙二醇碳酸酯（15）的合成稍微复杂一些，但还算相对简单。德之馨（Symrise）公司有这些衍生物（Frescolat® MGS 和 Frescolat® MPC）出售，技术内容在已过期的德国专利（Pelzer 等，1994）中有提及。

12

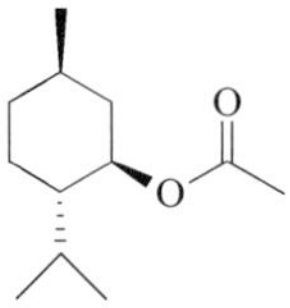

13

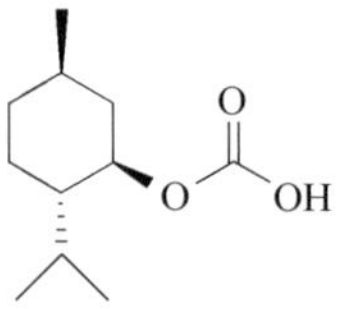

14

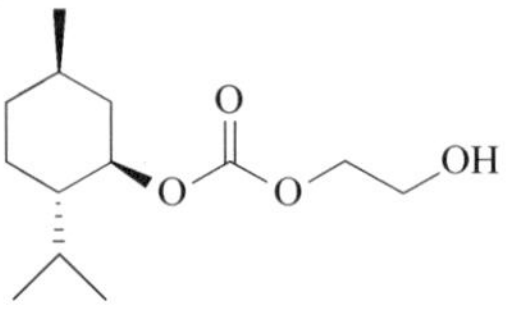

15

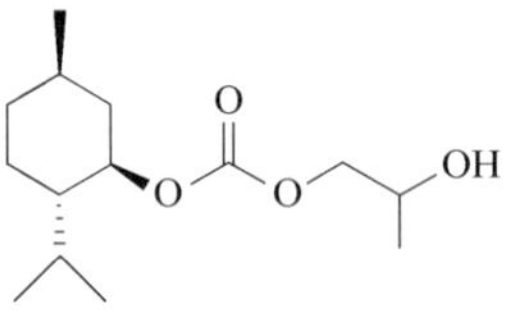

16

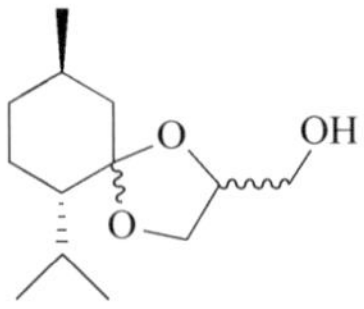

薄荷酮 1,2-甘油缩酮（16），即德之馨公司的 Frescolat® MGA，被大量报道可以应用在多种食品和外敷领域。相关报道也主要集中在与其他生理药物共同使用研究上（Greenberg，1999；Jacobs 和 Johncock，1999）。Frescolat® MGA 外消旋 L-异构体的 FEMA 编号为 3807，DL-异构体的编号为 3808，后者已经在市场进行销售。

其他类型薄荷酯，如 L-单薄荷醇琥珀酸酯（17）、L-单薄荷酯戊二酸酯（18）［凉味剂 2-美国国际香精香料公司（IFF）］、(−)-乙酰乙酸薄荷酯（19）、(−)-薄荷基 3-羟基丁酸酯（20）、L-薄荷基吡咯烷酮羧酸盐（21）（Questice-奇华顿）以及其他产品都已经商业化。

L-薄荷醇的羟基部分可进一步利用产生薄荷醚，3-(L-薄荷氧基）丙烷-1,2-二醇（22）是这类化合物的实例。

17
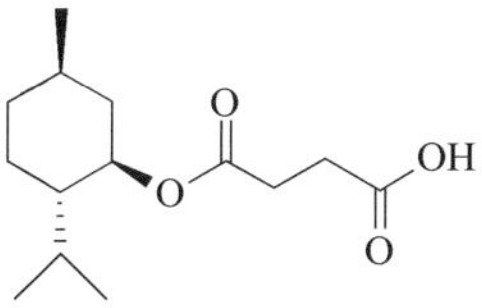
18
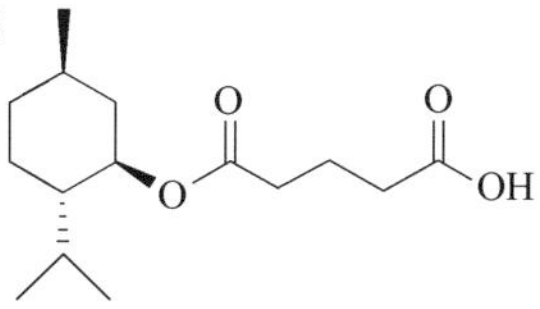
19
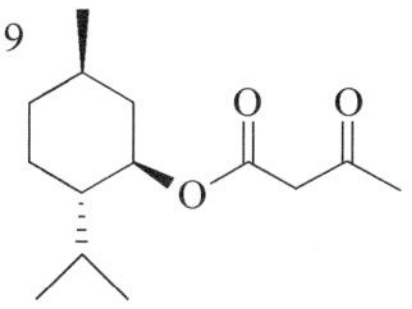
20
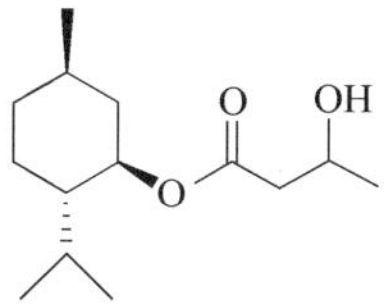
21
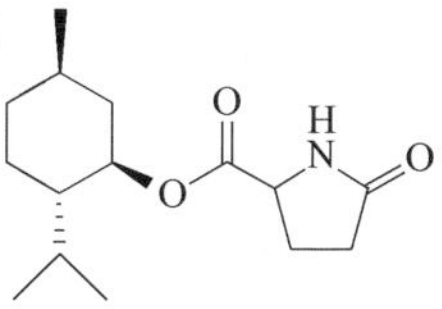
22
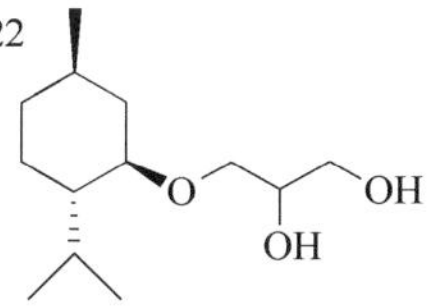
23
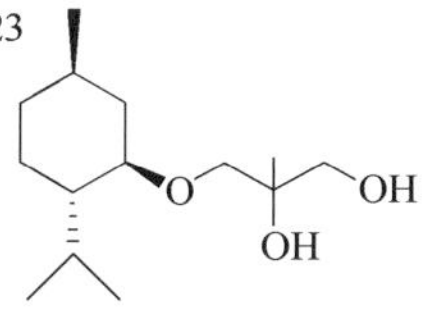
24
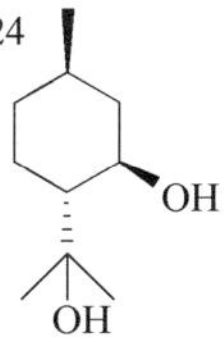
b
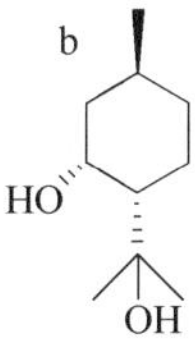

表 7.3 为重要市售产品及其基本性能概要。应当注意的是，表 7.3 中，凉感强度是通过品尝后得到的结果而不是其他体验方式，如外敷法。

25
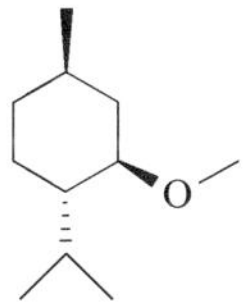
26
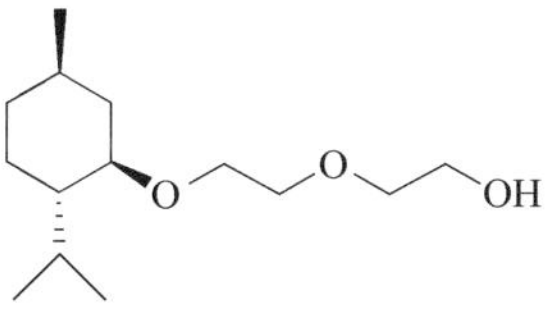
27
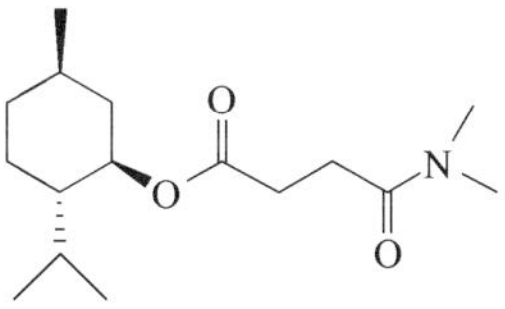

如表 7.3 所示，大多数市售利用薄荷醇上的羟基转换为酯键或醚键的凉味剂凉感强度低于 L-薄荷醇，考虑到这些产品成本远高于 L-薄荷醇市售成本，会引发对这些产品使用的疑问。但如前所述，L-薄荷醇作为 TRPM8 受体激发物存在一定局限性，而且具有的独特薄荷气味限制其在其他领域的应用。此外，高浓度薄荷醇会引起灼烧感，同时会产生涩味、电击感和刺激感，减弱整体凉感。显然，使用这些凉味剂的关键考虑因素是这些化合物与薄荷醇相互作用和共同作用的能力。当复杂配方中使用该产品时，关键是需要了解和评估这些凉味剂如何与薄荷醇及整个配方中其他芳香成分共同作用。薄荷醇甘油缩酮（16）、薄荷醇丙二醇碳酸酯（17）和 3-羟基丁酸薄荷酯（20）等材料与一些芳香成分混合效果较好，如 L-香芹酮、茴香脑及各种薄荷油。戊二酸单甲酯（18）就能直接观察到这种效果，整个风味体系中，与薄荷醇混合能产生温和、舒适的凉感；当与具有类似结构的戊二酸二薄荷酯（30）共同使用时，不仅增强凉感，还可能增强垂涎感。垂涎感一般能促进风味的

表 7.3　　薄荷醇衍生物凉味剂

化合物编号	化合物名称	别名	FEMA	CAS	Flavis(EFSA)	凉感强度 *
12	L-薄荷酯			89-48-5	9.016	15
13	L-乳酸薄荷酯	Frescolat ML	3748	59259-38-0	9.551	40
14	薄荷乙烯乙二醇碳酸盐	Frescolat MGC	3805	156679-39-9	9.842	75
15	薄荷醇丙二醇碳酸盐	Frescolat MPC	3806	30304-82-6	9.843	67.5
16	薄荷甘油缩酮	Frescolat MGA	3807/3808	63187-91-7		40
17	单琥珀酸薄荷酯	Physcool	3810	77341-67-4	9.616	30
18	戊二酸单酯	凉味剂 2(含戊二酸酯） Ultracool 2	4006	220621-22-7	9.929	45
19	乙酰乙酸薄荷酯	Ultracool 7	4327	59557-05-0		200
20	3-羟基丁酸薄荷酯		4308	108766-16-1		150
21	薄荷基吡咯烷酮羧酸	Questice	4155	68127-22-0(粉末) 64519-44-4(液体)		130(液体) 105(粉末)
22	(−)-薄荷氧基丙烷-1,2-二醇	Coolact 10	3784	87061-04-9	2.224	40
23	3-（l-薄荷氧基）-2-甲基丙烷-1,2-二醇	TPG-1，Coolact 1	3849	195863-84-4	2.254	130
24	顺式和反式对甲烷-3，8-二醇	Coolact 38D	4053	4822-86-6	2.246	10
25	薄荷基甲基醚	Optabreeze V	4054	2748-84-7	16.088	37.5
26	2-（对-薄荷烷-3-基氧基）乙醇	Coolact 5	4154	3618-23-4	2.247	150
27	(+/−)-*N*，*N*-二甲基薄荷基琥珀酰胺		4230	544714-08-1		135
28	薄荷甘油缩酮		4285	831213-72-0	6.136	60
29	3*S*,3a*R*,3b*R*,4*S*,7*R*,7a*R*)-3, 7 二甲基-4-（丙-2-基） 八氢-1*H*-环戊二烯并［1,3］ 环丙基［1,2］苯-3-醇	Cubebol	4497	23445-02-5		15
30	二甲酯戊二酸		4604	77304-30-4		0

* L-薄荷醇=100。

Flavis，欧盟香料信息系统。——泽者注

协同效应，在消费者体验时还会产生更加愉悦或有效的味觉效应。

28 29 30

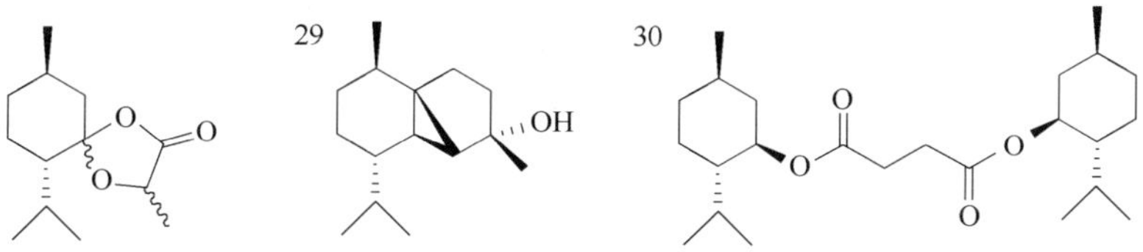

7.2.1.4 **薄荷酰胺**

如前文和表 7.3 所述，基于薄荷醇羟基（OH）部分衍生的结构变体很多，但大部分商业价值有限。从成本角度来看，为了达到凉感强度需要的使用量非常大，因此应用上可能会令人望而却步，除了此类化合物，另外还有一种单独的薄荷醇衍生物，因具有显著凉感特征引起了使用者的兴趣。这些物质衍生后形成酰胺基代替薄荷醇羟基，生成薄荷酰胺类物质。使用最广泛的薄荷酰胺可能为 *N*-乙基-对-薄荷烷-3-甲酰胺或叫 WS-3（31）和乙基-3-(对薄荷烷-3-甲酰胺基）乙酸酯或叫 WS-5（32）。最近，凉味剂（1*R*，2*S*，5*R*)-*N*-(4-甲氧基苯基)-对薄荷烷甲酰胺或叫 WS-12（33）因其更持久的凉感性能已经成功商业化应用。

31 32 33

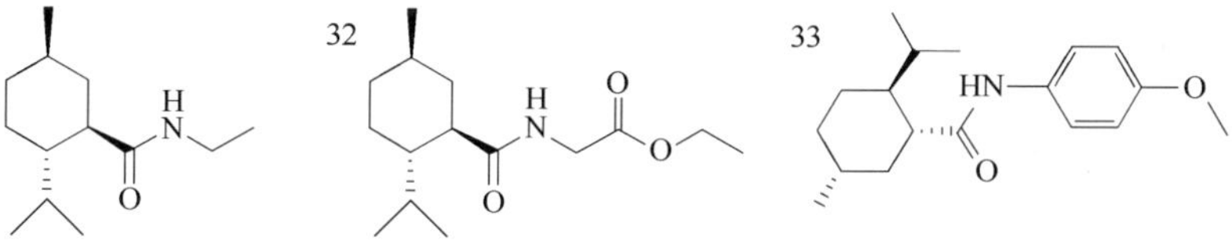

表 7.4 未列入 FEMA GRAS 清单的 WS 系列薄荷酰胺

指定名	名　称	凉感强度 *
WS-63	*N*-(3-羟基-4-甲基苯基)-对-薄荷烷-3-甲酰胺	300
WS-61	*N*-(3,4-二甲基苯基)-对-薄荷烷-3-甲酰胺	300
WS-35	*N*-(4-甲基苯基)-对-薄荷烷-3-甲酰胺	100
WS-14	*N*-叔丁基-对-薄荷烷-3-甲酰胺	75
WS-11	*N*-(1,1-二甲基-2-羟乙基)-对-薄荷烷-3-甲酰胺	67
WS-10	*N*-异丙基-对-薄荷烷-3-甲酰胺	67
WS-138	*N*-(3-吡啶基)-对-薄荷烷-3-甲酰胺	60
WS-134	*N*-环戊基对薄荷烷-3-甲酰胺	60
WS-56	*N*-(5-羟基-正戊基)-对-薄荷烷-3-甲酰胺	60
WS-34	*N*-仲丁基丁基-对-薄荷烷-3-甲酰胺	43
WS-33	*N*-正丙基-对-薄荷烷-3-甲酰胺	38
WS-78	*N*-环己基-对-薄荷烷-3-甲酰胺	30

* L-薄荷醇=100。

Wilkinson Sword 公司的 Watson 及其同事（Watson，1977）制备的众多化合物中，WS 的含义已被广泛接受并已经作为这些物质的代名词使用。大部分合成物为薄荷酰胺类物质，其中部分物质以及它们相对于 L-薄荷醇（凉感定义为 100）的近似凉感强度已在表 7.4 中列出。有关 Wilkinson Sword 所做研究的详细综述，感兴趣的读者可以参考 Leffingwell 和

Rowsell（2014）。

尽管表 7.4 中大部分化合物尚未经 FEMA、EFSA 或其他监管机构批准而未被商业化使用，但这并不意味着继 WS-3 和 WS-5 获批后再无其他含有薄荷酰胺的批准材料。表 7.5 对其中部分材料进行了总结。

34

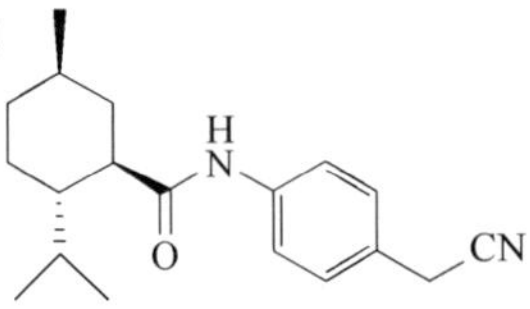

35

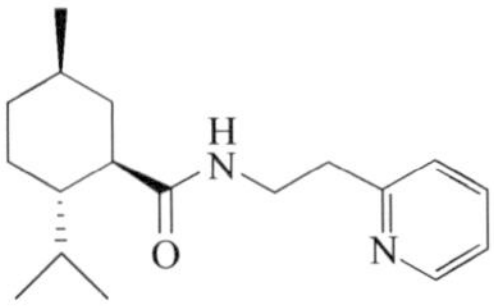

36

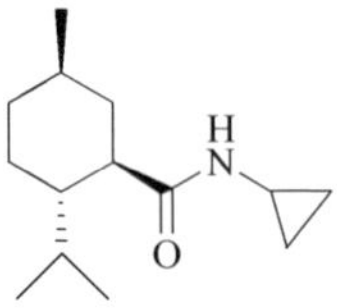

表 7.5　列入 FEMA GRAS 清单的薄荷酰胺

化合物编号	名称	CAS	FEMA	Flavis（EFSA）	别名	凉感强度 *
31	*N*-乙基-*p*-薄荷烷-3-甲酰胺	39711-79-0	3455	16.013	WS-3	150
32	3-(对-薄荷烷-3-甲酰胺基)乙酸乙酯	68489-14-5	4309	16.111	WS-5	400
33	(1*R*，2*S*，5*R*)-*N*-(4-甲氧基苯基)-对-薄荷烷甲酰胺	68489-09-8	4681	16.123	WS-12	370
34	*N*-(4-氰基甲基苯基)-对-薄荷烷甲酰胺	852379-28-3	4496	16.117	Evercool 180	750
35	*N*-(2-(吡啶-2-基)乙基)-3-对-薄荷烷甲酰胺	847565-09-7	4549	16.118		600
36	*N*-环丙基-5-甲基-2-异丙	73435-61-7	4692	16.124		100

* L-薄荷醇=100。

由表 7.5 可知，接受及使用薄荷酰胺的一个重要理由就是与 L-薄荷醇相比，其凉感强度足够高，尤其在消费者口腔应用领域，如糖果和口腔护理。此外，在与 L-薄荷醇、薄荷油、L-香芹酮和其他典型风味化合物混合和开发薄荷风味产品时，其良好的易用性也是备受关注的原因。从使用成本角度来看，薄荷酰胺不但具有比薄荷醇更强的凉感，还能促进或增强薄荷风味的新鲜感，同时避免了前文提到的薄荷醇单独使用带来的负面影响，如强烈的薄荷味或涩感。

尽管薄荷酰胺具有令人满意的冷却性能，但复杂合成技术是产品开发时需要攻克的潜在难点。以 WS-3 为例，首先将薄荷醇转化为薄荷氯化物后再进行相应的格氏反应，通过二氧化碳处理将酸进行分离，最后通过酰氯或类似方法再将酸转化为酰胺。难点就在于生产足够纯度的产品，保证没有杂质和不良气味或味道。WS-3 中这些问题都已经得到解决，并广泛应用于实际生产中。然而，对于 WS-5 类产品，这些问题并不那么容易解决。直到 Erman 及其同事研发了一种高度纯化方法，才使得 WS-5 被广泛应用于商业化（Erman 和 Whelan，2002）。在此之前，因 WS-5 含有杂质导致消费者体验到不舒适的涩味，因此配方师很少使用。WS-5 良好的凉感效应和不太复杂的技术应用，吸引更多的配方师转向使用 WS-5。但是需注意，除了采用 Millenium Specialty Chemicals（现为 Renessenz LLC）授权专利中的生产工艺外，其他生产方式加工的 WS-5 仍然具有不良味道特征。

WS-3（31）和 WS-5（32）等化合物可以很容易地溶解在风味配方和产品开发中使用的典型溶剂中，良好的溶解性促进了其在风味领域的广泛应用，如表 7.6 中所示。

其他薄荷酰胺类化合物应用比较受限，产品研发时为了延长凉感持续时间导致其化学结构不易溶解于水。尽管（1*R*，2*S*，5*R*）-*N*-(4-甲氧基苯基)-对-薄荷烷甲酰胺（WS-12），（33）和 *N*-(4-氰基甲基苯基)-对-薄荷烷甲酰胺（34）等原料仍然存在一些配方问题，但由于出色的凉感能力和其他特性，已经被列入到 FEMA GRAS 和 EFSA 允许使用材料清单中。如口腔护理领域，消费者需要长持续时间的凉味剂产品，促进了这类特性材料的研发。图 7.4 为 20×10^{-6} 凉味剂在醇水溶液中的凉感持续时间，如乳酸薄荷酯、WS-3、WS-5 和 WS-12。

表 7.6　　所选薄荷酰胺凉味剂的溶解度　　单位：g/100mL

化合物编号	名称	丙二醇	96%乙醇	60%乙醇	40%乙醇
31	*N*-乙基-对-薄荷烷-3-甲酰胺	10.7	186	14.8	0.2
32	3-(对-薄荷烷-3-甲酰胺基)乙酸乙酯	11.7	79.4	50	1.9
33	(1R，2S，5R)-*N*-(4-甲氧基苯基)-对-薄荷烷甲酰胺	0.05	0.9	0.015	几乎不溶解

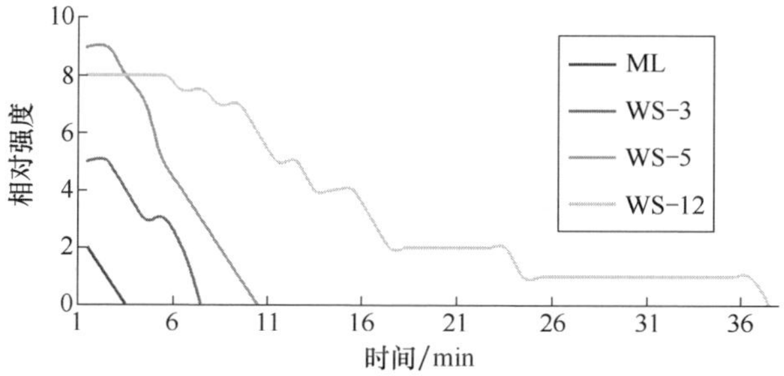

图 7.4　乙醇-水中 20×10^{-6} 浓度时的凉感持续时间

注：从左到右：ML，WS-3，WS-5 和 WS-12。

关于 WS-12（33）类材料具有较长的凉感持续时间目前有几种假设。第一种假设认为是初始浓度增加而产生的效果。但通过 WS-5 与 WS-12 比较结果推翻了这个假设。第二种假设则认为较长的冷却效应与受体反应性能有关。由于受体分子响应速度特别缓慢，意味着相同时间后仍然存在未反应的分子，从而延长凉感持续时间。另一种假设认为：这类物质只有在有机相和水相中充分溶解后才能到达相关受体并激发受体产生凉感，但由于它们在任何一相中溶解速度较慢，无法快速激发受体，因而只能等着在口腔中慢慢溶解。目前，尚需要开展进一步研究，以确定其冷却持续时间较长的真正机制。

7.2.2　非薄荷醇衍生物类凉味剂

众所周知，1965 年，第 1 种被列入 FEMA GRAS 清单中的凉味剂是异胡薄荷醇（37）。

此后，陆续开发出多种凉味剂，其中一部分已经商业化和/或被纳入 FEMA GRAS 清单中，详见表 7.7。

37
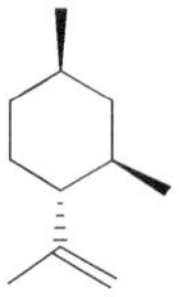
38
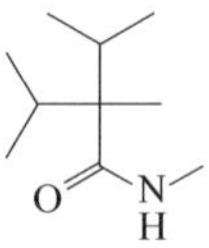
39
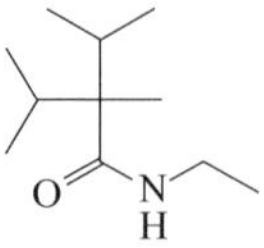
40
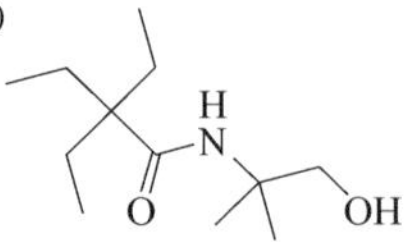
41
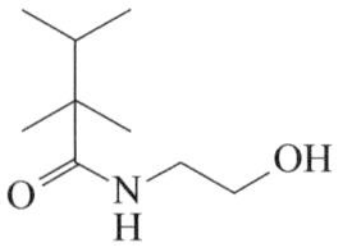

N-2,3-三甲基-2-异丙丁酰胺（WS-23）（38）也获得用户的认可，于 1996 年被纳入 FEMA GRAS 清单中。从那时起，WS-23 与 WS-3 一起成为应用最广的凉味剂之一，主要用于风味领域。

表 7.7　　列入 FEMA GRAS 清单中的部分非薄荷醇衍生凉味剂

化合物编号	名称	别名	CAS	FEMA	Flavis（EFSA）	凉感强度*
37	异胡薄荷醇	Coolact® P	89-79-2	2962	02.067	25
38	2 异丙基-*N*，23-三甲基丁胺	WS-23	51115-67-4	3804	16.053	75
39	*N*-乙基-2,2-二异丙基丁酰胺	WS-27	51115-70-9	4557		150
40	*N*-(1,1-二甲基-2-羟乙基)-2,2-二乙基丁酰胺	WS-116	51115-77-6	4603		15
41	*N*-(2-羟乙基)-2,3-二甲基-2-异丙基丁酰胺	ICE 6000	883215-02-9	4602		20

* L-薄荷醇=100。

其他可以作为 TRPM8 受体激动剂的结构的相关研究仍在继续。随着 TRP 受体模拟技术及多分子高通量筛选技术的出现，与薄荷醇无关的化学结构搜索范围进一步扩大。Priest 等（2013）一项专利中对具有生理凉感特性的潜在新分子进行了描述，该专利已经转让给 Senomyx 香精公司。这项技术可以快速筛选以前可能被忽略的化学结构，并评估其凉感强度。分子式 42 就是一个案例，EC_{50}（μmol/L）浓度下表现了强凉感效应。[注：EC_{50}值是指，使用荧光成像分析（FLIPR™）时，在指定接触时间后，在基线和最大值之间激发化合物 50%响应效果的浓度。]

42
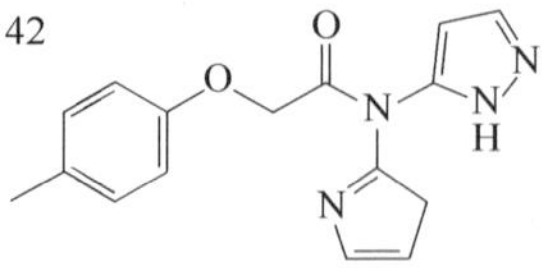

其他分子如 4-甲基-3-(1-吡咯烷烷基)-2-呋喃酮（43）已有相关报道（Ottinger 等，2001）。据悉，该化合物的凉感强度比薄荷醇强 35 倍。其他文献报道了具有类似于薄荷醇的 TRPM8 凉感效应的分子及其结构（44~46）（Krohn 和 Zinke，2013）。

43

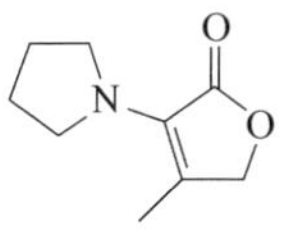

44

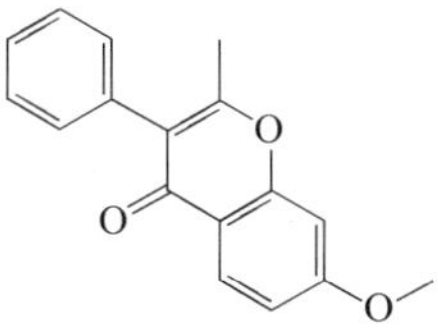

45

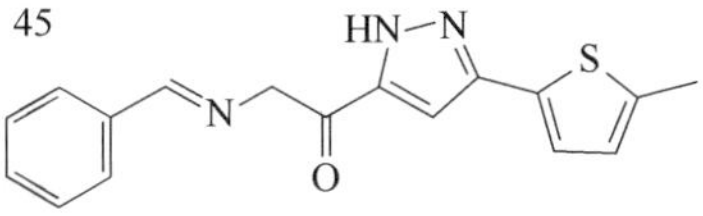

46

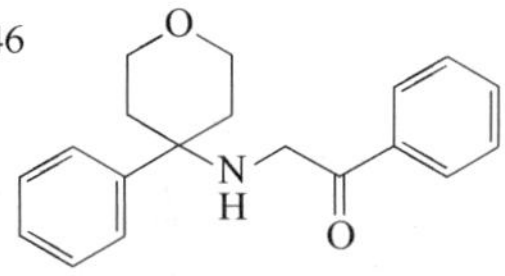

Shirai 等报道一系列木质素类衍生物化合物（47~49），其公开名称为 TRPM8 激活剂。此外，早在 1983 年有报道称，当 1-(2-羟基苯基)-4-(2-硝基苯基)-1,2,3,6-四氢吡啶酰亚胺-2-酮或 Icilin（50）与黏膜接触时产生凉感（Wei 和 Seid，1983）。Icilin 是一种超级激动剂，凉感效果比 L-薄荷醇高 200 倍，但 Andersson 等认为 Icilin 和凉感的相关性与薄荷醇激活机制并不一致（Andersson 等，2004）。

47

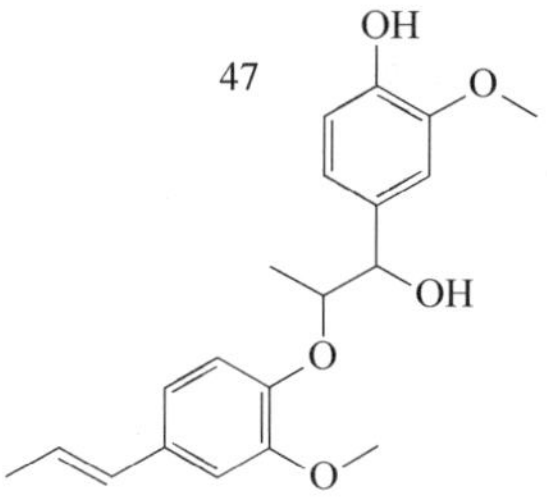

48

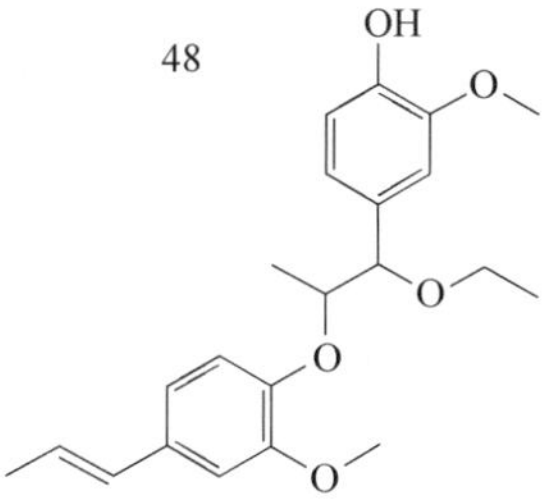

49

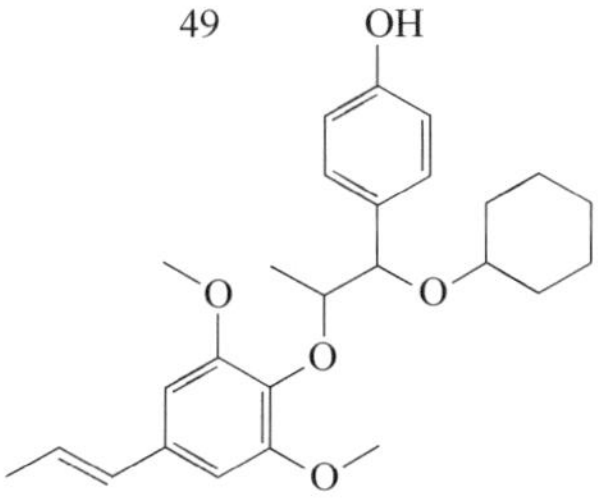

50

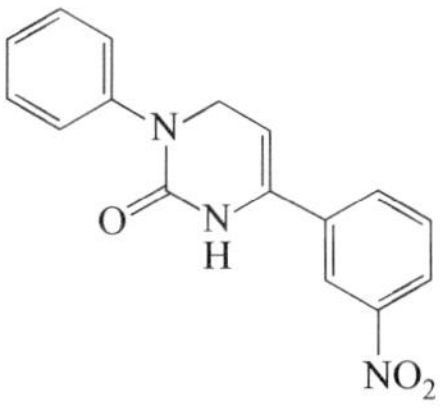

7.3 口腔外的生理凉感

凉味剂目前主要应用在口腔凉感领域，但在其他领域仍然存在许多潜在价值。薄荷醇能让皮肤产生凉感，但其用于开发局部凉味剂面临的挑战之一就是用来确定凉感强度和持续时间的现有量化信息非常零散。身体不同部位对凉味剂的敏感度并不相同，敏感度高低排序的相关研究已经开展（Watson 等，1977），具体研究结果如图 7.5 所示。身体凉感敏感程度顺序与角质层的厚度增加顺序相一致，表明凉味剂穿透皮肤屏障的能力是影响敏感度的主要因素。另一个影响因素是该皮肤区域是热觉和凉感受体分布的密集区，包括面部、头皮/前额、腋下、大腿和腹股沟等部位，而受体分布较少皮肤区域包括手臂和手（Jacobs 和 Johncock，1999）。通常认为凉味剂的传递载体也是关键因素之一。

凉味剂作用皮肤时，必须经历 3 个过程皮肤才能感知到凉感，具体过程如下：

（1）冷却分子从载体转移并穿透角质层；

（2）分子通过皮肤扩散；

（3）分子到达并与 TRPM8 受体相互作用。

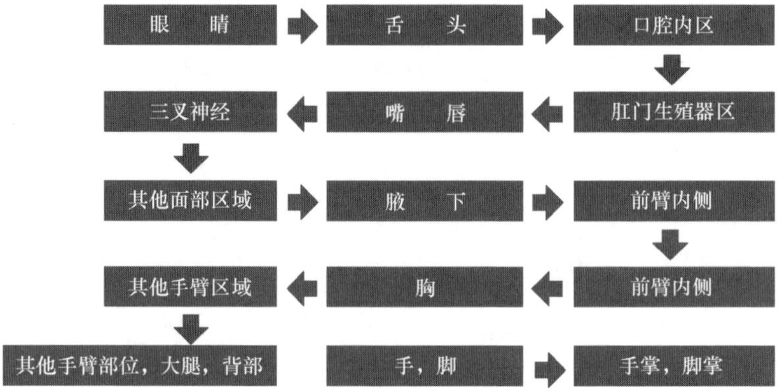

图 7.5 皮肤不同区域的凉感相对敏感度排序

Watson 等（1978）研究结果表明，极性是影响载体传递能力的最重要因素。将 9 种具有潜在冷却效应的原料分别溶解 8 种不同极性（从橄榄油到含水乙醇）载体中，浓度为 0.25%，9 种凉味剂均表现出高极性载体中凉感效果越好，极性最低载体中未表现出制冷效果（橄榄油和月桂酸己酯）。凉味剂的相对疏水性（log $P>0$）使其不会从极性较小的载体迁移到皮肤上，因此增加载体极性能促进凉味剂向皮层的转移。当凉味剂转移至角质层后，下一步涉及的就是分子到达受体的能力。这取决于分子大小，因此看上去分子在皮肤上表现出凉感的条件与本章前面所述相似。然而，事实似乎并非如此。具备紧凑烃类结构［如有冷却作用的 Icilin（50）或 44~49 中任何一个化合物］与凉感效应不相关。此外，通过 WS-5 和 WS-12 等分子可知，当分子变得越来越重时，低分子质量已不再需要。

凉味剂的口腔功效是否可以表征其在皮肤上的功效这一问题也得到了解答。据报道，将口腔的凉感阈值用于预测局部冷却效应的作用很有限（Watson 等，1978），这一结论已通过 Millenium Specialty Chemicals（现为 Renessenz LLC）的试验得到证实。在小组成员前臂上涂抹溶解在 PG 中、浓度为 1%的若干种凉味剂，以 PG 作为对照进行试验。结果表明，凉味剂的冷却效果顺序为乳酸薄荷酯>>WS-3>WS-23>薄荷酮甘油缩醛（Frescolat MGA）= PG，比较有趣的是几种凉味剂中，乳酸薄荷的凉感强度最高。Renessenz 使用棕榈酸异丙酯作为载体，发现几种凉味剂的冷却效果顺序是：WS-23>WS-3>>WS-5 = PCA 薄荷酯 = 乳酸薄荷酯。因此，我们可以得出结论：相同凉味剂采用不同评价方式会得到不同凉感强度结果，如皮肤接触和口腔评价同一种凉味剂获得的冷却强度却不同。

凉味剂在局部范围的应用已有相关报道（Wei，2006，2007）。1%石油基软膏涂抹皮肤时，与 WS-5 相关的几种化合物比 WS-5 具有更高的冷却强度和更长的持续时间。因此，分子结构的微小改变可以获得更有效的冷却效果（图 7.6）。

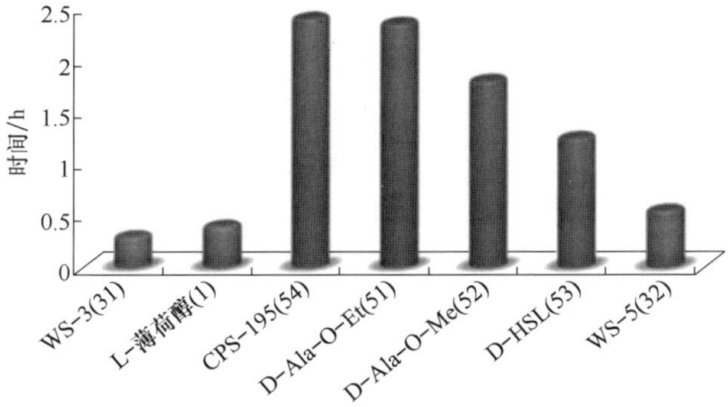

图 7.6　1%软膏的局部凉感持续时间

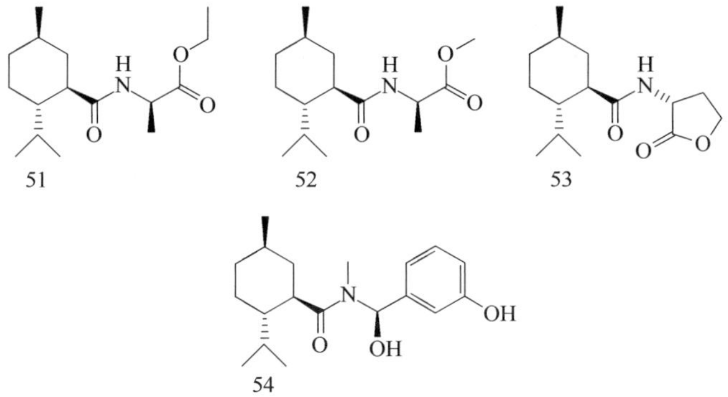

许多与个人护理消费品相关的专利公开了凉味剂的相关研究工作。有专利已将乳酸薄荷酯应用到（Deckner 等，1997；Lin 和 Baier，1998；Fowler 等，1998）人工鞣制、痤疮治疗和皮肤清洁产品中。还有专利发明了其他的凉味剂，例如，将薄荷酮甘油缩醛添加到粉末组合物中以减少皮肤刺激（Nitikhunkasem 等，2002），或者发明一种含乳酸薄荷酯、薄荷酮甘油缩醛和 WS-3 结合草酸的局部凉味剂（Ptchelintsev 等，2003）；也有发明了一种含 WS-3 和 WS-23、刺痛感小的冷却合成物（Luke，2001）。

凉味剂也被应用在药物研究领域，Wei（2005，2006，2007，2008a，2008b，2010a，2010b，2011a，2011b，2012，2013a，2013b）的专利中发明了一系列治疗用镇痛药配方，这些镇痛药由 Wilkinson Sword 公司的凉味剂与一些关系密切的化合物搭配组合，作为止痛化合物用于喉、眼、气管和/或支气管等周围非角化层状上皮（NKSE）的治疗。Wei 特别寻找了一些具有较长持续时间的凉味剂，其中 *N*-(对-薄荷烷-3-羰基）-D-丙氨酸酯（WS-109）是首选化合物（Wei，2006）。与 WS-12 相比，Wei 发现 WS-12 中 4-乙氧基被取代后的新化合物表现出更佳的冷却强度和持续时间（Wei，2005）。表 7.8 列出了 Wei 研究中各类凉味剂的冷却强度和持续时间，并与薄荷醇进行比较。

表 7.8　　各种 WS 化合物与薄荷醇的相对凉感效果比效

化合物编号	名　称	凉感强度	持续时间/h
WS-109	*N*-(对-甲烷-3-羰基)-D-丙氨酸乙酯	0.1	2.4
WS-108	*N*-(对-甲烷-3-羰基)-L-丙氨酸乙酯	1	0.7
WS-12	(1*R*, 2*S*, 5*R*)-*N*-(4-甲氧基苯基)-对-薄荷烷甲酰胺	1.25	0.4
WS-5	3-(对-薄荷烷-3-甲酰胺基)乙酸乙酯	1.5	0.5
WS-14	*N*-叔丁基-对-薄荷烷-3-甲酰胺	0.75	0.1
	薄荷醇	1	0.3

凉味剂新的应用领域仍在探索中，同时也有许多关于凉味剂作为驱虫剂的报道。奇华顿公司的 Gautschi 和 Blondeau 发现 WS-3 和相关 *N*-取代的 *p*-薄荷烷甲酰胺具有驱虫能力。其和二乙基间甲苯酰胺（DEET）在驱除蟑螂方面的相关测量研究结果见表 7.9。DEET 在许多消费品中被广泛用作驱虫剂（Gautschi，2006）。

表 7.9　　驱虫剂 WS-3 与二乙基间甲苯酰胺（DEET）对比研究

合成物	处理后天数/d	处理部分/%	未处理部分/%	失效部分/%
WS-3	1	1.5	98	0.5
WS-3	2	0.6	99	0.5
WS-3	3	4.5	95	0.5
WS-3	7	20	79	1
DEET	1	3	96.5	0.5
DEET	2	2.5	96	1.5

PCA 薄荷酯作为驱虫剂已经获得专利（Watkins 等，2002），还有相关专利声称可以使用乳酸薄荷酯或 Frescolat MGA 驱除螨虫和其他昆虫（Kalbe 和 Nentwig，2000）。

7.4　应用和消费者感知

如前所述，当凉味剂应用在口腔风味体系中，典型化学物理觉还会产生一种新鲜感的效果。作为感官属性，新鲜感与薄荷的应用密切相关，而薄荷在口腔护理和糖果中普遍应用。通常，薄荷风味表现为留兰香和薄荷香，但也可能产生其他风味。Renessenz 的报告表明，当去除薄荷糖含片（配方见表 7.10）作为薄荷香料使用的凉味剂时，感觉到是一种“微弱的、低品质的风味”。此外，当将达到凉感及以上水平的凉味剂添加到水果风味中时，尽管没有与薄荷风味相关的实际香气化学物存在，但仍然能够感受到糖果具有“薄荷”风味。

表 7.10　压片薄荷糖配方　单位：%

成分	对照配方	添加凉味剂配方	成分	对照配方	添加凉味剂配方
山梨糖醇	96.85	98.088	薄荷风味	1.00	0.400
三氯蔗糖	1.85	0.060	WS-5		0.020
硬脂酸镁	0.30	1.250	WS-12		0.002

7.4.1 凉味剂的其他应用

本书前面已经介绍了化学物理觉和生理材料在消费者味觉感知体验中起到的重要作用。Di Salle 等（2013）报道了碳酸化等生理效应会降低饮料的甜度感知（就像我们都知道无汽苏打水尝起来更甜）。Green 和 Frankmann（1987）和 Bartoshuk 等（1982）研究表明，温度显著影响味觉强度感知。此外，Fry 等（2011）研究表明，莱鲍迪苷 A（甜菊糖苷）在较低温度下感觉更甜，意味着可以更有效地应于冷饮（饮料、冰淇淋）或生理冷却产品中（如牙膏、薄荷糖和口香糖）。

如果物理上温度的变化会影响受体在品尝过程中发送的大量信号解释方式，那么生理上的温度变化会产生同样的效果吗？Renessenz 在美国糖果协会技术会议（美国坎贝尔，2014）上的报道表明，凉味剂可以对系列高效甜味剂（HPS）的甜度造成影响。如图 7.7 所示，除安赛蜜之外，添加低于产生凉感水平的 WS-5 会增加 HPS 的甜味感觉，而单独服用 WS-5 会抑制甜度。然而，当添加相同量的 WS-5 到安赛蜜和阿斯巴甜的等量混合物中时，甜度显著提高。此外，凉味剂与三氯半乳糖混合使用时可以掩盖或抑制甜味剂的异味。

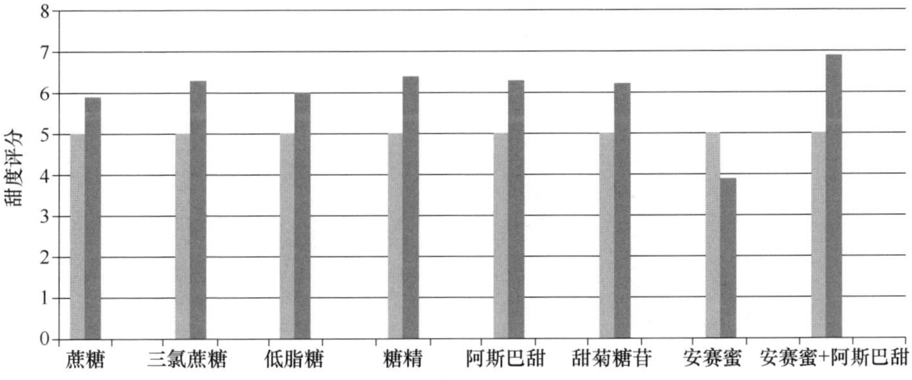

图 7.7　WS-5 对所选 HPS 甜度的影响

7.4.2 生理凉感和风味增强

Petit 等（2007）的研究表明，凉味剂与风味强度间存在一定关联性。开展了相同及不同配方饮料中颜色-气味-凉感相互作用的影响研究，以及不同配方中这种相互作用对风味与凉感感知的影响。结果表明，绿色饮料（绿色与甜瓜相关）中不同浓度的 WS-3 增强了甜瓜风味强度感知。这一结论得到了 Barcelon 等（1998）的研究支持。他们关于口香糖研究中表明，在含有相同的风味调节剂前提下，与不含 *N*-乙基-对-氨基甲酸酯-3-羧酸酰胺组相比，添加组的风味特征更鲜明、更突出、更清晰及更持久。柑橘风味中，柑橘味更鲜明突出，并且表现出具更清晰和更佳的酸性特征。肉桂香料的特征风味表现为更高强度的灼热感。

Renessenz（Campbell，2014）报道了口香糖之外产品中的应用效应。表 7.11 为三种配方的草莓软糖。

表 7.11 草莓软糖配方

成分	对照组	产品 P1	产品 P2
草莓香精	0.40%	0.40%	0.40%
50%柠檬酸溶液	1.50%	1.50%	1.50%
40% ~10%红色溶液	0.05%	0.05%	0.05%
胶基	98.05%	98.0495%	98.0495%
WS-5	—	5×10^{-6}	10×10^{-6}

将对照组和另外两个配方样品提供给感官评价小组，并完成一系列强制性问答题。图 7.8是 Campbell（2014）提供的部分结果，清楚表明了添加低于凉感水平的凉味剂对几个感官特性产生了显著影响。嗜好性产品开发时，可以考虑这种提高风味强度的方式，有利于帮助研发人员减少风味香精的使用量和降低成本。值得注意的是，这种处理方式会让人们觉得更好体现了新鲜水果特征。通过改善风味特征，产品的整体喜好度也得到提升。这种效果适用于大多数水果口味的产品，对于糖果和饮料类产品的研发者至关重要，因为他们能不断提高新品牌和已有品牌产品的认知度和消费者接受度。

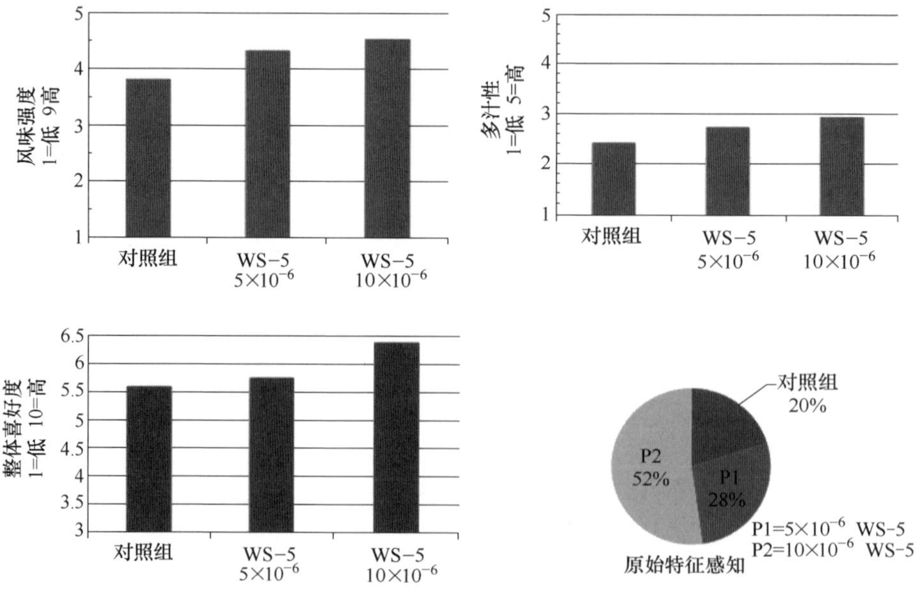

图 7.8 添加 WS-5 对草莓软糖特性的影响

正如本章前面所述，结构上小的变化也会影响凉味剂的化学物理觉特性。*N*-环丙基-5-甲基-2-异丙基环己烷甲酰胺［FEMA 4693（36）］验证了这一结果。该原料具有与 L-薄荷醇类似的凉感强度。据报道与其结构类似的化合物 *N*-异丙基-5-甲基环己基环丙烷甲酰胺［FEMA 4558（55）］完全没有凉感特性，但具有鲜味特征，与新的薄荷醇结构结合时鲜味最显著（Looft 等，2008）。凉味剂在低于凉感阈值下可以作为咸味增强剂（Gray 等，2008）。这显然意味着，在凉感阈值水平下，化学物理觉的凉感原料对于影响风味增强和感知方面具有一系列的潜在应用前景。

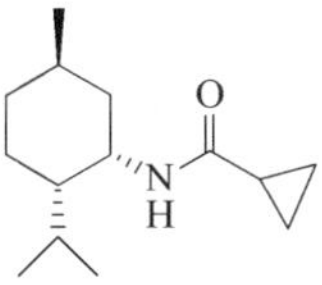

55

生理凉感原料和高效甜味剂之间存在交互作用。将凉味剂和甜味剂以合适比例组合后，能够增加对甜味感知，那就可以假设所有 TRP 激动剂之间存在协同效应。添加少量冷却化合物能增加苦味原料中的苦味感知，或添加少量 TRPV1（针刺感）受体激动剂到冷却化合物中生成一种含 TRPM8 激活剂、能够显著提升凉感的新混合物。最近有很多 TRP 激动剂组合的相关报道。例如，Nakatsu 等（2004）使用香草醛或亲性衍生物、凉味剂及辣椒素、姜油酮或其他天然提取物进行了搭配。这种合成物据称是一种用于香水和化妆品的暖性成分（Kumamoto 等，2002）。在其他应用中，出现了含有其他非化学物理觉原料的生理合成物。例如，Haskel 等展示了两种带有阳离子聚合物的化学物理觉物质在口腔和个人护理中的应用（Haskel 等，2011）。

其他引起三叉神经响应的制品在食品领域中的应用已经有相关报道，如 W. M Wrigley 公司 Johnson 和 Greenberg 的报道（Johnson 和 Greenberg，2003；Greenberg 和 Johnson，2002）。这些例子不仅使用了凉味剂、针刺剂和温热剂，而且还声称添加疏水性甜味剂延缓风味和感官成分的释放。

7.5 展望：凉感化合物

寻找引发生理凉感化合物的工作一直在持续。采用高通量筛选技术筛选激发 TRP 的化合物，帮助我们了解薄荷醇衍生物以外凉感化合物的结构，进一步衍生化这些化合物促进冷却性针提升。芬美意（Firmenich）、高砂（Takasago）等公司早已与塞诺米克斯（Senomyx）和 Chromocell 等公司签署合作协议，对探索新分子表现出浓厚兴趣，并得到了回报。

这些成分的应用可能会促进更高的活性水平。随着开发人员对凉味剂在纯粹凉感应用领域之外的探索，以及客户对不同类型和可替代的冷却特性需求的不断发展，开发人员需要更有创造力，找到更多不同的解决方案。使用低于冷却阈值的凉味剂作为调味剂，增强或改变异味感知，以及增强对甜味、酒精和影响消费者体验的其他相关因素感知，是一个令人兴奋的探索领域。

迄今为止，由于化学物理觉化合物在凉感之外的可用性和特性的限制（其中不包含气味），化学物理觉制剂的进一步发展仍然受到限制。然而，结合新分子的发现，这个领域在产品和产品的有效性和可用性方面有重大的进一步发展潜力，并可以应用和扩展到这些材料的非传统应用领域。

参考文献

S. Akutagawa. 1997. Enantioselective isomerization of allyamine to enamine; practical asymmetric synthesis of (-)-menthol bu Rh-BINAP catalysts. *Top. Catal.*, 4 (1997), 271-274.

D. A. Andersson, H. W. N. Chase, and S. Bevan. 2004. TRPM8 activation by menthol, icilin, and cold is differentially modulated by intracellular pH. *J. Neurosci.*, 24 (23), 5364-5369.

S. A. Barcelon, J. J. Keifer, H. Olaya, and S. J. Luo. 1998. Enhanced flavoring compositions containing *N*-ethyl-*p*-menthan-3-carboxamide and method of making and using same, EP 1 003 383 B1.

L. M. Bartoshuk, K. Rennert, J. Rodin, and J. C. Stevens. 1982. Effects of temperature on the perceived sweetness of sucrose. *Physiol. Behav.*, 28, 905-910.

B. Bryant and W. L. Silver. 2000. Chemesthesis, in *The Neurobiology of Taste and Smell* (eds T. E. Finger, W. L. Silver, and D. Restrepo), New York: Wiley-Liss Inc., pp. 73-100.

I. S. Campbell. 2014. Sensory ingredients use in confectionery. American Association of Candy Technologists, Technical Seminar, Lincolnshire, IL.

G. E. Deckner, F. A. Pichardo, N. C. Alban, and M. C. Sills. 1997. Compositions for imparting an artificial tan and protecting the skin from ultra-violet radiation, US 5700452.

E. Demole and H. Wuest. 1967. Synthèses stéréosélectives de deux trioxydes C18H30O3 stéréo-isomères, d'ambréinolide et de sclaréol-lactone à partir de dérivés du (+)-manool. *Helv. Chem. Acta*, 50, 1314-1327.

F. DiSalle, E. Cantone, M. F. Savarese, *et al.* 2013. Effect of carbonation on brain processing of sweet stimuli in humans. *Gastroenterology*, 145 (3), 537-539.

M. B. Erman and P. J. Whelan. 2002. Physiological cooling compositions containing highly purified ethyl ester of *N*-[[5-methyl-2-(1-methyethyl) cyclohexyl] carbonyl] glycine. US Patent 7, 189760.

J. Fleischer, K. Bauer, and R. Hopp. 1976. Separating optically pure d-l-isomers of menthol, neomenthol and isomenthol, US Patent 3, 943, 181 A.

T. J. Fowler, R. L. McManus, and E. Deckner. 1998. Personal cleaning compositions, US 5753245.

J. C. Fry, N. Yurttas, and K. L. Biermann. 2011. Sweetness concentration-response behavior of rebiana at room and refrigerator temperatures. *J. Food Sci.*, 76 (9), 545-548.

T. Fujita, J. Iwasa, and C. Hansch 1964. A new substituent constant, p, derived from partition coefficients. *J. Am. Chem. Soc.*, 86 (23), 5175-5180.

M. Gautschi. 2006. Insect repellents, US Patent Application 20060063764.

B. G. Green and S. P. Frankmann. 1987. The effect of cooling the tongue on the perceived intensity of taste. *Chem. Senses*, 12 (4), 609-619.

M. J. Greenberg. 1999. Preparation of menthone ketals for use as flavor enhancers. European Patent Application, EP485170 A1 19920513.

M. J. Greenberg and S. S. Johnson. 2002. A chewing gum having prolonged sensory benefits, International Patent Application, WO 02091849.

K. Gray, L. G. L. Yep, and R. G. Eilerman. 2008. Salt enhancement, US Patent 200880311266.

C. Hansch and T. Fujita. 1964. Analysis. A method for the correlation of biological activity and chemical structure. *J. Am. Chem. Soc.*, 86 (8), 1616-1626.

C. Hansch and A. R. Steward. 1964. The use of substituent constants in the analysis of the structure-activity relationship in penicillin derivatives. *J. Med. Chem.*, 7, 691-694.

C. Hansch, A. R. Steward, J. Iwasa, and E. W. Deutsch. 1965. The use of a hydrophobic bonding constant for structure-activity correlations. *Mol. Pharmacol.*, 1 (3) 205-213.

C. Hansch and W. J. Dunn. 1972. Linear relationships between lipophilic character and biological activity of drugs. *J. Pharm. Sci.*, 61 (1), 1-19.

C. Hansch and J. M. Clayton. 1973. Lipophilic character and biological activity of drugs Ⅱ: The parabolic case. *J. Pharm. Sci.*, 62 (1), 1-21.

A. Haskel, S. Harmalker, and J. Mattai. 2011. Compositions comprising combinations of sensates, US Patent 8084050.

G. Heydrich, G. Gralla, K. Ebel, W. Krause, and N. Kashani-shirazi, 2009. Continuous process for preparing menthol, in pure or enriched form, WIPO Patent Application WO/2009/033870.

I. Hisanri, H. Yojio, M. Hiroyuki, M. Kazuhiko, and M. Takaji, 2014. Method for producing optically active isopulegol and optically active menthol, WIPO Patent, WO2014077323.

P. Jacobs and W. Johncock. 1999. Some like it cool, menthol derivatives as effective cosmetic cooling agent. Results of a worldwide study. *Parfuem. Kosmet.*, 80, 28-31.

S. S. Johnson and M. J. Greenberg. 2003. Hydrophobic sweetener containing chewing gum having prolonged sensory benefits, US Patent Application, US 2003072842.

S. -E. Jordt, D. D. McKemy, and D. Julius. 2003. Lessons from peppers and peppermint: the molec-ular logic of thermosensation. *Curr. Opin. Neurobiol.*, 13 (4), 487-492.

J. Kalbe and G. Nentwig. 2000. Non-toxic, inexpensive, arthropodicide comprises diacid ester, N-methyl-pyrrolidone, caprolactone or glycerol or menthol derivative, effective against insects, mites and ticks, especially dust mites, German patent 19840321.

B. J. Kane, K. E. Irving, J. O. Bledsoe Jr, and L. A. Canova. 1997. Hydrogenation of cyclic unsaturated compounds, US Patent, 4, 058572.

M. Krohn and H. Zinke. 2013. Small molecule modulators of the cold and menthol receptor TRPM8. US Patent Application US 20130345200 A1.

H. Kumamoto and H. Ohta. 2002. Warming composition, US Patent Application 2002/0142015 A1.

J. Leffingwell and D. Rowsell. 2014. Wilkinson Sword Compounds: From beginning to now. *Perfum. Flavor.*, 39, 34-44.

A. Leo, C. Hansch, and D. Elkins. 1971. Partition coefficients and their uses. *Chem. Rev.*, 71 (6), 525-616.

S. G. Lin and K. G. Baier. 1998. Method for treating skin wrinkles, US 5710141.

D. D. McKemy, W. M. Neuhausser, and D. Julius. 2004. Identification of a cold receptor reveals a general role for TRP channels in thermosensation. *Nature*, 427, 260-265.

J. Looft, T. Vossing, J. Ley, M. Backes, and M. Blings. 2008. Susbtituted cyclopropanecarboxylic acid (3-methyl-cyclohexyl) amide as flavoring substance. US Patent Application 20080292763. W. M.

Luke. 2001. Cooling compositions with reduced stinging, US6277385.

T. Nakatsu, P. J. Mazeiko, and A. T. Lupo, *et al.* 2004. Sensate composition imparting initial sensation upon contact, US Patent 6780443 B1.

A. Nitikhunkasem, A. V. Khaiat, and J. Hopkins. 2002. Powder compositions comprising skin irrita-tion reducing agent, US 6426092.

G. Ohloff. 1994. *Scent and Fragrances*,, Berlin Heidelberg: Springer-Verlag.

H. Ottinger, T. Soldo, and T. Hofmann. 2001. Systematic studies on structure and physiological activity of cyclic alpha-keto enamines, a novel class of "cooling" compounds. *J. Agric. Food Chem.*, 49, 5383-5390.

G. H. Parker. 1912. The relations of smell, taste and the common chemical sense in vertebrates. *J. Acad. Nat. Sci. Phila.*, 14, 221-234.

R. Pelzer, H. Surburg, and R. Hopp. 1994. Preparation of compounds, particularly menthyl carbonate de-rivatives, having a cooling sensation, DE 4226043 A1 19940201.

C. E. F. Petit, T. A. Hollowood, F. Wulfert, and J. Hort. 2007. Colour-coolant-aroma interactions and the impact of congruency and exposure on flavour perception. *Food Qual. Pref.*, 18 (6), 880-889.

C. Priest, A. Noncovich, A. Patron, and J. Ung. 2013. Compounds useful as modulators of TRPM8, US Patent Application 20130324557 A1.

D. Ptchelintsev, N. Scanarella, and R. Kalafinsky. 2003. Oxa acids and related compounds for treating skin conditions, US 6534543.

M. Rauls, C. Jakel, N. Kashani-shirazi, and K. Ebel. 2008. Method for the production of enriched isop-ulegol, US Patent Application 20080214877.

S. Watkins, M. J. Hills, and R. A. Birch. 2002. Use of menthyl-2 pyrrolidone-5-carboxylate as an insect repellent, US Patent 6451844.

H. R. Watson. 1977. Flavor characteristics of synthetic cooling compound, in *Flavor: Its Chemical Behav-ioural & Commercial Aspects* (ed. C. M. Apt), Boulder: Westview Press, pp. 31-50.

H. R Watson, R. Hems, D. G. Roswell, and D. J. Spring. 1978. New compounds with the menthol cooling effect, *J. Soc. Cosmetic. Chem.*, 29, 185-200.

E. T. Wei and D. A. Seid. 1983. AG-3-5 (a chemical producing sensations of cold). *J. Pharm. Pharma-col.*, 35, 110-112.

E. T. Wei. 2005. *N*-Arylsalkyl-carboxamide compositions and methods, US Patent Application 20050187211.

E. T. Wei. 2006. *N*-alkylcarbonylamino acid ester and N-alkylcarobonyl-amino lactone compounds and their use. WIPO Patent Application WO/2006/103401.

E. T. Wei. 2007. *N*-Arylshydroxyalkylidene-carboxamide compositions and methods. US Patent Application 20070155755.

E. T. Wei. 2008a. Aryl substituted derivatives of cycloalkyl and branched chain alkyl carboxylic acids used as antinociceptive drugs for peripheral targets. US Patent 7417048.

E. T. Wei. 2008b. *N*-Alkylcarbonyl-amino acid ester and N-alkylcarbonyl-amino lactone compounds and their use. US Patent Application 20080227857.

E. T Wei. 2010a *N*-Aryl-hydroxyalkylidene-carboxamide compounds and their use. US Patent Application 20100041757.

E. T. Wei. 2010b. *p*-Menthane-3-carboxylic acid esters to treat airways diseases, US Patent Application, 20100292325.

E. T. Wei, 2011a *N*-Alkylcarbonyl-D-amino hydroxyalkyl ester compounds and their use, US Patent Ap-plication 20110039812.

E. T. Wei, 2011b. *N*-Alkylcarbonyl-amino acid ester compounds and their use for skin irritation, itch and pain, US Patent Application 20110152366.

E. T. Wei. 2012. *N*-Alkylcarbonyl amino lactone compounds and their use, US Patent 8258320.

E. T. Wei. 2013a. [((1R, 2S, 5R)-2-Isopropyl-5-methyl-cyclohexanecarbonyl)-amino]-acetic acid isopropyl ester and related compounds and their use in therapy, US Patent 8426463.

E. T. Wei. 2013b. *N*-Alkylcarbonyl-amino acid ester compounds and their use for cough and pharyngitis. US Patent 8476317.

8 化学物理觉类型 Ⅲ：针刺感和麻木感

Christopher T. Simons

Department of Food Science and Technology, The Ohio State University, Columbus, OH, USA

8.1 引言

尽管大多数化学物理觉通常用痛觉（如刺激感、辛辣感）、温度觉（如凉感、热觉、灼烧感、灼热感）或瘙痒感描述，但是有些化合物引起的感觉最好用针刺感和/或麻木感来描述。许多化合物均能激发针刺感，包括山椒素如花椒（*Xanthoxylum piperitum*）中的羟基α-山椒素［图8.1（a）］，来自金钮扣果实（金钮扣属）中的千日菊酰胺［图8.1（b）］，或合成衍生的*N*-异丁基（2*E*，4*E*，8*Z*）-十一烷基-2,4,8-三烯酰胺［异丁基烷基酰胺，IBA；图8.1（c）］。这些化合物都是共轭、中链、良好亲脂性的脂肪酸酰胺，能够便于接触到黏膜组织中体感神经末梢。碳酸饮料中 CO_2 产生的感觉也被描述为针刺感（Cometto-Muñiz 和 Noriega，1985；Dessirier 等，2000，2001；Green，1992；Simons 等，1999；Wise 和 Bryant，2014；Wise 等，2013；Yau 和 McDaniel，1990，1992），尽管其与烷基酰胺产生的感觉和潜在机制并不同（见第8.2节的刺激机制）。与针刺感相反，一些化合物作用于黏膜组织时会引起麻木感。这种局部麻木效应不同于长期或重复给药产生的（见第6章）适应或脱敏。丁香油中丁香酚可能是代表性具有麻木感特性的化合物（Peters，1971；Pramod 等，2010）。许多烷基酰胺也会引起麻木感，当针刺感消退时麻木感会变得尤为明显

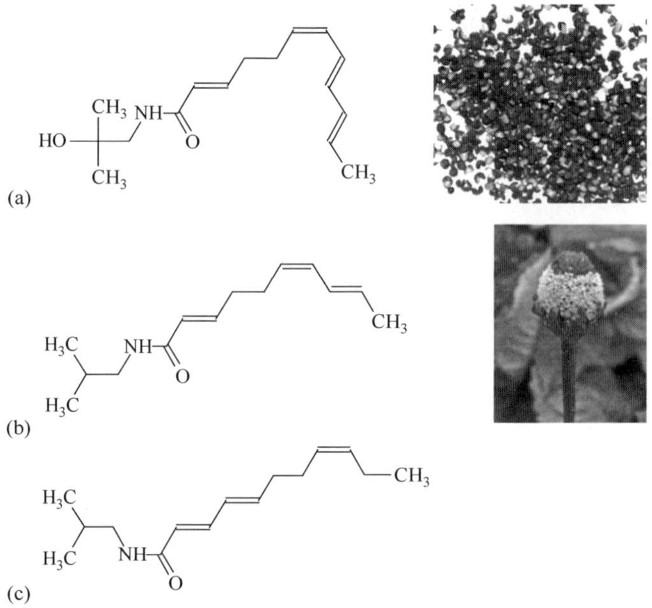

图8.1　引起针刺感的烷基酰胺

注：在感官研究中用以产生针刺感的天然（a）和（b）和人工合成（c）烷基酰胺：（a）花椒中的羟基α-山椒素；（b）来自金钮扣花的千日菊酰胺；（c）合成衍生，对光和温度稳定的针刺感混合化合物，*N*-异丁基（2*E*，4*E*，8*Z*）-十一碳-2,4,8-三烯酰胺（异丁基烷基酰胺；IBA）（Galopin 等，2004）

花椒图片：来自 N. Dulex（上）（资料来源：FreeImages. com/Nathalie Dulex）。

金钮扣花图片：来自 Z. Zell（下）（资料来源：H. Zell。GNU Free Documentation License 许可下转载，http：//www. gnu. org/copyleft/fdl. html）。

（Albin 和 Simons，2010）。

8.1.1 引起针刺感和麻木感化合物的使用史

具有针刺感和麻木感的化合物已被长期广泛用于烹饪和调节疼痛的传统药物中。特别是山椒素和二氧化碳分别被大量用于亚洲美食和饮料中增加针刺感。花椒（hua jiao）是中国传统五香粉中重要成分（Norman，2002）。此外，花椒是麻辣火锅（四川火锅代表）的关键配料。不仅能产生独特的针刺感，随之带来的麻木感被认为可以减少辣味菜肴的辛辣味道。类似地，各种饮料添加碳酸可以产生针刺感，包括软饮料、啤酒和香槟。碳酸化作用具有“提神”的特性（啤酒判断认证程序，2008）是这些产品的一个关键属性。最近有报道表明一些非传统产品，包括酸乳（Go-Gurt Fizzix，General Mills，Minneapolis，MN）都有使用碳酸的报道。

除食品和饮料外，针刺感和麻木感类化合物已广泛应用在药物和健康辅助剂。此外，烷基酰胺被添加化妆品中以增强皮肤抗皱效果（Artaria 等，2011）。可能由于其麻木效果（Tezuka 和 Tezuka，1994），花椒中山椒素提取物也被用于润滑剂中辅助提高性能力。千日菊酰胺和丁香酚早已应用在牙科上，千日菊酰胺可以引起一种针刺感及针刺感消失后的麻木感（Simons 和 Ward，2005），类似山椒素效应。来自秘鲁热带雨林的土著人用含有千日菊酰胺的金钮扣［图 8.1（b）］作为治疗牙痛的湿敷药物，并充满感情地称之为“牙痛树”（*Acmella oleracea*）。最近，含有千日菊酰胺的外用局部麻醉凝胶已经完成了Ⅱ期临床试验（Stovall，2012）。同样，丁香酚也常作为牙科的局部麻醉剂（Gurney，1968；Markowitz 等，1992），与氧化锌混合成糊状物后可覆盖牙龈组织或拔牙窝处，用于治疗术后疼痛（Burgoyne 等，2010；Jorkjend 和 Skoglund，1990）。

8.2 针刺感机制

迄今为止，有两种关于化学诱发针刺感的假说，一种是双孔钾通道的拮抗作用增强了烷基酰胺的针刺感，另一种是碳酸激活了 TRPA1 通道是产生碳酸感的主要原因。下面将详细讨论这些机制。

8.2.1 双孔钾通道

近期有研究报道将羟基 α-山椒素引起的针刺感与双孔钾通道机械敏感性表达和痛觉神经元中 TRPV1 表达的抑制进行关联（Bautista 等，2008；Lennertz 等，2010）。目前，山椒素已被证明可抑制双孔钾通道 K 家族中的特定成员，包括 KCNK3（TASK-1）、KCNK9（TASK-3）和 KCNK18（TRESK）（Bautista 等，2008）。这些受体在神经元中表达，促使 K^+

顺电化学梯度通过细胞膜，维持静息膜电位（Lotshaw，2007）。因此，它们是神经元兴奋性的关键决定因素，并且烷基酰胺抑制作用会导致神经元去极化。这种机制与大多数激活TRP 通道的化学物理觉物质相反（见第 4 章）。然而，除了双孔钾通道之外，有报道称烷基酰胺还能激活 TRPV1 和 TRPA1 与辛辣感知相关的受体通道（Sugai 等，2005；Koo 等，2007；Bautista 等，2008）。相关激活 TRP 通道的辛辣感在本书其他章节也有所描述（见第 4 章），但并不能解释烷基酰胺引发针刺感的机制。

8.2.2 碳酸酐酶/TRPA1

尽管都被描述为针刺感，但碳酸饮料与烷基酰胺引起的感觉特性并不相同，因此二者作用的分子机制并不同。饮料碳酸化是 CO_2 在压力下溶解于水中形成过饱和溶液。在溶液中，CO_2 与水反应形成弱酸性碳酸溶液。该反应的平衡常数极低（-1.7×10^{-3}；Housecroft 和 Sharpe，2005），大部分 CO_2 不会转化为碳酸。当打开一罐或一瓶碳酸饮料时，压力减小并使 CO_2 从溶液中排出。CO_2 在容器表面成核位置形成气泡，随释放迁移到饮料表面。

最初，研究人员假设碳酸针刺感是由于 CO_2 气泡破裂后激活了口腔上皮中机械感受器（Yau 和 McDaniel，1990，1992）。然而，最新研究证实该机制是 CO_2 和水在碳酸酐酶作用下生成碳酸，导致组织酸化和痛觉神经末梢活化（Dessirier 等，2000，2001；Komai 和 Bryant，1993；Simons 等，1999；Wise 和 Bryant，2014；Wise 等，2013；Wang 等，2010）。

碳酸酐酶家族包含多个成员（Supuran，2007），大多数碳酸酐酶异构体存在于细胞质中，这有助于维持细胞酸碱平衡（Supuran，2007）。CO_2 可自由通过细胞膜，在胞内碳酸酐酶作用下引起细胞内酸化反应（Wang 等，2010）。相反，碳酸酐酶Ⅵ是哺乳动物体内碳酸酐酶家族中唯一的分泌型同工酶（Kivela 等，1999a）。这种同工酶存在于腮腺和颌下腺的腺泡细胞的分泌颗粒内（Parkkila 等，1990），其存在唾液中有助于预防龋齿（Kivela 等，1999a，1999b）和调节口腔和上消化道上皮表面的 pH 稳态（Parkkila 等，1997）。

摄入过程中，CO_2 和水在碳酸酐酶催化下同时在细胞内和细胞外转化为碳酸。报道表明有几种潜在的候选受体介导了基于 CO_2 的三叉神经痛。酸敏感离子通道是上皮钠离子通道（ENaC/Deg）超家族的成员（Waldmann 等，1997b），是由胞外酸化激活的质子门控离子通道（Lingueglia 等，1997；Waldmann 等，1997a）。辣椒素受体 TRPV1（见第 4 章）也具有类似的细胞外质子反应（Caterina 等，1997；Tominaga 等，1998）。但最新证据表明，细胞内酸化和 TRPA1 激活是引起碳酸化针刺感的主要机制（Wang 等，2010）。使用比率钙成像技术研究发现，CO_2 在野生型三叉神经节培养细胞中引发强烈反应，而 TRAP1 基因敲除的细胞培养中没有响应。进一步开展膜片钳实验中，CO_2 激活了 HEK 细胞中 TRPA1 表达而不是 TRPV1 表达。有趣的是，尽管 CO_2 能够激活 HEK 细胞（HEPES 缓冲盐水，pH 5.3）TRPA1 的表达，但单独的细胞外酸化（MES 缓冲液，pH 5.3）却无反应。事实上，TRPA1 介导的肉桂醛反应被细胞外质子阻断，表明细胞外酸化抑制了受体激活。因此，为了证实

TRPA1 的细胞内质子门控效应，从转染的 HEK 细胞中取出由内向外切除的贴片暴露于 pH 为 5 的细胞质溶液中，该溶液可强力激活 TRPA1 受体。总体而言，这些研究充分证实了 TRPA1 是通过细胞内酸化机制介导三叉神经痛觉感受器对 CO_2的反应。

8.3 麻木（麻醉）机制

食物中为数不多的几个化合物会引起麻木感。当前对麻醉作用机制的研究已非常成熟，并且报道的麻醉相关事例也非常多（Barkin，2013）。目前关于烷基酰胺和丁香的麻醉机制有几种假说。

8.3.1 烷基酰胺和双孔钾通道

迄今为止，烷基酰胺如何引起麻木感的机制尚不明确。最新研究证据表明，至少含一个顺式双键构型的烷基酰胺才可引发针刺感，全反式构型的酰胺仅引起麻木感（Bader 等，2014）。顺式双键或反式双键会引发不同的感觉表明其可能参与针刺感与麻醉感形成的特定机制。目前有两种关于烷基酰胺麻木感的潜在机制。第一种机制可能包括与烷基酰胺的针刺感的相同受体。KCNK 通道提供 K^+离子穿过细胞膜维持神经元的静息膜电位（Lotshaw，2007）。因此，K^+离子流增强将促进神经元超极化，导致灵敏度降低。麻醉化合物如氟烷可以增加通道的开放概率（Lotshaw，2007），从而阐明烷基酰胺引起麻木感的潜在作用机制。基于这种结构和活性的关系（Bader 等，2014），通过对顺式和反式构型的简单修饰可能能将烷基酰胺从 KCNK 通道拮抗剂改变为激动剂。目前尚不清楚山椒素和其他针刺感性化合物如何先引起针刺感及随后引起麻木感，但这可能反映了以上化合物具备同时抑制和激活 KCNK 通道的能力。

8.3.2 烷基酰胺和电压门控钠（Na^+）通道

烷基酰胺引发麻木感的第二种机制已被证明与薄髓鞘化机械性痛觉神经元中电压门控 Na^+通道表达抑制有关（Tsunozaki 等，2013）。电压门控 Na^+通道在神经细胞中普遍存在，如其名称一样，为了响应跨膜电压变化打开，允许 Na^+离子快速进入细胞的通道（Peters 和 Ruben，2014）。这些通道的电压依赖性使它们在体内进行响应并产生电信号。因此，电压门控 Na^+通道参与感觉神经元中动作电位形成和兴奋传导（Peters 和 Ruben，2014）。电压门控 Na^+通道可根据对经典通道阻滞剂河豚毒素（TTX）敏感性的不同进行分类。TTX 敏感型（TTX-s）通道，如 Nav 1.1、Nav 1.3、Nav 1.6 和 Nav 1.7，优先在中等或大直径机械感觉神经元中表达（Chahine 和 O′Leary，2014；Tsunozaki 等，2013）。相反，TTX-s（Nav 1.7）和 TTX 不敏感型（TTX-r，如 Nav1.8 和 Nav1.9）（Chahine 和 O′Leary，2014）通道通常在小直径痛觉感受细胞中表达。

有趣的是，山椒素抑制的独特机械性痛觉神经细胞表达将它们区分为小直径伤害感受细胞或由山椒素激活的机械敏感细胞群的电压门控 Na^+ 通道的独特组合（Tsunozaki 等，2013）。与其他大直径机械感觉神经元相比，被山椒素抑制的那些细胞表达中 Nav 1.7 表达的程度更大，并且还表达类似于小直径痛觉感受细胞的 TTX-r 通道 Nav1.8（Tsunozaki 等，2013）。使用从背根神经节解离出的这些独特机械痛觉感受器细胞的体外研究表明，山椒素通过阻断电压门控钠电流抑制了动作电位产生（Tsunozaki 等，2013）。后续研究中人类电压门控 Na^+ 通道的各种亚型在中国仓鼠卵巢细胞中异源表达，表明所有亚型在一定程度上被山椒素抑制，其中 Nav 1.7 敏感性最强（Tsunozaki 等，2013）。总体而言，这些结果表明烷基酰胺诱导的麻醉效应是，或者部分是通过抑制电压门控 Na^+ 通道亚型在独特的大直径机械细胞受体群中表达而介导。

8.3.3 丁香酚和电压门控钠（Na^+）通道

丁香酚被广泛用于牙科中缓解牙齿疼痛（Markowitz 等，1992）。丁香酚镇痛效果的作用机制是抑制电压门控 Na^+ 通道在三叉神经节神经元中表达（Park 等，2006，2009）。三叉神经节细胞的全细胞膜片钳实验中，发现丁香酚抑制了 TTX-s 和 TTX-r 通道和随后动作电位生成（Park 等，2006）。这些结果提供了令人信服的证据，证明丁香酚的麻醉作用是，或者部分是由机械性感觉神经元和痛觉神经元在对触觉刺激或疼痛刺激的反应中不能产生动作电位所介导。

8.3.4 丁香酚和电压门控钙（Ca^{2+}）通道

除了对电压门控 Na^+ 通道的抑制作用外，丁香酚还被证实可以阻断电压门控钙通道。电压门控钙通道将膜电位的变化转换为细胞内 Ca^{2+} 瞬变，因此，将动作电位的电信号转换成细胞内化学信号是关键之处。细胞内钙水平受到严格控制，突然增大会引发许多生理事件，包括分泌、酶调节、蛋白质磷酸化/去磷酸化、基因转录等，关键是它还与感觉（突触传递）息息相关（Catterall，2011）。

电压门控 Ca^{2+} 通道类型有多种，这些通道的表达和功能模式取决于神经元亚型（Altier 和 Zamponi，2004）。特别是 N 型通道在神经元突触中在触发神经递质释放和促进神经轴的信号传导（Altier 和 Zamponi，2004）。他们在疼痛信号（Altier 和 Zamponi，2004）中有特定作用，并且是治疗药物研发的靶向目标（Lee，2014）。

相反，T 型电压敏感的钙通道在低阈值机械感受器中高密度表达（Cardenas 等，1995），特别是在 D-毛细胞（Heppenstall 和 Lewin，2006）和表达机械感觉和痛觉行为的独特的神经元群体中（Perez-Reyes 等，1998）。因此，在处理触觉和痛觉感受信息的感觉神经元中发现了电压门控 Ca^{2+} 通道。

全细胞膜片钳实验研究表明，丁香酚可以对分离的大鼠三叉神经节细胞中 N 型电压门控 Ca^{2+} 电流和稳定表达人类 N 型 Ca^{2+} 通道的 C2D7 细胞进行抑制（通过 $\alpha_{1B\text{-}a}$，β_{1b}，$\alpha_{2b}\delta$ 亚基编码；Lee 等，2005）。有趣的是，相比表达了多个电压门控 Ca^{2+} 通道亚型的三叉神经节细胞，不能内源性地表达电压门控 Ca^{2+} 通道的 C2D7 细胞系中 Ca^{2+} 电流的抑制百分比更高（Lee 等，2005）。这一发现表明，与其他亚型相比，丁香酚对 N 型 Ca^{2+} 通道具有更高的亲和力。但最新数据表明，丁香酚是 T 型 Ca^{2+} 通道（其还包括 $Ca_v3.1$，$Ca_v3.2$，$Ca_v3.3$）的强拮抗剂（Seo 等，2013）。稳定表达 $Ca_v3.1$、$Ca_v3.2$ 和 $Ca_v3.3$ 的 HEK293 细胞的全细胞膜片钳实验研究表明，丁香酚抑制 T 型电流的 IC_{50} 值分别为（463±12）、（486±12）和（708±11）μmol/L。这些通道在大鼠三叉神经节细胞中天然表达证实了丁香酚对 T 型电流的抑制作用（Seo 等，2013）。总而言之，这些数据阐明基于心理物理学的丁香酚麻醉作用的相关机制。丁香酚抑制了电压门控 Na^+ 和 Ca^{2+} 通道在三叉神经机械感受和痛觉感受神经元中表达，阻断触觉和疼痛信息向大脑高级神经中枢传递。

值得注意的是，许多刺激物，包括辣椒素、丁香酚、芥籽油和尼古丁，会引起快速耐受性（Carstens 等，2002；Klein 等，2013；Patacchini 等，1990），其特点是神经元对反复接触化合物的响应性降低。三叉神经节细胞中引起快速耐受性是一种需要细胞外 Ca^{2+} 参与的受体介导事件（Liu 和 Simon，1996，1998），并且快速耐受性被认为是造成脱敏的心理物理现象（Carstens 等，2002）。然而，快速耐受性（和脱敏；见第 6 章）不同于麻醉效果，因为神经元兴奋性仅会在表达脱敏化合物（如 TRPV1）受体的痛觉感受细胞中降低。

8.4 针刺感/麻木感的神经处理

摄入烷基酰胺和碳酸会使口腔产生针刺感。这些刺激激发了包括三叉神经的神经元中的机械感觉和痛觉神经末梢。三叉神经自面部开始携带体感（如触觉、伤害感、本体感和热感）信息并控制运动功能，如咀嚼（Weaver，2014）。三叉神经由三个分支组成，包括眼神经、上颌神经和下颌神经。眼神经和上颌神经传递感觉信息，而下颌神经具有传递感觉信息和控制运动功能的双重作用。特别令人感兴趣的是它与口腔针刺感有关，舌神经是下颌骨区域的一个分支，它支配前 2/3 的舌头，并携带来自该区域的传入躯体感觉信息。来自舌后 1/3 和咽黏膜的体感信息分别由舌咽神经（IX 颅神经）和迷走神经（X 颅神经）传递。通过针刺感化合物和碳酸化激活舌部触觉和痛觉神经元后，神经信号被传递到脑干中的三叉神经复合体。痛觉信息由无髓鞘 C-纤维或有薄髓鞘的 Aδ 纤维携带，机械感觉信息通过 Aδ 纤维，特别是由 D-毛纤维和更大直径的有髓 Aβ 纤维传递（Brown 和 Iggio，1967；McGlone 等，2014）。C-纤维透射到脑干三叉神经复合体，在那里它们与浅层二级神经元形成突触（Braz 等，2014）。Aδ 纤维透射到浅层和深层，而 Aβ 纤维仅透射到脑干的更深层

（Braz 等，2014）。这种疼痛和机械感觉信息的功能分离使我们可以对痛觉和触觉处理进行有针对性研究。

8.4.1 烷基酰胺对外周和中枢机械感受纤维的激活

初步研究表明，烷基酰胺会激活大鼠舌神经中的热敏感、疼痛感和机械敏感纤维（Bryant 和 Mezine，1999）。山椒素应用于舌部后，在低阈值和高阈值冷纤维和低阈值机械感受器中发现神经活动增强，这种增强持续了 20～45min。钙成像研究中，发现山椒素衍生物会激活小直径和大直径的大鼠背根神经节细胞，其中部分细胞也会对薄荷醇、肉桂醛和/或辣椒素产生响应（Klein 等，2011）。仅有大直径机械感觉细胞响应烷基酰胺。通过反复应用，发现烷基酰胺在所有细胞类型中均引发了快速耐受性。然而，辣椒素预先接触并不引起交叉脱敏现象。

从机制上讲，这些数据表明，针刺感可能是许多纤维类型同时作用的结果，包括机械感受器、热受体和痛觉感受器，以上感受器均已证实可被烷基酰胺激活。或者说，针刺感可能严格上说是由机械感觉通路活动引起的，同时痛觉和热敏性通路的激活产生辛辣感和凉感等感觉，正如前文所述（Albin 和 Simons，2010；Sugai 等，2005）。

最近离体大鼠皮肤制备的研究表明，山椒素激活了 Aδ-、Aβ-和 C-纤维的特定亚型（Lennertz 等，2010）。Aδ 纤维中 D-毛机械感觉传入神经被山椒素强烈激活，而高阈值伤害感受器和机械不敏感神经元却完全没有反应（Lennertz 等，2010）。D-毛纤维在所有机械感受器中最敏感，能迅速适应持续机械力，并用于正常的触觉敏锐度和运动检测（Brown 和 Iggo，1967；Wetzel 等，2007）。Aβ 纤维具有类似活性，能快速适应山椒素激活的传入神经的强烈反应，也能缓慢适应微弱的纤维反应（Lennertz 等，2010）。快速适应的 Aβ 纤维通过防护毛囊对运动进行编码，而慢适应的传入神经被认为对持续的压力（SA-Ⅰ）或拉伸（SA-Ⅱ）进行编码（LaMotte 等，1998；Srinivasan 等，1990）。

总之，上述数据表明，山椒素会优先激活快速适应持续机械力的纤维。尽管舌头或口腔黏膜中不存在毛囊受体，但是口腔组织中调节针刺感的候选机械感受器包括表面低阈值快速适应迈斯纳（Meissner）细胞以及深度缓慢适应梅克尔（Merkel，SA-Ⅰ）和鲁菲尼（Ruffini，SA-Ⅱ）机械性感受器（Biedenbach 和 Chan，1971；Trulsson 和 Essick，1997）。与辣椒素或芥籽油敏感性无关的特异性慢传导 C-纤维群产生弱活性（Lennertz 等，2010）。目前，尚不清楚这些纤维是否对山椒素的刺激感进行了编码（Albin 和 Simons，2010；Bryant 和 Mezine，1999；Sugai 等，2005），或者是一种传导触觉的独特 C-纤维群体（Löken 等，2009）。有趣的是，在所有由山椒素激活的纤维类型中，有部分神经元以独特的动作电位爆发模式做出反应（Lennertz 等，2010）。机械感觉神经元中的爆发活动与针刺感知异常有关（Ochoa 和 Torebjörk，1980），并且被认为是导致山椒素和其他烷基酰胺产生针刺感的原因（Lennertz 等，2010）。

大鼠背角中枢神经元的记录与外周的记录一致。将烷基酰胺注射到大鼠后爪时，烷基酰胺激发了宽动态范围（WDR）和可能低阈值的机械敏感（LTM）脊髓神经元（Sawyer 等，2009），尽管因为烷基酰胺给药细胞也对有害化合物产生了响应而导致细胞分类如 LTM 较为混乱。宽动态范围神经元显示出对所有体感亚模态（机械、化学和热）的分级响应，它由有害和无害刺激所激活。然而，低阈值机械敏感神经元会响应非有害机械刺激。背角 WDR 和 LTM 对烷基酰胺的反应具有剂量依赖性并且重复注射时显示出快速耐性受或脱敏现象，与外周记录中观察到的现象类似（Sawyer 等，2009）。此外，几乎所有细胞也会对辛辣化合物异硫氰酸烯丙酯（芥籽油）和/或辣椒素产生响应。目前，尚不清楚中枢神经元如何传递针刺感。但是已经提出了两种假说机制，包括具有不同传导速度的多个初级传入神经的异步活动，即针刺感，或者是一种涉及山椒素调节机械感受器传入神经疼痛与共刺激的 WDR 神经元的群体代码（Sawyer 等，2009）。目前仍需要进一步实验来验证中枢神经对针刺感的处理。

8.4.2 碳酸化激活外周和中枢痛觉感受性纤维

有报道对碳酸化激发的外周和中枢神经元开展了研究。大鼠舌神经对舌部碳酸溶液的多元和单元响应的反应时间有 3~6s 的延迟（Komai 和 Bryant，1993）。尽管在某些情况下，这些舌神经纤维对 CO_2 具有特异的化学敏感性，它们通常也会对其他刺激做出反应，包括有害温度（冷和热）和酸性化学物质（NH_4Cl 和 HCl）。碳酸酐酶抑制剂乙酰唑胺全身给药时仅阻断了舌神经对碳酸溶液的响应，而没有阻断对热或其他酸性物质的刺激，证实了该酶在碳酸化感觉转导中的作用。大鼠三叉神经尾侧的中枢神经元中观察到类似现象。碳酸溶液诱发了 WDR 神经元的活性，这些神经元会对触觉刺激和有害热做出反应（54℃；Simons 等，1999）。碳酸酐酶抑制剂多佐胺对舌部预处理可抑制对 CO_2 的响应。后续的即刻早期基因（c-fos）免疫组织化学实验（Simons 等，1999；Dessirier 等，2000）结果表明，在舌部加入碳酸溶液后，三叉神经尾神经元中 c-fos 的表达（神经元激活的指示剂）增加，但给药前采用多佐胺或乙酰唑胺对舌头进行预处理时，表达下降。总之，外周和中枢神经生理学研究证实，碳酸酐酶对 CO_2 感知有影响，与碳酸饮料相关的针刺感通过激活痛觉通路来进行感觉处理。

8.4.3 烷基酰胺和丁香酚对外周纤维的抑制作用

除了针刺感外，山椒素还会引起麻木感。为了区分针刺感和麻木感的神经过程，人们通过使用大鼠离体皮肤制备将皮肤神经末梢与山椒素接触（Tsunozaki 等，2013）。山椒素几乎可以抑制所有机械刺激诱发的 Aδ-机械敏感纤维和缓慢适应 Aβ 纤维亚型，但不能抑制机械敏感性的 C-纤维。山椒素具有特异性抑制缓慢适应有髓纤维，与前面所述的山椒素激活快速适应纤维刚好相反（见 8.4.1）。山椒素对机械诱发活性的抑制具有剂量依赖性，在某些情况下持续时间超过 30min（Tsunozaki 等，2013）。

丁香酚减轻牙齿疼痛的能力使其在牙科中广泛应用（Markowitz 等，1992）。作用于青蛙坐骨神经时，0.05%丁香酚不可逆地阻断复合动作电位（Kozam，1977）。大鼠迷走神经和膈神经的制备研究中得到类似结果（Brodin，1982；Brodin 和 RØed，1984），且低浓度（<2.44mmol/L）时神经阻滞是可逆的（Brodin 和 RØed，1984）。可逆性神经阻滞的机制可能是由于丁香酚抑制了电压门控钠（Park 等，2006，2009）和钙（Lee 等，2005；Seo 等，2013）通道，而不可逆阻滞可能是细胞毒性效应所致（Markowitz 等，1992）。

8.5 针刺感的心理物理学评价

与其他化学物理觉相比，针刺感在心理物理学上的研究相对较少。这种信息的缺乏令人惊讶，因为针刺感对含烷基酰胺或碳酸的饮食在消费过程中的喜好体验有积极贡献。近期基于心理物理学的对烷基酰胺和碳酸所激发感觉的研究为针刺感与潜在的神经生理机制关联提供了重要见解。

8.5.1 烷基酰胺针刺感：时间现象

α-和 ε-羟基山椒素初步感官评价结果证实了烷基酰胺诱发的辛辣感与辣椒素和其他化学刺激物不同（Bryant 和 Mezine，1999）。在延迟 30~90s 后，口服低浓度（25~50μg）的 α-和 ε-羟基山椒素会引起一种描述特征为针刺感或“碳酸化一样”的感觉（Bryant 和 Mezine，1999），较高浓度（>100μg）时会被描述为痛感（Bryant 和 Mezine，1999）。随后的一项研究表明许多天然烷基酰胺物质刺激舌面的识别阈值范围为 3.5~8nmol/cm^{-2}（Bader 等，2014）。最近一项研究证实 β-羟基山椒素中没有顺式双键，即使高浓度下该化合物在人类味觉试验中均不产生刺激感（Bryant 和 Mezine，1999）（Bader 等，2014）。人们采用时间强度法（Albin 和 Simons，2010）更具体地研究了烷基酰胺诱发的感觉随时间动态变化。合成烷基酰胺（IBA；0.52%）涂抹在舌部时会引起强烈的针刺感，最初 10min 内这种感觉保持恒定，然后慢慢消退；到了 30min，大多数被试者都报告说感觉已经完全消失了。有趣的是，被试者还报告依次出现了短暂的灼热感、凉感和麻木感。

类似其他的化学物理觉刺激物质，IBA 的重复应用会引起感觉强度随刺激间隔变化出现增加或降低现象。刺激间隔为 30s 时，应用于舌头相同区域的 IBA 引起的针刺感会逐渐增强，即每次刺激都比前一次更强烈（Albin 和 Simons，2010）。当化合物通过舌上皮扩散时，先前静止的烷基酰胺敏感神经元的激活被认为是这种刺激敏感模式的基础。相反，当 IBA 以较长的刺激间隔作用舌头时，我们会观察到自脱敏现象（Albin 和 Simons，2010）。在间隔 30min 后，当重新把 IBA 作用在之前处理的舌部相同区域时，感觉到针刺感强度显著小于未处理组织上感知的刺激强度。尽管作用机制尚不清楚，但烷基酰胺的自脱敏机制可能反映了这些化合物对双孔钾通道和/或电压门控 Na^+ 通道的麻醉作用（Bautista 等，2008；Tsunozaki 等，2013）。

8.5.2 烷基酰胺针刺感：机械感觉敏感性

生理学研究表明，烷基酰胺会激活机械感觉通路（Bautista 等，2008，Lennertz 等，2010），并且一些心理物理学研究已经得到了与该假设一致的数据。用辣椒素或芥籽油预处理舌部可分别激活舌部伤害感受器 TRPV1 和 TRPA1 的表达，并在短暂延迟 3min 或更长时间后诱导脱敏（见第 4 章）。在这种脱敏状态下应用 IBA，针刺感强度不会降低，表明缺乏交叉脱敏性（Albin 和 Simons，2010）。研究表明，烷基酰胺诱发的针刺感的外周转导和加工并不涉及辣椒素或芥籽油的敏感通路。

进一步研究了烷基酰胺诱发的针刺感与物理触觉刺激之间的关系。采用敏感性信号检测方法对 IBA 或辣椒素预处理后舌侧触觉敏感性进行评价（Albin 和 Simons，2010）。如果烷基酰胺能激活机械敏感性通路，则推测 IBA 会增加这些通道背景神经“噪音”，触觉敏感性也会降低。另一方面，如果烷基酰胺能激活痛觉通路，则我们可预期 IBA 对触觉阈值的影响类似于舌侧辣椒素预处理后的影响效果。实际上，IBA 预处理后，当针刺感最强烈时，舌部触觉敏感性会受到显著影响，被试者很难识别舌头上微弱的点状刺激。舌部经辣椒素预处理后并未观察到同样的效果。

最近有报道用破碎花椒浆测定山椒素诱发的唇部针刺感频率，该频率与施加于食指的振动刺激的频率相匹配（Hagura 等，2013）。被试者会不自觉地将感知到的山椒素针刺感与 50Hz 的振动频率相匹配——该频率对应于 RA-I 纤维的活性范围（Toma 和 Nakajima，1995）。此外，在适应先前施加于唇部的机械振动刺激后，山椒素诱发的针刺感的感知频率显著降低（Hagura 等，2013）。振动刺激与化学刺激的交叉适应表明，针刺感传导是通过激活包括 RA-I 纤维在内的机械感觉通路进行（见第 6 章“神经特殊能量学说”）。

8.5.3 烷基酰胺针刺感：温度的影响

初期的电生理学研究表明，烷基酰胺会激活大鼠舌神经中的冷敏纤维（Bryant 和 Mezine，1999）。随后开展对烷基酰胺诱发凉感的心理物理学的研究确认了针刺感及热感的相互作用。IBA 应用于舌头时引发的凉感强度较低，但在施用约 12min 后强度显著增加，并且约 50%的被试者能够识别出这种感觉（Albin 和 Simons，2010）。相比之下，当将花椒涂在唇部时，以凉感作为描述词进行识别评价时，评价小组成员结果与以溶液形式评价时没有差别（Hagura 等，2013）。由于花椒刺激物的纯度差异和溶剂乙醇的存在，目前研究数据较为混乱。有研究专门报道了针刺感和热感的相互作用。发现冷（0℃）和凉（21℃）可以增强 IBA 诱发的感觉强度，而暖（37℃）和热（41℃）并无影响（Albin 和 Simons，2010）。迄今为止，这种热感和针刺感相互作用的具体机制尚不明确。然而，除了机械感觉神经元之外，各种 KCNK 通道也会在热敏感神经元中表达（Madrid 等，2009；Noel 等，2009）。最近，发现对山椒素敏感的 KCNK 9（TASK-3）通道富含共表达 TRPM8 冷受体的热敏细胞亚群（Morenilla-Palao 等，2014）。有趣的是，在最近发现的 KCNK 9 通道阻断剂（Coburn 等，2012），1-(1-(6-(联苯基-4-甲酰)-5,6,7,8-四氢吡啶并［4,3-d］-嘧啶盐-4-yl）吡啶基-4-yl）（丙烷-1-酮）存在下进行测试时（Morenilla-Palao 等，2014），激活这些细胞所需的阈值温度从 28.7℃增加到 30.6℃。烷基酰胺也可以类似地进行温度敏感性调节，从而提供支持针刺感与温度相互作用的机制。

8.5.4 CO_2 针刺感：浓度和促味剂效应

正如许多消费者在品评“平淡”的碳酸饮料时所证明的一样，感知到的针刺感强度取决于溶液中 CO_2浓度。经验数据证实了这些观察，并表明对于口腔感知到的针刺感和/或辛辣感会随 CO_2 浓度增大而增加（Commetto-Muñiz 和 Noriega，1985；Yau 和 McDaniel，1990；Green，1992；Harper 和 McDaniel，1993；Hewson 等，2009；Wise 和 Bryant，2014）。实际上，碳酸化感觉随 CO_2 浓度增大呈幂函数变化，幂指数范围为 1.1～2.4（Commetto-Muñiz 和 Noriega，1985；Yau 和 McDaniel，1990；Green，1992；Wise 和 Bryant，2014）。这些研究中的幂指数差异取决于评价员的训练水平（Green，1992）、敏感性、个性和背景差异，其中“辛辣感”的标准差异可能会影响碳酸化感知（Yau 和 McDaniel，1990）。一些促味剂化合物的存在会影响 CO_2 的辛辣感。蔗糖（Yau 和 McDaniel，1992；Commetto-Muñiz 等，1987）、葡萄糖（Hewson 等，2009）、奎宁（Commetto-Muñiz 等，1987），而非果糖（Hewson 等，2009）或磷酸（Yau 和 McDaniel，1992），会降低碳酸化的感知强度；而氯化钠（Commetto-Muñiz 等，1987）和酒石酸（Commetto-Muñiz 等，1987）会增强碳酸化的感知强度。促味剂是否通过溶液黏度（特别是甜味剂）的变化或通过外周或中枢机制影响碳酸化的感知强度尚不明确。

8.5.5 CO_2 针刺感：碳酸酐酶阻滞剂的影响

报道显示登山者使用碳酸酐酶阻滞剂来预防急性高原反应与“香槟布鲁斯”一样，庆祝用碳酸饮料喝起来感觉口味平淡且无嘶嘶声（Graber 和 Kelleher，1988）。这些发现表明碳酸化感觉至少部分是由化学原因引起。评价碳酸酐酶在碳酸化辛辣感中的作用对照研究表明，用多佐胺（Simons 等，1999）或乙酰唑胺（Dessirier 等，2000）对舌背侧表面预处理后可减少但不能消除碳酸化感觉。类似地，当碳酸液在舌头上流动 15s 而不是 5s 时，多佐胺的作用消失（Simons 等，1999）。总之，尽管数据表明碳酸化刺激具有化学因素，但是，其他感觉机制，包括触觉通路的机械激活也可能对此有所贡献。

8.5.6 CO_2针刺感：气泡的影响

为了直接评价机械感觉通路在碳酸化针刺感中的作用，将碳酸饮料置于一个可以调节气压（Wise 等，2013）、影响气泡形成的高压室中进行评价。在 1.013×10^5Pa（1 个标准大气压）下（可形成气泡）得到的碳酸化咬痛感的评分结果与 2.026×10^5Pa（2.0 个大气压下，气泡形成受限）结果并无差异（Wise 等，2013）。这些结果表明气泡并不是碳酸化针刺感产生的必要条件。然而，气泡的存在可以很好地调节感知到的碳酸化作用。温和碳酸化溶液中产生的气泡直接作用舌头时，感知的碳酸化咬痛感会增强（Wise 等，2013）。因此，可以通过搅动液体层以增加舌头表面上 CO_2 的浓度梯度，或通过机械异常等病理生理学条件，如机械性触痛来增强碳酸化感觉（Wise 等，2013）。

8.5.7 CO_2 针刺感：辣椒素的自脱敏和交叉脱敏

与许多化学刺激物一样，延长碳酸液对舌头的刺激会引发刺激的时间动态模式。一项研究指出将碳酸液在口腔中保持 5~10s 引发的碳酸化感觉会生成疼痛感，表明在如此短时间内发生了敏化反应（Green，1992）。随后实验结果表明，15 或 60s 较长的刺激时间会引起碳酸化感觉强度降低（Dessirier 等，2001）。实际上，刺激时间为 5s 时诱发的碳酸化咬痛感最强烈（与 15 或 60s 刺激时间相比），而 60s 诱发强度最弱（Dessirier 等，2001）。这与刺激的自我脱敏模式一致。但是，由于碳酸液的连续流动导致刺激间隔时间最短，即 0s，因此预期会引起敏化反应。感知的碳酸化强度在 5~10s 间达到最高值，表明这段时间范围内，CO_2 通过舌组织的扩散达到峰值，使得空间总和与敏化值最大。而在 15 或 60s 的较长刺激持续时间内，空间总和的影响被脱敏机制的激活和感知刺激的下降所抵消。芥籽油中也观察到类似现象（Simons 等，2003）。

与交叉脱敏一致，低（5×10^{-6}；Dessirier 等，2000）或高（55×10^{-6}；Dessirier 等，2001）浓度的辣椒素预处理舌头可降低碳酸化咬痛感的感知强度。这与碳酸液刺激的持续时间无关（5、15 或 60s；Dessirier 等，2001）。研究结果表明，碳酸液引起的口腔感觉至少部分是由辣椒素敏感的痛觉通路所介导。TRPA1 在体外介导 CO_2 反应的证据较多（Wang 等，2010；见 8.2.2），辣椒素交叉脱敏数据表明存在一个 CO_2 激活了共同表达 TRPV1 和 TRPA1 的伤害感受器亚类的机制。或者说，CO_2 可以激活仅表达 TRPA1 的外周痛觉感受器，但中枢神经元上的突触接收并累加来自 CO_2 和辣椒素敏感纤维的输入。后一种机制中，辣椒素脱敏可能会降低辣椒素敏感通路中的自发活动，导致整合信号降低。

8.5.8 CO_2 针刺感：温度的影响

温度对碳酸化感觉的强度具有调节作用，这与低温溶液溶解更多 CO_2 的能力无关（Green，1992；Wise 和 Bryant，2014）。冷却碳酸液中碳酸化咬痛的感知强度增强（Yau 和 McDaniel，1992；Green，1992；Wise 和 Bryant，2014）。这种现象在多个温度和多个 CO_2 浓度下均有观察到。有趣的是，薄荷醇溶液预处理舌头时会引发强烈的凉感（1.28mmol/L），但未观察到碳酸化咬痛感变化（Wise 和 Bryant，2014）。同样，加温的碳酸液似乎对碳酸化辛辣感没有影响（Wise 和 Bryant，2014）。实际上，在 30~45℃温度范围内，溶液的碳酸化咬痛感没有差别（Wise 和 Bryant，2014）。总之，这些结果表明，尽管没有冷/薄荷醇受体 TRPM8 的参与，冷敏感纤维在碳酸化感觉的感知中起增强作用（McKemy 等，2002）。最新数据表明，在小鼠中，许多冷敏感神经元并不表达 TRPM8（Munns 等，2007）。也许在人类中存在类似的神经元群体来巩固这种效应。

8.6 麻木感的心理物理学评价

通常，对食物香料麻木感特性的可控心理物理学评价并没有系统的文献报道。最近，已经开展与烷基酰胺相关的麻醉特性相关的研究（Albin 和 Simons，2010；Bader 等，2014）。丁香酚相关的麻木性质的心理物理学评价的文献记录较为完整，很大程度归功于丁香酚在牙科中作为麻醉剂和镇痛剂的应用历史（Markowitz 等，1992）。

8.6.1 烷基酰胺麻木感

烷基酰胺在口腔中会引发一种复杂的感觉，最初这感觉被定义为针刺感、刺激感和凉感，随后才是麻木感（Albin 和 Simons，2010）。麻木感出现的时间某种程度上取决于烷基链中是否存在顺式键（Bader 等，2014）。需要注意的是，烷基酰胺化合物的所有反式构型只会引起麻木感而并不产生针刺感或辛辣感。时间-强度研究结果表明 0.52% IBA 作用舌部后约 10~15min 内产生麻木感（Albin 和 Simons，2010）。麻醉时间至少持续 30min，随后仅引起非常微弱的针刺感（Albin 和 Simons，2010）。但我们仍需要进一步研究确定局部麻醉作用时的整个时间过程。

8.6.2 丁香酚麻木感

与许多其他研究成熟的化学物理觉化合物相比，丁香酚引发的口腔感觉主要表现为麻木感（Cliff 和 Heymann，1992）。这种描述与在牙科中使用丁香酚治疗术后疼痛是一致的。牙龈切除手术后，与不含丁香酚的敷料相比，含有丁香酚的牙周敷料显著减少了手术后 12h 时内的疼痛（Jorkend 和 Skoglund，1990）。最近研究发现，重复施用丁香酚于舌部（1min 刺激时间间隔）会引起自身脱敏反应（Klein 等，2013）。初始刺激时，丁香就会引起强烈的刺激感，然而到第三次施用时会发生脱敏，此后再使用丁香酚也不会引发刺激感。感觉强度的快速下降反映了暂时性麻木感的出现，有近 80%的评价员在丁香酚舌部给药后 2min 内均识别出麻木感（Klein 等，2013）。用丁香酚预处理还会减少辣椒素施用后的灼热感和舌面弱触觉刺激的检测能力（Klein 等，2013）。这些数据与麻醉机制一致，其中丁香酚的应用降低了对其他体感刺激的敏感性。然而，在类似研究中，发现丁香酚会增强热觉和热痛感知，同时对冷敏感性没有影响（Klein 等，2013），表明其没有局部麻醉作用。我们仍需要进一步研究来评价丁香酚的独特感官效果及其作用机制。

8.7 小结

特定化学物理觉化合物引起的针刺感和麻木感有助于提升与饮食消费相关的愉悦感。近年来关于机制基础已经取得了重要进展，但仍有许多问题有待解决。新型化学探针、动物模型和心理物理学技术的发展将进一步深化我们对这些独特感觉的理解。同时，厨师、烹饪专家和食品研究者将继续用这些化合物开发新型食品产品。作为科研人员和美食家，就让我们一起享受这些独特的创新产品吧。

参考文献

Albin KC and Simons CT. 2010. Psychophysical evaluation of a sanshool derivative（alkylamide） and the elucidation of mechanisms subserving tingle. *PLoS One*，5（3），e9520.

Altier C and Zamponi GW. 2004. Targeting Ca^{2+} channels to treat pain：T-type versus N-type. *Trends in Pharmacological Science*，25，465-470.

Artaria C，Maramaldi G，Bonfigli A，Rigano L，and Appendino G. 2011. Lifting properties of the alkamide fraction from the fruit husks of Zanthoxylum bungeanum. *International Journal of Cosmetic Science*，33（4），328-333.

Bader M，Stark TD，Dawid C，Lösch S，and Hofmann T. 2014. All-trans-configuration in Zanthoxylum alkylamides swaps the tingling with a numbing sensation and diminishes saliva-tion. *Journal of Agricultural and Food Chemistry*，62，2479-2488.

Barkin RL. 2013. The pharmacology of topical analgesics. *Postgraduate Medicine*，125（4），7-18.

Bautista DM，Sigal YM，Milstein AD，*et al*. 2008. Pungent agents from Szechuan peppers excite sensory neurons by inhibiting two-pore potassium channels. *Nature Neuroscience*，11（7），772-779.

Beer Judge Certification Program，Inc. 2008. BJCP *Style Guidelines for Beer*，*Mead*，*and Cider*.

Biedenbach MA and Chan KY. 1971. Tongue mechanoreceptors：comparison of afferent fibers in the lingual nerve and chorda tympani. *Brain Research*，35（2），584-588.

Braz J，Solorzano C，Wang X，and Basbaum AI. 2014. Transmitting pain and itch messages：a con-temporary view of the spinal cord circuits that generate gate control. *Neuron*，82（3），522-536.

Burgoyne CC，Giglio JA，Reese SE，Sima AP，and Laskin DM. 2010. The efficacy of a topical anesthetic gel in the relief of pain associated with localized alveolar osteitis. *Journal of Oral Maxillofacial Surgery*，68（1），144-148.

Brodin P. 1985. Differential inhibition of A，B and C fibres in the rat vagus nerve by lidocaine，eugenol and formaldehyde. *Archives of Oral Biology*，30（6），477-480.

Brodin P and Rϕed A. 1984. Effects of eugenol on rat phrenic nerve and phrenic nerve-diaphragm preparations. *Archives of Oral Biology*，29（8），611-615.

Brown AG and Iggo A. 1967. A quantitative study of cutaneous receptors and afferent fibres in the cat and rabbit. *Journal of Physiology*, 193 (3), 707-733.

Bryant BP and Mezine I. 1999. Alkylamides that produce tingling paresthesia activate tactile and thermal trigeminal neurons. *Brain Research*, 842 (2), 452-460.

Cardenas GG, Del Mar LP, and Scroggs RS. 1995. Variation in serotonergic inhibition of calcium channel currents in four types of rat sensory neurons differentiated by membrane properties. *Journal of Neurophysiology*, 74, 1870-1879.

Carstens E, Iodi Carstens M, Dessirier JM, *et al.* 2002. It hurts so good: oral irritation by spices and carbonated drinks and the underlying neural mechanisms. *Food Quality and Preference*, 13 (7), 431-443.

Caterina MJ, Schumacher MA, Tominaga M, *et al.* 1997. The capsaicin receptor: a heat-activatedion channel in the pain pathway. *Nature*, 389, 816-824.

Catterall WA. 2011. Voltage-gated calcium channels. *Cold Spring Harbor Perspectives in Biology*, 3 (8), a003947.

Chahine M and O'Leary ME. 2014. Regulation/modulation of sensory neuron sodium channels, in *Voltage Gated Sodium Channels* (ed. PC Ruben), Heidelberg: Springer, pp. 111-136.

Cliff M and Heymann H. 1992. Descriptive analysis of oral pungency. *Journal of Sensory Studies*, 7, 279-290.

Coburn CA, Luo Y, Cui M, *et al.* 2012. Discovery of a pharmacologically active antagonist of the two-pore-domain potassium channel K2P9. 1 (TASK-3). *ChemMedChem*, 7 (1), 123-133.

Cometto-Muñiz JE, García-Medina MR, Calviño AM, and Noriega G. 1987. Interactions between CO_2 oral pungency and taste. *Perception*, 16 (5), 629-640.

Cometto-Muñiz JE and Noriega G. 1985. Gender differences in the perception of pungency. *Physiology and Behavior*, 34 (3), 385-389.

Dessirier JM, Simons CT, Carstens MI, O'Mahony M, and Carstens E. 2000. Psychophysical and neurobiological evidence that the oral sensation elicited by carbonated water is of chemogenic origin. *Chemical Senses*, 25 (3), 277-284.

Dessirier JM, Simons CT, O'Mahony M, and Carstens E. 2001. The oral sensation of carbonated water: cross-desensitization by capsaicin and potentiation by amiloride. *Chemical Senses*, 26 (6), 639-643.

Freedman M and Strassman LFA. 2013. Commonly used topical oral wound dressing materials in dental and surgical practice-a literature review. *Journal of the Irish Dental Association*, 59 (4), 90-195.

Galopin CC, Furrer SM, and Goeke A. 2004. Pungent and tingling compounds in Asian cuisine, in *Challenges in Taste Chemistry and Biology*, *ACS Symposium Series*, vol. 867, (eds. T Hofmann, CT Ho, and W Pickenhagen), Washington DC: American Chemical Society, pp. 139-152.

Graber M and Kelleher S. 1988. Side effects of acetazolamide: the champagne blues. *American Journal of Medicine*, 84 (5), 979-980.

Green BG. 1992. The effects of temperature and concentration on the perceived intensity and quality of carbonation. *Chemical Senses*, 17 (4), 435-450.

Gurney BF. 1968. Chemotherapy in dental practice. Compound topical anesthetics. *Dental Digest*, 74 (3), 129.

Hagura N, Barber H, and Haggard P. 2013. Food vibrations: Asian spice sets lips trembling. *Proceedings of the Royal Society B*, *Biological Sciences*, 280, 20131680.

Harper SJ and McDaniel MR. 1993. Carbonated water lexicon: Temperature and CO_2 level influence on descriptive ratings. *Journal of Food Science*, 58 (4), 893-898.

Heppenstall PA and Lewin GR. 2006. A role for T-type Ca^{2+} channels in mechanosensation. *Cell Calcium*, 40 (2), 165-174.

Hewson L, Hollowood T, Chandra S, and Hort J. 2009. Gustatory, olfactory and trigeminal inter-actions in a model carbonated beverage. *Chemosensory Perception*, 2, 94-107.

Housecroft CE and Sharpe AG. 2005. The group 14 elements, in *Inorganic Chemistry*, 2nd edn, Essex, UK: Pearson Education Limited, p. 368.

Jorkjend L and Skoglund L. 1990. Effect of non-eugenol and eugenol-containing periodontal dressings on the incidence and severity of pain after periodontal soft tissue surgery. *Journal of Clinical Periodontology*, 17 (6), 341-344.

Kivela J, Parkkila S, Parkkila AK, Leinonen J, and Rajaniemi H. 1999a. Salivary carbonic anhydrase isoenzyme Ⅵ. *Journal of Physiology*, 520 (2), 315-320.

Kivela J, Parkkila S, Parkkila AK, and Rajaniemi H. 1999b. A low concentration of carbonic anhydrase isoenzyme Ⅵ in whole saliva is associated with caries prevalence. *Caries Research*, 33, 178-184.

Klein AH, Carstens MI, and Carstens E. 2013. Eugenol and carvacrol induce temporally desensitiz-ing patterns of oral irritation and enhance innocuous warmth and noxious heat sensation on the tongue. *Pain*, 154 (10), 2078-2087.

Klein AH, Sawyer CM, Zanotto KL, *et al.* 2011. A tingling sanshool derivative excites primary sensory neurons and elicits nocifensive behavior in rats. *Journal of Neurophysiology*, 105 (4), 1701-1710.

Koo JY, Jang Y, Cho H, *et al.* 2007. Hydroxy-alpha-sanshool activates TRPV1 and TRPA1 in sensory neurons. *European Journal of Neuroscience*, 26 (5), 1139-1147.

Komai M, Bryant BP. 1993. Acetazolamide specifically inhibits lingual trigeminal nerve responses to carbon dioxide. *Brain Research*, 612 (1-2), 122-129.

Kozam G. 1977. The effect of eugenol on nerve transmission. *Oral Surgery*, 44 (5), 799-805.

LaMotte RH, Friedman RM, Lu C, Khalsa PS, and Srinivasan MA. 1998. Raised object on a planar surface stroked across the fingerpad: responses of cutaneous mechanoreceptors to shape and orientation. *Journal of Neurophysiology*, 80, 2446-2466.

Lee MH, Yeon KY, Park CK, *et al.* 2005. Eugenol inhibits calcium currents in dental afferent neurons. *Journal of Dental Research*, 84 (9), 848-851.

Lee MS. 2014. Recent progress in the discovery and development of N-type calcium channel modulators for the treatment of pain. *Progress in Medicinal Chemistry*, 53, 147-186.

Lennertz RC, Tsunozaki M, Bautista DM, and Stucky CL. 2010. Physiological basis of tingling paresthesia evoked by hydroxy-alpha-sanshool. *Journal of Neuroscience*, 30 (12), 4353-4361.

Linguеglia E, de Weille JR, Bassilana F, *et al.* 1997. A modulatory subunit of acid sensing ion channels in brain and dorsal root ganglion cells. *Journal of Biological Chemistry*, 272, 29778-29783.

Liu L and Simon SA. 1996. Capsaicin-induced currents with distinct desensitization and Ca^{2+} dependence in rat trigeminal ganglion cells. *Journal of Neurophysiology*, 75 (4), 1503-1514.

Liu L and Simon SA. 1998. The influence of removing extracellular Ca^{2+} in the desensitization responses to capsaicin, zingerone and olvanil in rat trigeminal ganglion neurons. *Brain Research*, 809 (2), 246-252.

Löken LS, Wessberg J, Morrison I, McGlone F, and Olausson H. 2009. Coding of pleasant touch by unmyelinated afferents in humans. *Nature Neuroscience*, 12 (5), 547-548.

Lotshaw DP. 2007. Biophysical, pharmacological, and functional characteristics of cloned and native mammalian two-pore domain K^+ channels. *Cell Biochemistry and Biophysics*, 47 (2), 209-256.

Madrid R, de la Pena E, Donovan-Rodriguez T, Belmonte C, and Viana F. 2009. Variable threshold of trigeminal cold-thermosensitive neurons is determined by a balance between TRPM8 and Kv1 potassium channels. *Journal of Neuroscience*, 29, 3120-3131.

Markowitz K, Moynihan M, Liu M, and Kim S. 1992. Biologic properties of eugenol and zinc oxide-eugenol. A clinically oriented review. *Oral Surgery*, *Oral Medicine*, *Oral Pathology*, 73, 729-737.

McGlone F, Wessberg J, and Olausson H. 2014. Discriminative and affective touch: sensing and feeling. *Neuron*, 82 (4), 737-755.

McKemy DD, Neuhausser WM, and Julius D. 2002. Identification of a cold receptor reveals a general role for TRP channels in thermosensation. *Nature*, 416 (6876), 52-58.

Morenilla-Palao C, Luis E, Fernάndez-Peña C, *et al.* 2014. Ion channel profile of TRPM8 cold receptors reveals a role of TASK-3 potassium channels in thermosensation. *Cell Reports*, 8 (5), 1571-1582.

Munns C, Al Qatari M, and Koltzenburg M. 2007. Many cold sensitive peripheral neurons of the mouse do not express TRPM8 or TRPA1. *Cell Calcium*, 41 (4), 331-342.

Noel J, Zimmermann K, Busserolles J, *et al.* 2009. The mechano-activated K^+ channels TRAAK and TREK-1 control both warm and cold perception. *The EMBO Journal*, 28, 1308-1318.

Norman J. 2002. *Herbs & Spices: The Cook's Reference*, New York: DK Publishing Inc.

Ochoa JL and Torebjörk HE. 1980. Paraesthesiae from ectopic impulse generation in human sensory nerves. *Brain*, 103 (4), 835-853.

Park CK, Kim K, Jung SJ, *et al.* 2009. Molecular mechanism for local anesthetic action of eugenol in the rat trigeminal system. *Pain*, 144, 84-94.

Park CK, Li HY, Yeon KY, *et al.* 2006. Eugenol inhibits sodium currents in dental afferent neurons. *Journal of Dental Research*, 85 (10), 900-904.

Parkkila S, Parkkila AK, Lehtola J, *et al.* 1997. Salivary carbonic anhydrase protects gastroesopha-geal mucosa from acid injury. *Digestive Diseases and Sciences*, 42, 1013-1019.

Parkkila S, Kaunisto K, Rajaniemi L, *et al.* 1990. Immunohistochemical localization of carbonic anhydrase isoenzymes Ⅵ, Ⅱ and Ⅰ inhuman parotid and submandibular glands. *Journal of Histochemistry and Cytochemistry*, 38, 941-947.

Patacchini R, Maggi CA, and MeliA. 1990. Capsaicin-like activity of some natural pungent substances on peripheral endings of visceral primary afferents. *Naunyn-Schmiedeberg's Archives of Pharmacology*, 342 (1), 72-77.

Perez-Reyes E, Cribbs LL, Daud A, *et al.* 1998. Molecular characterization of a neuronal low-voltage-activated T-type calcium channel. *Nature*, 391, 896-900.

Peters CH and Ruben PC. 2014. Introduction to sodium channels, in *Voltage Gated Sodium Channels* (ed. PC Ruben), Heidelberg: Springer, pp. 1-6.

Peters S. 1971. An old home remedy against toothache. *Die Quintessenz*, 22 (3), 33-34.

Pramod K, Ansari SH, and Ali J. 2010. Eugenol: a natural compound with versatile pharmacolog-ical actions. *Natural Products Communications*, 5 (12), 1999-2006.

Sawyer CM, Carstens MI, Simons CT, *et al.* 2009. Activation of lumbar spinal wide-dynamic range neurons by a sanshool derivative. *Journal of Neurophysiology*, 101 (4), 1742-1748.

Seo H, Li HY, Perez-Reyes E, and Lee JH. 2013. Effects of eugenol on T-type Ca^{2+} channel isoforms. *Journal of Pharmacology and Experimental Therapeutics*, 347 (2), 310-317.

Simons CT, Carstens MI, and Carstens E. 2003. Oral irritation by mustard oil: self-desensitization and cross-desensitization with capsaicin. *Chemical Senses*, 28 (6), 459-465.

Simons CT, Dessirier JM, Carstens MI, O'Mahony M, and CarstensE. 1999. Neurobiological and psychophysical mechanisms underlying the oral sensation produced by carbonated water. *Journal of Neuroscience*, 19 (18), 8134-8144.

Simons CT and Ward CD. 2005. Temporal characteristics and regional sensitivity of tingle compounds [Abstract]. *Chemical Senses*, 30, A203.

Srinivasan MA, Whitehouse JM, LaMotte RH. 1990. Tactile detection of slip: surface microgeometry and peripheral neural codes. *Journal of Neurophysiology*, 63, 1323-1332.

Stovall S. Rainforest remedy may tackle toothache, *The Wall Street Journal*, 12 March 2012.

Sugai E, Morimitsu Y, Iwasaki Y, *et al.* 2005. Pungent qualities of sanshool-related compounds evaluated by a sensory test and activation of rat TRPV1. *Bioscience, Biotechnology, and Biochemistry*, 69 (10), 1951-1957.

Supuran CT. 2007. Carbonic anhydrases as drug targets—an overview. *Current Topics in Medicinal Chemistry*, 7 (9), 825-833.

Tezuka S and TezukaG. 1994. Private part-coating cream containing Zanthoxylum piperitum and sexual hormone. Japanese Patent JPH06211676, filed Jan. 11, 1993 and issued Aug. 2, 1994.

Toma S and Nakajima Y. 1995. Response characteristics of cutaneous mechanoreceptors to vibra-tory stimuli in human glabrous skin. *Neuroscience Letters*, 195, 61-63.

Tominaga M, Caterina MJ, Malmberg AB, *et al.* 1998. The cloned capsaicin receptor integrates multiple pain-producing stimuli. *Neuron*, 21 (3), 531-543.

Trulsson M and Essick GK. 1997. Low-threshold mechanoreceptive afferents in the human lingual nerve. *Journal of Neurophysiology*, 77 (2), 737-748.

Tsunozaki M, Lennertz RC, Vilceanu D, *et al.* 2013. A 'toothache tree' alkylamide inhibits Aδ mechanonociceptors to alleviate mechanical pain. *Journal of Physiology*, 591, 3325-3340.

Waldmann R, Bassilana F, de WeilleJ, *et al.* 1997a. Molecular cloning of a non-inactivating proton-gated Na^+ channel specific for sensory neurons. *Journal of Biological Chemistry*, 272, 20975-20978.

Waldmann R, Champigny G, Bassilana F, Heurteaux C, and Lazdunski M. 1997b. A proton-gated cation channel involved in acid-sensing. *Nature*, 386, 173-177.

Wang YY, Chang RB, and Liman ER. 2010. TRPA1 is a component of the nociceptive response to CO_2. *Journal of Neuroscience*, 30 (39), 12958-12963.

Weaver F. 2014. The trigeminal nerve, in *Structures of the Head and Neck*, Philadelphia: F. A. Davis Company, pp. 250-265.

Wetzel C, Hu J, Riethmacher D, *et al.* 2007. A stomatin-domain protein essential for touch sensa-tion in the mouse. *Nature*, 445, 206-209.

Wise PM and Bryant B. 2014. The effect of temperature and menthol on carbonation bite. *Chemical Senses*, 39 (7), 571-582.

Wise PM, Wolf M, Thom SR, and Bryant B. 2013. The influence of bubbles on the perception carbonation bite. *PLoS One*, 8 (8), e71488.

Yau NJN and McDaniel MR. 1990. The power function of carbonation. *Journal of Sensory Studies*, 5, 117-128.

Yau NJN and McDaniel MR. 1992. Carbonation interactions with sweetness and sourness. *Journal of Food Science*, 57, 1412-1416.

9 化学物理觉的交互作用：相互影响

Brian Byrne

Natural Advantage LLC, Oakdale, LA. USA

9.1 引言

我们品尝食物时，味道、口腔风味和鼻腔香气混合在一起形成一种复杂混合感觉，大脑将这种感觉形成一种印象，并解释为一种特定的食物、气味或风味。

味道的不同面均有许多解释机制。早期机制很简单，但现在变得复杂了。这对解释协同完成留下深刻印象的刺激过程的复杂性和相互依赖性非常必要。

9.2 凉感

局部凉味剂的早期研究中可以清楚看到冷却理论从简单到复杂的形成过程。Wilkinson-Sword 有限公司的研究表明，左旋薄荷醇可以产生凉感，而具有左旋薄荷醇类似结构的人工合成化合物也能作为凉味剂（如 WS-3）（Watson 等，1977；Watson 等，1979b；图 9.1）。因此，通过合成产生凉感的必需结构可以开发凉味剂。我们可以合成不含有产生凉感的必需结构的凉味剂。但它们需要在极性、非极性、亲水性和疏水性等相关条件满足后才能感知到凉感（Watson 等，1979a；Watson 等，1979b）。

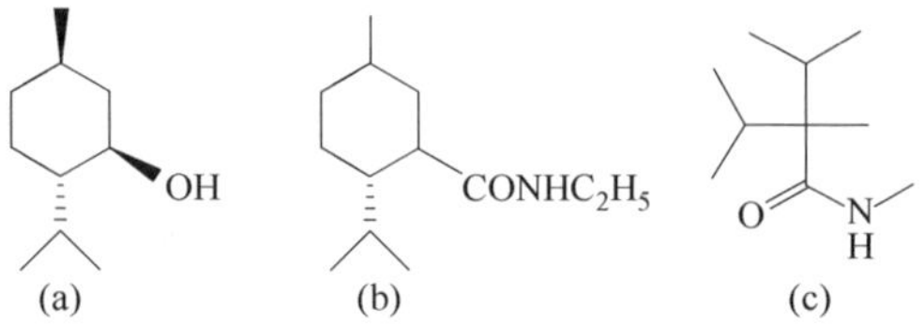

图 9.1 具有相似和相异结构的凉味剂

注：（a）左旋薄荷醇；（b）WS-3；（c）WS-23。

这些新开发的商品凉味剂具有类似左旋薄荷醇的凉感。推荐使用剂量下应用具有预期的凉感效果。当两种不同凉味剂以标准使用剂量应用时，最终产品凉感程度比预期更强，这应归因于累加效应。当两种不同凉味剂以标准使用剂量的一半进行应用时，凉感效果比任何一个单独使用时表现更强，表明具有协同作用（Mane 和 Ponge，1998）。举一个例子，作者实验室研究发现，凉味剂 10×10^{-6}剂量下单独使用时并不产生凉感（表 9.1）。

但是，表 9.1 中的 3 种凉味剂在低于其冷却（10×10^{-6}）剂量下、与另外一种凉味剂（10×10^{-6}）一起使用时，冷却效果高于预期（表 9.2）。这个结果支持一种凉味剂可协同或正向调节另一种凉味剂的理论。在甜味和口腔感觉等其他方面也观察到类似的效果。

上述结果表明，低剂量左旋薄荷醇［低于（20~30）$\times10^{-6}$典型使用水平］不产生凉感，且不产生特殊的薄荷味、灼热感和咬痛感。继续深入研究，对左旋薄荷醇和具有类似结构的非凉味剂左旋香芹酮（图 9.2）溶液（5%糖水）的冷却效果进行评价。左旋香芹酮常用于口香糖和口腔护理产品中，提供一种留兰香味道。30×10^{-6}的左旋香芹酮不产生凉感，也没有其作为凉味剂相关报道。

实验中，所有凉味剂（10×10^{-6}剂量）均没有凉感效应，但 30×10^{-6}下表现出凉感效应。

将凉味剂以 10×10^{-6} 剂量加到 5%糖水基溶液中，结果如表 9.3 所示（S. Fontenot，个人通信，2014 年 9 月）。

表 9.1 左旋异胡薄荷醇、左旋乳酸薄荷酯和左旋薄荷醇比较

5%的糖水中品尝的材料 *	浓度/ $\times10^{-6}$	风味	凉感
左旋异胡薄荷醇	10	无	无凉感
	20	无	无凉感
	30	无	无凉感
左旋乳酸薄荷酯	10	无	无凉感
	20	无	无凉感
	30	无	微弱凉感
左旋薄荷醇	10	薄荷味	无凉感
	20	浓薄荷味	轻微凉感
	30	强薄荷味	凉感

* 对照物 =5%糖水 。 所有溶液均用 1%酒精中稀释，在 5%糖水中品尝。

表 9.2 10×10^{-6} 水平下，当与其他凉味剂一起配合使用时，左旋薄荷醇与左旋薄荷酯和左旋异胡薄荷醇比较

5%糖水中品尝的材料	浓度/ $\times10^{-6}$	风味	凉感
左旋异胡薄荷醇	10	无	无凉感
左旋薄荷醇	10	轻微薄荷味	无凉感
左旋异胡薄荷醇+左旋薄荷醇	10+10	无薄荷味	非常强烈凉感
左旋乳酸薄荷酯+左旋薄荷醇	10+10	无薄荷味	非常强烈凉感
左旋异胡薄荷醇+左旋乳酸薄荷酯	10+10	无	轻微刺痛感

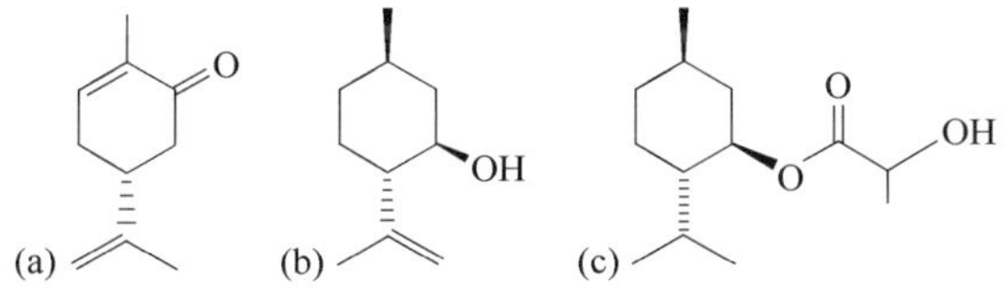

图 9.2 非凉味剂与凉味剂的结构比较

注：（a）左旋香芹酮；（b）左旋异胡薄荷醇；（c）左旋乳酸薄荷酯。

表 9.3 几种凉味剂与食用左旋香芹酮的组合评价

5%糖水中品尝的材料	浓度/ $\times10^{-6}$	风味	凉感
左旋香芹酮	10	浓郁的留兰香味	无凉感
左旋香芹酮+左旋薄荷醇	10+10	- 与对照组的味道相同	温和凉感
左旋香芹酮+左旋异胡薄荷醇	10+10	浓郁的留兰香口味，带有新鲜采摘的薄荷味	强力凉感
左旋香芹酮+左旋乳酸薄荷酯	10+10	与对照组味道相同	强力凉感

研究发现，10×10^{-6} 左旋薄荷醇不具有凉感，也没有薄荷味；当浓度升至 30×10^{-6} 时左旋薄荷醇会产生凉感，同时具有薄荷风味。但是，当 10×10^{-6} 左旋薄荷醇和 10×10^{-6} 左旋香

芹酮溶液（5%糖水中）共同时却表现出明显凉感效果，且呈现类似留兰香的味道。因此，非凉味剂可以积极地调节凉味剂和增强其在饮料中的凉感。

另外两个例子值得注意，10×10^{-6}（5%糖水）左旋香芹酮和另外两种已知凉味剂（10×10^{-6}左旋异胡薄荷醇和10×10^{-6}左旋乳酸薄荷酯，表 9.3）一起使用时，左旋香芹酮表现的凉感效果比左旋薄荷醇更强。更高使用剂量能表现更强的凉感效应。

表 9.3 列出了10×10^{-6}左旋香芹酮（5%糖水基质）和常见凉味剂一起使用后的凉感效果。从结果来看，凉味剂与非凉味剂配合使用时同样具有协同效应，而并不一定必须凉味剂与凉味剂共同使用。

9.3 甜味

出于健康和成本原因，多年来已经开发出糖的替代产品进行应用。但很多新型甜味剂具有不良味道，不能直接成为糖替代品。例如，甜菊糖苷，含有八种糖苷的甜叶菊提取物，主要成分是甜菊苷 A（Reb-A）。Reb-A 常应用在食品和饮料中，但甜味来的较慢，持续时间较长和带有金属后味，味道不佳。尽管 Reb-A 在商业市场上表现良好，但人们仍继续分离口感更纯净的其他甜菊糖苷。本章范围不涵盖所有历史或商业上可获得的天然或人造甜味剂，而是提供现有甜味剂的相关数据。目前调节机制尚未达到成功预测一个甜味剂的水平。基于结构相似性，人们已经开发了几种甜味剂，如二哌嗪甜味剂（即阿斯巴甜和纽甜，图 9.3）。与凉感类似，一种甜味剂添加到另一种甜味剂中可提高溶液甜味。

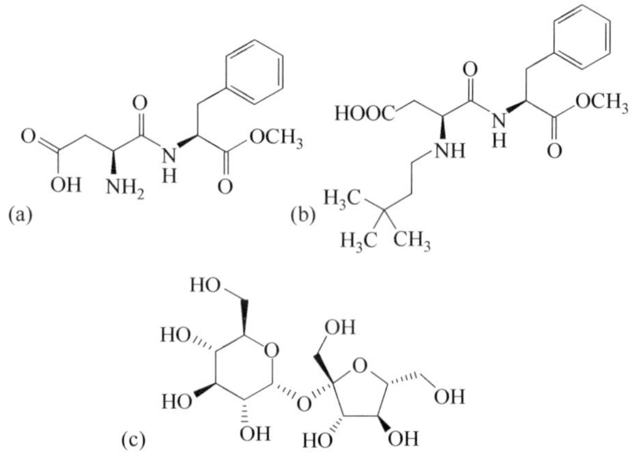

图 9.3 人造二肽甜味剂与糖的结构比较

注：（a）阿斯巴甜；（b）纽甜；（c）蔗糖。

协同作用是甜味剂与其他甜味剂混合使用时的特征，即混合物的甜味强度大于单个组分甜度强度的理论总和。另一种替代方案是使用本身不具有甜味的甜味增强剂，增强甜味感知并减少食品中糖的使用量。理想的甜味增强剂自身没有味道或香气，增强甜味剂甜度的同时又不会对产品的其他风味特征产生任何负面影响。研究者实验室的研究结果与甜味剂的协同作用机制相一致（S. Fontenot，个人通信，2014 年 9 月）。

对天然甜味剂罗汉果粉和雪利酒中常见的两种非甜味剂，呋喃酮甲醚和 esifuran 在 5%

糖液中的甜度进行了评价（表 9.4 和图 9.4）。罗汉果是罗汉果植物的高纯提取物，甜度是蔗糖的 300 倍。罗汉果中的甜味成分被称为罗汉果糖苷，主要为罗汉果糖苷 V。

表 9.4　　添加甜味增强剂的 5%糖水评价

项　目	基础水平	观察现象
Esifurane，0.01%酒精	1 滴/100mL，0.016×10^{-6}	比对照组甜
呋喃酮甲醚，0.01%	1 滴，0.016×10^{-6}	比 esifurane 甜
罗汉果，0.01%水	1 滴，0.025×10^{-6}	比呋喃酮甲醚甜

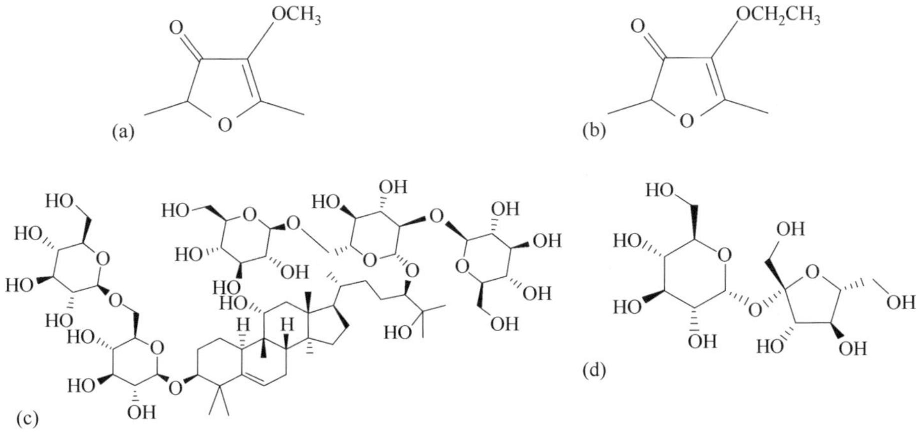

图 9.4　非甜味剂和甜味剂的结构比较

注：（a）呋喃酮甲醚；（b）esifurane；（c）罗汉果（罗汉果糖苷 V）；（d）蔗糖。

结果表明，0.025×10^{-6}罗汉果尽管不如预期的那样甜，但甜度相当于 7.5×10^{-6}蔗糖。糖（蔗糖）在水中的味道阈值是 0.41%，相当于 4100×10^{-6}。因此，0.025×10^{-6}罗汉果对 5%蔗糖溶液的甜度有明显协同作用。

表 9.4 表明，添加了 0.016×10^{-6}非甜味剂 esifurane 的样品组比比对照组（5%糖水）更甜，并且呋喃酮甲醚的甜味增强效果高于 esifurane。esifurane 是纯化的白色颗粒状糖，而呋喃酮甲醚比 esifurane 具有更明显的“糖罐”香气。推测糖的香气可能有助于甜味整体强度增强。其他人则认为常见的气味和味觉的关联可能会引发与大脑相互作用的学习响应（Labbe 等，2007）。关于香味第 9.7 节将进一步讨论这类学习反应。

9.4　咸味

盐（NaCl）是咸味研究的倒数第二个目标物，因为我们早已习惯和了解盐的确切味道。其他类似咸味物质，如氯化钾（KCl）的味道很咸，但这是一种错误的咸味。

市场上最成功的减盐产品实际上是含有盐（NaCl）。人们已经开展很多研究来研发盐的替代品，并取得不同程度的成功。

降盐产品的制备方法有两个共同点：

- 使用具有咸味的其他原料；
- 使用咸味增强剂，增加对咸味的感知。

到目前为止，没有商业产品能等同于盐（NaCl）的咸味，最常用替代品是氯化钾（KCl）。但 KCl 是一种不同的咸味，具有苦味、金属味和后味。从味觉剖面中看出，KCl 不具有 NaCl 的咸味强度。NaCl 和 KCl 混合物的咸味强度不足，还具有苦味和金属味。新一代的盐替代品中，NaCl-KCl 混合物中添加调节剂，阻止带来的苦味和金属味。常用的调节剂是食用酸盐，包括无机酸和羧酸，例如乙酸钠、乙酸铵、谷氨酸钠、硫酸钾、葡萄糖酸钙、葡萄糖酸钠和氯化钙等（Bonorden 等，2003）。其他类调节剂是基于发酵原理。“天然发酵”的自溶酵母和谷氨酸盐成功地增强 NaCl-KCl 混合物的咸味。但最显著的缺陷是自溶酵母由于使用谷氨酸作为“营养物”而被“篡改”。标签上必须标明谷氨酸并声明具有鲜味，这恰好给自溶酵母带来了不良标签印象以及较差的市场接受度。另一方面，发酵酱油含有酱油风味和比传统酸水解酱油更多的核苷酸。发酵酱油中的核苷酸强烈增强了 NaCl 和 NaCl-KCl 混合物的咸味。最后一种创新方法是改变盐晶体的结构形式，获得更大的表面积和局部应用中更强的咸度。

9.5 口腔感

这里指的口腔感比前几节更加多元化，涵盖了各式的食品和饮料，包括肉类产品、酒精饮料、烘焙食品、沙拉酱、零食小吃和葡萄酒等（表 9.5）。基本上，它涵盖了所有相关食物，所有这些都有自己的语言来描述这些特殊口味或口感效果是否存在。所有这些不同类型的产品都需要进行品尝。品尝过程中通常都包括了一个开始、中间、结尾和结束（吞咽后）的过程。对样品和目标进行描述，或描述个人对理想产品的感知。

表 9.5　　口腔感的一些例子

涩	凉感	垂涎感	难以咀嚼	金属的	多坚果的
苦	清爽	干的	柔软	刺痛的	酒精灼烧(舌头)
奶油味	黏的	滑的	酸	热的	润滑的
油腻的	含水的	烟熏味的	咸	痛	酒精灼烧和咬痛
脆	鲜	黄油状的	甜	多汁	沾满肥皂的

除了生产更美味的产品外，更健康、更适合你的产品同样拥有很大市场。认识口感对产品的重要性有利于开发更好的新产品。一个成功的产品，所有口感、味道和香气成分都必须得到满足，并且必须与目标或理想产品相平衡。

许多美味的高热产品取得了很好的市场成功，但当使用较低含量的糖、脂肪、盐或较低热量原料时，该产品通常缺乏预期的风味和质地。因此，如何补足缺少的味道和口感是技术人员面临的挑战。例如，脱脂沙拉酱由于少油导致乳化性和润滑性较差，经常使用天然胶体增加其质地、润滑性和口感。

然而，沙拉酱中经常含有醋的风味，通常植物油会阻隔酸受体。但是，降低油含量后产品会酸味过重，导致市场对该产品的排斥。开展抑制醋酸味的香料和精油评价时，发现莱姆精油（冷榨）、依兰油和黑胡椒油（除臭）的酸阻效果佳，或在成品食品中为 1×10^{-6} ~ 10×10^{-6} 水平时效果最有效。尽管目前作用机制尚不清楚，但认为酸味受体具有亲水性，莱姆精油、依兰油、黑胡椒油和植物油阻塞酸味受体，使它们被疏水的邻近基团包围，阻止酸进入离子通道（Medler 和 Kinnamon，2004）。

同样的，甜味剂会带来甜味、香气和口感，而高强度的甜味剂是不能带来这些感觉。其中一个办法是添加低热量多元醇，例如赤藓糖醇，可以改善甜叶菊的口感。此外，添加剂可将甜叶菊稀释为即用水平，供消费者使用。

其他与蔗糖（糖）具有相似结构的调节剂［图 9.4（d）］同样具有增强或正调节甜味的作用。

然而，早期调节剂虽然能增强糖的甜味感知，但由于其自身特殊味道阻止了糖的温和味道。在该类别产品有 Furaneol®（Firmenich™的注册商标）、环萜烯、麦芽酚和乙基麦芽酚等，特征味道介于棉花糖（锭糖）和焦糖香精之间。此外，早期调节剂与糖的口感、味道和香气完全不同，用更新、更纯净的调节剂代替早期调节剂是未来生产味道更佳的糖替代品好方法。

9.6 涩味和苦味

多酚具有良好保健功效，其涩味和苦味是人们的研究领域。多酚是良好的自由基清除剂，能保护人体免受癌症、老化和其他退化性疾病（Bors 等，1990）危害，但应用在食品和饮料中可能导致过于涩和/或苦。多酚多存在于葡萄酒、石榴、小红莓、茶、巧克力、覆盆子、草莓、西蓝花、圆白菜、芹菜、洋葱和欧芹中（Breton，2008）。此外，多酚还存在树皮中，提取树皮中的多酚可作为维生素用于非处方产品中（Araghi-Niknam 等，2000）。加工用蛋白质由于含苦味肽可能会有苦味，糖、盐和添加香料可以提升某些产品的适口性，但苦味抑制方法仍在研究中。

厨师和研究人员均有一些改善食品收敛性和提升苦味材料适口性的方法。厨师的方法是使用一些经过验证的苦味掩盖方案。如番茄酱中加入白醋可以抑制苦味，或者加入少量糖或盐调节过于刺激性或酸性的酱汁。这种补救方案是基于实践经验且可以用科学来解释。

从科学角度来看，酸味离子通道受体与苦味受体竞争，阻碍白醋（醋酸）和苦味受体结合是主要原因。或者说，醋通过质子化苦味成分并改变其极性来影响苦味。植物油也具有类似作用，通过与离子通道周边疏水基团结合而阻断相关受体。植物油和油性物质涂层已被证明可以阻碍苦味。Symrise（Ley 等，2005）的科研人员已经证实，在北美圣草（*Eriodictyon californicum*）中发现的高圣草素是一种多酚物质，这种酚酸在钠盐形式下具有强大的苦味阻碍特性。

三氯蔗糖（一种氯化蔗糖）是另一种苦味阻滞剂及高强度甜味剂。三氯蔗糖比糖甜8000倍，其非极性氯基团可阻断苦味受体位点（Roy，1997），它的水溶性分子末端能够填充离子通道。纽甜是一种常见二肽甜味剂，具有更多非极性新戊基，同时具有相反极性的分子末端能与受体通道的疏水入口结合。除高甜味外，纽甜比阿斯巴甜的苦味阻断效果更好（Windschauer 和 Virgallito，2012）。

一项关于小鼠对苦味物质（含或不含潜在阳性苦味调节剂）神经反应的研究确认腺嘌呤核糖核苷酸（AMP）能抑制奎宁和其他苦味剂的苦味。（Ding 等，1999）。

葡萄酒中的苦味或涩味是由于葡萄皮和葡萄籽中的多酚，尤其红葡萄酒苦味或涩味更重。通常随红葡萄酒酒龄延长这种味道会改善。空气和光照很大程度影响产品最终味道。但是，随葡萄酒酒龄延长后它会生成葡萄中所含酸化乙酯，就像新酒会生成乙醇一样。新酒中最主要酸是酒石酸，在陈化过程中会在酒瓶、橡木桶和酒罐中形成酒石酸二乙酯（DET）。DET 与葡萄酒口味改善有关（Edwards 等，1985），降低了涩味、粗糙感和酸度感知，产生更醇厚口感。

尽管葡萄酒中浓度为多少时有利于葡萄酒的味道（香气）尚不清楚，但它确实具有醇厚口感。当摇晃葡萄酒杯、葡萄酒在玻璃杯中旋转时，DET 及酒精量有利于葡萄酒的“紧致”。这是一种黏度相关体现，而且被认为是品质上佳葡萄酒的重要体现。

作者实验室开展了从葡萄酒中分离 DET 的工作。开展低品质葡萄酒的顺滑度、酸度和涩味评价，未添加 DET 优质葡萄酒评价可以为受训感官小组建立评价参考基线。低品质葡萄酒添加 2×10^{-6}DET 后所有感官品质得到改善，但它对高品质葡萄酒味道没有改善作用。添加 2×10^{-6}DET 后，低质量或年份短的葡萄酒酸度和涩味均明显降低。

9.7 香气（鼻后腔和鼻前腔）

香气是食品“味道”的一个组成部分。许多研究人员已经开展了香气与味道的整体印象的关联研究，与作者研究类似。

Verhagen 和 Engelen（2006），Small 和 Prescott（2005）以及 Prescott（2004）的研究都发现，大脑眶额皮质中，气味和味道之间存在关联。

通过神经成像技术（Rolls and Bayliss，1994）测量了在单模态刺激（每次一个刺激）

中味道和气味的数据，以及在相同味道和气味的双模态（同时）中味道和气味的评价数据（Small 和 Prescott，2005；Djordjevic 等，2004）。这些发现证实，在神经水平上存在气味和味道的整合，大脑将味道、气味和口感组分连在一起，为我们思维提供一个图像。

如前所述，减盐通常导致产品拒绝度提高。但也有研究（Girgis 等，2003）表明，某些产品中即使盐量降低也不会影响消费者接受度或咸味感知降低。因此，这是一种产品-副产品思维，通过低盐产品的气味增强处理对较低的盐含量进行咸味补偿。Lawrence 等（2009）开展了一项多维分析来评价那些提供了气味和味道正关联的不同群体，研究中只使用水，接着低盐水溶液，以及使用和不使用市售风味物质（非食物）。数据表明，不含盐的水溶液中，不同风味的样品间存在咸味差异。

这些研究结果表明，鼻后腔感知的气味与调味的低盐液和水无关。然而，如果气味从鼻前进入，咸味感知与盐（鱼、培根和火腿）相关的气味间有良好相关性。然而，低盐和相同风味分析结果表明，与甜味低盐类产品（柑橘、巧克力、草莓和香草）的低咸度评分相比，咸味的相关产品，如凤尾鱼、烟熏肉、烟熏三文鱼、干香肠、花生、肉汤膏、沙丁鱼的咸感更强。

总之，主要味觉（咸味、甜味、酸味和鲜味）中任意一种的香气增强是可以实现的，并且已经开展了相关研究（Cliff 和 Noble，1990）。Saint-Eve 等（2004）以类似方式证实了酸味-香气的相互作用。Bartoshuk 等（2013）表明草莓中发现的某些挥发性组分是使草莓更甜的原因。相关研究已经申请专利并公开（US20130280400-A1）。他们指出，通过添加 2 种或更多以下挥发物可以增强消费品的甜味：橙花醛、4-carene、3-甲基-1-丁醇、6-甲基-5-庚烯-2-醇、异戊酸和香叶醛。按他们所述，这种方法适用于糖、天然和人造甜味剂，尽管这些材料不是甜味剂，只是增强甜味的食用香料。

这些结果与作者观察结果一致，即呋喃酮甲醚和 esifurane 可强烈增强甜味剂以提供更大的甜味，数据见表 9.4。他们创造的“糖碗”香气与糖和其他甜味剂结合的方式相同。

9.8 小结

味道、香气和口感之间会相互协调。大脑已经学会将某些食品与咸、甜、酸和苦等味道联系起来。刺激物间的相关作用会导致感知增强或阻断，因此最终感知的是整个味觉体验中各个环节的综合感觉。总而言之，所有一切均会相互影响。

参考文献

Araghi-Niknam, M., Hosseini, S., Larson, D., Rohdewald, P., and Watson, R. R. 2000. Pine bark extract reduces platelet aggregation. *Integrative Medicine: Integrating Conventional and Alternative Medicine*, 2 (2), 73-77.

Bartoshuk, L., Colquhoun, T. A., Clark, *et al.* 2013. Compositions and methods for modifying perception of sweet taste, US Patent Application 20130280400, filed April 24, 2013 and issued Oct. 24, 2013.

Bonorden, W. R., Giordano, D. A., and Lee, B. L. 2003. Salt flavor enhancing compositions, food products including such compositions, and methods for preparing such products, US Patent 6, 541, 050 B1, filed Dec. 1, 1998 and issued Apr. 1, 2003.

Bors, W. H., Michel, C., and Saran, M. 1990. Flavanoids as antioxidants: determination of radical-scavenging efficiencies. *Methods in Enzymology*, 186, 343-355.

Breton, F. 2008. Polyphenol antioxidants in red wine, [online], available: http://www.frenchscout.com/polyphenols (accessed 28 September 2015).

Cliff, M. and Noble, A. C. 1990. Time-intensity evaluation of sweetness and fruitness and their interaction in a model solution. *Journal of Food Science*, 55, 450-454.

Ding, M., Ninomiya, Y., and Margolskee R. F. 1999. Blocking taste receptor activation of gustducin inhibits gustatory responses to bitter compounds. *Proceedings of the National Academy of Sciences*, 96 (17), 9903-9908.

Djordjevic, J., Zatorre, R. J., and Jones-Gotman, M. 2004. Effects of perceived and imagined odours on taste detection. *Chemical Senses*, 29, 199-208.

Edwards, T. L., Singleton V. L., and Boulton, R. 1985. Formation of ethyl esters of tartaric acid during wine aging: chemical and sensory effects. *American Journal of Enology and Viticulture*, 36 (2), 118-124.

Girgis, S., Neal, B., Prescott, J., *et al.* 2003. A one-quarter reduction in the salt content of bread can be made without detection. *European Journal of Clinical Nutrition*, 57, 616-620.

Labbe, D., Rytz, A., Morgenegg, S., and Martin, N. 2007. Subthreshold olfactory stimulation can enhance sweetness. *Chemical Senses*, 32 (3), 205-214.

Lawrence, G., Salles, C., Septier, C., Busch, J., and Thomas-Danquin, T. 2009. Odour-taste interac-tions: A way to enhance saltiness in low-salt content solutions. *Food Quality and Preference*, 20, 241-248.

Ley, J. P., Krammer, G., Reinders, G., Gatfield, I. L., and Bertram, H. J. 2005. Evaluation of bitter masking flavanones from Herba Santa (*Erodictyon californicum* (H. and A.) Torr., Hydrophyllaceae. *Journal of Agricultural and Food Chemistry*, 53 (15), 6061-6066.

Mane, J. M., and Ponge, J. L. 1998. Coolant Compositions, US Patent 5, 725, 865, filed Aug. 29, 1995 and issued March 10, 1998.

Medler, K. and Kinnamon, S. C. 2004. Transduction mechanisms in taste cells, in *Transduction Channels in Sensory Cells* (eds. S. Frings and J. Bradley), Weinham: Wiley-VCH Verlag GmbH and Co. KGaA, pp. 153-157.

Prescott, J. 2004. Psychological process in flavor perception, in *Flavour Perception* (eds. A. J. Taylor and D. D. Roberts), Oxford: Blackwell Publishing, pp. 256-277.

Rolls, E. T. and Baylis, L. L. 1994. Gustatory, olfactory, and visual convergence within the primate orbitofrontal cortex. *Journal of Neuroscience*, 14, 5437-5452.

Roy, G. M. (ed.) 1997. *Modifying Bitterness: Mechanism, Ingredients, and Applications*, Valhalla, NY: CRC Press.

Saint-Eve, A., Paci Kora, E., and Martin, N. 2004. Impact of the olfactory quality and chemical complexity of the flavouring agent on the texture of low fat stirred yogurts assessed by three different sensory methodologies. *Food Quality and Preference*, 15, 655-668.

Small, D. M. and Prescott, J. 2005. Odour/taste integration and the perception of flavor. *Experimental*

Brain Research, 166, 345-357.

Verhagen, J. V. and Engelen, L. 2006. The neurocognitive bases of human multimodal food percep-tion: Sensory integration. *Neuroscience and Biobehavioral Reviews*, 30, 613-650.

Watson, H. R., Rowsell, D. G., and Browning J. H. D., 1977. Substituted p-menthanes, US Patent 4, 033, 994, filed July 8, 1974 and issued July 5, 1977.

Watson, H. R., Rowsell, D. G., and Spring, D. J., 1979a. *p*-Menthane carboxamides having a physiological cooling effect, US Patent 4, 136, 163, filed July 8, 1974 and issued Jan. 23, 1979.

Watson, H. R., Rowsell, D. G., and Spring, D. J., 1979b. *N*-Substituted paramenthane carboxamides, US Patent 4, 150, 052, filed May 16, 1977 and issued Apr. 17, 1979.

Windschauer, R. J. and Virgallito, T. T. 2012. Taste masking compositions and edible forms, US Patent Application US20120321727 A1, filed Apr. 25, 2012 and issued Dec. 20, 2012.

10 无辣不欢!含化学物理觉成分产品的感官分析

Cindy Ward

Sensation Research, Maineville, OH, USA

10.1 引言

试想一下，没有气泡的汽水，完全不辣的莎莎辣酱，你还愿意选择吗？不能为腰背痛病人提供冷敷/热疗作用的 Bengay®是否还有人愿意购买？会有人渴望从喉咙滑下后没有任何灼热感的波本威士忌吗？这些问题看起来似乎没有任何关系，但事实上他们之间具有关联性。我们通过感觉器官来体验产品和外界环境。这看上去似乎很简单，直到你真正开始尝试了解感官系统如何开展工作和实际的感官测量。

三叉神经、舌咽神经和迷走神经将化学物理觉信号传导至大脑，包括触觉、热觉和痛觉。化学物理觉制剂，有时称为三叉神经化合物，会引发触觉（如碳酸化气泡的感觉）、热觉（如生姜的暖感和薄荷醇的清凉感）和痛感（许多化合物高于阈值浓度时会引发与接触和热相关的疼痛）（表 10.1）。人们对产品产生愉悦和拒绝的感官体验时，这种化学物理觉感觉至关重要。儿童通常倾向于拒绝这些具有化学物理觉的产品，因此对化学物理觉的喜爱可能与后天培养有关。随着消费者年龄增长，这些感觉通常会带来更多乐趣。此外，食物恐新症不明显的个体对含有三叉神经化合物的食物更感兴趣（Törnwall 等，2014）。

表 10.1　　产品中常见的三叉神经化合物

化学物理觉制剂	感官特征强度术语	消费者喜好或强度术语	常见产品
酸(Dessirier 等，2000；Carstens 等，2002)	高浓度下产生的鼻腔(挥发性酸)，口腔，皮肤灼热引起的酸，刺痛	酸或酸的口感，高浓度时的皮肤灼热	饮料、酱料、皮肤护理品、糖果
葱(新鲜：洋葱、蒜和青葱)	引起眼睛流泪的灼热感，刺鼻感	—	新鲜的洋葱、蒜、青葱、美味菜肴
辣椒(和其他辣椒素)	灼热感，辣椒热	灼热，热	辣椒、辣调味汁、各种食品佳肴、饮料和糖果、运动按摩膏、止痛膏等
碳酸溶液(Carstens 等，2002)	碳酸化，气泡大小	气泡，起泡性	饮料：软饮料，苏打水，果汁，葡萄酒，啤酒和其他酒精饮料
凉感化合物(薄荷醇，薄荷醇基化合物和其他凉味剂)(Eccles，1994；Bharate 和 Bharate，2012)	中等及以下强度是凉感，高强度在口腔和鼻腔产生凉感-热觉-痛感；皮肤热觉/凉感。注意：中等浓度薄荷醇有苦味，而其他一些冷却化合物则没有(Eccles，1994)	凉感，冷(鼻腔和口腔)；皮肤热觉/凉感	薄荷、口香糖、牙膏、糖果、止痛膏、运动按摩膏、洗发水
肉桂(Cliff 和 Heymann，1992)	肉桂(香气/味道)，灼热感	热辣糖果，肉桂，灼热	糖果、烘焙食品、香水、牙膏
乙醇(和其他醇类)	灼热感和针刺感(鼻腔，口腔和喉咙组织)，凉感(从未损伤的皮肤上蒸发)，受损皮肤上的刺痛感	酒精味道，灼热，刺痛，凉感	酒精饮料 个人护理产品：化妆水、乳霜、乳液、凝胶等

续表

化学物理觉制剂	感官特征强度术语	消费者喜好或强度术语	常见产品
丁香酚(丁香)(Cliff 和 Heymann，1992；Klein 等，2013)	丁香(香气/味道)，麻木感，热觉	麻木和热觉	饼干、腌制肉类、止咳糖浆、牙膏
高良姜醋酸，苄基缩水甘油醚	灼热感和热感(舌尖更高)(Yang 等，2009)	灼热	泰国和其他亚洲美食，也用于酒精产品中(Yang 等，2009)
生姜(姜油酮)(Cliff 和 Heymann，1992)	生姜(香气/味道)，灼热感和热觉(喉咙和胸部)	生姜，热觉，灼热	饮料、烘焙食品，咸味产品，如姜汁汽水、生姜面包、亚洲美食等
辣根和山葵	令人流眼泪的灼热感和针刺感(鼻腔和口腔中)	热，灼热	菜酱汁、调味品
黄芥末	芥末(香气/香味)，灼热感和针刺感(Jacquot 等，2005)	尖锐，灼热和针刺	芥末调味品、酱汁
胡椒碱(胡椒)(Cliff 和 Heymann，1992)	胡椒(香气/味道)，灼热感	灼热，热	常见于调味料(黑胡椒、白胡椒等)和咸味食品
高浓度盐(Carstens 等，2002)	口腔咸味，高浓度时有灼热感；鼻腔无感觉，在受损皮肤或眼睛上有灼热感/刺痛感，对健康皮肤短时间没有影响；	咸，高浓度灼热	高浓度的开胃食品
花椒-山椒素（Yang，2008)	刺痛感，灼热感-麻木感	灼热，起泡，电流感，强烈的嗡嗡感	川菜，如宫保鸡丁

与大多数感觉一样，化学物理觉感官强度与采用双极喜好标度法测定的消费者喜好度呈现一定相关性（图 10.1）（Peryam 和 Pilgrim，1957）。对于特定消费者而言，如果消费者喜欢更为温和强度的属性，最优喜好（最强喜好）相关的强度将左移，如果消费者喜欢更高强度属性，相关的喜好强度会右移。

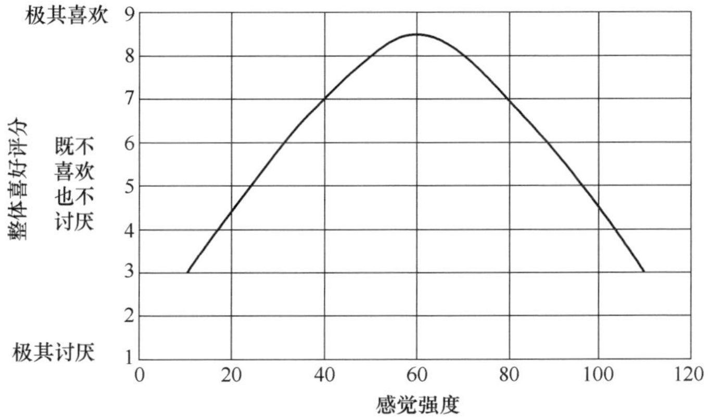

图 10.1 产品喜好与感官属性强度关联性

10.2 消费品中化学物理觉的感官评价方法概述

化学物理觉刺激物强度的测定和表征非常复杂。受试者接受化合物刺激时产生不同强度的疼痛反应。年龄和性别对产品体验效果影响很大，文化和社会因素的影响最为明显（Cardello 和 Wise，2008）。这些强度差异可能由个体敏感度、经验和感觉耐受性的差异所决定。消费品行业的产品研发人员通常先开展正规感官评价试验相关的预试验，包括差别检验、标度法检验和感官小组或消费者的定性或定量描述性分析等方法。

化学物理觉制剂研究中所需回答问题如下：

（1）用于确定相似样本差异的差别检验，例如：

① 啤酒中酒精度变化值为多少时消费者可以发现有差异？

② 口香糖中薄荷醇含量增加 5%对感官是否有影响？

（2）描述性和标度试验常用于感官分析中强度测量。尽管研究手段较多（ASTM，1996），但整体上，感官小组成员是通过系列样本、定义、参考资料和项目相关培训等相关经验完成描述性和标度测定任务。这些方法适用于各类研究问题，例如：

① 这种特定辣椒有多辣（灼热感）？

② 酒精度增加对产品香气和风味剖面的影响？

③ 化学物理觉制剂组合后如何影响感官剖面特征？

④ 产品配方中是否存在化学物理觉的增效剂或拮抗剂？

（3）消费者喜好测试，例如：

① 辣椒添加量多少时消费者对薯片的接受度最高？

② 碳酸含量多少时产品会更受欢迎？

10.3 致敏和脱敏现象

无论选择何种感官评价方法，化学物理觉化合物的感官测量都不简单。尽管这些化合物在阈值浓度以上被认为是“痛苦的”，但人们都尝试着喜欢它们（见第 2 章）。化学物理觉物质具有特殊的疼痛特性（或类型），不熟悉和未经训练的感官小组成员测量时感觉强度值会偏高，也容易产生疲劳感，影响强度评价的准确性。疲劳感对化学物理觉物质测定时影响很大，包括有敏化、脱敏以及交叉敏化和交叉脱敏等现象（Carstens 等，2002；Green，1989）。敏化现象是感觉强度增强的过程，只有一种化学物理觉物质存在时，该过程称为自敏化，指同一种化合物在浓度不变情况下，短时间内（几秒至几分钟）感觉强度值多次升高的现象。超过一种化学物理觉物质存在时敏化问题变得更加复杂。一种化学物理觉物质在另一种物质刺激下产生比单独使用时更高的感觉强度称为交叉敏化现象。脱敏现象是保持化学物理觉物质浓度不变情况下感觉强度值降低的一个过程（见第6章）。与敏化类似，脱敏也存在自身脱敏和交叉脱敏现象。自身脱敏所需时间比自我敏化更长。对于辣椒素（辣椒中产生灼热感/热感的化合物），评估后自我脱敏持续时间约为5.5~14.5min（Green，1991）。

为了进一步了解敏化和脱敏现象，可以设想一个墨西哥餐厅里的常见场景。一位食客正在食用涂抹了莎莎辣酱的玉米饼片。第一口下去，首先感受的是热感，几秒后转为灼热感。当食客继续快速食用时，灼热感的强度会随之增强（发生自我敏化）。但当食客间隔6min再食用下一片涂抹辣酱的玉米饼片时，下一次辣味强度比初次食用时减弱（自我脱敏）。此外，如果食客本身是嗜辣爱好者，他/她会将冰玛格丽特与玉米片一起食用，这样会使痛感迟钝。假设疼痛迟钝并不是玛格丽特造成的，那就是冰的冷却效果减弱辣椒热感导致的交叉脱敏。当一个更有“男子气概”的食客选择龙舌兰酒配辣酱玉米饼片会怎样呢？他可能会感受到比单独吃辣酱玉米片更强的痛感。这是一个交叉敏化的例子，酒精的灼热感增强了辣椒的灼热感。这些例子看起来很容易理解，但许多感官科学家、心理物理学家（感知定量测定科学家）和其他科学家仍然花了数年时间来研究这些感觉。事实上，随着我们对感觉和受体的了解越深入，这个研究领域也在不断发展。所有这些经历使得化学物理觉的精确测量变得更加复杂。

10.4 含化学物理觉物质样品的测量

化学物理觉测定时需要仔细考虑评估样品和参比样的数量，并监测感觉疲劳、敏化、交叉敏化、脱敏和交叉脱敏等现象。如果不能有效控制这些化学物理觉物质评价时的相关问题，最终结果数据中会产生过多的变异或噪声，导致感官数据的可靠性降低。

许多研究者对缓解辣椒素（化学物理觉中灼热感）疲劳感展开研究（Hutchinson等，1990；Allison等，1999）。样品呈递间提供水、薄脆饼干及一段休息时间（有水和薄脆饼干时休息8min，或无水和薄脆饼干时休息16min）可降低敏化现象产生。敏化通常发生在短于3.5min的时间间隔内，脱敏则需要更久，辣椒素脱敏通常持续5.5~14.5min（Green，1991；Allison等，1999）。

有报道称一些常见食物成分会降低三叉神经感知能力（如辣椒素）（Nasrawi和Pangborn，1989；Hutchinson等，1990；Allison等，1999；Lawless等，2000）。蔗糖可减弱胡椒的热持续时间和强度，而口香糖只具有延缓作用（Nasrawi和Pangborn，1989）。脂肪加到辛辣食品体系后会大幅降低辣椒素的感知强度，因为辣椒素的高疏水性使其溶解油脂中，避免溶解唾液中与三叉神经受体相互作用（Lawless等，2000）。相关报道主要集中在辣椒素上，其他化学物理觉化合物的研究较少。

鉴于辣椒素热感测量复杂性的诸多报道，许多感官科学家都认识到，其他化学物理觉物质感知强度测定也同样复杂。例如，评价含酒精、薄荷糖和其他化学物理觉物质的产品时，在样品呈递间确保有一段较长的休息时间并使用口腔清洁剂减少恢复时间是常用手段。此外，对于含高浓度化学物理觉物质或/和多种三叉神经化合物类产品（如牙膏），需要更长的样品呈递间隔时间和更少的样品数量（1~2 个）。Allison 等（2007 年）发现商用牙膏感官测试时，24min 的样品间隔时间仍然产生敏化相关现象。

化学物理觉物质的强度测量时会采用一些手段如刺激消除剂（口腔清洁剂）帮助恢复。水和薄脆饼干是最常见的口腔恢复剂，清洁皮肤的嗅闻有利于嗅觉系统恢复。文献报道 8~15min（或更长）的休息时间（刺激间隔）能避免敏化和脱敏现象产生（Green，1991；Allison 等，1999；Allison 等，2007）。每种化学物理觉物质都可能具有特殊的致敏和脱敏现象，以及与其他化学物理觉物质的交互作用（交叉敏化和交叉脱敏）。皮肤和眼睛需要较长的恢复时间。身体不同部位对化学物理觉物质的刺激会做出不同响应，如薄荷醇在口腔和鼻腔中产生凉感，但在皮肤其他区域产生热感和/或凉感（Eccles，1994）。

10.5 三叉神经化合物的差别检验

差别检验技术手段很多，包括三点检验、两-三点检验、A-非 A 检验和 *r*-index。这些测试方法都是对两个或多个样本（刺激）比较后进行判断。实际上，为减少记忆影响，测量通常在很短时间内（几秒钟内）完成。由于存在疲劳、敏化和脱敏等现象，化学物理觉物质的感官测试特别困难。皮肤测定时中常将样品和参照物置于身体不同侧面，再进行差异判断。同样，在实验室中，可以用棉签或滤纸蘸取液体涂抹在舌头相对的侧面进行测量。如果产品必须咀嚼或是复杂的混合食品体系时，这种测试方法并不适用。准确测定样品间的差异，样本呈递之间必须有休息间断（刺激间隔）。然而，即使感官小组成员非常熟悉刺激物质，这种时间间断也可能导致评价员差异检测能力下降（Almedia 等，1999）。样品描述性分析可能会更容易一些，因为样品的呈递间隔可以进行属性和强度的测量。

10.6 化学物理觉物质的强度评分

感觉强度评估方法很多，最常用的有量值估计法和强度标度法，如强度类项标度，非结构化和结构化线性标度，以及标记量值标度（Green 等，1996；Meilgaard 等，1991）。心理物理学家经常使用标记量值标度（图 10.2），而工业感官科学家（食品、饮料及个人和家庭护理）经常使用类项标度（类别为 0 表示无，15 表示强，0.5 为一个间隔刻度）或线性标度（0~15、0~150 或 0~100）（图 10.3）。根据测试的目的选择其中任一有效方法，这些方法均有各自的问题。需注意一点，对于高强度的感觉强度测量，如化学物理觉，类项标度和线性标度可能需要扩展标尺长度，以便准确测量感觉强度（有关天花板和压缩效应讨论，Hayes，Allen 和 Bennett，2012）。

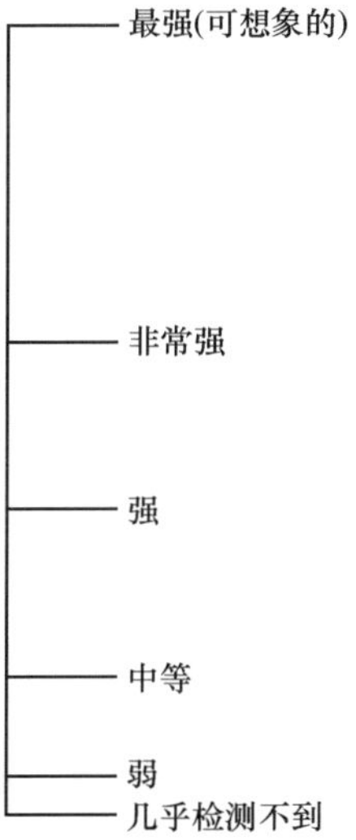

图 10.2 标记量值标度（LMS）

资料来源：Green 等，1996。

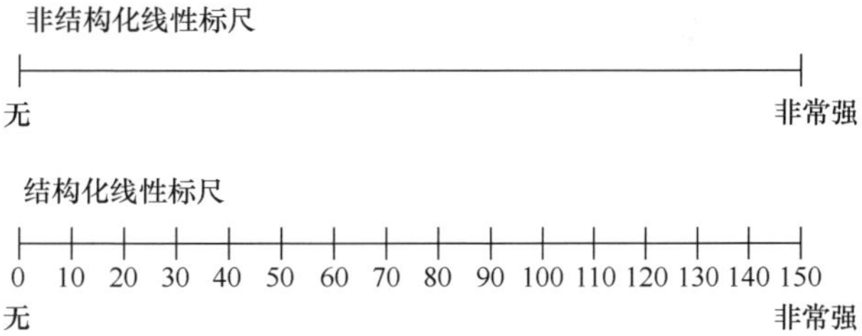

图 10.3 用于强度标度的非结构化和结构化线性标尺

10.7 响应剂量

研究一种新化学物理觉物质时，了解其较大浓度范围内的强度等级变化非常有必要。新化合物通常会与行业标准品进行比较，如新凉感化合物常被拿来与薄荷醇比较。此外，还可以利用 ASTM 辣椒辣度的标准评价方法（ASTM，2011a，2011b），如分析化学法和斯科维尔指数单位（辣椒辣度测量的标准化单位）进行辣度评价。

通过剂量响应曲线，人们可以确定一种新化合物在给定浓度下的属性强度（使用任何上述评定方法），并与现有行业标准物质在相同浓度下进行比较。图 10.4 描述了三个样品的剂量响应曲线。三个凉味剂样品中，凉味剂 1 属于高强度化学物理觉物质实例，低浓度下具有最高凉感强度，凉味剂 2 的凉感强度居中，凉味剂 3 的凉感强度最弱。与凉味剂 1 相比，凉味剂 2 具有更高的阈值浓度、更广的线性响应浓度范围和更低的最大强度值。

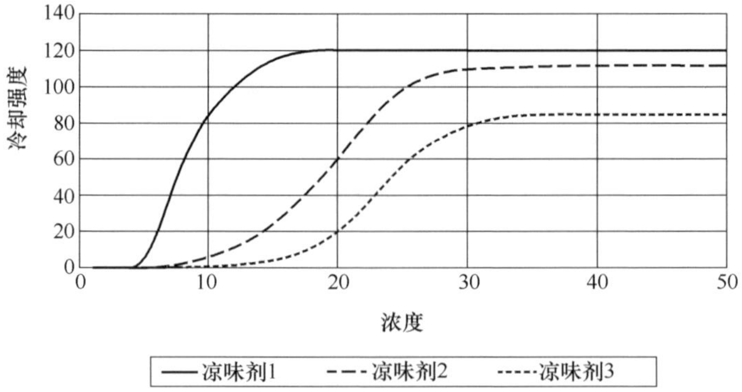

图 10.4　剂量响应曲线案例

10.8　含化学物理觉成分样品的描述性分析

描述性分析是理解和表征化学物理觉物质的一项有效技术（Cliff 和 Heymann，1992）。评价小组成员必须接受培训，认真制定评价方法并进行记录，以便增加指导书的可靠性。每天评价的含化学物理觉物质样品的数量需要控制。每天评价食品和饮料类产品数量不超过 7 种，样品呈递期间食用水和薄脆饼干，间歇时间不低于 8min（Allison 等，1999）。

参比样能够帮助受训小组成员更好的理解感官属性，但需注意一点，具有化学物理觉特性的参比样也可能产生疲劳，同样需要一定休息时间和口腔清洁剂帮助恢复。因此，小组成员需努力住参比样引发的感觉。通常需要较长的培训时间确保小组成员清楚地理解这种属性，积累更多参比样和产品的感官经验。敏化和脱敏现象会使化学物理觉的描述性分析训练和评价时间比其他物质更长。训练能够减小属性强度测量的差异，减少强度测量中的数据波动，特别是化学物理觉物质的评价。详细记录属性强度的测量程序，并认真应用到强度评价过程中，有利于减少样品属性强度测定的噪音和误差（方案 10.1；ASTM，2014）。

例如，第一口啜饮或品尝待测样品时的灼热感比评价过程中某个模糊时间点的灼热感可能更为合适。方法记录时需注意以下事项：①评价样本的数量；②如何使用或品尝产品；③进行化学物理觉物质强度评价的时间点；④评价过程中呼吸时嘴巴是张开还是闭合（方案 10.2）。无论采用哪种方式，小组成员都应多次练习，在盲评试验开展前得到反馈或分值。如果没有仔细记录测定步骤，数据收集中产生的噪声可能过高而无法测量样本间真实差异。

方案 10.1　化学物理觉物质评价方案的考虑因素

如何评估产品？
- 属性排序。
- 属性定义。
- 收到或开封多长时间内必须完成产品的评估？这对热饮、碳酸饮料或含水/酒精易蒸发变干等产品来说非常重要。

产品的属性变化曲线是否有差异？
- 如果有差异，项目团队是否会对该属性的时间强度曲线感兴趣？
- 评估持续的时间？
- 评估产品的数量？
- 整个产品按重量或体积分成几份进行评估最优？
- 或者，给小组成员每人一个勺子或注射器，从一个体积较大、有 3 位编码的容器中自行取出产品？

产品与小组成员的互动——记录下准确方案
- 个人护理产品
  - 应用步骤。
  - 测试地点在哪？
  - 产品应用之前如何确定测试地点？
  - 评价前产品在皮肤上的停留时间。
  - 是否有多个感兴趣的时间点？

- 食品和饮料
  - 口腔停留的时间。
  - 吐出前咀嚼或吞咽前漱口的次数（如有必要）。
  - 是否有余味？如果有，时间为多久？

- 嗅闻操作程序
  - 嗅闻次数。
  - 通过洁净皮肤、咖啡豆（或其他）物质进行恢复。
  - 产品温度。
  - 环境温度和相对湿度。
  - 玻璃还是塑料质地？
  - 样品杯封盖还是不封盖？
  - 是否有必要释放积累的香气，然后设定嗅闻前的恢复时间？（酒精类产品可能需要）
  - 液体——需要晃动还是静止？

方案 10.2 饮料的口腔评价方案

- 小组成员测试前 1~2h 内禁止食用含三叉神经兴奋剂的食品和饮料。需注意，牙膏和漱口水中含有多种化学物理觉物质（凉感、灼热感和麻木感），可能会影响产品化学物理觉及其他感觉的评价。
- 啜饮 5mL，口中含 5s 后吐出，立即评价产品的凉感和灼热感。30s 和 1min 时再次进行评价。
- 口腔凉感定义——口腔感觉到的凉感量，参比样为薄荷醇溶液。
- 口腔灼热感/刺激感定义——口腔感觉到的灼热感或刺激感的量，参比样为辣椒素溶液。

10.9 酒精灼热感案例研究

这项研究对单一类型烈酒的香气、风味和质地等整套数据进行了完整分析。数据收集的前 2 周，使用多种参比样对评价小组进行校准，并开展 20 种烈酒的扩展培训。样本呈递间隔时间为 20min，同时使用瓶装水、苏打饼干、胡萝卜、干酪和苹果等帮助恢复。每天分析 5 个样品，评价时间超过 3h。收集来自 12 个受训的描述性小组成员的数据，他们拥有 1500h 酒精类饮料的感官经验。采用完全平衡和轮流测试的次序进行样品评价，每个小组成员均有试验设计方案。所有样品评价后均被吐出。

产品的感官小组测试中，鼻部灼热感（也称刺痛感）的恢复比口腔快很多。短暂休息间隔和皮肤嗅闻恢复后，可再次进行产品评价。即使有样品呈递时间间隔和冲洗，但口腔灼热感持续时间约为 6min。此外，需提醒和训练感官小组成员迅速判断结果，避免判断时产品仍然含在口中。实际训练中，由于感觉疲劳和敏化等原因，小组成员每天评价样品量上限是 5 种产品。

酒精灼热感强度与鼻腔灼热感（图 10.5）、初始啜饮（图 10.6）和多次啜饮后 30s（图 10.7）间的关联性如图所示。每种属性均建立一套评价流程，小组成员按评价流程进行训练。鼻腔、初始啜饮（图 10.6）和多次啜饮后 30s 的灼热感强度与酒精度数 80~140 检验范围内呈线性关系。鼻腔灼热感强度值和第一口啜饮口腔灼热感强度值范围均为 75~120，但多次啜饮后 30s 测试口腔中灼热感强度值范围仅为 60~100。由此可见，这些烈酒的鼻腔灼热感强度和口腔相似。但根据具有丰富烈酒经验的感官小组判断，并非每种烈酒都会出现类似情况。从样品第一口啜饮到全部测试完成后 30s，灼热感强度平均降低 20 个点。

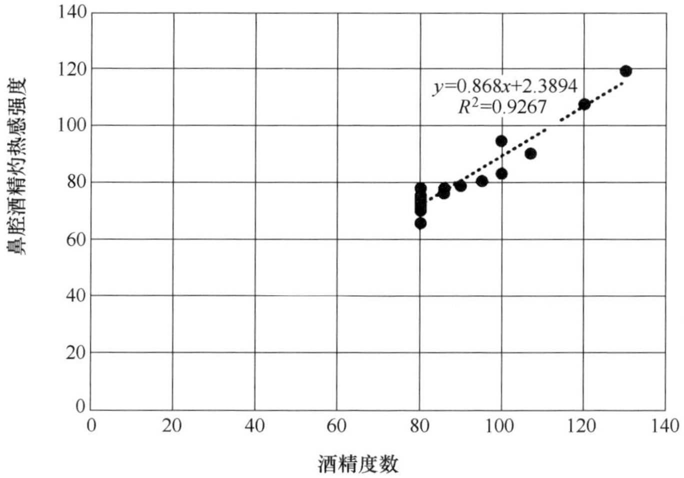

图 10.5 烈酒酒精检验函数（鼻部灼热感强度的描述性分析）

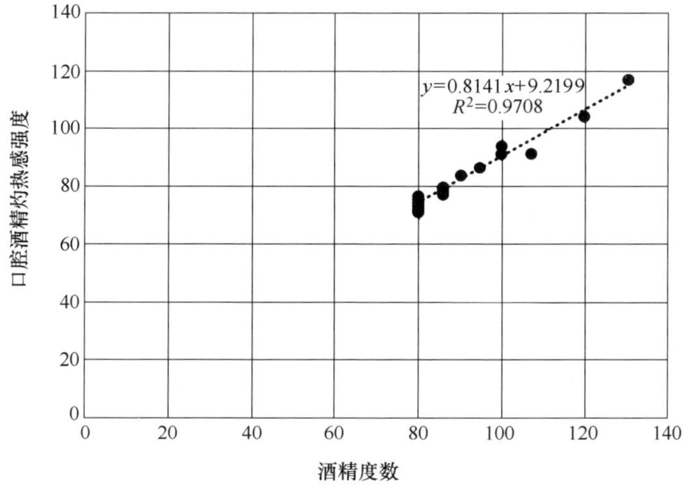

图 10.6 烈酒酒精检验函数（第一口啜饮时灼热感强度的描述性分析）

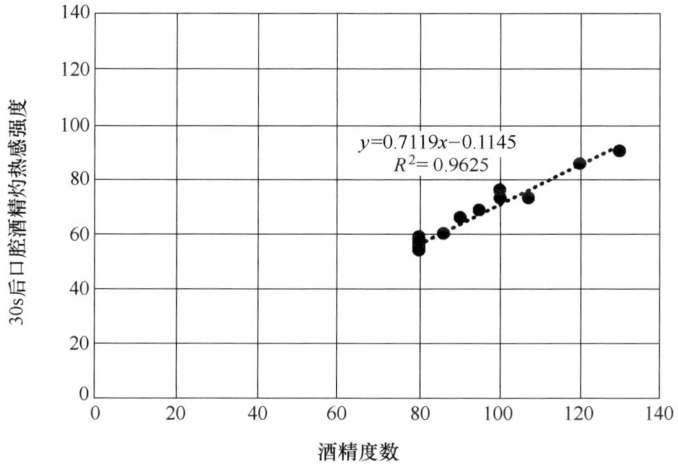

图 10.7 烈酒酒精检验函数（30s 后酒精灼热感强度的描述性分析）

10.10 时间强度

时间强度法可以表征化学物理觉物质之间的差异，通过测定样品属性强度随时间的变化从而对属性剖面展开研究。这种方法的有趣之处在于这些化学物理觉物质的属性强度和变化过程均得到呈现（ASTM，2014）。例如，比较不同配方牙膏时，样品间的凉感属性是否有差异？牙膏会快速产生凉感吗或开始刷牙后多久会达到最大凉感强度？灼热感是如何增强和消失的？麻木感的强度及持续时间？这 3 个属性可以分开单独评价，即每个样本的凉感、灼热感和麻木感的时间-强度测试。

时间强度法有利于理解感兴趣的感官属性，并将信息提供给产品开发人员，使他们能够更好地了解产品属性。时间强度法通常由受训的描述性分析小组成员开展。首先，为了让小组成员掌握时间强度法，在纸上对强度进行评分后分组讨论评分有利于对产品特性的体验。在实践中，小组负责人说出时间点后小组成员则评估该时间点的感觉强度。小组讨论可能集中在属性强度的上升和消失的速度、持续时间和最高强度等方面。其次，应根据特定时间点的感觉强度对感官小组成员进行校准，讨论属性如何随时间变化并比较不同样品的特征差异。训练初始期间，小组应该先确认化学物理感觉的持续时间，以便确定强度等级测试的持续时间。接下来，小组成员需要适应计算机化的数据收集方式和程序的特性。计算机上样品测试曲线训练对于实际数据收集前进一步提高小组成员的评分技术至关重要。

时间强度法能够量化属性随时间的变化。数据由随时间变化的属性强度组成，最终形成时间-强度曲线。每条曲线都有专用的关联参数，包括最大强度（峰值强度）、曲线下面积（属性强度随时间变化的总量）、持续时间（属性持续的时间）、增大到最大强度时曲线陡峭程度（角度增加，越接近 90°表明增加速率越快）以及消失速度（消失角度的陡度，角度越小表明消失速度越快）（图 10.8）。通过跨样本比较这些数据，可以测定不同化学物理觉制剂的时间差异。为了更好理解时间强度曲线的优势，下面将讨论一个薄荷口香糖凉感释放的案例。

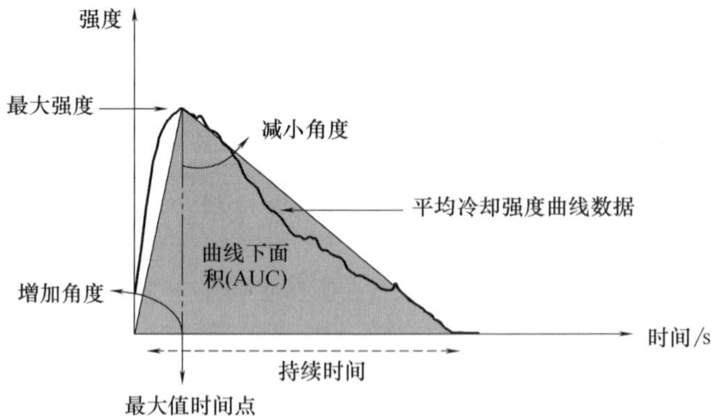

图 10.8 时间-强度曲线的相关参数

图 10.9 中直观反映了 5 个产品凉感释放的整体变化趋势。相比其他产品，P1 具有更高的凉感强度、更快速的强度增加或减少变化。产品 P5 达到最大凉感强度的速度最慢，强度降低变化也最为缓慢，但强度持续时间长。产品 P3 具有最小的最大强度值和较短的达到最大强度所需时间。

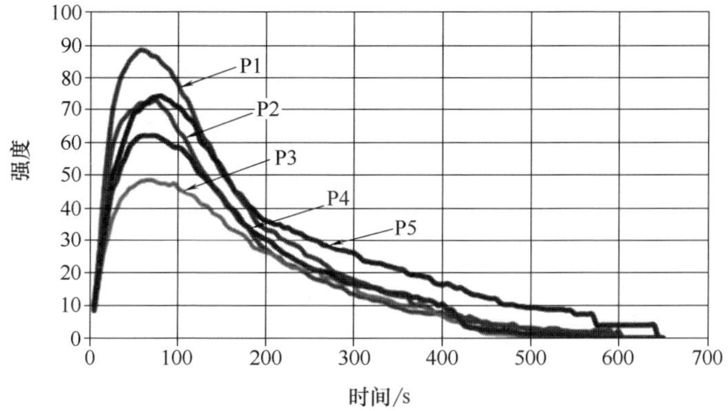

图 10.9　薄荷口香糖样品凉感释放的时间-强度曲线（均值）

如图 10.10 所示，产品 P1 的最大强度值最大，凉感释放过程与 P5 类似。此外，产品 P5 凉感持续时间最长。尽管产品 P1 的强度值更高，但凉感持续时间不如 P5。

图中数据均为曲线参数的平均值，采用 ANOVA 和 Fisher´s LSD 的 95%置信水平统计分析。不同字母代表样品之间存在显著差异，从左到右样品顺序依次为：P1、P2、P3、P4 和 P5。

数据可采用主成分分析法（PCA）进行分析（图 10.11）。该数据简化方法可以应用于多重数据分析。这里，采用 PCA 阐明时间强度曲线和产品参数之间的关系。图中位置靠近的属性表明具有较强正相关性，分布在两侧表明属性间存在负相关性，而相互成直角的属性表明不具有相关性。同样，绘制点较为靠近的产品具有相似的感官特性，而距离较远的产品感官差异较大。

PCA 图（图 10.11）显示前两个主成分的累计贡献率达到 86%。其中，第一主成分占 71%，第二主成分占 15%。因子 1 将产品左右分开。位于图中左边区域产品具有较大的减小角度，右边区域的产品与较大的增加角度、曲线下的总面积和最大强度具有相关性。垂直轴（因子 2）是根据达到最大感官强度的速度来区分产品，其中位于图中顶部的是较快达到最大强度产品，靠近底部的产品速度相对较慢。产品 P1 与最大强度相关，其强度增加速度（增大角度越大）和总凉感量均最大（曲线下面积）。产品 P3 的强度、总凉感和持续时间均较低；扁平曲线表明样品 P3 具有相对较低的减小角度。产品 P2 和 P5 具有类似的时间-强度参数；产品需要更长时间才能达到最大强度，持续时间长，具有中等的强度和总凉感。

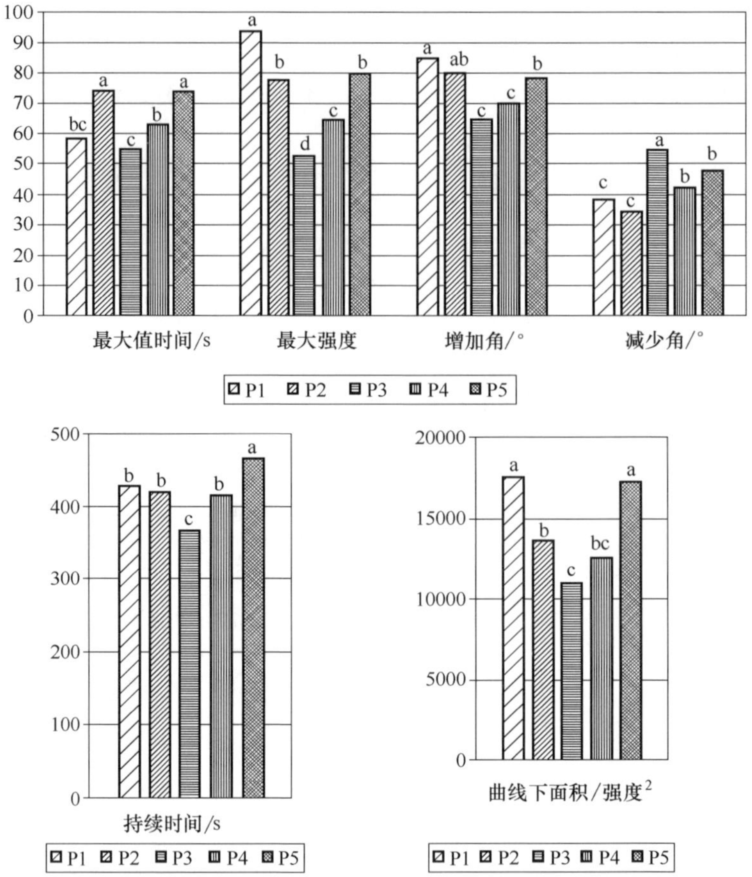

图 10.10　薄荷口香糖时间—强度曲线参数的统计分析

注：图中不同的字母标注表明存在显著差异。

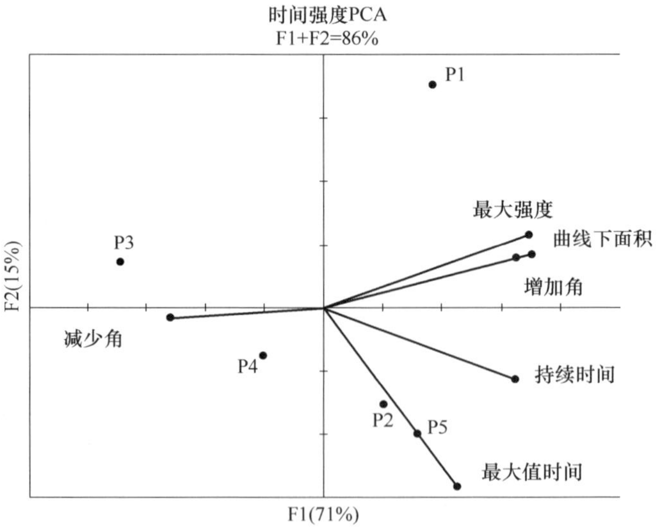

图 10.11　薄荷口香糖样品随时间凉感强度变化的主成分分析

10.11 化学物理觉物质的消费者测试

尽管讨论消费者测试的良好操作规范超出了本章范围，但本节仍列出了研究人员开展研究中需要注意的事项。使用含化学物理觉制剂产品进行消费者测试时需要严格遵守良好的感官操作规范：限定数量的样本数（1~4 个样本）、样本呈递间的强制间隔时间和使用口腔清洁剂。此外，由于消费者通常只愿意进行 1~2 个感兴趣产品的体验测试，因此在产品集感觉导向上花时间不合适也不可行。为了弥补这个问题，我们应使用良好的消费者测试操作规范，包括合适的招募、筛选、测试指导书和产品测试问卷指导书（ASTM，2007；Meilgaard 等，1991）。

通常，根据消费者对化学物理觉物质强度的喜好程度可以分成几类：讨厌组，轻微强度喜欢组（温和的），中等强度喜欢组，高强度喜欢组。消费者进行特定分组后，确保在所有测试中使用“适合”的消费者开展其感兴趣的产品测试至关重要。通过招募和筛选寻找“适合的消费者”，消费者招募必须有详细的筛选计划，包括目标人口统计和配额。除项目一般要求，还要将产品使用纳入详细筛选过程。招募使用过与测试样本类似强度的产品的消费者（或部分消费者）非常重要。例如，如果我们要测试莎莎辣酱，那就要确保招募的消费者是食用过莎莎辣酱或类似辣度的食品。可以对筛选表中问题进行设置以确定消费者是喜欢温和程度、中等程度还是高强度的辣酱。此外，对类似的辣椒制品，如特定品牌辣椒酱产品，以及泰国和印度菜等特定菜肴的食用情况需进行翔实调查。

消费者选定后，需提醒消费者在测试前 1d 或测试前 2h 内不要饮酒、进食或使用特定产品（清单目录）。例如，如果消费者是参与牙膏评估测试，则测试开始 2h 前应避免刷牙、使用漱口水、饮酒、嚼口香糖或吃薄荷糖。此外，需要避免使用镇痛药，如有使用则需要在报告中提及。

消费者测试中经常使用的典型问题有：喜欢、差不多正确、完美和检查所有问题（Meilgaard 等，1991）。大规模消费者测试已采用喜好测试的软件程序（ASTM，1997）。通过统计建模将喜好数据与描述性分析数据相关联展开喜好程序设计。试验设计研究中，整体控制产品成分或加工条件以确定它们对产品特性的影响，例如喜好或描述性分析。喜好和试验设计的开展需要特定方法，例如不完整的区组设计，通过增加消费者数量减少每个消费者评估的样本数量。也可以选择其他试验设计方案，如产品的描述性分析，以及涉及整个设计范围的少数产品的消费者测试；然后，开展后续消费者测试去检验消费者喜好模型的有效性（Ward 等，1999）。

10.12 小结

本章讨论了敏化和脱敏现象引发的化学物理觉系统恢复缓慢和产生疲劳，最终导致化学物理觉制剂的测试困难。明确化学物理觉制剂的感觉评估和消费者测试中存在的问题后，研究人员可以通过试验设计确保获得更准确的产品指导数据。我认为，关注化学物理觉制剂与受体的相互作用能够持续启发大家进行产品研究，更好指导产品设计。

致谢

衷心感谢富有创造力的感官科学家 Karen A. Sylvester 给予的鼓励和对本部分内容框架的指导。非常感谢来自我们和谐大家庭的帮助，特别是具有创造力的感官科学家 Kristen Welker-Hood 博士、Grace A. Ward 和 Daniel R. Ward，感谢他们在概述、参考文献、图表和文字编辑等方面的付出。

参考文献

Allison, A., Chambers Ⅳ, E., Milliken, G., and Chambers, D. 1999. Effects of interstimulus rinsing and time on measurements of capsaicin heat in tomato salsa. *Journal of Sensory Studies*, 14 (4), 401-414.

Allison, A., Chambers, E., and Chambers, D. 2007. Repeated testing and rinsing regimens for toothpastes with various cooling and burn intensities: impact on discrimination and repeatability. *Journal of Sensory Studies*, 22 (6), 695-712.

Almeida, T., Cubero, E., and O' Mahony, M. 1999. Same-different discrimination tests with interstimulus delays up to one day. *Journal of Sensory Studies*, 14 (1), 1-18.

ASTM Standard MNL 26. 1996. e2, *Descriptive analysis*, ASTM International, West Conshohocken, PA, 1996, DOI: 10. 1520/MNL10657M, www. astm. org (accessed 6 October 2015).

ASTM Standard MNL 30. 1997. *Relating consumer descriptive and laboratory data to better understand consumer responses*, ASTM International, West Conshohocken, PA, 1997, DOI: 10. 1520/MNL30-EB, www. astm. org (accessed 6 October 2015).

ASTM Standard MNL 55, 2007. *International consumer product testing across cultures and countries: General principles*, ASTM International, West Conshohocken, PA, 2007, DOI: 10. 1520/MNL 11101M, www. astm. org (accessed 6 October 2015).

ASTM E1490-11. 2011a. *Standard guide for two sensory descriptive analysis approaches for skin creams and lotions*, ASTM International, West Conshohocken, PA, 2011, DOI: 10. 1520/E1490-11, www astm. org (accessed 6 October 2015).

ASTM Standard E1083. 2011b. *Standard test method for sensory evaluation of red pepper heat*, ASTM International, West Conshohocken, PA, 2011, DOI: 10. 1520/E1083-00R11, www. astm. org (accessed 6 October 2015).

ASTM Standard E1909. 2014. *Standard guide for time-intensity evaluation of sensory attributes*, ASTM International, West Conshohocken, PA, 2014, DOI: 10. 1520/E1909, www. astm. org (accessed 6 October 2015).

Bharate, S. and Bharate, S. 2012. Modulation of thermoreceptor TRPM8 by cooling compounds. *AcS chem. Neuroscience*, 3 (4), 248-267.

Cardello, A. and Wise, P. 2008. Taste, smell, and chesthesis in product experience, in *Product Experience.* (eds. H. Schifferstein and P. Hekkert), 1st edn, Amsterdam: Elsevier, pp. 91-131.

Carstens, E., Iodi Carstens, M., Dessirier, J., *et al.* 2002. It hurts so good: oral irritation by spices and car-bonated drinks and the underlying neural mechanisms. *Food Quality and Preference*, 13 (7-8), 431-443.

Cliff, M. and Heymann, H. 1992. Descriptive analysis of oral pungency. *Journal of Sensory Studies*, 7 (4), 279-290.

Dessirier, J., O'Mahony, M., Iodi-Cartens, M., and Carstens, E. 2000. Sensory properties of citric acid: psychophysical evidence for sensitization, self-desensitization, cross-desensitization and cross-stimulus-induced recovery following capsaicin. *Chemical Senses*, 25 (6), 769-780.

Eccles, R. 1994. Menthol and related cooling compounds. *Journal of Pharmacy and Pharmacology*, 46 (8), 618-630.

Green, B. 1989. Capsaicin sensitization and desensitization on the tongue produced by brief expo-sures to a low concentration. *Neuroscience Letters*, 107 (1-3), 173-178.

Green, B. 1991. Temporal characteristics of capsaicin sensitization and desensitization on the tongue. *Physiology & Behavior*, 49 (3), 501-505.

Green, B., Dalton, P., Cowart, B., *et al.* 1996. Evaluating the 'Labeled Magnitude Scale' for measuring sensations of taste and smell. *Chemical Senses*, 21 (3), 323-334.

Hayes, J. E., Allen, A. L. and Bennett, S. M. 2012. Direct comparison of the generalized visual analog scale (gVAS) and general labeled magnitude scale (gLMS). *Food Quality and Preference*, 28 (1), 36-44.

Hutchinson, S., Trantow, L., and Vickers, Z. 1990. The effectiveness of common foods for reduction of capsaicin burn. *Journal of Sensory Studies*, 4 (3), 157-164.

Jacquot, L., Monnin, J., Lucarz, A., and Brand, G. 2005. Trigeminal sensitization and desensitization in the nasal cavity: a study of cross interactions. *Rhinology*, 43, 93-98.

Klein, A., Carstens, M., and Carstens, E. 2013. Eugenol and carvacrol induce temporally desensitizing patterns of oral irritation and enhance innocuous warmth and noxious heat sensation on the tongue. Pain, 154 (10), 2078-2087.

Lawless, H., Hartono, C., and Hernandez, S. 2000. Thresholds and suprathreshold intensity functions for capsaicin in oil and aqueous based carriers. *Journal of Sensory Studies*, 15 (4), 437-477.

Meilgaard, M., Civille, G., and Carr, B. 1991. *Sensory Evaluation Techniques.* Boca Raton: CRC Press.

Nasrawi, C. and Pangborn, R. 1989. The influence of tastants on oral irritation by capsaicin. *Journal of Sensory Studies*, 3 (4), 287-294.

Peryam, D. R. and Pilgrim, F. J. 1957. Hedonic scale method of measuring food preferences. *Food Technology*, (September), 9-14.

Törnwall, O., Silventoinen, K., Hiekkalinna, T., *et al.* 2014. Identifying flavor preference subgroups. Genetic basis and related eating behavior traits. Appetite, 75, 1-10.

Ward, C., Koeferli, C. S., Schwegler, P. P., Schaeppi, D. and Plemmons, L. 1999. European strawberry yogurt market analysis with a case study on acceptance drivers for children in Spain using principal component analysis and partial least squares regression. *Food Quality and Preference*, 10, 387-400.

Yang, X. 2008. Aroma constituents and alkylamides of red and green huajiao (Zanthoxylum bungeanum and Zanthoxylum schinifolium). *Journal of Agricultural and Food chemistry*, 56 (5), 1689-1696.

Yang, X., Rohr, M., and Jordan, J. 2009. Identification of dihydrogalangal acetate in galangal [Alpinia galangal (L.) Swartz] extracts. *Journal of Agricultural and Food chemistry*, 57 (8), 3286-3290.

11 化学物理觉物质的分析化学

David A. Bolliet

Kalsec©, Inc., Kalamazoo, MI, USA

11.1 引言

化学物理觉物质的分析手段很多，具体选择时需要考虑样品（包括但不仅限于关注的分析物质）的浓度水平、基质、测定方法灵敏度、学术领域和生产环境等因素。目前发表的文献报道中包含许多用于化学物理觉物质检测和量化的分析解决方案。除食品外，许多药品（包括传统药和现代药）中也含有化学物理觉物质 。因此，本章主要对 2005—2015 年间文献报道中食品和非食品中化学物理觉物质分析方法进行介绍。

11.2 异硫氰酸烯丙酯

异硫氰酸烯丙酯（AITC）是一种存在于芥菜、辣根、萝卜和山葵（绿芥末）等十字花科植物中的物理化学觉物质。由于 AITC 具有挥发性，气相色谱（GC）法是检测 AITC 的主要方法。过去 10 年中，很多研究团队发表了他们采用 GC 检测 AITC 以及相关化合物的研究。关于 AITC 最全面的研究之一是 Xiao 博士的学位论文（Xiao，2005）。采用顶空固相微萃取（SPME）和气相-质谱（GC-MS）联用，对 3 种原料［芥籽油、山葵和“冲菜”（Chongcai，荠菜叶产品）］中 AITC 开展了定性和定量分析。3 种原料中，AITC 含量分别占总挥发性化合物的 73.45%、64.25%和 32.74%（除去许多其他异硫氰酸酯峰）。此外，有采用静态顶空气相色谱结合火焰离子化检测（GC-FID）法分析 AITC 的相关研究（Ma，2012）。

SPME 和 GC-MS 联用被用于腌渍芥末这一复杂基质中的 AITC 的定性检测（Zhao 等，2007）。研究人员选用聚二甲基硅氧烷（PDMS）涂层的 SPME 吸附纤维，并采用中等极性的 OV-1701 毛细色谱柱进行 AITC 与其他挥发性化合物的分离。后续报道中，在山葵（Nakanishi 等，2014），圆白菜叶（Troncoso 等，2005）、白甘蓝（Penas 等，2012）、黑芥末（Crespo 等，2012）和“冲菜”糊（Li 等，2012a）中均检测到 AITC 物质。有报道称，AITC 还可通过 GC 结合原子发射法（AES）联用检测（Kanamori-Kataoka 等，2012）。

日本一研究团队称开发出几种用于 AITC 研究的检测试剂盒（比色法），可以作为 AITC 色谱法检测的替代方案（Norimine 等，2008；Ishiwata 等，2009）。研究人员表明，在他们检测方案中，会在连接的玻璃管中发生一系列化学反应（适用于液态和气态 AITC 检测），检测限（LOD）低至 1×10^{-6}（体积分数）。

需注意的是，AITC 也可以采用反相高效液相色谱（RP-HPLC）结合 C18 色谱柱、242nm 紫外线（UV）开展检测（Pelosi 等，2014）。定量限（LOQ）约为 14μg AITC/g 芥菜，线性范围不低于 2800μg AITC/g 芥菜。基于 AITC 的紫外吸收特性可采用分光光度法检测 AITC 与羟基-水和 β-环糊精在一系列酸性-碱性介质中的反应（Jiang 等，2006）。菲律宾一次会议中提出采用 RP-HPLC 结合折射率和［液相色谱（LC）］质谱（MS）的 AITC 检测方法（Alea 等，2014）。

11.3 辣椒素类物质

辣椒素类物质是存在辣椒属植物，特别是辣椒胎座中的一类强烈化学物理觉物质。包括多种辣椒碱类物质（Schweiggert 等，2006；Kozukue 等，2005），其中辣椒素（C）和二氢辣椒素（DC）含量约占辣椒素类物质总含量的 90%（Yardim 和 Senturk，2013）。此外，还包括少量的降二氢辣椒素（NDC）、高辣椒素（HC）和高二氢辣椒素（HDC）。高效液相色谱法能够有效分离辣椒素类物质，检测方法也很多，包括 UV、质谱、电化学、荧光、分光光度和比色法等。

目前，RP-HPLC 结合 C18 色谱柱，等度或梯度洗脱，280~282nm（280nm 是最常用波长）UV 检测是辣椒中辣椒素类物质的最常用检测手段，例如，C（Li 等，2006；Gao 等，2005），C 和 DC（Bae 等，2013；Juangsamoot 等，2012；Luo 等，2012；Gu 等，2011；Zhou 等，2011；Zuo 等，2010），C、DC 和 NDC（Zhang 等，2011a），C、DC、NDC 和 HC（Han 等，2012b）。此外，有报道将高效液相色谱（HPLC）-UV 应用于其他物质中辣椒素类物质的定量检测，如纳米乳液中 C 的测定（Jiang 等，2011）；红辣椒、糯米、发酵大豆和盐加工制成具有辛辣和咸味的韩国调味酱中 C 和 DC 的测定（Ha 等，2010b）；结合 230 nm UV 进行辣椒油产品中 C、DC 和 NDC 的测定（Wang 等，2007）；韩国食品中的 C 和胡椒碱测定（Choi 等，2006）；结合 222 nm UV 进行 6 种甜椒中 C 或 DC 的测定（Al Othman 等，2011）等 。此外，HPLC-UV 还被应用于意大利卡拉布里亚（Ziino 等，2009）和土耳其（Topuz 和 Ozdemir，2007；Poyrazoglu 等，2005）地区辣椒（*C. annuum* L.）中辣椒素类物质的定量检测。Gahungu 等采用 HPLC 结合 280nm UV 进行了黄灯笼辣椒（*C. chinense*）中 C 和 DC 的定量检测（Gahungu 等，2011）。

Gonzalez-Zamora 等（2013）采用 RP-HPLC 结合 UV 检测（222 和 280nm），对墨西哥北部 8 个辣椒品种中 C、DC、NDC、HC 和 HDC 进行定量检测。Muchena 在其硕士论文中，通过 RP-HPLC 结合 C18 色谱柱和 UV 检测（210nm），对当地种植和商业市售辣椒中的辣椒素类物质含量开展研究（Muchena，2009）。de Jesus Ornelas-Paz 等（2010）采用 RP-HPLC 结合 UV 检测（236nm），分析烹饪方式（煮熟和烤制）、辣椒种类（poblano、bell、chilaca、caribe、jalapeño、serrano、habanero 和 manzano）对墨西哥辣椒中辣椒素类物质（C、DC 和 NDC）的影响。结果表明，蒸煮处理会适度降低辣椒素类物质的含量，而烤制处理会显著增加辣椒素类物质含量。

有研究人员开发了专门用于辣椒素类物质检测的特定紫外分光光度法，如 248 和 296nm 波长下进行辣椒油树脂中 C 的检测和定量分析（Wang 等，2012a），210 和 300nm 波长下进行哈瓦那辣椒（habanero）中 C 和 DC 的检测、定量分析及数学模型建立（Davis 等，2007）。目前报道的 UV 检测方法（有或没有 HPLC）的 LOD 范围为 0.1~1.0mg/L，当需要更高特异性和更低检测限时，可以采用荧光或电化学检测法。

据报道，荧光已经用于辣椒及更复杂样品（如食物或血浆）中辣椒素类物质的检测，LOD 范围为 5~50μg/L，激发/发射波长组合为 229/320、280/310 和 280/325nm 等。Barbero 等（2007）建立了一种 RP-HPLC 方法，结合专用色谱柱和荧光检测器，用于胆汁中 C、DC、NDC、HC 和 HDC 的定量测定。

电化学检测法（ECD）是另一种辣椒素类物质的检测技术，原理是基于其在电极位点发生的不可逆氧化反应，具有特异强、灵敏度高等特点。ECD 非常适用于低水平含量的辣椒素类物质（LOD 低至 1~2μg/L 时）测定。目前用于辣椒素类物质测定的电极种类较多，如玻碳电极（Lau 等，2015a；Lau 等，2015b），乙炔黑纳米粒薄膜修饰的玻碳电极（Zhang 等，2013b），铅笔石墨电极（Yardim 和 Senturk，2013），碳纳米管修饰的丝网印刷电极（Randviir 等，2013；Surareungchai 和 Phanthong，2012；Compton 等，2009；Kachoosangi 等，2008），或掺硼金刚石薄膜电极（Yardim，2011）等。Randviir 等比较了用于循环伏安法（CV）和电化学阻抗谱（EIS）的碳纳米管修饰的丝网印刷电极，发现 CV 更适合低 C 含量的检测，而 EIS 更适合高浓度 C 含量的检测（Randviir 等，2013）。有报道采用 ECD 结合 HPLC 对辣椒不同部位中的 C 和 DC 进行定量分析（Supalkova 等，2007）。

另一种用于辣椒中辣椒素类物质鉴定的常用检测技术是质谱法，例如，采用 Orbitrap 质谱仪测定小米椒（*C. frutescens* L.）（Bijttebier 等，2014），结合荧光和 MS 研究加压液相萃取的辣椒素类物质提取物（辣椒中提取）（Barbero 等，2006b），或检测小米椒（Schweiggert 等，2006）或辣椒（*C. annuum* L.）（Kozukue 等，2005）中主要和次要辣椒素类物质。有报道建立了一种反相液相色谱-串联质谱（LC-MS/MS）技术测定辣椒素类物质微波辅助提取物中 C、DC 和 NDC 的定量测定方法，LOD 值范围为 0.01~0.11μg/L（Han 等，2012a）。

Garces-Claver 等（2006）采用飞行时间液质联用（LC-TOF-MS）对 11 种不同基因型辣椒中的 C 和 DC 进行定量检测。研究结果显示 C 和 DC 的 LOD 分别为 20 和 4pmol（约 6 和 1ng/L）。通过实时直接分析（DART）电离结合 AccuTOF（准确的飞行时间）-MS 对喷涂在衣服上的胡椒喷雾活性成分 C 进行检测，并使用 GC-MS 进行结果验证（Pfaff 和 Steiner，2011）。使用基质辅助激光解吸电离飞行时间质谱（MALDI-TOF-MS），结合质谱成像技术对辣椒果实横截面中的 C 进行定位（Taira 等，2012）。研究表明，辣椒胎座中（表面比内部含量高）C 的含量高于果皮，种子中未检测到 C。

有报道介绍了采用 MS 技术检测食用油中痕量辣椒素类物质的测定方法。近年来，食用油中辣椒素类物质检测，如 C、DC 和 NDC 等物质，是鉴定是否为废油（地沟油）的重要质量指标（Wang 等，2012c）。中国广州分析测试中心（NACC）建立了一种采用 LC-MS/MS 进行废油中 C 和 DC 的检测方法（Wu 等，2012a），其他团队类似研究工作也有相关报道（Mao 等，2013；Zhang 等，2012d）。

Noami 等采用 LC-MS 检测到大鼠尿液样品中，C 发生酶降解反应生成辣椒素葡萄糖苷酸，LOD 为 0.1μg/L（Noami 等，2006）。其他研究团队也在开展 LC-MS/MS 分析血浆样品中 C 和/或 DC 的研究工作（Zhang 等，2010b；Yu 等，2008）。

超高效液相色谱（UPLC）是一种比 HPLC 更快、更有效的检测方法，结合紫外、荧光或质谱后可用于辣椒和食品中辣椒素的测定和定量分析：C 和 DC（Usman 等，2014；Ha 等，2010a）；C、DC 和 NDC（Zhao 等，2011）；C、DC、NDC、HC 和 HDC（Alothman 等，2012）。

过去一年关于 HPLC 检测辣椒素类化合物的研究工作主要集中在胶束 LC 和反相银化 LC 上。Chin-Chen 等（2010）采用 C18 色谱柱、210nm UV 检测，通过胶束 LC 在 7min 内检测到 C，LOD 为 0.7μg/L。Jin 等（2009a、b）采用反相银化 LC，流动相中添加硝酸银，结合 C18 色谱柱、280nm UV 检测对辣椒中的 C、DC 和 NDC 展开定量测定（Jin 等，2009a；Jin 等，2009b）。Thompson 等（2005）采用银染 LC，全面比较了 12 种化学色谱柱（C8、C18、C30、苯基和阳离子交换等）和不同流动相条件下 ESI-MS 对 11 种辣椒素类物质的检测效果。

近期有研究人员进行辣椒素类物质检测用的新生物传感器开发，包括曾用于催泪瓦斯中辣椒素检测的表面等离子体共振生物传感器，LOD 约为 50×10^{-9}（Nakamura 等，2013）。马来西亚一研究团队开发了 2 种用于 C 检测的生物传感器，1 种光学生物传感器（Mohammad 等，2014）和 1 种电流型生物传感器（Mohammad 等，2013），其中，电流型生物传感器的 LOD（约 0.7mg/L）低于光学传感器（约 55mg/L）。目前这 2 种新型生物传感器尚未实现商业化。

比色法常用于辣椒素类物质的测定和量化分析，但只能对辣椒素类物质的总含量进行定量测定，不能对辣椒素类物质进行分离和单组分定量。比色法具有快速、价格低廉、简单易操作等特点。基于吉布斯试剂（2,6-二氯醌氯亚胺）的比色法已用于作物育种（Jeong 等，2012）和室内种植的 8 种辣椒品种中辣椒素类物质检测（Thompson 等，2012）。吉布斯试剂变蓝程度和辣椒素总含量呈现相关性。上述 2 个例子中，比色法准确度可与 HPLC 结果相媲美。另一项研究报道了采用铜（Ⅱ）和 4-(2-吡啶偶氮）间苯二酚反应进行辣椒素定量测定的比色方案，LOD 为 0.4μg 辣椒素/g 辣椒，HPLC 验证结论认为此比色结果具有 95%置信度（Tonon de Souza 和 Rossi，2014）。另一种比色测定法，是基于磷钨酸和磷钼酸组合进行农药中 C 的量化测定，660nm 处检测蓝色。该方法 LOD 为 0.5mg/L（Liu 和 Han，2008）。

辣椒素常用分离技术中，尽管 GC 的应用不如 HPLC 普遍，但也有研究团队开展 GC 检测辣椒素的研究。Kanamori Kataoka 等（2012）采用带有原子发射检测的 GC 对 C 进行测定。尼日利亚一研究团队使用 GC-MS 定量检测尼日利亚 5 种辣椒中 C 含量（Nwokem 等，2010）。墨西哥研究团队分析了辣椒和辣椒酱中的 C 和 DC 含量（Pena-Alvarez 等，2012；Pena-Alvarez 等，2009），而欧洲研究团队对 Andean aji 辣椒（*C. baccatum*）和 rocoto 辣椒（*C. pubescens*）（Kollmannsberger 等，2011）进行了分析。韩国一研究团队使用 GC-FID 对韩国辣椒酱中 C 含量进行了量化测定，LOD 为 1.0mg/kg（Ha 等，2008）。同时，他们进一步采用 AOAC 995.03（AOAC，2012）中 HPLC 方法对 GC-FID 测定结果进行验证。由于辣椒素中含有氮，有研究团队将 GC 与选择性 NPD（氮磷检测）相结合，对不同辣椒品种（*C. chinense*、*C. frutescens*、*C. baccatum*、*C. annuum* 和 *C. pubescens*）中的 C、DC 和 NDC 进行定量分析（Antonious 和 Jarret，2006）。研究人员确认了 C（305m/z）、DC（307m/z）和 NDC（293m/z）的质谱信息，同时重点关注了用于监测辣椒中辣椒素类物质的共有苄基阳离子片段（137 m /z）。

近红外（NIR）光谱目前已用于 C（He 等，2012）和辣椒粉中总辣椒素（Mo 等，2011）的定量检测。据报道，薄层色谱（TLC）也被用于辣椒提取物中总辣椒素含量测定（Monforte-Gonzalez 等，2007）。尽管 C 和 DC 不能通过 TLC 分离，但其总量可以通过 GC 进行量化测定。尼日利亚团队采用 TLC 技术研究苏格兰帽椒中 C 和 DC 含量（Nwokem 等，2010）。另一项 TLC 和 HPLC 研究结果表明哈瓦那辣椒（*C. chinense* Jacq.）营养部位（叶和茎）不含辣椒素（C 和 DC）（Ruiz-Lau 等，2010）。TLC 和 ^{1}H NMR 用于辣椒提取物中 C 和 DC 的量化检测（Wagner 等，2011），毛细管电泳也被用于辣椒（*C. annuum*）中 C 和 DC 的检测（Liu 等，2010）。

11.4 碳酸

CO_2 溶解水中后以弱酸性碳酸 H_2CO_3 形式存在。带电导测定功能的离子排斥色谱（IEC）是测定碳酸的常用方法，常用于水样中碳酸检测和量化分析（Fan 等，2005）。弱酸性阳离子交换树脂柱可以 16min 内将碳酸与其他弱酸（如甲酸、乙酸和丙酸）进行分离。该方法灵敏度高（LOD 为 0.084mg/L），线性范围超过 2 个数量级（3.0～500mg/L）。同年另一篇采用快速 IEC 测定碳酸的研究报道中（Mori 等，2005），使用弱酸性阳离子交换树脂柱、强酸性阳离子交换树脂和强碱性阴离子交换树脂依次分离纯化，碳酸保留时间为 60s，校准曲线的线性范围为 0.005～10mmol/L，LOD 为 0.15μmol/L。Hou 等（2012）研发了一种具有电导检测功能的 IEC 方法用于氧化甘油产品中碳酸检测和定量分析（Hou 等，2012）。该方法线性范围为 2～100mg/L，LOD 为 0.45mg/L。2011 年中国一项授权专利报道了一种新型离子色谱检测器，该检测器采用电化学抑制器和电阻检测系统进行碳酸检测（Hu 等，2011b）。

其他检测碳酸的方法还包括傅里叶变换微波光谱分析（Mori 等，2009；Mori 等，2011）、GC-FID（Yang 和 Zhang，2012c）、流动分析（Liao 等，2015）、超声波检测（Sugiyama 和 Kagatani，2012b）、电化学生物传感器（Singh 等，2014）和化学分析（Hu 等，2012）等。Singh 等开发的电化学生物传感器可以测量血液中低浓度的碳酸，线性范围为 1.32～2.32mmol/L，LOD 为 19.4μmol/L（Singh 等，2014）。两项日本专利介绍了离子交换水净化装置（Miyamoto 和 Horii，2013）和浴水（Sugiyama 和 Kagatani，2012a）中碳酸的检测方法。

11.5 肉桂醛

肉桂醛是樟属肉桂（*C. cassia*，也称中国肉桂）和锡兰肉桂（*C. verum*，syn. *C. zeylanicum*，也称真肉桂）中的一种化学物质。需注意，全球各地“肉桂”一词含义存在混淆。在美国、加拿大、英国和印度，标有“肉桂”的销售产品主要是中国肉桂（cassia），而欧洲大部分地区的“肉桂”是指更昂贵的锡兰肉桂。尽管两种肉桂中都含有肉桂醛，但存在很大差异。与锡兰肉桂不同，中国肉桂含有大量香豆素（高达5%），会引起大鼠和小鼠的肝肾损伤，受到欧盟管制（Lungarini 等，2008）。因此，本节中会对不同来源肉桂醛进行介绍。此外，锡兰肉桂叶中还含有本章后面讨论的另一种化学物理觉制剂丁香酚。本节中，术语“肉桂醛”指“反式-肉桂醛”。

肉桂醛是挥发性化合物，通常采用 GC 测定。液相色谱法是过去 10 年中仅次于 GC 的肉桂醛分析技术。类似本章中其他章节，约 50%关于肉桂醛分离和检测方法的研究报道均为中文文献。

GC-MS 常用于樟属物种中肉桂醛检测：肉桂（*C. cassia*）中含量最丰富，浙江桂（*C. chekiangense*）中仅为痕量水平（Yang 等，2009），柴樟（*C. tamala*）叶中含量为 20%~80%（Mohan 等，2012；Joshi 等，2008）。Wang 等（2009a）研究了中国肉桂（*C. cassia*）、锡兰肉桂（*C. zeylanicum*）、柴桂（桂皮）（*C. tamala*）、阴香（*C. burmannii*，Indonesian cinnamon）和岩桂（*C. pauciflorum*）等 5 种不同品种肉桂叶中精油的挥发性特征。5 个肉桂品种均检测到肉桂醛，同时肉桂醛是肉桂和阴香中含量最高的挥发性化合物。也有报道采用 GC-MS 技术对牛肉酱汁（Duan 等，2013）和传统复方中药中（Yan 等，2009）肉桂醛进行分析。

有报道称肉桂醛是一种已知的皮肤致敏剂，目前关于 GC-MS 检测材料中这一过敏原的报道较多，包括玩具（Wei 等，2013；Zheng 等，2013）、化妆品中的精油（Kaloustian 等，2007）及香水（Cordero 等，2007）。基于香水配方的复杂性和待分离挥发性化合物的数量，Cordero 等选择了全二维气相色谱（GC×GC）和质谱进行检测（Cordero 等，2007）。

RP-HPLC 结合 C18 色谱柱、光电二极管阵列检测器和 290nm UV 是肉桂醛最常用的分析技术（Qiang 等，2014；Liu 等，2014a；Gao 等，2013）。也有报道中采用不同波长，主要分析传统中药中肉桂醛：225nm（Wang 等，2010）、254nm（Zhang 等，2012c）、276nm（Chen 等，2011）、280nm（Wang 等，2013e；Wang 等，2013c）、282nm（Wang 等，2011a）和 285nm（Zhang 等，2011c；Li 等，2008a）。等度和梯度洗脱均能有效分离肉桂醛，流动相通常采用乙腈-水或甲醇-水组合。等度洗脱条件下，优选溶剂比为乙腈/水比35：65（体积比）或甲醇/水比为 60：40（体积比）。

HPLC 技术已经应用在很多肉桂品种中肉桂醛的分析检测中，包括肉桂（Xu 等，2014）、桂枝（*Cinnamomi Ramulus*，肉桂的别称）（Lee 等，2013b；Cao 等，2013；Lin 等，

2005a)、锡兰肉桂(*C. verum*)(Lungarini 等，2008)、桂皮(*Cortex Cinnamomi*)(Yin 等，2007)。Lungarini 及其同事(2008)收集了 50 种意大利市场上声称“真肉桂”食品，用 HPLC 检测其中是否掺有较便宜的肉桂(cassia)。研究表明，测试产品中有 51%是肉桂产品，10%是肉桂和锡兰肉桂的混合物，只有 39%是“锡兰肉桂”(Lungarini 等，2008)。

Kumar 及其同事发表了一项有趣的肉桂中肉桂醛的提取技术，采用 SPME、RP-HPLC 和 C18 色谱柱结合，乙腈/水比为 70 : 30(体积比)，254nm UV 检测，肉桂醛的 LOD 为 13pg/mL(Kumar 等，2007)。包含在 β 环糊精中的肉桂醛(Cevallos 等，2010)可以通过 RP-HPLC 结合 C18 色谱柱、230nm UV 下检测(Zhang 等，2013a)。

HPLC-MS 法也是肉桂醛的检测手段。韩国一研究团队采用了 MS 模式(Weon 等，2012)或 MS/MS 模式(Lee 等，2013a)对传统中国和韩国草药中的肉桂醛进行检测。

采用傅里叶变换红外光谱(FTIR)和 HPLC(Al-Bayati 和 Mohammed，2009)对从锡兰肉桂树皮油中分离的肉桂醛进行确认并鉴定。Xiao 等(2012)采用 NIR 分析了含有肉桂枝(cinnamon twig)的传统中药中的肉桂醛(Xiao 等，2012)。德国一个研究团队使用 ^{1}H NMR 来筛选植物油和化妆品中的总醛(包括肉桂醛)，发现 ^{1}H NMR 的结果仍需要通过 GC 进行进一步具体测定和补充说明(Lachenmeier 等，2010)。

差分脉冲极谱法是一种独特、可以同时检测多种食品和药物样品中肉桂醛和苯甲醛的分析技术(Gholivand 和 Ahmadi，2008)。Gholivand 和 Ahmadi 发现肉桂醛 70℃下发生热诱导降解成苯甲醛。毛细管电泳紫外检测是分离和检测肉桂中肉桂醛的另一种分析方法(Li 等，2007)。检测波长 310nm，肉桂醛的 LOD 为 2. 3mg/L。TLC 可用于多种草本中药中肉桂醛的定性鉴定，但肉桂醛定量分析更依赖于 RP-HPLC 分析(277 nm UV)(Chen 等，2005)。有报道应用 TLC 对掺有胡椒的肉桂粉中肉桂醛进行测定，即胡椒粉、肉桂油、丁香粉、丁香油和含肉桂醛和丁香酚的商业制剂加工制成的掺假肉桂粉(Gopu 等，2008)。

11. 6 丁香酚

丁香酚是一种具有麻木感的化学物质，存在多种草本植物和香料中，包括罗勒、月桂、肉桂叶、丁香和多香果等。丁香酚是挥发性化合物，通常采用 GC 将丁香酚与其他化合物进行分离。过去 10 年发表的文献中也有采用 LC 法分离丁香酚。

丁香中丁香酚的含量约为 70%或更高，通常采用 GC-MS 或 GC-FID 检测(Horvath 等，2013；Sanchez-Cabrera 和 Pino，2011)。GC-MS 还用于丁香烟(kretek)中丁香酚检测(Liao 等，2012；Stanfill 等，2006)。丁香常用于许多药物制剂中，有报道采用 GC-FID 或 GC-MS 法检测药物配方中丁香酚(Liu 等，2011a；Wei 和 Ni，2011b；Zhou 等，2010；Wang 和 Wei，2006)。丁香酚的麻木感特性可以在牙科应用，作为温和止痛剂，GC-FID 和 GC-MS

可以分析这些产品中丁香酚含量（Ertas 等，2007）。丁香酚也是一些酒精饮料中的特征物质。德国一研究团队检测了摄入含丁香酚酒精饮料后血液中的丁香酚，发现丁香酚在血液中迅速代谢为丁香酚葡萄糖醛酸苷，这种情况就需要样品制备时进行酶促反应释放样品中丁香酚，再通过顶空 SPME 结合 GC-MS（LOD 为 3.2μg/L）（Schulz 等，2008）或动态顶空 GC-MS（LOD 为 1mg/L）（Schulz 等，2007）进行分析。顶空 SPME 结合 GC-MS（LOD 为 0.01μg/L）可检测葡萄酒样品中丁香酚（Carrillo 和 Tena，2006）。

丁香酚可能会引起部分人的潜在过敏反应，目前常用的分析方法有 2 种：中国研究团队采用 MS 法检测玩具中丁香酚（Wei 等，2013；Wei 等，2012；Wei 等，2011a），欧洲研究人员（Cordero 等，2007）采用 GC×GC 法联合 MS，或 RP-HPLC 结合 280 nm UV（Villa 等，2007）检测香水中丁香酚。

RP-LC 常用于丁香酚的分离和检测。LC 检测条件包括 C18 色谱柱和 280nm UV 检测。目前已经建立 RP-LC 定量检测丁香酚分析方法，并在很多产品中进行应用，包括：丁香中丁香酚的定量分析，LOD 为 0.81μg/L（Yun 等，2010）；纳米乳液中丁香酚的定量分析，LOD 为 0.44mg/L（Pramod 等，2013）；丁香芽中丁香酚的定量分析，LOD 为 0.2mg/L（Ramlingam 等，2012）；烟草中中丁香酚的定量分析，LOD 为 0.3mg/kg（Zhang 等，2012b）；一些药物和化学制剂中丁香酚的定量分析（Wang 等，2013e；Li 等，2012e；Lee 等，2013a）。HPLC 分离后的紫外检测波长也展开了研究，包括 215nm（Chen，2007）、230nm（Zhang 等，2013a）和 293nm（Yu 等，2010）。Musenga 等使用 RP-HPLC 结合 C8 色谱柱及 210nm UV 方法对丁香精油和丁香芽提取物中丁香酚进行了分离和定量检测（Musenga 等，2006）。

除 UV 检测之外，有文献报道了 HPLC 分离后的丁香酚的其他检测方法。RP-HPLC 结合 C18 色谱柱分离后，还可采用极谱和库仑等电化学检测器检测丁香中丁香酚（Cantalapiedra 等，2014）。结果发现库仑分析 LOD（3.0μg/L）比安培分析模式（9.7μg/L）更低，远低于 280nm UV 检测 LOD（62μg/L）。有报道采用 ECD 进行樱桃利口酒中丁香酚的量化分析（Rodtjer 等，2006）。荧光检测也被用于蒸馏酒中丁香酚的定量测定（Xun 等，2012），该方法使用 272nm 激发波长和 316nm 发射波长。

中国一家烟草公司在过去十年中授权了 4 项丁香酚检测的相关专利，分别是：RP-HPLC 结合 C18 色谱和 280nm UV 检测（Liao 等，2013b）；RP-HPLC 结合 C18 色谱柱和荧光检测，激发波长 290nm，发射波长 315nm（Liao 等，2013C）和 GC-MS 技术（Liao 等，2012；Liao 等，2013a）分析烟草制品和副产物（烟雾）中丁香酚含量。

目前商业上应用或实验室阶段的研究丁香酚电化学特性的电极有：二氧化钛电极，LOD 为 1.3μmol/L（Kang 等，2014）；金-石墨烯-MoS_2 修饰玻碳电极，LOD 为 0.036μmol/L（Feng 等，2014a）；玻碳电极，LOD 为 10μmol/L（Ziyatdinova 等，2013）；修饰玻碳电极，LOD 为 0.475μmol/L（Xiong 等，2011a）；纳米氧化钨修饰碳糊电极，LOD 为 0.01μmol/L

(Xiong 等，2011b)；以及金和铂电极（Wang 和 Chen，2011c）等。

目前采用 MS 检测丁香酚的研究较少。有研究团队以丁香酚作为模型化合物研究开发新离子源，并声称检测限在兆摩尔范围内（Schepler 等，2013）。另一研究团队应用反相 LC-MS/MS 检测使用过食用油中丁香酚，LOD 为 0.6μmol/L（Zhang 等，2012d）。

TLC 检测不同食品和药品中丁香酚的报道很多，包括：印度、中国和马来西亚药物中的植物叶子（Yadav 等，2012）；含圣罗勒（*Ocimum sanctum* Linn，也称 Holy Basil、Tulasi 或 Tulsi）的复方制剂（Alam 等，2012）；丁香芽（Ramlingam 等，2012）；传统悉陀（锡达）(Siddha) 药剂（Patra 和 Kumar，2010）；丁香、肉豆蔻和肉桂（Rusu 等，2007）；草本植物原料（Dhalwal 等，2007）；圣罗勒（Anandjiwala 等，2006）；含肉桂醛、胡椒碱和丁香酚的混合物（Gopu 等，2008）和柴桂叶（Dighe 等，2005）。TLC 可视化指标研究报道中，丁香酚是筛选化合物之一（Pyka，2010）。

过去 10 年中采用毛细管电泳分析丁香酚的报道很多（Rodriguez 等，2008；Lin 等，2006）。红外光谱仪也有相关应用，有研究报道采用中红外和近红外技术鉴定中药中丁香酚（Wua 等，2008），NIR 也被用于鉴别肉桂和丁香精油中的掺假物（Juliani 等，2006）。

11.7 姜酚和姜烯酚

姜酚和姜烯酚是姜属植物中的一种化合物，生姜（*Zingiber officinale*）是姜属中最常见植物。姜酚包括 [6]-姜酚、[8]-姜酚和 [10]-姜酚。姜酚脱水后生成姜烯酚，即 [6]-姜烯酚、[8]-姜烯酚和 [10]-姜烯酚。姜酮不存在新鲜生姜中，是姜酚加热时发生逆羟醛缩合反应生成。姜烯酚比姜酚的化学物理觉效应更强（约 2 倍），而姜酮约为姜酚强度的一半。

姜酚具有热不稳定性，采用 GC 检测时会在仪器注射端口内降解生成姜酮（Li 等，2012d）以及姜烯酚和姜酮混合物（Zhan 等，2008；Huang 和 Chen，2007）。有证据表明 [6]-姜酚在 70℃时会转化为 [6]-姜烯酚（Huang 等，2011a）。姜酚热不稳定性的另一个证据是新鲜生姜中未发现姜烯酚（Park 和 Jung，2012）。

HPLC 是目前最常用的生姜中姜酚和姜烯酚的分离检测技术。Lee 等（2007）声称最先发表采用 HPLC 分离和检测生姜和干姜中 [6]-姜酚、[8]-姜酚、[10]-姜酚和 [6]-姜烯酚的分析方法。采用 200nm 波长（而不是如后文所述更常见的 280nm）进行定量分析，并利用 LC-MS/MS 对物质进行确认。此外，Lee 发现脱水提取物中姜酚含量比新鲜样品中低 5~16 倍，但 [6]-姜烯酚含量增加了，证实了姜酚的热不稳定性。

HPLC 梯度洗脱结合 C18 色谱柱和 280nm UV 检测是最常见的检测条件。这些条件已经被应用于种子和鲜姜（Wang 等，2013b；Li 等，2012b；Wu 等，2012c；Meng，2011；Ma 等，2009；Li 等，2008b）、姜油树脂（Liu 等，2014b）、干姜（Meng，2011）、姜汁（Zhang 等，

2008)、姜油（Yan，2007）、不同制备工艺的姜提取物（Chen 等，2014；Zhang 等，2013c；Feng 和 Yan，2007）和生姜制剂（Nikam 等，2013；Qu 等，2007）的检测中。有报道采用经验证的、HPLC 与化学计量学结合的方法对中国不同地理位置的生姜种类进行分类（Feng 等，2014b）。该模型确定了 10 个不同批次生姜中的 16 个共同峰，并将生姜样本分为两组。另一团队对来自中国不同地区生姜样品中的［6］-姜酚和［6］-姜烯酚进行了分析（Zhang 等，2009a）。牙买加生姜不同部位油树脂中姜酚和［6］-姜烯酚的含量被研究了并建立了相关函数模型（Bailey-Shaw 等，2008）。

有调味品（Lin 等，2011）和牙膏（Wei 等，2009）中测定［6］-姜酚的报道。由于生姜被广泛使用在许多传统中国药物和韩国药物中，因此关于配方产品中姜酚和/或姜烯酚分析研究的报道较多，以下列出的只是一部分（Wang 等，2013a；Weon 等，2013；Liu 等，2013b；Ye 等，2012；Li 等，2012c；Jia 等，2011b；Jain 等，2010；Xie 等，2010；Li 等，2008b）。此外，一些研究团队开展了用于分析血浆和组织材料中姜酚和姜烯酚的测定方法（Xiang 等，2013；Yu 等，2011；Jiang 等，2010；Wang 等，2009b；Wang 等，2009c）。

除 UV 检测之外，质谱法也可作为姜酚和姜烯酚的检测方法，特别对于复杂基质更为适用。Jiang 等（2005）最早发表了用于分析姜中姜酚和姜烯酚的串联质谱（MS/MS）方法。至此，其他研究团队陆续使用 MS（Weon 等，2013；Yang 等，2012a；Weon 等，2012；Wang 等，2009c）、MS/MS（Cheng 等，2013；Wang 等，2012d；Yu 等，2011；Tao 等，2009）、TOF-MS（Park 和 Jung，2012；Tan 等，2011；Liu 等，2009；Wang 等，2009b）以及 TOF-MS/MS（Wang 等，2011b）等开展相关研究。

电化学检测器（ECD）是一种具有高选择性和出色灵敏度且尚未充分利用的检测技术。ECD 使用的首要要求是目标分析物必须能够被氧化或还原。Shao 等（2010）将 ECD 与 HPLC 结合后首次用于 11 种含姜产品中的所有 6 种姜酚和姜烯酚的量化，灵敏度范围为 7.3~20.2pg LOD。同年，另一个研究团队采用 HPLC 与 ECD 结合对人血浆中的 3 种姜酚和［6］-姜烯酚进行量化分析（Zick 等，2010），并首次在人类血浆中检测到了生姜化合物。除［10］-姜酚（0.25μg/mL）外，所有分析物的 LOQ 均为 0.1μg/mL。

UPLC 是 HPLC 的升级检测方法，2012 年首次报道采用 RP-UPLC 结合 C18 色谱柱和 280nm 检测，分析不同干燥方式生姜中的姜酚（Han 等，2012c）。阴干或 60℃下真空干燥是优选干燥方式，均不会对最终干燥产品的质量产生负面影响。一年后，该团队发表了针对中国 17 个不同地方新鲜、干燥和加工生姜的进一步 UPLC 研究成果（Han 等，2013）。另一团队将 UPLC 与 MS/MS 结合起来对传统中草本植物中姜酚和［6］-姜烯酚进行了测定（Cheng 等，2013）。

过去 10 年中，有研究人员采用 TLC 或 HPTLC（高效薄层色谱）检测日本药物中［6］-姜酚和［6］-姜烯酚（Tsuno，2006）；铁皮石斛（*Z. officinale*）和草本配方、茶、面霜或膳食补充剂（Jain 等，2011；Alqasoumi，2009）中的［6］-姜酚；铁皮石斛和一些含姜的膳食补充剂（Alam，2013）中的［8］-姜酚以及铁皮石斛和茶、乳膏、膳食补充剂中的［10］-姜酚（Yusufoglu 和 Alqasoumi，2008）。

有报道采用比色法检测［6］-姜酚（Xu 等，2012），反应原理是［6］-姜酚与铁氰化钾-氯化铁反应，检测波长为 680 nm，线性范围为 25.6～320.0μg/mL。另有报道采用毛细管液相色谱法检测印度尼西亚 3 种生姜品种中姜酚和［6］-姜烯酚含量（Rafi 等，2013）。柱流速为 5μL/min，LOD 和 LOQ 分别为 0.036μg/mL 和 0.120μg/mL。

一些团队从姜中提取和纯化［6］-姜酚（Yue 等，2013；Huang 和 Zhang，2005）和姜油树脂（Liu 等，2014b）。也有采用超临界 CO_2 流体萃取的报道，得到含 23%［6］-姜酚的产品（Chen 等，2009a）。最近一项综述介绍了关于 ca. 2002 和 2012 之间授予的专利以及涉及生姜加工、提取以及强调含姜产品健康声称的信息（Kubra 和 Jaganmohanrao，2012）。

电子自旋共振技术不能用于姜酚含量的分析测定，但很早被应用到姜油树脂中姜酚抗氧化活性测定（Ge 等，2010）。

11.8 薄荷醇

薄荷醇是薄荷属植物中的一种化学物理觉化合物。薄荷醇属于挥发性化合物，不含发色基团，通常采用 GC 法检测，或衍生化后通过 HPLC 法检测。

薄荷精油中薄荷醇及其他化合物的常用检测方法有 3 种：GC-FID、GC-MS 和衍生化结合 HPLC-UV（Rodenas-Montano 等，2013）。HPLC 法检测时，通常选择可形成邻苯二甲酸酯半酯的邻苯二甲酸酐为衍生化试剂，再结合 RP-HPLC 和 C8 色谱柱梯度洗脱分离。HPLC 的 LOD 优于 GC-FID，与 GC-MS 的 LOD 接近。

另一研究中，采用衍生化结合手性 GC 对手性醇（包括薄荷醇）等立体异构体进行分离（Oromi-Farru 等，2012），乙酸或三氟乙酸对乙醇进行酰化反应，NMR（^{1}H 和^{13}C）可对酰化物进行结构解析。

中国一项专利中提到一种应用反门控去耦的^{13}C NMR 技术（Zhao 等，2012a），该方法可用于多种药用植物中提取的活性成分检测，如薄荷（*Mentha haplocalyx*）中的薄荷醇。

GC×GC 技术对复杂混合物有很好的分离效果，这已在数百种样品中得到证实和应用。有文献报道了 GC×GC 应用于不同种类薄荷（Cordero 等，2012）和含 362 种物质的复杂混合物中薄荷醇的分析测定（van Stee 和 Brinkman，2011）。前者采用顶空 SPME 采样结合 GC×GC-MS法，后者主要采用 GC×GC 结合 TOF-MS 法。

过去 10 年中，GC-MS 测定结果表明薄荷醇存在多种草药和植物中（Joshi 等，2011；Kumar 等，2011；Kuzmenko，2009；Zhang 和 Wang，2009b；Guedes De Pinho 等，2009；He 等，2007）。薄荷醇常应用在烟草制品中。有研究采用 GC-MS 技术检测比迪（Bidi）卷烟中

的物质（Stanfill 等，2006），并结合专利（Cadieux，2015）中烟草薄荷醇的荧光测定法进行测定。

除 Rodenas-Montano 等（2013）之外，另一研究团队采用 RP-HPLC 结合 C8 色谱柱对薄荷醇，主要是（+）-薄荷醇和（−）-薄荷醇展开研究（Lin 等，2005b）。荧光试剂萘普生酰氯衍生对映体对后进行色谱分离。激发波长 235nm，发射波长 350nm 下进行荧光检测。该方法线性范围为 5.0~50μmol/L，LOD 为 1μmol/L。

最后，还有研究采用近红外、中红外和振动圆二色谱测定了 9 种对映体（包括薄荷醇）（Guo 等，2006），以及采用 TLC 法检测薄荷提取物中薄荷醇（Jesionek 等，2013）的报道。

11.9 胡椒碱

胡椒碱是存在黑胡椒（*Piper nigrum*）和长柄胡椒（荜拨，*Piper longum*）中的一种化学物理觉化合物，也是许多中国和印度药物配方中的常用原料。过去 10 年中，44%已发表的关于胡椒碱分析和检测的文献均是中文文献。2010 年以来，胡椒碱检测方法的论文占已发表论文总量的近 2/3。检测胡椒碱最常用的是 HPLC 结合各类检测器，相关报道文献占发表文献总量的 55%。排在第二位的是 HPTLC 法，文献量约为 10%。此外，胡椒碱分离和检测方法还包括分光光度法、红外线（IR）、GC-MS、高速逆流色谱（HSCCC）、胶束 LC、荧光和毛细管电色谱等。

RP-HPLC 结合梯度洗脱和 343nm UV 检测是很多样品中胡椒碱分离和检测的最常用方法。最常用的检测波长是 343nm，检测样品包括：荜拨（Hu 等，2014；Bi 等，2012；Wu 等，2011b；Yu 等，2009）、胡椒（Yang 等，2013；Guo 等，2013；Rao 等，2011；Hu 等，2009）、蒙古传统药材（Bao 等，2014；Gao 和 Zheng，2011；Guo 和 Yang，2011；Bao 等，2009；Bao 等，2008；Wang 和 Xi，2008b；Fu 等，2005；Xu 等，2005b）、阿育吠陀复方药剂（Mishra 等，2013；Karpakavalli 等，2012；Kulkarni 和 Surana，2012；Pandey 等，2010；Rai 等，2009a）、复方制剂（Rai 等，2009b），以及部分中国（Wang 等，2014b；Zhang 和 Wang，2014；Cui 等，2014a；Pei 等，2013；Wang 等，2012b；Chen 和 Ji，2012；Zhang 等，2012a；Ye 等，2011；Hu 等，2011a；Zhu 等，2010；Zhang 等，2010a；Xin 等，2009；Yao 等，2007；Zhang 等，2006；Zhong 等，2006）和印度的复方药剂（Kapuriya 等，2012）。这些报道中方法大多采用 C18 色谱柱和 70∶30 或 77∶23（体积比）的甲醇-水溶液为流动相。有报道采用 342nm UV。Rai 等（2009b）对检测方法的线性、精确度、准确性、特异性、系统适用性和稳定性进一步开展验证。

尽管胡椒碱检测的 λ_{max} 为 343nm，但也有报道提到 HPLC 检测胡椒碱时使用其他波长：230nm（Bao 等，2013a）、240nm（Kamal 等，2012）、254nm（Chauhan 等，2008）、270nm

（Li 等，2011）、280nm（Lin 等，2011；Kulkarni 和 Surana，2011）、290nm（Ni 和 Yang，2012）、328.5nm（Quan 等，2005）、335nm（Sethi 等，2009）和 340nm（Kakarala 等，2010；Nagappan 等，2009）。其中，只有 Sethi 等对检测方法进行了彻底验证。

由于胡椒属植物应用普遍和经济稳定特性，掺假一直是亟待解决的问题。目前有报道介绍了采用 HPLC 法检测黑胡椒粉中（*Piper nigrum*）混有木瓜种子粉的掺假问题（Menghani 等，2010）。该研究团队正在尝试建立基于 HPLC 的黑胡椒典型指纹图谱库，用于评估和验证时参考。

过去 10 年中，有关 HPLC 结合 MS 检测胡椒碱的报道很多，ESI-MS、MS/MS 和 APCI-MS（大气压化学电离质谱）等方法均可以分析胡椒碱裂解途径（Khajuria 等，2013）。Liu 等（2015）采用 HPLC-ESI-MS/MS 对黑胡椒和荜拔中胡椒碱及另外 4 种生物碱进行了分析。Scott 等（2005）采用 LC-MS 法检测了黑胡椒和美国中部野生胡椒中的胡椒碱及另外 4 种生物碱。Friedman 等（2008）采用 LC-MS 对胡椒粒和 10 个黑、白、绿、红胡椒粉商业样品中胡椒碱和其他 4 种胡椒酰胺展开测定。Choi 等（2006）采用 LC-MS 结合 LC-UV 和 280nm UV，测定了含辣椒和黑胡椒的韩国食品中胡椒碱含量。Nagappan 等（2011）通过 LC-MS 结合 C18 色谱柱（等度条件）检测食品中姜烯酚和胡椒碱。光诱导下胡椒碱会异构化，其中一个反式脂肪族双键会被转化成顺式构型。有报道采用 LC-MS 技术监测了不同光照条件下（如荧光、日光和 254nm UV）胡椒碱顺反异构化的动力学变化（Kozukue 等，2007）。也有采用反相 LC-MS/MS 检测龙虎人丹（Wang 等，2014c）和地沟油（Wu 等，2012b）中胡椒碱的报道。此外，还有报道采用 LC-MS/MS 对复杂基质如人血浆（Wang 等，2012e）和大鼠组织及血浆（Yin 等，2014；Liu 等，2013a；Basu 等，2013；Liu 等，2011b）中胡椒碱进行检测。

值得一提的是，尽管胡椒碱的荧光（激发波长 339nm，发射波长 450nm）检测方法具有较高的选择性和敏感性（Patel 和 Vyas，2012），但目前 HPLC 结合荧光检测胡椒碱的报道很少。

胡椒碱单独使用时生物利用度较低，通常与姜黄素（姜黄中主要姜黄素类化合物）一起在应用在产品配方中。姜黄素在肝脏和肠壁中代谢非常迅速，添加胡椒碱能最小化姜黄素的代谢速率，从而提高姜黄素的生物利用度。除上述提到的研究（Sethi 等，2009；Nagappan 等，2009；Zhong 等，2006）之外，报道的姜烯酚存在下胡椒碱的分离和检测方法有：采用 HPTLC 检测治疗关节炎的皮肤药贴中胡椒碱和姜烯酚（Vaykole 等，2014）；采用 RP-HPLC 结合 C18 色谱柱和 262nm UV 检测胡椒碱，依照国际协调会议（ICH）指南验证结果表明 LOD 和 LOQ 分别为 0.1×10^{-6} 和 0.9×10^{-6}（Moorthi 等，2013）；采用 RP-HPLC 结合 C8 色谱柱和 ESI-MS/MS 检测人血浆中胡椒碱和姜黄素，最低 LOQ 为 0.50ng/mL（Wang 等，2012e）；采用 RP-HPLC 结合 C18 色谱柱和 APCI-MS，流动相为 95%（体积分数）乙腈和 5%甲酸溶液，进行食品中姜烯酚和胡椒碱的分离和检测（Nagappan 等，2011）；采用胶束 LC 结合 C18 色谱柱和 210nm 紫外波长，在姜黄素和辣椒素存在条件下检测胡椒碱，LOD 和

LOQ 分别为 5ng/mL 和 15ng/mL（Chin-Chen 等，2010）。

UPLC 设备在实验室中已经很普遍应用，因此研究人员开发了一系列采用 UPLC 技术检测胡椒碱的分析方法：UPLC-MS/MS 结合 C18 色谱柱检测大鼠血浆中的胡椒碱含量（Yin 等，2014）；UPLC 结合 C18 色谱柱、338nm UV 下检测膳食补充剂中胡椒碱含量（Hasegawa 等，2012；Bao 等，2013b）；UPLC 法结合 343nm 测定胡椒中胡椒碱（Yang 等，2012b）。

由于操作简易，薄层色谱技术（TLC 和 HPTLC）被普遍应用在胡椒碱检测中，包括胡椒（De Mey 等，2014；Shingate 等，2013；Marutoiu 等，2006）和荜茇（Rajopadhye 等，2012；Yu 等，2009）。类似于 HPLC 法，TLC 和 HPTLC 技术在多种治疗药物或食品制品中活性成分的胡椒碱检测中广泛使用。例如，阿育吠陀制剂（Jain 等，2014；Shivani 等，2013a；Shivani 等，2013b；Vyas 等，2011；Gupta 和 Jain，2011c；Patel 等，2010；Patra 和 Kumar，2010）、传统中药（Mirensha 等，2014；Wang 等，2012b；Hu 等，2011a；Jiang 等，2008）和其他医药产品（Vaykole 等，2014；Samten 等，2010；Shanmugasundaram 等，2008）。有报道表明 HPTLC 技术检测草本制剂中胡椒碱和没食子酸的方法已经得到验证（确定了线性、再现性、特异性、准确性、精确性、耐用性和稳定性）（De 等，2013）。另一篇研究报道了采用 HPTLC 法检测掺有胡椒粉的肉桂粉中痕量水平胡椒碱含量（Gopu 等，2008）。

尽管 GC-MS 的应用没有 HPLC 或 TLC 法普遍，但研究表明 GC-MS 已应用在超临界 CO_2 萃取黑胡椒提取物中胡椒碱的检测。海南胡椒样品的 GC-MS 测定结果表明胡椒碱占检测物质总含量的 39.47%（Wang 等，2013d）。Marutoiu 等采用 GC-MS 对黑胡椒中胡椒碱进行了分离和鉴定（Marutoiu 等，2006）。GC-MS 检测非胡椒属植物的超临界 CO_2 提取物（Wu 等，2005）和乙醇提取物（Jenecius 和 Mohan，2014）中胡椒碱含量，胡椒碱占检测物质总含量分别是 4.68%和 5.66%。Wei 和 Du（2008a）采用 GC-MS 分析 Pazhu（一种藏药）超临界 CO_2 提取物中的胡椒碱含量，Wei 等（2008b）采用 HPLC 对该胶囊展开研究。

Gupta 和 Jain（2011c）采用 HPTLC、RP-HPLC（2011b）和 UV（2011a）对 3 种阿育吠陀配方中的胡椒碱进行分析。

除 Gupta 和 Jain（2011a）之外，有其他研究人员采用分光光度计法检测胡椒碱（Wu 等，2011a；Singh 等，2011；Pandey 等，2009；Maheswari 等，2008；Shukla 等，2007；Jain 等，2007）。印度一研究团队使用分光光度法（Maheswari 等，2008）和 HPTLC（Shanmugasundaram 等，2008）测定了草本止咳糖浆中的胡椒碱。印度另一团队采用分子光度法检测胡椒碱时，使用了 238nm 处的一阶导数（Khamar 和 Patel，2012a）和 241nm 处的二阶导数（Khamar 和 Patel，2012b）。

中国一研究团队使用 HSCCC 和制备型 HPLC 从黑胡椒提取物中得到纯化胡椒碱（Jin 等，2013；Qian 等，2011）。采用 ESI-MS、^{1}H 和 ^{13}C NMR 可以进一步解析胡椒碱结构。Zarai 等（2013）采用 HPLC、^{13}C NMR 和 FTIR 对黑胡椒醇提取物中纯化的胡椒碱结构进行了分析。Chen 等（2009b）采用高效离心分配色谱法从黑胡椒中分离和纯化得到胡椒碱，再通过[1]H 和[13]C NMR 进行结构鉴定。有报道从三裂叶胡椒（*Piper trioicum* Roxb）中纯化得到胡椒碱（Mallikarjun 等，2012）。研究人员建立了胡椒碱在多种溶剂（乙醇、乙酸、水和HCl）中的溶解度模型，优化了黑胡椒中胡椒碱的提取工艺（Huang 等，2011b）。Wang 等（2008a）对超临界 CO_2流体萃取胡椒中胡椒碱的工艺参数，如温度、压力、CO_2体积和提取时间进行优化。

其他的胡椒碱分析技术还包括：上文提到的胶束 LC（Chin-Chen 等，2010）、毛细管电色谱（Musenga 等，2007）、ESI-MS（Wang 等，2014a）、NIR（Lv 等，2013）和 FTIR（Zarai 等，2013）等。Schulz 等（2005）采用 NIR-FT-Raman、ATR-IR（衰减全反射红外）和 NIR，开展黑胡椒粉、白胡椒粉、绿胡椒粉和胡椒油树脂中胡椒碱的整体光谱研究。

11.10 山椒素

山椒素是一系列烷基酰胺类物质，花椒（*Zanthoxylum* 或 *Xanthoxylum* 属）中产生麻木感和针刺感的主要化合物。山椒素主要有 α-、β-、γ-和 δ-山椒素，及其对应的羟基化合物，如羟基-α-山椒素等。HPLC 技术是山椒素和羟基山椒素分离的首选和最普遍方法。过去 10 年中，有关山椒素和羟基山椒素分离、检测和鉴定的研究很多。除化学物理觉特性外，花椒中的精油也因清新、花香、辛辣和绿色等优点备受关注。精油类挥发性化合物不属于化学物理觉物质，本章并不涉及本部分内容，感兴趣的读者可以进一步查阅相关文献了解更多关于花椒中挥发性物质和香气成分的内容（Jia 等，2011a；Yang，2008；Iseli 等，2007；Yang，2007）。

近期一研究团队采用 RP-HPLC 结合 C18 色谱柱和 270nm 波长对花椒（*Z. bungeanum* Maxim.）提取物中 3 种羟基山椒素（α-、β-和 γ-）进行定量分析（Cui 等，2014b）。样品中羟基山椒素总含量范围约为 55%～60%，其中，羟基-α-山椒素含量最高，约为 41.2%～46.9%；羟基-β-山椒素和羟基-γ-山椒素含量范围分别为 8.2%～9.3%和 4.5%～5.1%。山椒素和羟基山椒素的紫外光谱在 270nm 附近有 3 个最大吸收值，这是脂肪族双键结构特征（Iseli 等，2007）。Iseli 等（2007）采用 HPLC-UV-MS 检测结合 HPLC-NMR 对青花椒（*Z. schinifolium*）超临界 CO_2提取物中羟基-α-山椒素和羟基-β-山椒素进行半定量检测。这些化合物是青花椒提取物中主要的烷基酰胺类物质（Iseli 等，2007）。Yu 等（2012）采用 RP-HPLC 结合 254nm 波长检测了花椒（*Z. bungeanum* Maxim）和青花椒（*Z. schinifolium* Sieb. et Zucc）中山椒素含量，推测羟基-γ-山椒素可以区分两种花椒物种。

除 UV 检测外，还有许多鉴别山椒素的检测技术报道。例如，通过 LC-MS、LC-TOF-MS 和 1D/2D NMR 检测山椒（*Z. piperitum*）中的羟基-α-山椒素，羟基-β-山椒素和次要的羟基-ε-山椒素、羟基-ζ-山椒素和羟基-γ-异山椒素（Bader 等，2014）。这篇文献首次提到了羟基-

ζ-山椒素。同年，印度帕兰波的 CSIR-喜马拉雅生物资源技术研究所天然植物产品部的一个团队研发了 UPLC 定量分析竹叶花椒（*Z. armatum*）中的酰胺的分析方法（Kumar 等，2014）。光电二极管阵列和电喷雾 MS/MS 被用于检测和鉴定了包括羟基-α-山椒素在内的 16 种化合物。四川大学的一个研究团队也采用 HPLC-MS/MS 对花椒和青花椒中的主要烷基酰胺进行分析（Zhao 等，2013）。其中，羟基山椒素为羟基-α-山椒素、羟基-β-山椒素，羟基-γ-山椒素、羟基-ε-山椒素和羟基-γ-异山椒素，羟基-α-山椒素是含量最丰富的烷基酰胺。有趣的是，Zhao 等（2013）进一步使用主成分分析（PCA）对花椒和青花椒的 HPLC 数据进行分类。他们发现羟基-γ-山椒素和 bungeanool（在花椒属中发现的另一种化合物，但没有已知的化学性质）可作为潜在指纹标记物对花椒和青花椒进行区分。另一篇报道中，MS、IR 和 1D/2D NMR 被用于对花椒果皮中新烷基酰胺的结构进行确认（Huang 等，2012）。该研究结果中包括羟基-α-山椒素。Yang（2008）通过反相 LC-UV-QTOF/MS（四极杆 TOF）结合 C18 色谱柱分析了许多山椒素化合物，并采用核磁共振技术（^{1}H、^{13}C、HMQC、HMBC 和 NOESY）进行了结构鉴定。正如上一段中所提到的，Iseli 等还尝试通过 HPLC-MS 探索花椒（*Z. schinifolium*）的辛辣机制（Iseli 等，2007）。还有采用 LC-MS 分析人类血浆和尿液中的羟基-α-异山椒素、羟基-β-异山椒素和 γ-山椒素（及其他分析物），以及 Daikenchuto，一种基于中国古方、由花椒果实、干姜、人参和麦芽糖制成的日本传统草本植物（汉方）中山椒素的摄入问题（Iwabu 等，2010）。

Sugai 和同事（Sugai 等，2005a；Sugai 和 Kubota，2006）分离纯的山椒素化合物，确定检测阈值，并将他们作为 TRPV1（瞬时受体电位阳离子通道子家族 V 成员 1）激动剂进行研究，观察山椒（*Z. piperitum* DC.）叶、花和果实中山椒素的定量分布，及果实成熟阶段对山椒素含量的影响（Sugai 等，2005b）。通过半制备 HPLC 结合硅胶柱和 275nm 波长分离山椒素标准品，再通过光谱分析（NMR 和 MS）进行结构确认。通过 HPLC 结合硅胶柱（孔径为 100Å）在 275nm 进行定量分析。羟基-α-山椒素在幼叶和花中仅为痕量水平，但它是果实中的主要烷基酰胺。在幼叶和花中，α-山椒素是主要的化学物理觉物质。此外，山椒果实比幼叶和花朵具有更多的化学物理觉效应。山椒果实成熟期间，α-山椒素含量减少，γ-山椒素、羟基-α-山椒素和羟基-β-山椒素含量增加，而 β-山椒素和 δ-山椒素含量几乎没有变化，且处于低水平含量（Sugai 等，2005b）。

除 Sugai 等研究之外，还有一些研究团队致力于山椒素的小型或制备型规模的提取、纯化和分离。高速逆流色谱法可以有效分离和纯化花椒中羟基-α-山椒素、羟基-β-山椒素和羟基-ε-山椒素（次要羟基山椒素）（Wang 等，2011d）。采用 MS、IR 和 ^{1}H NMR 技术可以鉴定化合物。研究表明花椒提取物中羟基山椒素含量为 21.4%，其中羟基-α-山椒素含量最高（15.7%）。中国一项专利发明了一种采用制备液相色谱结合 270nm 从花椒油中提取羟基山椒素的方法（Zhao 等，2012b）。

专注于汉方的日本 Tsumura& Co. 药业公司拥有一项通过 ^{1}H 和 ^{13}C NMR 进行山椒素（α-山

椒素、β-山椒素、羟基-α-山椒素、羟基-β-山椒素等）结构确认的专利（Aoki，2013）。首尔国立大学研究团队从山椒种子中分离出羟基-α-山椒素、羟基-β-山椒素、羟基-ε-山椒素，以及被称为二羟基-α-山椒素和二羟基-β-山椒素的两种新化合物（Jang 等，2008）。这些研究人员均采用 C18 固定相的反相真空快速色谱进行实验室规模的分离。通过 IR、UV 曲线、高分辨率快原子轰击质谱（HR FAB-MS）以及^{1}H 和^{13}C NMR 技术可以进行化合物鉴定。

11.11 千日菊酰胺

千日菊酰胺是一种类似山椒素（见第 11.10 节）能产生针刺感和麻木感的化学物理觉制剂。千日菊酰胺属于挥发性化合物，来自于金钮扣（*Acmella*）属植物，特别是金钮扣（paracress 或 jambu）或牙痛植物（*Acmella oleracea*、*Spilanthes oleracea* L.、*Spilanthes acmella*）中。目前有大量核磁共振（^{1}H、^{13}C、DEPT、COSY、HSQC 和 HMBC）、电子电离（EI）和 FAB-MS 对千日菊酰胺的分析报道（Lopez-Martinez 等，2011），此外还有 HPLC 和 GC 用于检测千日菊酰胺的分析报道。

通过 HPLC/ESI-MS 在 *Spilanthes acmella* 中分析了 11 种 *N*-烷基酰胺，包括千日菊酰胺（Boonen 等，2010）。这些研究人员借助碰撞诱导解离作用，在 MS/MS 模式下操作质谱仪，成功对这些分析物进行结构阐明，得到包括 *N*-烷基酰胺的相对分子质量和特征碎裂模式。采用 RP-HPLC 结合 C18 色谱柱和梯度洗脱，实现了化合物分离。除了 MS 检测外，237nm（千日菊酰胺最大吸收波长）UV 检测也可用于千日菊酰胺检测。美国北卡罗来纳大学格林斯博罗分校的一个研究小组一直开展等度 RP-HPLC/ESI-MS 方法对 *Spilanthes acmella* 中的烷基酰胺（包括千日菊酰胺）的分离、鉴定和定量等相关研究（Bae 等，2010；Stinson 等，2006）。千日菊酰胺通过半制备 HPLC 对植物水醇提取物分离、229nm UV 波长检测后，可以用于定量标准。标定范围为 0.45~450μmol/L，LOD 为 0.27μmol/L，LOQ 为 0.45μmol/L。通过 MS/MS 碎裂模式和 NMR 实验进一步结构解析。一项采用 HPLC-MS 对 *Spilanthes acmella* Murr. 体外培养物中的千日菊酰胺定量测试（Singh 和 Chaturvedi，2012 年）数据显示，体外培养叶子（3294μg 千日菊酰胺/g 干重叶子）中千日菊酰胺含量比体内植物（2704μg 千日菊酰胺/g 干重叶子）更高。千日菊酰胺也被选择作为建模化合物，用于评估注入体积对熔融核色谱定量分析的影响（Boonen 等，2013）。

千日菊酰胺具有挥发特性因此可以采用 GC 进行检测和定量分析。目前对采用 GC 分析不同原料中提取的千日菊酰胺进行了报道，包括：*Spilanthes oleracea* cv. Jambuarana 叶子和花序精油（Borges 等，2012），*Acmella radicans* 幼苗（Cortez-Espinosa 等，2011），*Spilanthes acmella* 枝干，头状花序及体外植株（Leng 等，2011）及 *Spilanthes acmella* Murr. 精油（Jirovetz 等，2005）。有报道 *Spilanthes acmella* 中有的千日菊酰胺含量为 2.5%。

某些情况下，HPLC 和 GC 均可用于千日菊酰胺分析。中国一研究团队将顶空 SPME 与 GC-MS 结合，及 HPLC 与离子阱-飞行时间-多级质谱（APCI-IT-TOF-MS）结合用于分析兔血浆和脑脊髓液两种复合基质中的化合物数量。千日菊酰胺是 47 种待监测分析物之一（Li 等，2014）。另一项研究中，通过制备型 HPLC 从商用 Jambu 油树脂中分馏出千日菊酰胺，并在 APCI 条件下采用 LC-MS 进行分析；也可采用 EI 模式下 GC-MS 结合^{1}H 和^{13}C NMR 和高分辨率质谱进行进一步结构研究（Ley 等，2006）。

11.12 小结

目前已采用多种分析技术对化学物理觉物质展开测定。过去 10 年间，随着色谱技术在分析实验中的广泛应用，色谱法（主要是 GC、LC 和 TLC）已经成为化学物理觉物质检测和量化分析的最常用技术，产品包括香料原料、提取物、食品、药物和生物体液等。分析检测器（UV、ECD、荧光、MS 和 MS/MS）的易操作性、特异性和灵敏性均极大提高了色谱技术的强度和通用性。

光谱技术常被作为色谱法的补充，对化学物理觉物质进行分析和表征，如 IR、NIR、FTIR、^{1}H 和^{13}C NMR。

随着更多、更先进的分析仪器和检测器在当今和未来市场的不断商业化，实验室将拥有更快和更灵敏的分析工具开展化学物理觉物质的分析检测。

缩略语

AccuTOF	准确的飞行时间
AITC	异硫氰酸烯丙酯
APCI	大气压化学电离
ATR	衰减全反射
C	辣椒素
CV	循环伏安法
DART	实时直接分析
DC	二氢辣椒碱
ECD	电化学检测
EI	电子电离
EIS	电化学阻抗谱

FAB	快原子轰击
FID	火焰电离检测
FTIR	傅里叶变换红外光谱
GC	气相色谱法
GC×GC	全二维气相色谱
HC	高辣椒碱
HDC	高二氢辣椒碱
HPLC	高效液相色谱
HPTLC	高效薄层色谱
HSCCC	高速逆流色谱
ICH	国际协调会议
IEC	离子排斥色谱
IR	红外线
LC	液相色谱
LOD	检测限
LOQ	定量限
MALDI	基质辅助激光解吸/电离
MS	质谱
NDC	降二氢辣椒碱
NIR	近红外
NMR	核磁共振
PCA	主成分分析
PDMS	聚二甲基硅氧烷
RP-HPLC	反相高效液相色谱
SPME	固相微萃取
TLC	薄层色谱法
TOF	飞行时间
TRPV1	瞬时受体电位阳离子通道子家族 V 成员 1
UPLC	超高效液相色谱
UV	紫外线

参考文献

Al Othman, Z., Ahmed, Y., Habila, M., and Abdel Ghafar, A., 2011. Determination of capsaicin and dihydrocapsaicin in Capsicum fruit samples using high performance liquid chromatography. Molecules, 16, 8919-8929.

Alam, P. , 2013. Densitometric HPTLC analysis of 8-gingerol in Zingiber officinale extract and ginger-containing dietary supplements, teas and commercial creams. *Asian Pacific Journal of Tropical Biomedicine*, 3 (8), 634-638.

Alam, P. *et al.* , 2012. HPTLC method for qualitative and quantitative estimation of eugenol from Ocimum sanctum Linn in polyherbal formulation. *Pharmacie Globale (International Journal of Comprehensive Pharmacy)*, 3 (10), 1-3.

Al-Bayati, F. A. , and Mohammed, M. J. , 2009. Isolation, identification, and purification of cinnamaldehyde from Cinnamomum zeylanicum bark oil. An antibacterial study. *Pharmaceutical Biology*, 47 (1), 61-66.

Alea, A. C. H. , Co, D. E. T. , and Noel, M. G. , 2014. An *Investigative Study of Reactions Involving Glucosinolates and Isothiocyanates*. Proceedings of the De La Salle University, 2014 Research Congress. Manila, The Philippines, http://www.dlsu.edu.ph/conferences/dlsu_research_congress/2014/food-nutrition-proceedings.asp http://www.dlsu.edu.ph/conferences/dlsu_research_congress/2014/food-nutrition-proceedings.asp (accessed 3 October 2015) .

Alothman, Z. *et al.* , 2012. Determination of capsaicinoids in Capsicum species using ultra performance liquid chromatography-mass spectrometry. *Journal of Separation Science*, 35 (21), 2892-2896.

Alqasoumi, S. I. , 2009. Quantification of 6-gingerol in Zingiber officinale extract, ginger-containing dietary supplements, teas and commercial creams by validated HPTLC densitometry. *FABAD Journal of Pharmaceutical Sciences*, 34, 33-42.

Anandjiwala, S. , Kalola, J. , and Rajani, M. , 2006. Quantification of eugenol, Luteolin, ursolic acid, and oleanolic acid in black (Krishna Tulasi) and green (Sri Tulasi) varieties of Ocimum sanctum Linn. using high-performance thin-layer chromatography. *Journal of AOAC International*, 89 (6), 1467-1474.

Antonious, G. F. and Jarret, R. L. , 2006. Screening Capsicum accessions for capsaicinoids content. *Journal of Environmental Science and Health, Part B: Pesticides, Food Contaminants, and Agricultural Wastes*, 41 (5), 717-729.

Aoki, K. , 2013. Method for producing sanshool. Japan, Patent No. EP2644612 A1 (similar patents in China and USA), European Patent 2, 644, 612, filed Mar. 23, 2013 and issued Oct. 2, 2013.

Association of Official Analytical Chemists. 2012. *Official Methods of Analysis of AOAC International*, 19th edn, Gaithersburg, MD: AOAC International, Official Method 995. 03.

Bader, M. *et al.* , 2014. All-trans-configuration in Zanthoxylum alkylamides swaps the tingling with a numbing sensation and diminishes salivation. *Journal of Agricultural and Food Chemistry*, 62 (12), 2479-2488.

Bae, H. *et al.* , 2013. Simultaneous quantification of capsaicinoids and ascorbic acid from pungent peppers. *Journal of Chromatographic Science*, 51 (5), 412-418.

Bae, S. S. , Ehrmann, B. M. , Ettefagh, K. A. , and Cech, N. B. , 2010. A validated liquid chromatography-electrospray ionization-mass spectrometry method for quantification of spilanthol in Spilanthes acmella (L.) Murr. *Phytochemical Analysis*, 21 (5), 438-443.

Bailey-Shaw, Y. A. *et al.* , 2008. Changes in the contents of oleoresin and pungent bioactive principles of Jamaican ginger (Zingiber officinale Roscoe.) during maturation. *Journal of Agricultural and Food Chemistry*, 56 (14), 5564-5571.

Bao, B. , Qi, G. , and Yang, H. , 2008. Determination of piperine in Qiqirigan-8 by HPLC. *Zhongguo Yaoshi (Beijing, China)*, 22 (8), 699-700.

Bao, G.-H. , Kang, T.-G. , Bagana, and Bai, M.-G. , 2009. Determination of piperine in Ganlu

Yigan capsule by HPLC. *Zhonghua Zhongyiyao Xuekan*, 27 (9), 2001-2002.

Bao, G.-R., Ling, X., Meng, H., and Gereltu, B., 2013b. UPLC simultaneous determination of piperine and piperlonguminine in Mongolian medicine Zhuangxi-6. *Yaowu Fenxi Zazhi*, 33 (7), 1223-1226.

Bao, G.-R., Meng, H., Hu, C.-F., and Bo, G., 2013a. Simultaneous determination of piperine and piperlonguminine in Mongolian medicine tonglaga-5 by HPLC. *Guoji Yaoxue Yanjiu Zazhi*, 40 (1), 108-110.

Bao, L., Wu, L., Na, S., and Fan, Y., 2014. Content determination of piperine in Monglia medicine harigaburi-10 tablets. *Zhongguo Shiyan Fangjixue Zazhi*, 20 (1), 81-83.

Barbero, G. F., Liazid, A., Palma, M., and Barroso, C. G., 2007. Fast determination of capsaicinoids from peppers by high-performance liquid chromatography using a reversed phase monolithic column. *Food Chemistry*, 107 (3), 1276-1282.

Barbero, G. F., Palma, M., and Barroso, C. G., 2006a. Determination of capsaicinoids in peppers by microwave-assisted extraction-high-performance liquid chromatography with fluorescence detection. *Analytica Chimica Acta*, 578 (2), 227-233.

Barbero, G. F., Palma, M., and Barroso, C. G., 2006b. Pressurized liquid extraction of capsaicinoids from peppers. *Journal of Agricultural and Food Chemistry*, 54 (9), 3231-3236.

Basu, S., Patel, V. B., Jana, S., and Patel, H., 2013. Liquid chromatography tandem mass spectrom-etry method (LC-MS/MS) for simultaneous determination of piperine, cinnamic acid and gallic acid in rat plasma using a polarity switch technique. *Analytical Methods*, 5 (4), 967-976.

Bi, Y. *et al.*, 2012. Simultaneous determination of piperine and piperlongumine in Piper longum by HPLC. *Zhongguo Shiyan Fangjixue Zazhi*, 18 (1), 47-50.

Bijttebier, S. *et al.*, 2014. Generic characterization of apolar metabolites in red chili peppers (*Capsicum frutescens L.*) by Orbitrap mass spectrometry. *Journal of Agricultural and Food Chemistry*, 62 (20), 4812-4831.

Boonen, J. *et al.*, 2010. LC-MS profiling of N-alkylamides in Spilanthes acmella extract and the transmucosal behaviour of its main bio-active spilanthol. *Journal of Pharmaceutical and Biomedical Analysis*, 53 (3), 243-249.

Boonen, J. *et al.*, 2013. A critical quality parameter of injection volume in quantitative fused-core chromatography. *Journal of Pharmaceutical Analysis*, 3 (5), 330-334.

Borges, L. d. *et al.*, 2012. Influence of organic andmineral soil fertilization on essential oil of Spilanthes oleracea cv. Jambuarana. *American Journal of Plant Physiology*, 7 (3), 135-142.

Cadieux, E. J. J., 2015. Menthol detection on tobacco. US Patent 20, 150, 008, 162, filed Sept. 24, 2014 and issued Jan. 8, 2015.

Cantalapiedra, A., Gismera, M. J., Sevilla, M. T., and Procopio, J. R., 2014. Sensitive and selective determination of phenolic compounds from aromatic plants using an electrochemical detection coupled with hplc method. *Phytochemical Analysis*, 25 (3), 247-254.

Cao, J. *et al.*, 2013. Determination of cinnamaldehyde in *Cinnamomi ramulus* by high pressure liquid chromatography. *Shipin Anquan Zhiliang Jiance Xuebao*, 4 (2), 463-466.

Carrillo, J. D. and Tena, M. T., 2006. Determination of volatile oak compounds in aged wines by multiple headspace solid-phase microextraction and gas chromatography-mass spectrometry (MHS-SPME-GC-MS). *Analytical and Bioanalytical Chemistry*, 385 (5), 937-943.

Cevallos, P. A. P., Buera, M. P., and Elizalde, B. E., 2010. Encapsulation of cinnamon and thyme essential oils components (cinnamaldehyde and thymol) in β-cyclodextrin: effect of interactions with water on complex stability. *Journal of Food Engineering*, 99 (1), 70-75.

Chauhan, R., Dwivedi, J., and Siddiqui, A. A., 2008. Chemical standardization and quantification of piperin from methanolic extract of Piper nigrum by HPLC method on the basis of isolated markers. *International Journal of Chemical Sciences*, 6 (4), 1726-1733.

Chen, D. *et al.*, 2005. Quality analysis of Shenrongguben pills. *Zhongguo Yiyuan Yaoxue Zazhi*, 25 (5), 468-470.

Chen, H., 2007. Detection of eugenol in zhenzhutongluojiaonang by HPLC. *Qinghai Yiyao Zazhi*, 37 (1), 51-53.

Chen, H. -J. and Ji, L. -J., 2012. Content determination of piperine in Shiwei Shoushen powder by RP-HPLC. *Zhongguo Shiyan Fangjixue Zazhi*, 18 (13), 122-124.

Chen, X. *et al.*, 2011. Simultaneous determination of four components in Guizhi-Gancao decoction by HPLC with double-wavelength switch. *Zhongguo Xiandai Yingyong Yaoxue*, 28 (3), 265-267.

Chen, Y., He, R., Zeng, M., and Yan, H., 2009a. Optimizing the extraction condition of ginger oil by supercritical CO_2 fluid by orthogonal test. *Zhongguo Yaoshi*, 12 (9), 1196-1197.

Chen, Y., Zhou, D., and Zhang, M., 2014. Extraction of effective ginger compositions by three different methods and determination of 6-gingerol. *Zhongguo Yaoshi* (*Wuhan*, *China*), 17 (7), 1099-1102.

Chen, Z. *et al.*, 2009b. One step purification of piperine directly from *Piper nigrum* L. by high performance centrifugal partition chromatography. *Separation Science and Technology*, 44 (8), 1884-1893.

Cheng, X. -L. *et al.*, 2013. Highly efficient sample preparation and quantification of constituents from traditional Chinese herbal medicines using matrix solid-phase dispersion extraction and UPLC-MS/MS. *Analyst*, 138 (8), 2279-2288.

Chin-Chen, M. -L., Carda-Broch, S., Bose, D., and Esteve-Romero, J., 2010. Direct injection and determination of the active principles of spices using micellar liquid chromatography. *Food Chemistry*, 120 (3), 915-920.

Choi, S. -H. *et al.*, 2006. Analysis of the contents of pungent compounds in fresh Korean red peppers and in pepper-containing foods. *Journal of Agricultural and Food Chemistry*, 54 (24), 9224-9231.

Compton, R. G., Wildgoose, G. G., and Kachoosangi, R. T., 2009. Method of electrochemically detect-ing a capsaicinoid in a sample. World Patent 2, 009, 115, 840, filed March 17, 2009 and issued Sept. 24, 2009.

Cordero, C., Bicchi, C., Joulain, D., and Rubiolo, P., 2007. Identification, quantitation and method validation for the analysis of suspected allergens in fragrances by comprehensive two-dimensional gas chromatography coupled with quadrupole mass spectrometry and with flame ionization detection. *Journal of Chromatography A*, 1150 (1-2), 37-49.

Cordero, C. *et al.*, 2012. HS-SPME-GC×GC-qMS volatile metabolite profiling of Chrysolina herba-cea frass and Mentha spp. leaves. *Analytical and Bioanalytical Chemistry*, 402 (5), 1941-1952.

Cortez-Espinosa, N. *et al.*, 2011. Valine and phenylalanine as precursors in the biosynthesis of alkamides in Acmella radicans. *Natural Product Communications*, 6 (6), 857-861.

Crespo, E. *et al.*, 2012. On-line detection of root-induced volatiles in Brassica nigra plants infested with *Delia radicum L.* root fly larvae. *Phytochemistry*, 84, 68-77.

Cui, C. *et al.*, 2014a. Determination of piperine capsules by HPLC. *Zhongguo Yaoshi* (*Wuhan*, *China*), 17 (1), 77-79.

Cui, M. -Y. *et al.*, 2014b. Simultaneous determination of three sanshools in Zanthoxylum bungea-num Maxim. extract by RP-HPLC. *Shenyang Yaoke Daxue Xuebao*, 31 (4), 272-275.

Davis, C. B., Markey, C. E., Busch, M. A., and Busch, K. W., 2007. Determination of capsaicinoids in habanero peppers by chemometric analysis of UV spectral data. *Journal of Agricultural and Food Chemistry*, 55 (15), 5925-5933.

de Jesus Ornelas-Paz, J. *et al.*, 2010. Effect of cooking on the capsaicinoids and phenolics contents of

Mexican peppers. *Food Chemistry*, 119 (4), 1619-1625.

De, S., Nariya, P., and Jirankalgikar, N., 2013. A rapid validated high-performance thin-layer chromatographic-densitometric method for the simultaneous estimation of different chemcial-nature compounds piperine and gallic acid in pharmaceutical dosage forms. *Journal of Planar Chromatography-Modern TLC*, 26 (4), 325-340.

De Mey, E. *et al.*, 2014. Application of accelerated solvent extraction (ASE) and thin layer chromatography (TLC) to determination of piperine in commercial samples of pepper (*Piper nigrum* l.). *Journal of Liquid Chromatography & Related Technologies*, 37 (20), 2980-2988.

Dhalwal, K., Shinde, V. M., Mahadik, K. R., and Namdeo, A. G., 2007. Rapid densitometric method for simultaneous analysis of umbelliferone, psoralen, and eugenol in herbal raw materials using HPTLC. *Journal of Separation Science*, 30 (13), 2053-2058.

Dighe, V. V. *et al.*, 2005. Quantification of eugenol in Cinnamomum tamala nees and eberm. Leaf powder by high-performance thin-layer chromatography. *Journal of Planar Chromatography-Modern TLC*, 18 (104), 305-307.

Dong, Y., Lu, N., and Cole, R. B., 2013. Analysis of the volatile organic compounds in Cinnamomum cassia bark by direct sample introduction thermal desorption gas chromatography-mass spec-trometry. *Journal of Essential Oil Research*, 25 (6), 458-463.

Duan, Y. *et al.*, 2013. Analysis of volatiles in sauced beef by microwave-assisted extraction coupled with solvent-assisted flavor evaporation and gas chromatography-mass spectrometry. *Shipin Kexue (Beijing, China)*, 34 (14), 250-254.

Ertas, E. *et al.*, 2007. Determination of eugenol contents of some zinc oxide-eugenol based dental cements. *Asian Journal of Chemistry*, 19 (4), 3105-3112.

Fan, H., Ding, M., Tanaka, K., and Hu, W., 2005. Analysis of carbonic acid in water samples by ion-exclusion chromatography with pure water as eluent. *Analytical Sciences*, 21 (2), 121-123.

Feng, K. and Yan, D., 2007. Determination of 6-gingerol in the supercritical fluid extract of Rhizoma Zingiberis Recens by HPLC. *Zhongchengyao*, 29 (7), 1041-1043.

Feng, Q. *et al.*, 2014a. A novel way for detection of eugenol via poly (diallyldimethylammonium chloride) functionalized graphene-MoS_2 nano-flower fabricated electrochemical sensor. *Sensors and Actuators, B: Chemical*, 192, 1-8.

Feng, X. *et al.*, 2014b. HPLC fingerprint analysis combined with chemometrics for pattern recogni-tion of ginger. *Pharmaceutical Biology*, 52 (3), 362-367.

Friedman, M. *et al.*, 2008. Analysis by HPLC and LC/MS of pungent piperamides in commercial black, white, green, and red whole and ground peppercorns. *Journal of Agricultural and Food Chemistry*, 56 (9), 3028-3036.

Fu, Y., Zhao, C., Wu, D., and Wen, A., 2005. Determination of piperine in Mongolian medicine Huangbaibaweisan by HPLC. *Zhongguo Yiyuan Yaoxue Zazhi*, 25 (11), 1095-1096.

Gahungu, A. *et al.*, 2011. Volatile compounds and capsaicinoid content of fresh hot peppers (Capsicum chinense) scotch bonnet variety at red stage. *Advance Journal of Food Science and Technology*, 3 (3), 211-218.

Gao, L. and Zheng, J., 2011. Determination of piperine in Namujige-14 by HPLC. *Zhongguo Yaoshi (Beijing, China)*, 25 (8), 804-805, 815.

Gao, Y. *et al.*, 2013. Quality control method for analyzing Chinese medicinal capsule comprising Angelica and Cnidium and others for treating male premature ejaculation diseases. Chinese Patent 103, 018, 395, filed Jan. 1, 2013 and issued April 3, 2013.

Gao, Y., Zhong, S., Zhou, C., and Chen, L., 2005. Determination of capsaicin in chilli

(*Capsicum annuum L.*) by HPLC. *Tianran Chanwu Yanjiu Yu Kaifa*, 17 (6), 797-799.

Garces-Claver, A. *et al.*, 2006. Determination of capsaicin and dihydrocapsaicin in capsicum fruits by liquid chromatography-electrospray/time-of-flight mass spectrometry. *Journal of Agricultural and Food Chemistry*, 54 (25), 9303-9311.

Ge, Q., Song, M., and Gu, L., 2010. Using ESR for measuring DPPH free radical scavenging activity of gingerol oleoresin. *Shipin Kexue*, 31 (15), 121-125.

Gholivand, M. B. and Ahmadi, F., 2008. Simultaneous determination of trans-cinnamaldehyde and benzaldehyde in different real samples by differential pulse polarography and study of heat sta-bility of trans-cinnamaldehyde. *Analytical Letters*, 41 (18), 3324-3341.

Gonzalez-Zamora, A. *et al.*, 2013. Characterization of different capsicum varieties by evaluation of their capsaicinoids content by high performance liquid chromatography, determination of pun-gency and effect of high temperature. *Molecules*, 18 (11), 13471-13486.

Gopu, C. L. *et al.*, 2008. Simultaneous determination of cinnamaldehyde, eugenol, and piperine by HPTLC densitometric method. *Phytochemical Analysis*, 19 (2), 116-121.

Gu, Y. *et al.*, 2011. Determination of capsaicin and dihydrocapsaicin in pepper by high performance liquid chromatography. *Huaxue Fenxi Jiliang*, 20 (6), 74-76.

Guedes De Pinho, P. *et al.*, 2009. Volatile composition of *Catharanthus roseus* (L.) G. Don using solid-phase microextraction and gas chromatography/mass spectrometry. *Journal of Pharmaceutical and Biomedical Analysis*, 49 (3), 674-685.

Guo, C. *et al.*, 2006. Fourier transform vibrational circular dichroism from 800 to 10, 000cm-1: Near-IR-VCD spectral standards for terpenes and related molecules. *Vibrational Spectroscopy*, 42 (2), 254-272.

Guo, F. -Y. *et al.*, 2013. The determination of piperine in Hainan Piper nigrum by HPLC. *Shipin Yanjiu Yu Kaifa*, 34 (1), 74-76.

Guo, H. and Yang, H., 2011. HPLC determination of piperine in Mongolian medicine Tasiyin-10 pills. *Baotou Yixueyuan Xuebao*, 27 (2), 20-21.

Gupta, V. and Jain, U. K., 2011a. Quantitative analysis of piperine in ayurvedic formulation by UV spectrophotometry. *International Journal of Pharma Sciences and Research*, 2 (2), 58-61.

Gupta, V. and Jain, U. K., 2011b. Quantitative estimation of piperine in Pancasama churna by RP-HPLC. *Pharmacia Lettre*, 3 (1), 400-406.

Gupta, V. and Jain, U. K., 2011c. Status of piperine content in Ayurvedic formulation: method standardization by HPTLC. *Research Journal of Pharmaceutical, Biological and Chemical Sciences*, 2 (2), 524-532.

Ha, J., Han, K. -J., Kim, K. -J., and Jeong, S. -W., 2008. Gas chromatographic analysis of capsaicin in Gochujang. *Journal of AOAC International*, 91 (2), 387-391.

Ha, J. *et al.*, 2010b. Rapid method for the determination of capsaicin and dihydrocapsaicin in Gochujang using ultra-high-performance liquid chromatography. *Journal of AOAC International*, 93 (6), 1905-1911.

Ha, J. *et al.*, 2010a. Determination of capsaicinoids in foods using ultra high performance liquid chromatography. *Food Science and Biotechnology*, 19 (4), 1005-1009.

Han, C. *et al.*, 2012a. Microwave-assisted extraction and determination of three capsaicinoids in Capsicum annuum by HPLC-MS/MS. *Yaowu Fenxi Zazhi*, 32 (8), 1365-1369.

Han, Y. *et al.*, 2013. UPLC fingerprint comparison among fresh, dried and processed ginger from different places of origin. *Zhongchengyao*, 35 (2), 356-359.

Han, Y. *et al.*, 2012c. UPLC characteristic fingerprint of rhizoma zingiberis by different drying technology. *Zhongchengyao*, 34 (6), 987-990.

Han, Y., Shi, L., Jin, S., and Zhang, J., 2012b. RP-HPLC determination of 4 capsaicinoids in chili peppers. *Shipin Kexue* (*Beijing*, *China*), 33 (16), 257-260.

Hasegawa, T. *et al.*, 2012. Determination of piperine in dietary supplements containing black pepper using UPLC. *Chiba-ken Eisei Kenkyusho Nenpo*, 59, 70-73.

He, H. *et al.*, 2012. Quantitative analysis method of capsaicin by near-IR spectroscopy. Chinese Patent 102, 313, 708, filed June 29, 2010 and issued Jan. 11, 2012.

He, L.-J., Liang, Y.-Z., and Zhao, C.-X., 2007. GC/MS study on chemical constituents of essential oil of lemiaceae plants. *Huaxue Xuebao*, 65 (3), 227-232.

Horvath, G. *et al.*, 2013. Detection of antibacterial activity of essential oil components by TLC-bioautography using luminescent bacteria. *Journal of Planar Chromatography-Modern TLC*, 26 (2), 114-118.

Hou, S.-J., Liu, S.-S., Yang, C.-D., and Ding, M.-Y., 2012. Determination of carbonic acid and formic acid in the glycerol oxidation products by ion-exclusion chromatography. *Fenxi Shiyanshi*, 31 (8), 90-92.

Hu, J., Hu, L., Tang, C., and Fang, W., 2012. Detection method for carbonic acid content in sevelamer carbonate. China, Patent No. CN 102680309.

Hu, J. *et al.*, 2009. Determination of piperine in root of Piper nigrum L. by HPLC. *Zhongyao Xinyao Yu Linchuang Yaoli*, 20 (3), 260-262.

Hu, J., Yi, F., and Liu, S., 2011a. Identification of five active ingredients and content determination of piperine in Shiwuwei Heyaowan pills by TLC and HPLC. *Di-San Junyi Daxue Xuebao*, 33 (6), 621-624.

Hu, R., Huang, W., and Chen, H., 2011b. Integrated device of electrochemical suppressor and resis-tance detection cell of ion chromatography. Chinese Patent 102, 141, 559, filed Jan. 5, 2011 and issued May 9, 2012.

Hu, Y. *et al.*, 2014. Content determination of piperine in the roots of Piper longum by HPLC. *Zhongguo Yaofang*, 25 (7), 633-635.

Huang, S. *et al.*, 2012. New alkylamides from pericarps of Zanthoxylum bungeanum. *Chinese Chemical Letters*, 23 (11), 1247-1250.

Huang, T.-C. *et al.*, 2011a. Formation of 6-Shogaol of ginger oil under different drying conditions. *Drying Technology*, 29 (16), 1884-1889.

Huang, X. and Chen, Y., 2007. Comparison of flavor material between fresh and dried ginger by GC-MS. *Zhongguo Shipin Xuebao*, 7 (5), 133-138.

Huang, X., Lin, X., Guo, M., and Zou, Y., 2011b. Characteristics of piperine solubility in multiple solvent. *Advanced Materials Research* (*Durnten-Zurich*, *Switzerland*), 236-238.

Huang, X. and Zhang, N., 2005. Crystal gingerol produced and identified from ginger. *Shipin Yu Fajiao Gongye*, 31 (10), 48-50.

Iseli, V. *et al.*, 2007. Characterization of the pungent principles and the essential oil of Zanthoxylum schinifolium pericarp. *Pharmazie*, 62 (5), 396-400.

Ishiwata, T., Norimine, E., and Ishizawa, F., 2009. Development of allyl isothiocyanate detection kit. *Japanese Journal of Clinical Toxicology*, 22 (3), 236-237.

Itoh, K., Yoshioka, K., and Yamazaki, K., 2006. The establishment of a method of the rapid and sensitive analysis capsaicinoid of Capsicum annuum. *Kenkyu Hokoku-Tochigi-ken Sangyo Gijutsu Senta*, 3, 39-42.

Iwabu, J. *et al.*, 2010. Profiling of the compounds absorbed in human plasma and urine after oral administration of a traditional Japanese (Kampo) medicine, Daikenchuto. *Drug Metabolism and Disposition*, 38 (11), 2040-2048.

Jain, K. L., Patel, R. K., and Patel, H. P., 2014. HPTLC method for simultaneous determination of pip-erine, embeline, and carvone in the Ayurvedic formulation Catpusphadhya churna. *Journal of AOAC International*, 97 (3), 773-777.

Jain, P. S., Tatiya, A. U., Bagul, S. A., and Surana, S. J., 2011. Development and validation of a method for densitometric analysis of 6-gingerol in herbal extracts and polyherbal formulation. *Journal of Analytical & Bioanalytical Techniques*, 2 (4), 1000124.

Jain, V., Saraf, S., and Saraf, S., 2007. Spectrophotometric determination of piperine in Trikatu churna: an ayurvedic formulation. *Asian Journal of Chemistry*, 19 (7), 5331-5335.

Jain, V., Thakur, A., Soman, G., and Laddha, K. S., 2010. Validated HPLC method development for simultaneous analysis of withaferin-A and 6-gingerol. Acta Chromatographica, 22 (1), 153-159.

Jang, K. H. *et al.*, 2008. New polyunsaturated fatty acid amides isolated from the seeds of Zanthoxylum piperitum. *Archives of Pharmacal Research*, 31 (5), 569-572.

Jenecius, A. and Mohan, V. R., 2014. GC-MS analysis of bioactive components on the stem extract of Bacolepsis nervosa Decne. ex. Moq. (periplocaceae). *World Journal of Pharmacy and Pharma-ceutical Sciences*, 3, 1004-1059.

Jeong, H. -J. *et al.*, 2012. Development of a simple method for detecting capsaicinoids using Gibb's reagent in pepper. *Weon'ye Gwahag Gi'sulji*, 30 (3), 294-300.

Jesionek, W., Grzelak, E. M., Majer-Dziedzic, B., and Choma, I. M., 2013. Thin-layer chromatog-raphy-direct bioautography for the screening of antimicrobial properties of plant extracts. *Journal of Planar Chromatography-Modern TLC*, 26 (2), 109-113.

Jia, C. -X., Wang, R. -L., Mao, D. -B., and Yue, Z. -Y., 2011a. Analysis of aroma components from Zanthoxylum bungeanum Maxin by microwave-assisted extraction coupled to headspace solid-phase microextraction and gas chromatography-mass spectrometry. *China Condiment*, 36 (2), 109-114.

Jia, X. *et al.*, 2011b. RP-HPLC determination of cinnamic acid, cinnamaldehyde, capsaicin, dihydrocapsaicin and 6-gingerol in Dai-wen-jiu-paste. *Yaowu Fenxi Zazhi*, 31 (8), 1467-1470.

Jiang, H., Solyom, A. M., Timmermann, B. N., and Gang, D. R., 2005. Characterization of gingerol-related compounds in ginger rhizome (Zingiber officinale Rosc.) by high-performance liquid chromatography/electrospray ionization mass spectrometry. *Rapid Communications in Mass Spectrometry*, 19 (20), 2957-2964.

Jiang, J. *et al.*, 2008. Study on quality standards for Qiwei powder. *Zhongguo Yaoshi (Wuhan, China)*, 11 (3), 297-299.

Jiang, S., Mi, S., and Wang, N., 2010. Determination of [6]-gingerol in rat plasma by HPLC-UV. *Zhongyao Xinyao Yu Linchuang Yaoli*, 21 (2), 171-174.

Jiang, Z., Liu, X., Zhang, G., and Guo, H., 2011. Determination of encapsulation efficiency of capsaicin in compound capsaicin nanoemulsion. *Chongqing Yike Daxue Xuebao*, 36 (2), 195-197.

Jiang, Z., Zhang, Q. -F., Tian, H. -L., and Li, R., 2006. The reaction of allyl isothiocyanate with hydroxyl/water and b-cyclodextrin using ultraviolet spectrometry. *Food Technology and Biotechnology*, 44 (3), 423-427.

Jin, R. *et al.*, 2009a. Separation and quantitative analysis of capsaicinoids in chili peppers by reversed-phase argentation LC. *Chromatographia*, 70 (5/6), 1011-1013.

Jin, R. *et al.*, 2009b. Separation and quantitative analysis of capsaicinoids in chili peppers by reversed-phase argentation LC-ERRATUM. *Chromatographia*, 70 (5/6), 1015.

Jin, Y., Qian, D., and Du, Q., 2013. Preparation of bioactive amide compounds from black pepper by countercurrent chromatography and preparative HPLC. *Industrial Crops and Products*, 44, 258-262.

Jirovetz, L. *et al.*, 2005. Essential oil analysis of Spilanthes acmella Murr. fresh plants from Southern India. *Journal of Essential Oil Research*, 17 (4), 429-431.

Joshi, R. *et al.*, 2011. Characterization of volatile components of tea flowers (Camellia sinensis) growing in Kangra by GC/MS. *Natural Product Communications*, 6 (8), 1155-1158.

Joshi, S. C. *et al.*, 2008. Quality assessment of flavor constituents of natural and commercial Cinnamomum tamala leaves. *Journal of Essential Oil-Bearing Plants*, 11 (3), 278-283.

Juangsamoot, J., Ruangviriyachai, C., Techawongstien, S., and Chanthai, S., 2012. Determination of capsaicin and dihydrocapsaicin in some hot chilli varities by RP-HPLC-PDA after magnetic stirring extraction and clean up with C18 cartridge. *International Food Research Journal*, 19 (3), 1217-1226.

Juliani, H. R. *et al.*, 2006. Application of near-infrared spectroscopy in quality control and determi-nation of adulteration of African essential oils. *Phytochemical Analysis*, 17 (2), 121-128.

Kachoosangi, R. T., Wildgoose, G. G., and Compton, R. G., 2008. Carbon nanotube-based electro-chemical sensors for quantifying the heat of chilli peppers: the adsorptive stripping voltammetric determination of capsaicin. *Analyst*, 133 (7), 888-895.

Kakarala, M. *et al.*, 2010. Ultra-low flow liquid chromatography assay with ultraviolet (UV) detection for piperine quantitation in human plasma. *Journal of Agricultural and Food Chemistry*, 58 (11), 6594-6599.

Kaloustian, J. *et al.*, 2007. GC-MS analysis of allergens in plant oils meant for cosmetics. *Oleagineux, Corps Gras, Lipides*, 14 (2), 110-115.

Kamal, Y. T. *et al.*, 2012. Development and validation of HPLC method for simultaneous estimation of piperine and guggul sterones in compound Unani formulation (tablets) and a nanoreservoir system. *Biomedical Chromatography*, 26 (10), 1183-1190.

Kanamori-Kataoka, M. *et al.*, 2012. Analysis of chemical warfare agents and their related com-pounds u-sing gas chromatograph with atomic emission detector. *Bunseki Kagaku*, 61 (11), 969-977.

Kang, S. -Z. *et al.*, 2014. Electrochemical behavior of eugenol on TiO_2 nanotubes improved with Cu_2O clusters. RSC Advances, 4 (2), 538-543.

Kapuriya, K. G., Parmar, P. M., Topiya, H. R., and Faldu, S. D., 2012. Method development and validation of Rifampicin and Piperine in their combined dosage form. *International Bulletin of Drug Research*, 1 (2), 71-80.

Karpakavalli, M., Sini, K. R., and Arthi, I., 2012. Microwave assisted extraction and estimation of piperine, andrographolide using HPLC techniques. *Pharmacie Globale*, 3 (5), 3.

Khajuria, R. K., Sharma, N., Koul, J. L., and Verma, M. K., 2013. Concentration dependent electrospray ionisation mass spectrometry and tandem mass spectrometry (MS/MS) studies on (E, E)-1-[5-(1,3-benzodioxol-5yl)-1-oxo-2, 4-pentadienyl]-piperidine (piperine) and its analogues. *Springer Plus*, 2 (1), 427/1-427/8.

Khamar, J. C. and Patel, S. A., 2012a. First derivative spectrophotometric method for the simulta-neous estimation of Rifampicin and Piperine in their combined capsule dosage form. *Asian Journal of Pharmacy & Life Science*, 2 (1), 49-55.

Khamar, J. C. and Patel, S. A., 2012b. Second derivative spectrophotometric method for the estimation of Rifampicin and Piperine in their combined dosage form. *International Research Journal of Pharmacy*, 3 (4), 305-309.

Kollmannsberger, H., Rodríguez-Burruezo, A., Nitz, S., and Nuez, F., 2011. Volatile and capsa-icinoid composition of ají (Capsicum baccatum) and rocoto (Capsicum pubescens), two Andean species of chile peppers. *Journal of the Science of Food and Agriculture*, 91 (9), 1598-1611.

Kozukue, N. *et al.*, 2005. Analysis of Eight capsaicinoids in peppers and pepper-containing foods by high-performance liquid chromatography and liquid chromatography-mass spectrometry. *Journal of Agricultural and Food Chemistry*, 53 (23), 9172-9181.

Kozukue, N. *et al.*, 2007. Kinetics of light-induced cis-trans isomerization of four piperines and their levels in ground black peppers as determined by HPLC and LC/MS. *Journal of Agricultural and Food Chemistry*, 55 (17), 7131-7139.

Kubra, I. R. and Jaganmohanrao, L. , 2012. An overview on inventions related to ginger processing and products for food and pharmaceutical applications. *Recent Patents on Food, Nutrition & Agriculture*, 4 (1), 31-49.

Kulkarni, V. S. and Surana, S. J. , 2011. HPLC analysis of an ayurvedic formulation. *Asian Journal of Chemistry*, 23 (9), 3915-3918.

Kulkarni, V. S. and Surana, S. J. , 2012. Simultaneous estimation of piperne and 6-gingerol in an ayurvedic formulation *byHPLC*. 24 (5), 1983-1986.

Kumar, A. , Singh, B. , Malik, A. K. , and Tiwary, D. K. , 2007. Determination of some aldehydes by using solid-phase microextraction and high-performance liquid chromatography with UV detec-tion. *Journal of AOAC International*, 90 (6), 1689-1694.

Kumar, K. A. *et al.* , 2011. Determination of chemical composition of essential oil portion of reputed marketed unani formulation Zinda Tilismath. *International Journal of Pharmacy and Pharmaceutical Sciences*, 3 (3), 67-68.

Kumar, V. , Kumar, S. , Singh, B. , and Kumar, N. , 2014. Quantitative and structural analysis of amides and lignans in Zanthoxylum armatum by UPLC-DAD-ESI-QTOF-MS/MS. *Journal of Pharmaceutical and Biomedical Analysis*, 4, 23-29.

Kuzmenko, A. N. , 2009. Investigation of the medicinal herbal mixture composition. *Vestnik Moskovskogo Universiteta, Seriya 4: Geologiya*, (3), 212-216.

Lachenmeier, D. W. *et al.* , 2010. Rapid NMR screening of total aldehydes to detect oxidative ran-cidity in vegetable oils and decorative cosmetics. *Spectroscopy Europe*, 22 (6), 11-14.

Lau, B. B. Y. , Panchompoo, J. , and Aldous, L. , 2015a. Extraction and electrochemical detection of capsaicin and ascorbic acid from fresh chilli using ionic liquids. *New Journal of Chemistry*, 39 (2), 860-867.

Lau, B. B. Y. , Panchompoo, J. , and Aldous, L. , 2015b. Extraction and electrochemical detection of capsaicin and ascorbic acid from fresh chilli using ionic liquids [Erratum to document cited in CA162: 216935]. *New Journal of Chemistry*, 39 (2), 1526.

Lee, J. -S. *et al.* , 2013b. Analysis of cinnamic acid, cinnamaldehyde and 2-methoxycinnamalde-hyde in Cinnamomi Ramulus on the market in Seoul by HPLC. *Yakhak Hoechi*, 57 (4), 235-240.

Lee, J. *et al.* , 2013a. Simultaneous determination of six components in the traditional herbal med-icine Oryeongsan by HPLC-DAD and LC-MS/MS. *Natural Product Sciences*, 19 (1), 20-27.

Lee, S. *et al.* , 2007. Liquid chromatographic determination of 6-, 8-, 10-gingerol, and 6-shogaol in ginger (Zingiber officinale) as the raw herb and dried aqueous extract. *Journal of AOAC International*, 90 (5), 1219-1226.

Leng, T. C. , Ping, N. S. , Lim, B. P. , and Keng, C. L. , 2011. Detection of bioactive compounds from Spilanthes acmella (L.) plants and its various in vitro culture products. *Journal of Medicinal Plants Research*, 5 (3), 371-378.

Ley, J. P. *et al.* , 2006. Isolation and synthesis of acmellonate, a new unsaturated long chain 2-ketol ester from Spilanthes acmella. *Natural Product Research*, 20 (9), 798-804.

Li, C. *et al.* , 2011. Determination of four components in Tibetan medicine Dangzuo from different tibetan regions by HPLC. *Zhongguo Zhongyao Zazhi*, 36 (8), 1046-1049.

Li, C. *et al.* , 2012a. Influence of different gel complexes on flavour and colour change in Chongcai paste during storage. *Food Chemistry*, 130 (3), 632-637.

Li, C. *et al.* , 2014. Identification of absorbed constituents in the rabbit plasma and cerebrospinal fluid after intranasal administration of Asari Radix et Rhizoma by HS-SPME-GC-MS and HPLC-APCI-IT-TOF-

MSn. *Molecules*, 19 (4), 4857-4879.

Li, J. *et al.*, 2006. Determination of capsaicin in different kinds of Capsicum frutescens by reversed phase HPLC. *Zhongyao Xinyao Yu Linchuang Yaoli*, 17 (3), 202-205.

Li, L. *et al.*, 2007. Determination of cinnamaldehyde and cinnamic acid in Cinnamomum cassia by nonaqueous capillary electrophoresis with UV detection. *Fenxi Ceshi Xuebao*, 26 (2), 274-276.

Li, L., Zhu, X., and Li, S., 2012b. Determination of 6-gingerol in ginger by high performance liquid chromatography. *Tianjin Zhongyiyao Daxue Xuebao*, 31 (1), 36-38.

Li, Q. *et al.*, 2012c. Preparation of ginger element sustained-release dropping pills, and quantitative determination of 6-gingerol. *Zhongchengyao*, 34 (6), 1171-1174.

Li, X., Du, A., Wang, Y., and Du, A., 2012d. A conditional study of analyzing the main active com-positions in ginger oleoresin with gas chromatography-mass spectrometry. *Zhongguo Tiaoweipin*, 37 (10), 88-92.

Li, X., Ge, X., and Li, Q., 2008a. HPLC determination of cinnamaldehyde in Zushimafengshi plasters. *Yaowu Fenxi Zazhi*, 28 (9), 1559-1561.

Li, X. *et al.*, 2008b. Rapid and accurate analytical method for the determination of gingerols in three medicinal gingers (Zingiber officinale Roscoe) by high performance liquid chromatography. *Analytical Letters*, 41 (10), 1732-1741.

Li, Y. *et al.*, 2012e. Discussion about assay method of eugenol in Flos Caryophylli in Chinese Pharmacopoeia (edition 2010). *Zhongyao Xinyao Yu Linchuang Yaoli*, 23 (5), 579-582.

Liao, H., Dasgupta, P. K., Srinivasan, K., and Liu, Y., 2015. Mixing characteristics of mixers in flow analysis. Application to two-dimensional detection in ion chromatography. *Analytical Chemistry*, 87 (1), 793-800.

Liao, H. *et al.*, 2012. Determination of eugenol content in cigarette mainstream smoke by GC/MS-SIM. Chinese Patent 102, 809, 621, filed Aug. 30, 2012 and issued Sept. 25, 2013.

Liao, H. *et al.*, 2013a. Method for detecting eugenol in essence spice by gas chromatography-mass spectrometry. Chinese Patent 103, 344, 734, filed July 10, 2013 and issued Jan. 21, 2015.

Liao, H. *et al.*, 2013b. Method for measuring eugenol in edible flavor using HPLC. Chinese Patent 103, 399, 089, filed July 10, 2013 and issued Feb. 25, 2015.

Liao, H. *et al.*, 2013c. Method for measuring eugenol in the cigarette mainstream smoke based on high performance liquid chromatography (HPLC). Chinese Patent 103, 336, 085, filed July 10, 2013 and issued Oct. 22, 2014.

Lin, J., Xu, L., Liu, J., and Zou, Z., 2005a. Study on contents of cinnamaldehyde and cinnamic acid and distribution of Ramulus Cinnamomi. *Zhongguo Yaoxue Zazhi (Beijing, China)*, 40 (23), 1784-1787.

Lin, W. *et al.*, 2006. Determination of eugenol in several Chinese herbal medicines by capillary electrophoresis with high frequency conductivity method. *Gaodeng Xuexiao Huaxue Xuebao*, 27 (11), 2070-2072.

Lin, X. *et al.*, 2011. Simultaneous determination of piperine and 6-gingerol in condiment by HPLC internal standard method. *Shipin Gongye Keji*, 32 (12), 452-454.

Lin, Y.-T. *et al.*, 2005b. Enantiomeric analysis of (+)-menthol and (-)-menthol by fluorogenic derivatization and liquid chromatography. *Journal of Chromatography A*, 1087 (1-2), 223-228.

Liu, F. *et al.*, 2011a. Determination eugenol, borneol and isoborneol of Guanxin Shutong capsule by gas chromatography. *Zhongguo Shiyan Fangjixue Zazhi*, 17 (18), 56-59.

Liu, H. and Han, B., 2008. Determining general capsaicin in capsaicin-based pesticides by spectro-photometry. *Xiandai Nongyao*, 7 (1), 24-26.

Liu, H. *et al.*, 2015. Identification and simultaneous quantification of five alkaloids in Piper longum L. by

HPLC-ESI-MSn and UFLC-ESI-MS/MS and their application to Piper nigrum L. *Food Chemistry*, 177, 191-196.

Liu, H. *et al.*, 2013a. Tissue distribution profiles of three antiparkinsonian alkaloids from Piper longum L. in rats determined by liquid chromatography-tandem mass spectrometry. *Journal of Chromatography B: Analytical Technologies in the Biomedical and Life Sciences*, 928, 78-82.

Liu, H., Zhang, Y., and Nie, L., 2014a. Simultaneous determination of puerarin, daidzin, baicalin, daidzein, cinnamaldehyde and baicalein in Xiaoer Chaigui Tuire Keli by HPLC. *Yaowu Fenxi Zazhi*, 34 (6), 1038-1042.

Liu, J., Bi, Y., Luo, R., and Wu, X., 2011b. Simultaneous UFLC-ESI-MS/MS determination of pip-erine and piperlonguminine in rat plasma after oral administration of alkaloids from Piper longum L.: Application to pharmacokinetic studies in rats. *Journal of Chromatography B: Analytical Technologies in the Biomedical and Life Sciences*, 879 (27), 2885-2890.

Liu, L. *et al.*, 2010. Determination of capsaicin and dihydrocapsaicin in Capsicum annuum and related products by capillary electrophoresis with a mixed surfactant system. *Food Chemistry*, 119 (3), 1228-1232.

Liu, M. *et al.*, 2013b. Simultaneous determination of six marker components in Sini decoction by high performance liquid chromatography. *Dier Junyi Daxue Xuebao*, 34 (6), 682-686.

Liu, W. *et al.*, 2014b. Purification of 6-gingerol from oleoresin with macroporous resin. *Nongye Jixie Xuebao*, 45 (6), 237-241.

Liu, X. *et al.*, 2009. HPLC-TOF/MS in rapid identification of chemical compositions in Xiaochaihu decoction. *Dier Junyi Daxue Xuebao*, 30 (8), 941-946.

Lopez-Martinez, S., Aguilar-Guadarrama, A. B., and Rios, M. Y., 2011. Minor alkamides from Heliopsis longipes S. F. Blake (Asteraceae) fresh roots. *Phytochemistry Letters*, 4 (3), 275-279.

Lungarini, S., Aureli, F., and Coni, E., 2008. Coumarin and cinnamaldehyde in cinnamon marketed in Italy: A natural chemical hazard? *Food Additives & Contaminants, Part A: Chemistry, Analysis, Control, Exposure & Risk Assessment*, 25 (11), 1297-1305.

Luo, J. *et al.*, 2012. Study on determination of capsaicinoids in capsicum chilli and its storage stability. *Shipin Gongye Keji*, 33 (11), 333-337.

Lv, D. *et al.*, 2013. Method for detecting content of piperine and moisture and evaluating quality of white pepper. Chinese Patent 103, 278, 473, filed May 14, 2013 and issued Sep. 4, 2013.

Lv, G.-P. *et al.*, 2010. Pressurized liquid extraction and GC-MS analysis for simultaneous determi-nation of seven components in Cinnamomum cassia and the effect of sample preparation. *Journal of Separation Science*, 33 (15), 2341-2348.

Ma, J., 2012. Allyl isothiocyanate derived from oriental mustard meal as a natural antimicrobial to inhibit the growth of moulds on bread, Master of Science Thesis, Food Science Department at the University of Guelph, Canada.

Ma, W. *et al.*, 2009. Determination of content of 6-gingerol in ginger by HPLC. *Weiliang Yuansu Yu Jiankang Yanjiu*, 26 (6), 27-28.

Maheswari, R., Abtheen, K. S. S. A., Shanmugasundaram, P., and Vijeyaanandhi, M., 2008. Spectrophotometric method for the quantitative estimation of piperine in herbal cough syrup. *Acta Ciencia Indica, Chemistry*, 34 (4), 619-621.

Mallikarjun, M., Jayaveera, K. N., Sailaja, S., and Yogananda, R. K., 2012. Isolation and structure confirmation of piperine from Piper trioicum Roxb. *Journal of Pharmacy and Chemistry*, 6 (2), 33-36.

Mao, L. *et al.*, 2013. Research on detection technology of capsaicinoids in hogwash oil. *Zhongguo Weisheng Jianyan Zazhi*, 23 (3), 544-546, 550.

Marutoiu, C. *et al.*, 2006. Separation and identification of piperine and chavicine in black pepper by TLC and GC-MS. *Journal of Planar Chromatography-Modern TLC*, 19 (109), 250-252.

Meng, X., 2011. Content determination of 3 gingerols in dried ginger, baked ginger and fresh ginger by RP-HPLC. *Zhongguo Yaofang*, 22 (23), 2182-2184.

Menghani, E., Jain, S. C., and Jain, R., 2010. Scientific validation of Piper nigrum by HPLC and anti-oxidative assay markers. *Asian Journal of Biotechnology*, 2 (2), 133-138.

Mirensha, Y. *et al.*, 2014. Quality standards analysis for Xiaoaifei preparation. *Xinjiang Yike Daxue Xuebao*, 37 (4), 436-439.

Mishra, A., Mishra, A. K., Tiwari, O. P., and Jha, S., 2013. HPLC analysis and standardization of Brahmi vati-An Ayurvedic poly-herbal formulation. *Journal of Young Pharmacists*, 5 (3), 77-82.

Miyamoto, S. and Horii, S., 2013. Method for breakthrough detection and operation of ion exchange unit in water purification. Japanese Patent 2, 013, 208, 566, filed March 30, 2012 and issued Oct. 10, 2013.

Mo, C. Y. *et al.*, 2011. Apparatus and method for measuring pungency of red pepper powder. US Patent 20, 110, 218, 739, filed July 1, 2010 and issued Sep. 8, 2011.

Mohammad, R., Ahmad, M., and Heng, L. Y., 2013. An amperometric biosensor utilizing a ferrocene-mediated horseradish peroxidase reaction for the determination of capsaicin (chili hotness). *Sensors*, 13, 10014-10026.

Mohammad, R., Ahmad, M., and Heng, L. Y., 2014. Chilli hotness determination based on optical capsaicin biosensor using stacked immobilisation technique. *Sensors and Actuators, B: Chemical*, 190, 593-600.

Mohan, M. *et al.*, 2012. Antimicrobial activity and composition of the volatiles of Cinnamomum tamala Nees. and Murraya koenigii (L.) Spreng. from Uttarakhand (India). *Asian Pacific Journal of Tropical Disease*, 2 (Suppl. 1), 5324-5327.

Monforte-Gonzalez, M., Medina-Lara, F., Gutierrez-Carbajal, G., and Vazquez-Flota, F., 2007. Capsaicinoid quantitation by in situ densitometry of thin layer chromatography plates. *Journal of Liquid Chromatography & Related Technologies*, 30 (11), 1697-1704.

Moorthi, C. *et al.*, 2013. Application of validated RP-HPLC-PDA method for the simultaneous estimation of curcumin and piperine in Eudragit E 100 nanoparticles. *Journal of Pharmacy Research (Gurgaon, India)*, 7 (3), 224-229.

Mori, M. *et al.*, 2005. High-speed ion-exclusion chromatography of dissolved carbon dioxide on a small weakly acidic cation-exchange resin column with ion-exchange enhancement columns of conductivity detection. *Journal of chromatography, A*, 1092 (2), 250-253.

Mori, T., Suma, K., Sumiyoshi, Y., and Endo, Y., 2009. Spectroscopic detection of isolated carbonic acid. *Journal of Chemical Physics*, 130 (20), 204308/1-204308/7.

Mori, T., Suma, K., Sumiyoshi, Y., and Endo, Y., 2011. Spectroscopic detection of the most stable carbonic acid, cis-cis H_2CO_3. *Journal of Chemical Physics*, 134 (4), 044319/1-044319/6.

Muchena, J. K., 2009. Studies of capsaicinoids contents of locally grown and commercial chilies using reversed-phase high performance liquid chromatography, Master of Science thesis, Chemistry Department, East Tennessee State University, TN.

Musenga, A. *et al.*, 2006. Simultaneous determination of aromatic and terpenic constituents of cloves by means of HPLC with diode array detection. *Journal of Separation Science*, 29 (9), 1251-1258.

Musenga, A. *et al.*, 2007. Analysis of aromatic and terpenic constituents of pepper extracts by capillary electrochromatography. *Journal of Separation Science*, 30 (4), 612-619.

Nagappan, K. V., Meyyanathan, S. N., Rajan, S., and Elango, K., 2011. A liquid chromatography-atmospheric Pressure Chemical Ionisation-mass spectrometry method for the simultaneous determination of curcumin and piperine in food products. *Recent Progress in Medicinal Plants*, 31, 151-159.

Nagappan, K. V., Meyyanathan, S. N., Raja, R. B., and Kannan, E., 2009. A liquid chromatography method for the simultaneous determination of curcumin and piperine in food products using diode array detection. *Asian Journal of Research in Chemistry*, 2 (2), 115-118.

Nakamura, S., Yatabe, R., Onodera, T., and Toko, K., 2013. Sensitive detection of capsaicinoids using a surface plasmon resonance sensor with anti-homovanillic acid polyclonal antibodies. *Biosensors*, 3 (4), 374-384.

Nakanishi, A. *et al.*, 2014. Determination of the absolute configuration of a novel odour-active lactone, cis-3-methyl-4-decanolide, in wasabi. *Flavour and Fragrance Journal*, 29 (4), 220-227.

Ni, L. and Yang, X., 2012. Determination of cinnamaldehyde and piperine in Shiliu Jianwei pill by HPLC. *Zhongguo Xiandai Yingyong Yaoxue*, 29 (1), 67-69.

Nikam, A. R., Sathiyanarayanan, L., and Mahadik, K. R., 2013. Validation of reversed-phase high-performance liquid chromatography method for simultaneous determination of 6-, 8-, and 10-shogaol from ginger preparations. *International Journal of Pharmacy and Pharmaceutical Sciences*, 5 (*Suppl.* 1), 432-437.

Noami, M. *et al.*, 2006. Study on the analysis of capsaicin glucuronide in rat urine by liquid chro-matography-mass spectrometry after enzymatic hydrolysis. *Journal of Health Science*, 52 (6), 660-665.

Norimine, E., Ishiwata, T., and Ishizawa, F., 2008. Devising a detector tube for allyl isothiocyanate. *Japanese Journal of Toxicology*, 21 (3), 319-320.

Nwokem, C. O., Agbaji, E. B., Kagbu, J. A., and Ekanem, E. J., 2010. Determination of capsaicin content and pungency level of five different peppers grown in Nigeria. *New York Science Journal*, 3 (9), 17-21.

Oromi-Farrus, M., Torres, M., and Canela, R., 2012. Acylation of chiral alcohols: a simple procedure for chiral GC analysis. *Journal of Analytical Methods in Chemistry*, DOI: 10. 1155/2012/452949.

Pandey, R. K., Saraf, S., and Saraf, S., 2010. Development of fingerprint for single component analysis of an ayurvedic formulation (Sitopaladi Churna) by high performance liquid chromatography. *Pharmacia Lettre*, 2 (2), 464-470.

Pandey, R., Saraf, S., and Saraf, S., 2009. Development of UV spectrophotometric fingerprint method for evaluation of Sitopaladi churna. *Biosciences*, *Biotechnology Research Asia*, 6 (1), 309-312.

Park, J. S. and Jung, M. Y., 2012. Development of high-performance liquid chromatography-time-of-flight mass spectrometry for the simultaneous characterization and quantitative analysis of gingerol-related compounds in ginger products. *Journal of Agricultural and Food Chemistry*, 60 (40), 10015-10026.

Patel, R. K., Kanani, R. J., Patel, V. R., and Patel, M. G., 2010. Development and validation of HPTLC method for simultaneous quantification of vasicine and piperine in Vasavaleha. *International Journal of Pharmaceutical Research*, 2 (3), 14-17.

Patel, S. and Vyas, N., 2012. Validated spectrofluorimetric method for estimation of piperine in an Ayurvedic formulation. *Asian Journal of Pharmaceutical and Clinical Research*, 5 (Suppl. 4), 231-233.

Patra, K. C. and Kumar, K. J., 2010. A validated HPTLC method for simultaneous analysis of eugenol and piperine in a Siddha formulation. *Journal of Planar Chromatography-Modern TLC*, 23 (4), 293-297.

Pei, G. -Z. *et al.*, 2013. Determination of apigenin, piperine, costunolide and dehydrocostuslactone in Victoria drug Aimisi pills by HPLC. *Zhongguo Yiyuan Yaoxue Zazhi*, 33 (20), 1731-1732.

Pelosi, C. *et al.*, 2014. A new method to measure allyl isothiocyanate (AITC) concentrations in mustard: comparison of AITC and commercial mustard solutions as earthworm extractants. *Applied Soil Ecology*, 80, 1-5.

Pena-Alvarez, A., Alvarado, L. A., and Vera-Avila, L. E., 2012. Analysis of capsaicin and dihydro-cap-saicin in hot peppers by ultrasound assisted extraction followed by gas chromtaography-mass spectrometry. *Instrumentation Science & Technology*, 40 (5), 429-440.

Pena-Alvarez, A., Ramirez-Maya, E., and Alvarado-Suarez, L. A., 2009. Analysis of capsaicin and dihydrocapsaicin in peppers and pepper sauces by solid phase microextraction-gas chromatography-mass spectrometry. *Journal of Chromatography A*, 1216 (14), 2843-2847.

Penas, E., Pihlava, J. M., Vidal-Valverde, C., and Frias, J., 2012. Influence of fermentation conditions of Brassica oleracea L. var. capitata on the volatile glucosinolate hydrolysis compounds of sauerkrauts. *LWT-Food Science and Technology*, 48 (1), 16-23.

Pfaff, A. M. and Steiner, R. R., 2011. Development and validation of AccuTOF-DART as a screening method for analysis of bank security device and pepper spray components. *Forensic Science International*, 206 (1-3), 62-70.

Poyrazoglu, E. S., Yemis, O., Kadakal, C., and Art1k, N., 2005. Determination of capsaicinoid profile of different chilli peppers grown in Turkey. *Journal of the Science of Food and Agriculture*, 85 (9), 1435-1438.

Pramod, K. *et al.*, 2013. Development and validation of RP-HPLC-PDA method for the quantification of eugenol in developed nanoemulsion gel and nanoparticles. *Journal of Analytical Science and Technology*, 4 (9-23), 16/1-16/6.

Pyka, A., 2010. Phenolic drugs: TLC detection. *Encyclopedia of Chromatography* (ed. J. Cazes), 3rd edn, Taylor & Francis, pp. 1777-1789.

Qian, D. *et al.*, 2011. Separation of piperine from pepper by high-speed countercurrent chromatog-raphy. *Shipin Kexue* (*Beijing*, *China*), 32 (24), 274-276.

Qiang, W., Wang, C., Pu, W., and Liu, X., 2014. Establishment and evaluation of determination of cinnamaldehyde in baoyuanqingxue granules by HPLC. *Advanced Materials Research* (*Durnten-Zurich*, *Switzerland*), 998-999.

Qu, X., Lu, X., and Huang, X., 2007. Determination of 6-gingerol in ginger and its produces by using 6-gingerol oxime as internal standard. *Shipin Yu Fajiao Gongye*, 33 (6), 123-125.

Quan, L., Zhao, S., and Xu, L., 2005. RP-HPLC method for determination of piperine content in Zhitong capsule. *Zhongguo Zhongyao Zazhi*, 30 (3), 235.

Rafi, M., Lim, L. W., Takeuchi, T., and Darusman, L. K., 2013. Simultaneous determination of gin-gerols and shogaol using capillary liquid chromatography and its application in discrimination of three ginger varieties from Indonesia. *Talanta*, 103, 28-32.

Rai, P. D., Pathak, A., and Rajput, S. J., 2009a. RP-LC Simultaneous determination of aconitine, solanine and piperine in an Ayurvedic medicine. *Chromatographia*, 69 (11/12), 1275-1282.

Rai, P., Pathak, A., and Rajput, S. J., 2009b. Stability-indicating reversed-phase liquid chromatographic methods for the determination of aconitine and piperine in a polyherbal formulation. *Journal of AOAC International*, 92 (4), 1044-1054.

Rajopadhye, A. A., Namjoshi, T. P., and Upadhye, A. S., 2012. Rapid validated HPTLC method for estimation of piperine and piperlongumine in root of Piper longum extract and its commercial formulation. *Revista Brasileira de Farmacognosia*, 22 (6), 1355-1361.

Ramlingam, P. *et al.*, 2012. Quality control of marketed clove buds-Reference to their quality and purityas per WHO guidelines. *International Journal of Bioassays*, 1 (5), 1-7.

Randviir, E. P., Metters, J. P., Stainton, J., and Banks, C. E., 2013. Electrochemical impedance spec-troscopy versus cyclic voltammetry for the electroanalytical sensing of capsaicin utilising screen printed carbon nanotube electrodes. *Analyst*, 138 (10), 2970-2981.

Rao, V. R. S. *et al.*, 2011. Simultaneous determination of bioactive compounds in Piper nigrum L. and a species comparison study using HPLC-PDA. *Natural Product Research*, 25 (13), 1288-1294.

Rodenas-Montano, J. *et al.* , 2013. Determination of alcohols in essential oils by liquid chromatog-raphy with ultraviolet detection after chromogenic derivatization. *Journal of Chromatography A*, 1296, 157-163.

Rodriguez, A. , Pedersen-Bjergaard, S. , Rasmussen, K. E. , and Nerin, C. , 2008. Selective three-phase liquid phase microextraction of acidic compounds from foodstuff simulants. *Journal of Chromatography A*, 1198-1199, 38-44.

Rodtjer, A. , Skibsted, L. H. , and Andersen, M. L. , 2006. Identification and quantification of phenolics in aromatic bitter and cherry liqueur by HPLC with electrochemical detection. *European Food Research and Technology*, 223 (5), 663-668.

Ruiz-Lau, N. *et al.* , 2010. Capsaicinoids are absent in habanero pepper vegetative organs (Capsicum chinense Jacq.). *HortScience*, 45 (2), 323-326.

Rusu, M. L. *et al.* , 2007. HPTLC and GC-MS for separation and identification of eugenol in plants. *Journal of Planar Chromatography-Modern TLC*, 20 (2), 139-140.

Samten, Wetwitayaklung, P. , Kitcharoen, N. , and Sotanaphun, U. , 2010. TLC image analysis for determination of the piperine content of the traditional medicinal preparations of Bhutan. *Acta Chromatographica*, 22 (2), 227-236.

Sanchez-Cabrera, Y. and Pino, J. A. , 2011. Headspace solid-phase microextraction analysis of volatile compounds from spice essential oils in dry flavourings. *International Journal of Food Science and Technology*, 46 (10), 2118-2123.

Schepler, C. *et al.* , 2013. Flow injection of liquid samples to a mass spectrometer with ionization under vacuum conditions: a combined ion source for single-photon and electron impact ioniza-tion. *Analytical and Bioanalytical Chemistry*, 405 (22), 6953-6957.

Schulz, H. *et al.* , 2005. Characterization of peppercorn, pepper oil, and pepper oleoresin by vibrational spectroscopy methods. *Journal of Agricultural and Food Chemistry*, 53 (9), 3358-3363.

Schulz, K. *et al.* , 2007. Determination of aroma compounds from alcoholic beverages in spiked blood samples by means of dynamic headspace GC-MS. *Chromatographia*, 66 (11/12), 879-886.

Schulz, K. *et al.* , 2008. Headspace solid-phase microextraction-gas chromatography-mass spec-trometry for the quantitative determination of the characteristic flavoring agent eugenol in serum samples after enzymatic cleavage to validate post-offence alcohol drinking claims. *Journal of Chromatography A*, 1211 (1-2), 113-119.

Schweiggert, U. , Carle, R. , and Schieber, A. , 2006. Characterization of major andminor capsa-icinoids and related compounds in chili pods (Capsicum frutescens L.) by high-performance liquid chromatography/atmospheric pressure chemical ionization mass spectrometry. *Analytica Chimica Acta*, 557 (1-2), 236-244.

Scott, I. M. *et al.* , 2005. Analysis of Piperaceae germplasm by HPLC and LC-MS: A method for isolating and identifying unsaturated amides from Piper spp extracts. *Journal of Agricultural and Food Chemistry*, 53 (6), 1907-1913.

Sethi, P. *et al.* , 2009. Development and validation of a reversed phase HPLC method for simulta-neous determination of curcumin and piperine in human plasma for application in clinical pharmacological studies. *Journal of Liquid Chromatography & Related Technologies*, 32 (20), 2961-2974.

Shanmugasundaram, P. , Maheswari, R. , and Vijayaanandhi, M. , 2008. Quantitative determination of piperine in herbal cough syrup by HPTLC method. *Rasayan Journal of Chemistry*, 1 (2), 212-217.

Shao, X. *et al.* , 2010. Quantitative analysis of ginger components in commercial products using liquid chromatography with electrochemical array detection. *Journal of Agricultural and Food Chemistry*, 58 (24), 12608-12614.

Shingate, P. N. , Dongre, P. P. , and Kannur, D. M. , 2013. New method development for extraction and isolation of piperine from black pepper. *International Journal of Pharmaceutical Sciences and Research*, 4 (8), 3165-3170.

Shivani, R. I. *et al.*, 2013a. Development of HPTLC method for the determination of piperine in Lavangadi vati-an Ayurvedic formulation. *World Journal of Pharmaceutical Research*, 2 (5), 1720-1730.

Shivani, R. I. *et al.*, 2013b. Development of HPTLC method for the determination of piperine in sitopladi Churna-an Ayurvedic formulation. *International Journal of Pharmaceutical and Phytopharmacological Research*, 3 (1), 46-51.

Shukla, K., Saraf, S., and Saraf, S., 2007. Development of finger printing methods of an Ayurvedic formulation bhaskar lavan churna: a spectrophotometric approach. *Natural Products: An Indian Journal*, 3 (3), 178-181.

Singh, M. and Chaturvedi, R., 2012. Screening and quantification of an antiseptic alkylamide, spi-lanthol from in vitro cell and tissue cultures of Spilanthes acmella Murr. *Industrial Crops and Products*, 36 (1), 321-328.

Singh, M. *et al.*, 2014. Electrochemical biosensor with ceria-polyaniline core shell nano-interface for the detection of carbonic acid in blood. *Journal of Colloid and Interface Science*, 425, 52-58.

Singh, N. K. *et al.*, 2011. UV-spectrophotometric method development for estimation of piperine in Chitrakadi Vati. *Pharmacia Lettre*, 3 (3), 178-182.

Stanfill, S. B. *et al.*, 2006. Quantification of flavor-related compounds in the unburned contents of bidi and clove cigarettes. *Journal of Agricultural and Food Chemistry*, 54 (22), 8580-8588.

Stinson, S. L., Craven, B. M., and Cech, N. B., 2006. HPLC/ESI-MS method validated for the analysis of alkylamides in *Spilanthes acmella*. Proceedings of the 58th SE Regional Meeting (SERMACS '06), Augusta, GA, USA.

Sugai, E. and Kubota, K., 2006. The pungency of Japanese pepper and characteristics of sanshool-related compounds. *Koryo*, 229, 129-137.

Sugai, E. *et al.*, 2005a. Pungent qualities of sanshool-related compounds evaluated by a sensory test and activation of rat TRPV1. *Bioscience, Biotechnology, and Biochemistry*, 69 (10), 1951-1957.

Sugai, E., Morimitsu, Y., and Kubota, K., 2005b. Quantitative analysis of sanshool compounds in Japanese pepper (Xanthoxylum piperitum DC.) and their pungent characteristics. *Bioscience, Biotechnology, and Biochemistry*, 69 (10), 1958-1962.

Sugiyama, T. and Kagatani, I., 2012a. Apparatus for automated detection and display of dissolved carbonic acid gas in bath water. Japanese Patent 2, 012, 237, 689, filed May 13, 2011 and issued Dec. 6, 2012.

Sugiyama, T. and Kagatani, I., 2012b. Ultrasonic-type detectors for determining carbonic acid dissolved in water specimens. Japanese Patent 2, 012, 112, 860, filed Nov. 26, 2010 and issued June 14, 2012.

Supalkova, V. *et al.*, 2007. Study of capsaicin content in various parts of pepper fruit by liquid chromatography with electrochemical detection. *Acta Chimica Slovenica*, 54 (1), 55-59.

Surareungchai, W. and Phanthong, C., 2012. Electrochemical detection of capsaicinoid compounds in a sample. World Patent 2, 012, 134, 408, filed March 30, 2012 and issued Oct. 4, 2012.

Taira, S. *et al.*, 2012. Mass spectrometry imaging of the capsaicin localization in the Capsicum fruits. *International Journal of Biotechnology for Wellness Industries*, 1 (1), 61-65.

Tan, G. *et al.*, 2011. Characterization of constituents in Sini decoction and rat plasma by high-performance liquid chromatography with diode array detection coupled to time-of-flight mass spectrometry. *Biomedical Chromatography*, 25 (8), 913-924.

Tao, Y., Li, W., Liang, W., and Van Breemen, R. B., 2009. Identification and quantification of gin-gerols and related compounds in ginger dietary supplements using high-performance liquid chromatography-tandem mass spectrometry. *Journal of Agricultural and Food Chemistry*, 57 (21), 10014-10021.

Thompson, R. Q. *et al.*, 2012. Visualizing Capsaicinoids: Colorimetric Analysis of Chili Peppers. *Journal of Chemical Education*, 89 (5), 610-612.

Thompson, R. Q., Phinney, K. W., Sander, L. C., and Welch, M. J., 2005. Reversed-phase liquid chro-matography and argentation chromatography of theminor capsaicinoids. *Analytical & Bioanalytical Chemistry*, 381 (7), 1432-1440.

Tonon de Souza, P., and Rossi, A. V., 2014. Indirect spectrophotometric determination of capsaicinoids in Capsicum peppers by reaction with Co (Ⅱ) complex with 4-(2-pyridylazo) resorcinol. *Quimica Nova*, 37 (4), 631-637.

Topuz, A. and Ozdemir, F., 2007. Assessment of carotenoids, capsaicinoids and ascorbic acid com-position of some selected pepper cultivars (Capsicum annuum L.) grown in Turkey. *Journal of Food Composition and Analysis*, 20 (7), 596-602.

Troncoso, R. *et al.*, 2005. Analysis of the isothiocyanates present in cabbage leaves extract and their potential application to control *Alternaria rot in bell peppers*. 38 (6), 701-708.

Tsuno, T., 2006. Identification of ginger. *Toyama-ken Yakuji Kenkyusho Nenpo*, 33, 53-54.

Usman, M. G. *et al.*, 2014. Capsaicin and dihydrocapsaicin determination in chili pepper genotypes using ultra-fast liquid chromatography. *Molecules*, 19 (5), 6474-6488.

van Stee, L. L. P. and Brinkman, U. A. T., 2011. Peak clustering in two-dimensional gas chromatography with mass spectrometric detection based on theoretical calculation of two-dimensional peak shapes: The 2DAid approach. *Journal of Chromatography A*, 1218 (43), 7878-7885.

Vaykole, A. M., Nirmal, S. A., Jadhav, R. S., and Pattan, S. R., 2014. Development and validation of HPTLC method to detect curcumin, piperine, and boswellic acid in polyherbal transdermal patch. *Journal of Liquid Chromatography & Related Technologies*, 37 (3), 367-378.

Villa, C., Gambaro, R., Mariani, E., and Dorato, S., 2007. High-performance liquid chromatographic method for the simultaneous determination of 24 fragrance allergens to study scented products. *Journal of Pharmaceutical and Biomedical Analysis*, 44 (3), 755-762.

Vyas, A. *et al.*, 2011. TLC densitometric method for the estimation of piperine in ayurvedic formu-lation Trikatu churna. *Oriental Journal of Chemistry*, 27 (1), 301-304.

Wagner, C. E., Cahill, T. M., and Marshall, P. A., 2011. Extraction, purification, and spectroscopic characterization of a mixture of capsaicinoids. *Journal of Chemical Education*, 88 (11), 1574-1579.

Wang, D. *et al.*, 2012a. Method for detecting capsaicin content in water-soluble oleoresin capsicum by ultraviolet spectrophotometry. Chinese Patent 102, 798, 603, filed Aug. 17, 2012 and issued Nov. 28, 2012.

Wang, H. *et al.*, 2011a. Simultaneous determination of four effective compounds in Juejin Decoction by high performance liquid chromatography. *Asian Journal of Traditional Medicines*, 6 (4), 168-174. Wang, H., So, P. -K., and Yao, Z. -P., 2014a. Direct analysis of herbal powders by pipette-tip electro-spray ionization mass spectrometry. *Analytica Chimica Acta*, 809, 109-116.

Wang, H. *et al.*, 2014b. Simultaneous determination of eight effective components in Uighur med-icine Dawayijin pills by HPLC. *Zhongguo Xinyao Zazhi*, 23 (11), 1316-1320.

Wang, H. *et al.*, 2013a. HPLC determination of benzoyl aconitine and 6-ginger in Sini decoction prepared by three extraction methods. *Xiandai Yiqi Yu Yiliao*, 19 (5), 55-59.

Wang, J. *et al.*, 2012b. Quality inspection method of Ershiwuweiguijiu pills. Chinese Patent 103, 175, 907, filed Dec. 5, 2012 and issued Dec. 3, 2014.

Wang, L. -H. and Chen, J. -C., 2011c. Studies on the electrochemical behavior of eugenol and its application using a flow-through chronoamperometric sensor. *Current Pharmaceutical Analysis*, 7 (2), 88-94.

Wang, L. *et al.*, 2011b. Analysis of gingerol-related compounds in fresh ginger by HPLC-ESI-Q-TOF-MS/MS. *Zhongguo Zhongyao Zazhi*, 36 (24), 3467-3471.

Wang, L. *et al.*, 2012c. A novel method for the identification of illegal cooking oil (1): detection of three capsaicinoids with liquid chromatography-mass spectrometry. Sepu, 30 (11), 1094-1099.

Wang, L. *et al.*, 2013b. High performance liquid chromatography based determination of 6-gingerol, 8-gingerol and 10-gingerol in seed and tender ginger. *Shandong Kexue*, 26 (1), 12-15.

Wang, L., Zhou, L., and Li, T., 2008a. Supercritical CO_2 extraction process of piperine in Piper nigrum Linn by orthogonal design. *Shizhen Guoyi Guoyao*, 19 (7), C3-C4.

Wang, R., Wang, R., and Yang, B., 2009a. Extraction of essential oils from five cinnamon leaves and identification of their volatile compound compositions. *Innovative Food Science & Emerging Technologies*, 10 (2), 289-292.

Wang, S. *et al.*, 2012d. Structural characterization and identification of major constituents in Jitai tablets by high-performance liquid chromatography/diode-array detection coupled with electro-spray ionization tandem mass spectrometry. *Molecules*, 17, 10470-10493.

Wang, S. *et al.*, 2007. Determination of capsaicinoids in highly oil-containing pepper products by high performance liquid chromatography. *Fenxi Shiyanshi*, 26 (12), 39-43.

Wang, S., Xie, J., Yang, W., and Sun, B., 2011d. Preparative separation and purification of alkyl-amides from Zanthoxylum bungeanum maxim by high-speed counter-current chromatography. *Journal of Liquid Chromatography & Related Technologies*, 34 (20), 2640-2652.

Wang, S. and Xi, H., 2008b. Determination of piperine in Mongolian recipe of Haodaodun-10 by HPLC. *Zhongyao Xinyao Yu Linchuang Yaoli*, 19 (4), 302-303.

Wang, T.-M. *et al.*, 2014c. Simultaneous determination of 14 major components in Longhu Rendan pills by ultra-high-performance liquid chromatography coupled with electrospray ionisation tandem mass spectrometry. *Analytical Methods*, 6 (9), 2923-2929.

Wang, W. *et al.*, 2009b. Plasma pharmacokinetics, tissue distribution and excretion study of 6-gingerol in rat by liquid chromatography-electrospray ionization time-of-flight mass spectro-metry. *Journal of Pharmaceutical and Biomedical Analysis*, 49 (4), 1070-1074.

Wang, W. *et al.*, 2009c. Simultaneous determination of 6-gingerol, 8-gingerol, 10-gingerol and 6-shogaol in rat plasma by liquid chromatography-mass spectrometry: Application to pharmaco-kinetics. *Journal of Chromatography B: Analytical Technologies in the Biomedical and Life Sciences*, 877 (8-9), 671-679.

Wang, X., Jia, X., Chen, Y., and Jiang, J., 2010. Determination of ferulic acid, cinnamic acid, cin-namaldehyde, costunolide and dehydrocostuslactone contents in Tongjingbao granules by HPLC. *Zhongcaoyao*, 41 (10), 1643-1645.

Wang, X., Liu, Y., Li, X., and Wang, C., 2013c. Simultaneous determination of four effective components in Jishengshenqi tablets by HPLC. *Zhongguo Yaoxue Zazhi (Beijing, China)*, 48 (18), 1589-1593.

Wang, X. *et al.*, 2008c. Determination of capsaicin and dihydrocapsaicin in food by high-performance liquid chromatography. *Shipin Kexue (Beijing, China)*, 29 (7), 378-381.

Wang, X.-M. *et al.*, 2012e. Validated HPLC-MS/MS method for simultaneous determination of curcumin and piperine in human plasma. *Tropical Journal of Pharmaceutical Research*, 11 (4), 621-629.

Wang, Y., Wei, N., Li, H.-F., and Li, Y.-H., 2013d. Analysis of chemical constituents in the supercrit-ical CO_2 extract of black pepper in Hainan by GC-MS. *Zhongguo Shiyan Fangjixue Zazhi*, 19 (12), 121-123.

Wang, Y. *et al.*, 2013e. Content determination of cinnamaldehyde and eugenol in Ruikeweirui disinfectant by HPLC. *Xibei Yaoxue Zazhi*, 28 (3), 258-260.

Wang, Z. and Wei, X., 2006. Detection of eugenol in zangyaojingxinjiaonang by GC. *Zhongchengyao*, 28 (10), 1536-1538.

Wei, B. *et al.*, 2013. Detection of sensibilized odorant in toys material with GC-MS. *Huanjing Huaxue*, 32 (12), 2406-2410.

Wei, B., Huang, G., Long, Z., and Fang, K., 2009. Determination of content of 6-gingerol in tooth-paste by HPLC. *Yagao Gongye*, 2, 40-42.

Wei, B. *et al.*, 2012. Method for simultaneously detecting contents of multiple perfuming agents capable of causing allergic reaction in toy via solid phase extraction. Chinese Patent 102, 628, 837, filed June 23, 2011 and issued June 26, 2013.

Wei, B. *et al.*, 2011a. Detection of allergenic fragrants in toys by gas chromatography-mass spectro-metry or GC-MS and thermal desorption. Chinese Patent 102, 175, 791, filed Jan. 12, 2011 and issued June 26, 2013.

Wei, L. and Du, Y., 2008a. Chemical component analysis by GC-MS of supercritical-CO_2 extracts from Tibetan medicine Pazhu capsule. Zhongchengyao, 30 (2), 236-238.

Wei, L., Du, Y., Zou, X., and Xiao, Y., 2008b. Determination of piperine in Tibet medicine Pazhu capsules by HPLC. *Zhongchengyao*, 30 (3), 454-455.

Wei, P. and Ni, M., 2011b. Method for determining content of eugenol in plaster with stomach warming and analgesic effects by gas chromatography. Chinese Patent 102, 253, 146, filed July 14, 2011 and issued Nov. 23, 2011.

Weon, J. B. *et al.*, 2013. Qualitative and quantitative analysis of nine major compounds in the Bozhougy-iqi-Tang using a high-performance liquid chromatography coupled with a diode array detector and electrospray i-onization mass spectrometer. *Pharmacognosy Magazine*, 9 (35), 271-282.

Weon, J. B. *et al.*, 2012. Simultaneous quantification of eleven chemical components in traditional herbal medicinal formula Socheongryongtang by HPLC-DAD and LC-MS. *Journal of Liquid Chromatography & Related Technologies*, 35 (16), 2243-2254.

Wu, G. *et al.*, 2005. GC-MS analysis of extracts from bark of Albizia julibrissin by supercritical fluid CO_2. *Zhongcaoyao*, 36 (6), 832-833.

Wu, H. *et al.*, 2012a. Method for identifying used cooking oil via liquid chromatography-tandem mass spectrometry (LC-MS/MS). Chinese Patent 102, 680, 608, filed June 13, 2012 and issued Oct. 2, 2013.

Wu, H. -Q. *et al.*, 2012b. A novel method for the identification of gutter oils using LC-MS/MS. *Fenxi Ceshi Xuebao*, 31 (9), 1031-1036.

Wu, Q., Tan, J. -J., Liu, Y. -M., and Shi, Z. -F., 2011a. Study on purity of piperine by ultraviolet-visible spectrophotometry. *Anhui Nongye Kexue*, 39 (7), 3973-3974.

Wu, W. *et al.*, 2012c. Component analysis on ethanol extract of RHIZOMA ZINGIBERIS RECENS from different producing areas and assay of 6-gingerol. *Medicinal Plant*, 3 (1), 62-65.

Wu, X. *et al.*, 2011b. Method for simultaneously measuring contents of piperine and piperlongumi-nine in Piper longum by HPLC. Chinese Patent 102, 288, 712, filed May 6, 2011 and issued June 19, 2013.

Wua, Y., Sun, S., Zhou, Q., and Leung, H., 2008. Fourier transform mid-infrared (MIR) and near-infrared (NIR) spectroscopy for rapid quality assessment of Chinese medicine preparation Honghua Oil. *Journal of Pharmaceutical and Biomedical Analysis*, 46 (3), 498-504.

Xiang, Y., Jiang, S., and Huang, Z., 2013. Determination of 6-gingerol in rat liver microsomes by HPLC. *Zhongyao Xinyao Yu Linchuang Yaoli*, 24 (1), 74-76.

Xiao, H., 2005. Study on allyl isothiocyanate (AITC), a pungent flavor substance in food, PhD thesis, the China Agricultural University, Beijing, China.

Xiao, W. *et al.*, 2012. Method for detecting Guizhifuling capsule by near-infrared spectroscopy combined with correction models established by use of HPLC. Chinese Patent 102, 759, 509, filed April 25, 2011 and issued Oct. 31, 2012.

Xie, Z., Guo, L., Long, R., and Jiang, X., 2010. Determination of 6-gingerol in gingerol soft capsules by HPLC. *Zhongnan Yaoxue*, 8 (2), 133-135.

Xin, Y., Wang, S., Liu, Z., and Sheng, W., 2009. Determination of piperine in Meng medicine Narusanwei pills. *Shizhen Guoyi Guoyao*, 20 (8), 1881-1882.

Xiong, J. *et al.*, 2011a. Electrochemical behavior and determination of eugenol on modified mont-morillonite modified glassy carbon electrode. *Fenxi Shiyanshi*, 30 (11), 117-120.

Xiong, X., Hu, W., and Qu, W., 2011b. Determination of eugenol at a nano-WO3 modified carbon paste electrode. *Hubeiminzu Xueyuan Xuebao, Ziran Kexueban*, 29 (4), 419-422.

Xu, A. *et al.*, 2005a. Determination of capsaicin and dihydrocapsaicin by high performance liquid chromatography (HPLC). *Huazhong Nongye Daxue Xuebao*, 24 (6), 592-595.

Xu, L., Li, Q., Ma, J., and Wang, Y., 2012. Preparation and quality control of ginger's extract drop-ping pills. *Zhongguo Yiyao Daobao*, 9 (9), 45-47.

Xu, L., Xi, H., Zhang, X., and Bi, K., 2005b. Determination of piperine in Mongolian medicine Yizhiwenshenshiwei pills by HPLC. *Huaxue Fenxi Jiliang*, 14 (3), 23-24.

Xu, Y. *et al.*, 2014. Determination of cinnamaldehyde in 5 different standards of Cinnamomum cassia and two kinds of adulterants by HPLC-DAD. *Zhongguo Shiyan Fangjixue Zazhi*, 20 (1), 90-93.

Xun, S. *et al.*, 2012. Method for simultaneously detecting ten volatile phenols in distilled spirit via dispersive liquid-liquid microextraction-fluorescence detection-high performance liquid chromatography (dllme-fld-hplc). Chinese Patent 102, 590, 373, filed Jan. 20, 2012 and issued June 19, 2013.

Yadav, H. *et al.*, 2012. TLC-densitometric quantification of negundoside, ursolic acid, eugenol, lupeol, and β-sitosterol using HPTLC from Vitex negundo leaves. *Journal of Liquid Chromatography & Related Technologies*, 35 (11), 1565-1584.

Yan, D., 2007. HPLC determination of 6-gingerol in ginger oil. *Yaowu Fenxi Zazhi*, 27 (5), 733-734.

Yan, S. *et al.*, 2009. Chemical fingerprinting and quantitative analysis of volatiles in Shexiang Baoxin Pill by gas chromatography with flame ionization and mass spectrometric detection. *Journal of Analytical Chemistry*, 64 (2), 149-155.

Yang, H. J. *et al.*, 2012a. Qualitative and quantitative simultaneous determination of six marker compounds in soshiho-tang by HPLC-DAD-ESI-MS. *Archives of Pharmacal Research*, 35 (10), 1785-1791.

Yang, Q., Chen, S., Zou, L., and Lian, P., 2009. GC-MS analysis of chemical components of essential oil from leaves of Cinnamomum chekiangense. *Shengwuzhi Huaxue Gongcheng*, 43 (3), 25-27.

Yang, X., 2007. Flavor of the unique spice huajiao (Zanthoxylum bungeanum Maxim). Abstracts, 39th Central Regional Meeting of the American Chemical Society, Covington, KY, United States, May 20-23, 2007, pp. CRM-167.

Yang, X., 2008. Aroma constituents and alkylamides of red and green huajiao (Zanthoxylum bungeanum and Zanthoxylum schinifolium). *Journal of Agricultural and Food Chemistry*, 56 (5), 1689-1696.

Yang, X.-L., Ding, H.-M., Hong, R.-Y., and Shi, Y.-Y., 2013. Comparison of the two methods for measurement of piperine in pepper. *Fujian Fenxi Ceshi*, 22 (4), 28-30.

Yang, X., Yin, G., and Liu, C., 2012b. Rapid detection of piperine in pepper by ultra performance liquid chromatography. *Zhongguo Tiaoweipin*, 37 (1), 74-76.

Yang, Z. and Zhang, Q., 2012c. Gas chromatography (GC) method for detecting contents of free carbon dioxide, carbonate and bicarbonate in water. Chinese Patent 102, 507, 762, filed Oct. 18, 2011 and issued Aug. 28, 2013.

Yao, R., Hou, K., and Xu, H., 2007. Determination of piperine in Shilioujianwen jiaonang by

HPLC. Zhonghua Yiyao Zazhi, 7 (6), 545-547.

Yardim, Y., 2011. Sensitive detection of capsaicin by adsorptive stripping voltammetry at a boron-doped diamond electrode in the presence of sodium dodecylsulfate. *Electroanalysis*, 23 (10), 2491-2497.

Yardim, Y. and Senturk, Z., 2013. Electrochemical evaluation and adsorptive stripping voltammetric determination of capsaicin or dihydrocapsaicin on a disposable pencil graphite electrode. *Talanta*, 112, 11-19.

Ye, J., Xiao, M., and Zhang, X., 2011. RP-HPLC determination of piperine in Honghua Ruyi capsules. *Yaowu Fenxi Zazhi*, 31 (9), 1812-1814.

Ye, J. *et al.*, 2012. Determination of eight drug potential components in the Xiaobanxia plus Fuling Decoction by HPLC. *Liaoning Zhongyi Zazhi*, 39 (8), 1595-1598.

Yin, L. *et al.*, 2007. Analysis of effective constituents in Ramulus Cinnamomi and Cortex Cinnamomi from different habitats. *Zhongcaoyao*, 38 (7), 1094-1096.

Yin, Y. *et al.*, 2014. Simultaneous determination of benzoylmesaconine and piperine in rat plasma after oral administration of Naru-3 by an ultra fast liquid chromatography-tandem mass spec-trometry method and its application in a comparative pharmacokinetic study. *Analytical Methods*, 6 (10), 3420-3428.

Yu, H., Yu, X., Jiao, Y., and Liu, X., 2009. Study on quality analysis of 24 batches commercial Fructus Piperis Longi. *Zhongguo Xiandai Zhongyao*, 11 (5), 35-38.

Yu, N. H. *et al.*, 2008. Comprehensive screening of acidic and neutral drugs in equine plasma by liquid chromatography-tandem mass spectrometry. *Journal of Chromatography A*, 1189 (1-2), 426-434.

Yu, X., Shu, J., Huang, H., and Zheng, M., 2010. Determination of metronidazole and eugenolum in Fengjiao Yatong Ding by HPLC. *Zhonghua Zhongyiyao Xuekan*, 28 (2), 429-431.

Yu, X.-Q., Zhang, L.-P., and Kan, J.-Q., 2012. Comparative analysis on HPLC fingerprints of Zanthoxylum bungeanum Maxim and Zanthoxylum Schinifolium Sieb. et Zucc. *Shipin Yu Fajiao Gongye*, 38 (4), 171-174.

Yu, Y. *et al.*, 2011. Examination of the pharmacokinetics of active ingredients of ginger in humans. *AAPS Journal*, 13 (3), 417-426.

Yue, H., Shao, Y., Mei, L., and Tao, Y., 2013. *Method for extracting and purifying 6-gingerol from rhizoma Zingiberis*. Chinese Patent 102, 976, 909, filed Dec. 19, 2012 and issued Dec. 3, 2014.

Yun, S.-M. *et al.*, 2010. Quantitative analysis of eugenol in clove extract by a validated HPLC method. *Journal of AOAC International*, 93 (6), 1806-1810.

Yusufoglu, H. and Alqasoumi, S. I., 2008. High performance thin layer chromatographic analysis of 10-gingerol in Zingiber officinale extract and ginger-containing dietary supplements, teas and commercial creams. *FABAD Journal of Pharmaceutical Sciences*, 33, 199-204.

Zarai, Z. *et al.*, 2013. Antioxidant and antimicrobial activities of various solvent extracts, piperine and piperic acid from Piper nigrum. *LWT-Food Science and Technology*, 50 (2), 634-641.

Zhan, K., Wang, C., Xu, K., and Yin, H., 2008. Analysis of volatile and non-volatile compositions in ginger oleoresin by gas chromatography-mass spectrometry. *Sepu*, 26 (6), 692-696.

Zhang, C. *et al.*, 2012a. Determination or piperine in Longluo Qutong ointment by HPLC. Zhongguo Yaoye, 21 (13), 33-34.

Zhang, H. *et al.*, 2012b. Method for detecting content of eugenol in tobacco shred. Chinese Patent 102, 495, 162, filed Nov. 16, 2011 and issued Nov. 20, 2013.

Zhang, H., Su, S., and Lin, Y., 2006. Determination of piperine content in Hufan buccal pellicle by HPLC. *Zhongguo Yiyuan Yaoxue Zazhi*, 26 (5), 630-631.

Zhang, J. *et al.*, 2013b. Sensitive and rapid determination of capsaicin using acetylene black nanoparticles modified electrode. *Nanoscience and Nanotechnology Letters*, 5 (6), 707-711.

Zhang, J. *et al.*, 2011a. RP-HPLC simultaneous determination of three capsaicinoids constituents in fruits of Capsicum annuum. *Yaowu Fenxi Zazhi*, 31 (2), 244-246.

Zhang, J. *et al.*, 2013a. HPLC determination of cinnamaldehyde, eugenol, atractylodin in inclusion complex of compound oil-β-cyclodextrin. *Zhongguo Shiyan Fangjixue Zazhi*, 19 (3), 86-89.

Zhang, K. *et al.*, 2010a. Method for measuring content of piperine, and application thereof. Chinese Patent 101, 852, 790, filed May 26, 2010 and issued Oct. 6, 2010.

Zhang, K., Ma, C., and Miao, L., 2013c. Changes of active constituents in zingiberis recens rhizoma-citri reticulatae pericarpium decoction. *Zhongchengyao*, 35 (8), 1697-1700.

Zhang, K., Song, S., Cui, X., and Xu, Z., 2009a. Determination of 6-gingerol and 6-shogaol in ginger of different districts in China. *Zhongguo Yaoxue Zazhi*, 44 (22), 1692-1694.

Zhang, L., Wang, Z., Wang, W., and Gao, H., 2008. RP-HPLC fingerprint evaluating different ginger juice as processing material. *Zhongguo Zhongyao Zazhi*, 33 (9), 1010-1013.

Zhang, P. *et al.*, 2011b. Determination of plasma concentration of capsaicin nanoemulsions in rabbits by HPLC-FLU and study of its pharmacokinetics. *Zhongguo Yaofang*, 22 (21), 1938-1940.

Zhang, Q., Hu, J., Sheng, L., and Li, Y., 2010b. Simultaneous quantification of capsaicin and dihy-drocapsaicin in rat plasma using HPLC coupled with tandem mass spectrometry. *Journal of Chromatography B: Analytical Technologies in the Biomedical and Life Sciences*, 878 (24), 2292-2297.

Zhang, S. *et al.*, 2012c. Simultaneous determination of 6 chemical constituents in Yigan Fuzheng capsules by HPLC. Zhongguo Yaofang, 23 (27), 2546-2549.

Zhang, W.-W. and Wang, Y.-H., 2014. HPLC determination of piperine in Aoyou Bawei powder. *Zhongnan Yaoxue*, 12 (4), 373-375.

Zhang, Y. and Wang, Z., 2009b. Study on chemical constituents of essential oil from semen cannabis. *Tianran Chanwu Yanjiu Yu Kaifa*, 21 (2), 259-262.

Zhang, Y. *et al.*, 2011c. Determination of cinnamaldehyde content in Huanfuyiha microemulsion by HPLC. *Zhongguo Yiyuan Yaoxue Zazhi*, 31 (19), 1657-1659.

Zhang, Z., Ren, F., and Zhang, P., 2012d. Determination of capsaicinoids and eugenol in waste-edible-oil by liquid-liquid extraction and liquid chromatography-tandem mass spectrometry. *Sepu*, 30 (11), 1108-1112.

Zhao, C., Hou, Q., and Yu, J., 2011. Rapid determination of capsaicinoids by ultra performance liquid chromatography. *Huaxue Fenxi Jiliang*, 20 (5), 38-40.

Zhao, D., Tang, J., and Ding, X., 2007. Analysis of volatile components during potherb mustard (Brassica juncea, Coss.) pickle fermentation using SPME-GC-MS. *LWT*, 40, 439-447.

Zhao, T. *et al.*, 2012a. Method for identifying active component group in medicinal plant by inverted gated decoupling (IGD) 13C nuclear magnetic resonance (NMR) spectra finger print detection. Chinese Patent 102, 749, 348, filed June 18, 2012 and issued June 11, 2014.

Zhao, Z. *et al.*, 2012b. Method for extracting hydroxysanshool from Zanthoxylum bungeanum oil. Chinese Patent 102, 690, 208, filed May 31, 2012 and issued April 16, 2014

Zhao, Z.-F. *et al.*, 2013. Characterization and comparison of the pungent components in commercial Zanthoxylum bungeanum oil and Zanthoxylum schinifolium oil. *Journal of Food Science*, 78 (10), C1516-C1522.

Zheng, L. *et al.*, 2013. Method for detecting prohibited and restricted compounds in toys by accel-erated solvent extraction and GC-MS. Chinese Patent 103, 235, 054, filed April 17, 2013 and issued Sept. 10, 2014.

Zhong, M.-Y., Quan, S.-C., and Hu, J.-H., 2006. Simultaneous determination of curcumin and piperine in turmeric capsule by HPLC. *Yaoxue Fuwu Yu Yanjiu*, 6 (1), 54-56.

Zhou, L., Lian, Y., Cheng, Y., and Zhang, Q., 2011. Study of capsaicin and dihydrocapsaicin content in different parts of peppers by HPLC. *Zhongguo Shipin Tianjiaji*, 2, 231-234.

Zhou, M., Yang, C., and Fu, S., 2010. Determination of limonene and eugenol in soft capsules of health food by GC/MS. *Yufang Yixue Qingbao Zazhi*, 26 (9), 763-765.

Zhu, J., He, W., Li, Y., and Ma, J., 2010. Determination of piperine in Tongluo Zhitong patch by RP-HPLC. *Guangdong Yaoxueyuan Xuebao*, 26 (4), 355-357.

Zick, S. M. *et al.*, 2010. Quantitation of 6-, 8-and 10-gingerols and 6-shogaol in human plasma by high-performance liquid chromatography with electrochemical detection. *International Journal of Biomedical Science*, 6 (3), 233-240.

Ziino, M. *et al.*, 2009. Volatile compounds and capsaicinoid content of fresh hot peppers (Capsicum annuum L.) of different Calabrian varieties. *Journal of the Science of Food and Agriculture*, 89 (5), 774-780.

Ziyatdinova, G., Ziganshina, E., and Budnikov, H., 2013. Voltammetric sensing and quantification of eugenol using nonionic surfactant self-organized media. *Analytical Methods*, 5 (18), 4750-4756.

Zuo, H., Bao, J., and Mao, X., 2010. Quality specification for Fructus Capsici Annui. *Yaowu Fenxi Zazhi*, 30 (12), 2293-2298.

12 化学物理觉与健康

Richard D. Mattes[1], Mary-Jon Ludy[2]

[1]*Department of Nutrition Science, Purdue University, West Lafayette, IN, USA*

[2]*Department of Public and Allied Health, Bowling Green State University, Bowling Green, OH, USA*

12.1 引言

香料和草药——具有特定感官特性的植物叶片或非叶片部分——在预防和治疗各种健康相关方面具有悠久的应用历史。它们的应用要早于历史记载，是阿育吠陀疗法和中医治疗的主要物质。

香料和草药常被制成多种植物混合制剂，通常认为多种植物的平衡配伍具有诊断和治疗价值。多种植物复配药剂的做法正与西方相反，因为西方通常认为具有药效的成分归因于其中一种可以分离和制备膳食补充剂或用于药物治疗中的特定化学物质。因此，这也限制了西方国家对植物保健药物悠久历史的了解和应用。然而，随着对新替代性健康管理技术的认知和兴趣增加，人们对于不同条件下其潜在功效越来越了解。本章中，我们仅考虑单味辛辣香料（如黑胡椒、辣椒、肉桂、生姜、黄芥末和藏红花）对能量平衡维度（即食欲、食物摄入量、能量消耗和体重）影响。

美国辛辣香料的使用量近年来呈指数增长。相比 20 世纪 50 年代，其家庭用烹饪香料从当初的不足 10 种到现在 40 余种（Reinagel，2012）。与美国香料的扩张节奏一致的是，大多数消费者（52%）认为 2013 年辛辣席卷全球，成为全球口味趋势的元年。水果味和辣的组合，如辣椒酸橙，杧果哈瓦那辣椒，还有橙子辣椒，都是最受消费者喜爱的风味组合（Technomic，Inc.，2013；Sloan，2014）。

不同国家对香料的偏好度差异很大，如嗜辣的墨西哥人每天食用约 9～25 个辣椒（Lopez-Carrillo 等，2003），而嗜辣的美国人平均每日辣椒摄入量不足墨西哥人一半。但无可否认，香料需求量正不断增加。

全世界平均每 4 人就有 1 人会每日食用辣椒（Szallasi 和 Blumberg，1999）。香料对健康的影响是多方面的，不同种族消费者（Glanz 和 Basil，1998）均认为风味（90%）是影响食品选择的最重要因素（Tepper 和 Trail，1998；Dressler 和 Smith，2013；国际食品信息理事会基金会，2014）。也有研究报道表明香料中功能活性成分可促进健康和降低疾病风险（如心脏病、糖尿病、癌症和肥胖症）。

12.2 饮食文化

文化和环境在消费者食用辛辣香料的个体动机中起着关键作用。香料配方中，辛辣香料的种类及用量与当地年平均温度呈正相关（Billing 和 Sherman，1998）。印度、印度尼西亚、马来西亚和泰国等热带国家（平均温度 27℃）的辛辣香料食用量（如黑胡椒、蒜、生姜和洋葱）最高，而北欧国家，如芬兰和挪威（平均温度 3℃）的辛辣香料食用量最低。同样，在纬度差异较大的国家，如中国和美国，接近赤道地区的辛辣香料使用量会增加

(Sherman 和 Billing，1999)。这种差异有多种与健康相关的潜在解释，其中最合理的假设是与体温调节和微生物保护相关。

从调节体温角度来看，气候温暖地区的居民普遍认为独特的“味觉性出汗”（由辛辣香料导致的面部发红并逐渐扩散至胸部和肩部，同时下巴、耳朵、面部、前额、嘴唇、颈部、鼻子和头皮等部位出汗）具有降低人体温度的效果（Nabhan，2004）。历史文献中普遍记载，咀嚼辣椒让辣椒均匀分布整个口腔区域后，会产生非常明显的味觉出汗现象（Lee，1954；Haxton，1948）。

例如，印度尼西亚和马来西亚当地的妇女在产后会连续 30d 饮用含生姜汤等辛辣食物，来降低体温和“排出杂质”（Henry 和 Piggott，1987）。此外，气候凉爽地区的居民则认为辛辣香料可以增加热感。墨西哥高地的村民中，有 69%的居民认为辛辣食物“让我体内产生热感”，15%的居民认为“让我体内产生凉感”（Rozin 和 Schiller，1980）。这与最近北美北纬地区收集的调查数据结果一致，一个较凉爽的非热带气候地区，57%的大学生认为食用辛辣食物会在体内产生热感，只有 4%的调查中表示产生凉感（Ludy，2013）。

尽管结果看似矛盾，但有研究表明红辣椒、芥末和生姜确实具有升温和降温的作用。日本的一项研究表明，年轻健康的成年消费者（5 名男性，7 名女性）在食用含 0.1mg/kg 辣椒素（辛辣化合物）的 1 个红辣椒后整个核心（鼓膜）温度升高（Hachiya 等，2007）。同样，澳大利亚的一项研究中，男性耐力运动员（6 名）日常膳食中加入 3g 塔巴斯哥辣酱和英式芥末辣酱后，核心（直肠）温度升高（Edwards 等，1992）。美国一项针对年轻健康人群（14 名男性，11 名女性）的研究中，膳食中添加 1g 红辣椒（含 2mg 辣椒素）后核心（摄入传感器）温度升高，同时还通过促进蒸发降低皮肤（颈部）温度（Ludy 和 Mattes，2011）。

动物实验数据也同样证实辣椒素在体温感知中的双重功效。Wistar 大鼠在注射 5mg/kg 剂量辣椒素后，独立地促进了脑干产热（即氧消耗）和前脑散热（即尾部温度降低表明血管舒张）（Osaka 等，2000）。另一项研究中，用含 2%生姜（大鼠能食用的最高剂量）饲料长期喂养雄性 Wistar 大鼠期间，大鼠体温没有变化。相反，单次腹腔注射生姜（2.5 或 25mg/kg）后大鼠体温和代谢速率呈现出剂量依赖性的快速降低（Ueki 等，2008）。

从微生物角度来看，使用辛辣香料具有保护人类免受食源性微生物侵害的文化传统。尽管不同地域的“传统”食谱（冰箱广泛使用前）中使用的香料类型差异很大，但仍然呈现一定的趋势。首先，地区年平均温度和香料使用总体呈现正相关。例如，印度菜中通常含有 25 种香料，平均每个菜谱有 9.3 种香料。而挪威菜中通常含有 10 种香料，平均每个菜谱有 1.6 种香料。需要注意的是，年平均气温是与食物腐败相关的一项指标，一个国家种植香料数量与地区温度之间没有相关性（Sherman 和 Billing，1999）。其次，无论地理位置是哪里，肉类食谱中香料数量（3.9）比植物类食谱（2.4）中更多（Sherman 和 Hash，2001）。需注意，未冷藏的肉类食物比植物类食物更容易变质且更可能导致食源性疾病暴发（Sockett，1995）。第三，不同国家间和国家内，高度抗菌香料的使用与平均温度间均存在正相关。一篇综述中汇总了30种常见香料的实验室测试数据（如黑胡椒和生姜），无论是粉状还是纯化后的活性成分，所有香料均抑制了（即杀死或减缓）至少25%的食源性细菌，如肉毒杆菌、单核细胞增生李斯特氏菌、大肠杆菌、鸡白痢沙门氏菌和金黄色葡萄球菌，这些都是全球常见的导致食源性疾病暴发的食源性细菌。15种具有高度抗菌性的香料，包括辣椒、肉桂和芥末，至少可杀死75%的食源性细菌（Billing 和 Sherman，1998）。这些研究表明，在更容易引发食源性疾病的炎热气候下烹饪食物时加入辛辣香料，能提供抗菌保护。传统食物烹调中香料的使用浓度通常为0.25~3g/kg，该剂量足以对细菌产生抑制作用（Sherman 和 Hash，2001）。这种抑制微生物的作用非常重要，意味着人们可以通过食用传统美食中辛辣食物（无须吞咽胶囊状粉末或采用药物干预）来实现健康功效，大幅提高了消费者的接受度和持续性。

12.3 食欲

直觉告诉我们，食欲是消化行为和健康的重要驱动力。这引发了人们研究辛辣香料对食欲和食物摄入量可能产生作用的兴趣。许多综述中均提及此观点（Ludy 等，2012；Whiting 等，2012；Mattes，2012）。使用香料能够提升食物的吸引力，进一步可能刺激人们的食物摄入量。但这种现象并没有引起相关程度的科学研究。本章将在简要介绍食欲指数后，对这两种角色进行回顾。

简单来说，文献中通常认为食欲是一种更集中的感觉。“饥饿”是促使开始进食或饮水的一种感觉，是基于能量需求的通常反应。“想要进食”的感觉可能会促进进食，但其与认知和感官暗示的关系更为强烈。尽管大餐后呈上可口甜点时可能并不感到饥饿，但仍然会有强烈的进食欲望。这两种感觉很大程度上决定了进食频率。“预期消耗”或个体在某个时间点消耗量的评估，是进食量的预测因子。“饱”通常用于描述终止进食事件的主要感觉，主要决定进食量。由于两种感觉机制的不同，饱不能简单地表示为与饥饿相反的概念。例如，饥饿与生长素的浓度有关，而饱与胆囊收缩素（CCK）、胰高血糖素样肽-1（GLP-1）和肽YY（PYY）以及许多其他肠道肽等有关（Hameed 等，2009）。总能量摄入量是进食频率和进食量的函数，因此维持饥饿感、进食欲望和饱感之间的平衡至关重要。文献中还提到饱食感和饱腹感这两个术语。“饱食感（satiation）”是测定单次摄入事件中的消耗量（g 或kcal[①]）的一个感觉术语。它是一餐或进食量的决定因子，通常被测量为“饱足感（fullness）”。“饱腹感”是影响进食间隔或进食频率的一种感觉，通常以时间作为测量单位。但某些情况下，如既定干预（如高蛋白质零食）后提供的自由进食挑战或测试餐中，饱腹感也常用消耗量进行度量。

① 1kcal=4.184kJ。——译者注

12.3.1 食欲抑制

12.3.1.1 红辣椒

关于辣椒素（红辣椒产生刺激感的一种亲脂性生物碱）对食欲影响的文献报道很多，但这些研究中并未认可饮食习惯暴露的重要性。如前所述，某些菜系中大量使用红辣椒很常见，但在其他菜系中则不常见。由于熟悉度是接受性的一个重要决定因素，因此跨文化研究的结果不太一致。日本一项早期试验中，健康女性（13 名，有食用辛辣食物习惯的消费者）摄入了含和不含 10g 干红辣椒（含 30mg 辣椒素）的高脂高碳水化合物早餐。高脂饮食后，食用不含红辣椒早餐受试者的自由进食午餐前 3h 内饥饿感、进食欲望和预期消耗量的评分均增加，但食用含红辣椒早餐受试者的该项指标被抑制了（Yoshioka 等，1999）。因此，红辣椒及高碳水化合物膳食不会影响饱腹感状态，但辣椒素的摄入可能会抑制高脂饮食所激发的后续能量摄入的食欲反应。这种情况通常发生在高剂量辛辣食物上，但没有报道表明红辣椒剂量会令食物产生不愉悦感。与一项日本和韩国受试者对高辣剂量表现出更高喜好程度的早期研究报道相反，不太习惯吃辣、来自美国和荷兰（Ludy 等，2012；Reinbach 等，2010）的西方人则表现出相同剂量下更高的不接受性（Yoshioka 等，1998；Lim 等，1997），这种不适感导致了食欲分值和进食量的下降。

目前已开展关于食物中含适量的辛辣香料是否会抑制食欲的急性和长期试验。丹麦的一项急性研究中，参与者（17 名男性，23 名女性，均喜欢辛辣香料）食用含低剂量辣椒素（0.375mg，干辣椒粉和新鲜辣椒碎各半）的初始餐后，再进行自助餐的自由取食（Reinbach 等，2010）。结果表明，含辣椒食品的平均适口性评分为 6 分（9 点喜好标度法，9=非常喜好）。尽管对选定特性（如甜味）食物的食用欲望略有增加，但对食欲的总体影响较弱。其他辛辣食物中，如辣根、姜、黄芥末和绿芥末中也有类似发现。美国进行的另一项急性研究中，按照个体参与者指定辛辣剂量［平均剂量≈1g 干辣椒，含 2mg 辣椒素，辣度为 53800 斯科维尔指数（SHU）］向其提供 1 份美味番茄汤（Ludy & Mattes，2011），评估了辣椒素的效果。但没有观察到红辣椒对饥饿感、饱感、预期消耗量和食欲有影响。

有研究表明限定能量的个体膳食中添加辣椒素能增加饱腹感并有利于增强饮食依从性（Smeets 等，2013；Janssens 等，2014）。在荷兰开展的一项为期 36h、100%或 75%能量需求提供的个体饮食研究中，参与者（8 名男性，7 名女性）进餐前提供了 1.03g 红辣椒（2.5mg 辣椒素，辣度为 39050 SHU）（Janssens 等，2014）。不同条件下适口性评分具有可比性。能量平衡条件下，添加红辣椒后导致饱感曲线下面积（AUC）增加，但对饥饿感或食物欲望没有影响。限定能量摄入时，添加和不添加辣椒素组参与者的食欲指数没有差异。

荷兰的另一项 20%的能量限定、设置不同蛋白质浓度的 36h 类似试验（12 名男性和 12 名女性）中，在能量平衡或能量限制 20%条件下，辣椒素在受控条件下消耗，24h 的 AUC

（36h 值未给出）增加了（Smeets 等，2013）。但是，添加辣椒素并未消除由于能量限制导致的饱感降低，同时蛋白质比辣椒素具有更高的食欲效应。没有饥饿感和进食欲望的结果报道。荷兰的另外一项长期试验中，参与者在接受 135mg/d 的袋装辣椒素（三餐前每次口服 45mg，连续 3 个月；12 名男性，30 名女性）或安慰剂（11 名男性，38 名女性）后，未发现辣椒素对饥饿感或饱腹感有显著影响（Lejeune 等，2003）。

辣椒素对食欲的影响作用很大程度上取决于所提供的感知刺激。荷兰的一项研究（12 名男性，12 名女性）表明，食物添加辣椒素后饱食感增强，但以胶囊形式摄取等剂量辣椒素却没有此效果（Westerterp-Plantenga 等，2005）。此外，有报道表明，与未添加红辣椒组相比（Ludy 和 MaTes，2011），没有食辣习惯的美国参加者（4 名男性，8 名女性）对指定属性（高脂多脂，咸味）食物的欲望会减少。然而，在有辛辣食物食用习惯的消费者中没有观察到这些差异（10 名男性，3 名女性）。

由于剂量、适口性、饮食习惯和当前能量平衡状态等多种混合条件影响，因此很难确定辣椒素单独对食欲的抑制程度。荷兰的（12 名男性，12 名女性；Smeets 等，2013）一项试验结果表明辣椒素对食欲抑制效果弱于蛋白质，但由于后者结果的复杂性导致二者无法直接比较（Masic 和 Yeomans，2014）。目前研究只能确定，高剂量时效果更好，特别是直接刺激时和个体处于相对能量平衡而不是能量缺乏状态时。

尽管很难从不同维度上区分其对食欲的影响，但人们仍然提出了几种辣椒素抑制食欲的研究假说。一种是认为辣椒素能促进与饱腹感相关肠肽的释放，如 GLP-1（Reinbach 等，2009）。有研究证实未引发刺激感知的摄入剂量并没有效果，表明食欲调节依赖于口腔中神经激活（如头期反应）而不是后消化信号或代谢。其他研究文献证实了口腔接触会激活交感神经系统，这种现象提出了一种新假设，即饱感的增强可能是儿茶酚胺浓度升高导致的（Yoshioka 等，1999）。此外，口腔刺激也可能有作用，并且受到辣椒素常规使用水平和获悉风味偏好的作用影响。厌恶感比美味感更能有效促进饱感。

12.3.1.2 肉桂

据报道，2 型糖尿病患者每日分别摄入 3g（Solomon 和 Blannin，2009）、5g（Solomon 和 Blannin，2007）和 6g 肉桂（Khan 等，2003）时，血糖、甘油三酯、低密度脂蛋白胆固醇和总胆固醇浓度均有降低（Solomon 和 Blannin，2009）。也有少量不太一致研究结果，其摄入量分别为 1.5g/d（Khan 等，2010；Vanschoonbeek 等，2006）和 3g/d（Mang 等，2006），或相当于 20g/d 的等量提取物（Ziegenfuss 等，2006）。基于血糖和/或胰岛素变化驱动饥饿感的假设（Flint 等，2007），人们推测肉桂可以减少饥饿感。然而，瑞典的一项交叉研究中，无糖尿病的健康参与者（8 名男性，6 名女性）食用含或不含 6g 肉桂的米饭布丁，在极端饥饿感（-10）至极端饱腹感（+10）评分范围内，参与者的饥饿/饱腹感没有差异（Hlebowicz 等，2007）。美国的超重健康男性（$n=6$）中，在摄入 14g 含有肉桂以及黑胡椒、丁香、蒜粉、生姜、牛至、辣椒粉、迷迭香和姜黄等高抗氧化剂香料混合物后，餐后胰岛素和甘油三酯含量分别降低了21%和31%（Skulas-Ray等，2011）。

12.3.1.3 生姜

有报道称使用生姜能有效缓解腹泻、消化不良、胃肠胀气、恶心和呕吐等各种胃肠道疾病。这归功于生姜能促进胃排空（Wu等，2008；Hu等，2011）。快速的胃部排空能促进食物更迅速到达小肠部位。这也刺激饱腹感相关的肽，如CCK、GLP-1和PYY的释放，理论上会增加饱感。但是，对于这种特性引发的食欲反应尚不清楚。生姜还可以通过减少胃舒张受体信号来增加饱感。美国的一项小型研究中，相对于安慰剂组，超重男性（$n=10$）在饮用含2g生姜的热水后，参与者的饥饿感和预期消耗量显著降低，同时具有更高的饱感趋势（Mansour等，2012）。相反，对雄性Wistar大鼠的研究表明，生姜增加了能量摄入（Ueki等，2008；Wadikar和Premavalli，2011）。关于生姜（1.2g胶囊装）、胃排空和食欲的相关性研究中，报道了生姜对胃排空的影响，但并未支持其对食欲的影响（Wu等，2008；Hu等，2011），在有消化不良症状的参与者中也是如此（Hu等，2011）。推测原因与生姜施用浓度低、摄食方（不产生口腔刺激感的胶囊形式）及小实验能量负荷小有关。

12.3.1.4 藏红花

藏红花具有抗焦虑特性，因此人们推测藏红花同样具有改善与压力相关的饮食和零食欲望的功效（Gout等，2010）。法国开展的一项测试对其进行了假设验证，分别向超重女性参与者提供了含176.5mg“Satiereal”的藏红花提取物胶囊（$n=31$）或对应的安慰剂（$n=29$）胶囊。小部分但在统计学具有较大比例的参与者表示，藏红花提取物降低了饥饿感以及对零食的需求，但未观察到对饱食感和甜食及高脂零食需求有影响。这一假定行为模式是否与该结果相关还需要进一步测试验证。

除辣椒素外的辛辣香料对食欲感觉产生影响的证据有限，目前还无法得出其具有相关功效的结论，仅有一些证据表明桂皮、生姜和藏红花具有一定活性。但这并不能作为驳斥辛辣香料存在潜在功效的理由，因为使用香料可能比许多改善食欲的饮食改良方法更具可持续性。小但持续的作用最终可能会产生比大但短暂的作用更强烈的效果影响。

12.3.2 增强食欲

目前该领域关注重点是如何通过增强食物味道促进食欲和能量摄入，而并非将促进食欲的作用归因于某一种特定香料。许多研究人员认为，味道强化或增强能促进患有化学感觉功能缺陷的人群的食欲和摄入量，如老年人。这些研究更偏向于综合效应（Schiffman和Warwick，1988；Schiffman，1993；de Graaf等，1994；Griep等，2000；Koskinen等，2003；Essed等，2007；Mathey等，2001；Best和Appleton，2011），因为老年人的化学感觉功能缺陷主要是由于慢性疾病和药物使用导致的一些特异变化，也可能有补救措施。因此，缺乏采用明确单独方案适度增强感官体验的案例。有其他研究者尝试使用香料增强不太美味食物的吸引力（Savage 等，2013；Henry 等，2003），但这项研究的重点是研究能量摄入而非食欲。

12.3.3 减少能量摄入

通常认为食欲与能量摄入量密切相关，但实际情况也并非如此。能量摄入受许多非食欲的相关因素调节，如社会习俗、食物供应、成本和健康信念（国际食品信息理事会基金会，2014）。基于食欲对生活质量的影响（与能量平衡无关），分别探讨辛辣香料对食欲和能量摄入的影响非常重要。然而，如果能量摄入是主要兴趣点，则该行为需要进行测量。

12.3.3.1 红辣椒

日本的一项关于辣椒素的早期研究表明，食用添加辣椒素（10g 红辣椒，30mg 辣椒素）早餐后，尽管午餐的宏量营养素比例发生了变化，但并没有改变午餐的能量摄入（13 名女性）（Yoshioka 等，1999）。相比之下，加拿大的一项研究（10 名男性）表明，在午餐前食用开胃菜（含 6g 红辣椒，18mg 辣椒素）确实可以降低随后自由取食的午餐和快餐中的能量摄入量［-189kcal（1kcal = 4.184kJ）；Yoshioka 等，1999］。该团队进一步研究发现，将红辣椒添加到汤，日本男性参与者（$n = 16$）在最高剂量（2.8mg 辣椒素，55000SHU）下能量摄入量呈现降低趋势（Yoshioka 等，2004）。连续 2d 食用 0.9g 红辣椒（3.8mg 辣椒素，80000SHU）中，辣椒直接加入番茄汁中或以胶囊形式与番茄汁一同食用时，观察到每日能量摄入显著减少（约-125kcal）。同时，口腔接触效果更明显（Westerterp-Plantenga 等，2005）。

丹麦的一项成年人（17 名男性，23 名女性）的口服低剂量辣椒素的试验报告证实，辣椒素摄入量对食物摄入能量/克重没有影响（Reinbach 等，2010）。为研究食用习惯对参与者反应的重要性，在美国一项调查研究（10 名男性，3 名女性，有食用辛辣食物习惯的参与者；4 名男性，8 名女性，没有食用辛辣食物习惯的参与者）中观察到，不常食用辛辣食物的参与者在食用辛辣食物 4.5h 后的挑战餐中的能量摄入下降了（-66kcal）。荷兰的一项研究（8 名男性，7 名女性）中仅指出与辣椒素接触相关的摄入量降低的趋势，并且其仅存在于能量平衡条件下（-143kcal），而非能量缺乏期间（Janssens 等，2014）。因此，口腔接触辣椒素在维持食物适口性的同时减少能量摄入的相关报道并不多见。

12.3.4 增加能量摄入

如前所述，辛辣香料增强食物吸引力、促进能量摄入的相关报道不多。在美国的一项（16 名男性，18 名女性）研究香草调味酱对学龄前儿童蔬菜摄入量的影响试验中，添加香料可以减少儿童对食物的抗拒感，有助于增加蔬菜摄入量（Savage 等，2013）。一项针对中国住院老年人（7 名男性，14 名女性）的研究表明，与未加调味料的食品相比，食用含有生姜、蒜、芝麻油、蚝油、五香酱油和豆酱等风味香料的食物能促进能量摄入量（Henry 等，2003）。然而，这种能量摄入量远低于能量需求。也有研究表示，香料会影响食物的美味适口性，但能量摄入量则保持不变（Reinbach 等，2010；Markey 等，2011；Gregersen 等，2013）。

对于出于健康目的调整某个特定成分的食品，添加香料可以弥补食物被减少的吸引力。美国进行了一项在成人降脂食品中添加香料以增强吸引力的试验（47 名男性，101 名女性）（Peters 等，2014）。添加香料的食物被认为更美味，甚至可以和全脂食品相媲美。推测这将促进能量摄入，但未有实际的测量数据。一项类似的英国开展的降钠食品研究（69 名男性，79 名女性）得到相同结果，随时间推移，香料成功保证了低钠汤的吸引力，尽管急性能量摄入量没有变化。在开展饮食过渡测试的雌性猪中常出现能量摄入下降的现象，添加“热性香料”会使接受/偏好度的个体差异显著，但总能量摄入没有变化（Clouard 和 Val-Laillet，2014）。这种策略是否能够长期用于喜欢特定香料的动物，需要进一步研究。

另一种使用香料保持具有特定功效的改良食品的适口性方法，是添加通常与其他风味活性成分相关的选定香料，以补偿后者被去掉之后的影响。例如，香草通常与甜味相关，因此减少糖的同时添加香草可以保证不会失去原本的吸引力吗？初步证据表明，这种方法可能具有一定效果（Blank 和 Mattes，1990），但需要在营养相关的时间范围内进行含有化学物理觉活性香料的进一步测试来确定其价值。

使用香料促进食物摄入的另一种途径是用其增加食物的感官变化，增强饮食的可接受性。单一成分食物影响食物摄入量（Zandstra 等，2000），因此在需促进单一种类或有限种类食物摄入的情况下，可以通过添加香料避免其单调效果。例如，众多文献表明坚果具有多种健康功效，但需要定期食用才能保证健康效果（Jones 等，2014b）。一项为期 12 周的试验中，单一风味（蜂蜜烘焙、咸、辣或无盐）和三种混合风味的花生，并未观察到风味化合物对能量摄入的影响（Jones 等，2014a）。该结果是因为花生原料特性导致人们对单一效应具有抗性，还是因为试验持续时间太短无法测量差异，又或是因为选定风味不是最佳，具体原因无法确定，需要进一步的研究。

12.3.4.1 肉桂

目前关于肉桂的少数报道中已有涉及能量摄入的研究。美国的一项试验中，参与者每日 2 次，每次摄入 500mg（相当于 10g 全肉桂粉，含有至少 1%的特定活性多酚聚合物；8 名男性，4 名女性）剂量的 Cinnulin PF®（水溶性肉桂提取物）或安慰剂胶囊（3 名男性，7 名女性）。与安慰剂处理组相比（分别为 241 和−93kcal/d），Cinnulin 处理组在 12 周内每日能量摄入呈增加趋势（Ziegenfuss 等，2006）。

总而言之，这些数据在辛辣香料对能量摄入的积极影响上的支撑非常有限。实际上，功效更可能取决于它们对适口性的贡献，而不是代谢效应。其最有希望的用途可能是为某些预期目的（如盐、糖或脂肪减少）而将它们添加到具有较低可接受性的食物中。目前尚未有其应用于能量平衡的报道。

12.4 产热效应

食用辛辣香料通常促进产热（即促进能量消耗和/或底物氧化）。目前，辛辣香料产热效应相关研究中最成熟的物质是红辣椒（辣椒素），另有少量数据是关于黑胡椒（胡椒碱）、生姜（姜酚、姜烯酚和姜酮）和黄芥末（异硫氰酸烯丙酯）的产热效应。异硫氰酸烯丙酯是一种有机硫化合物，而辣椒素、胡椒碱和姜酚均是具有芳香环和羰基官能团烷基侧链的相同化学结构（Astrup 等，2010）（图 12.1）。相同化学结构可能具有类似的产热效应，因为刺激性强度与烷基侧链（如链长、不饱和度和烷基端基）或极性芳香族末端附近酰胺基团的位置有关（DeMan，2013）。

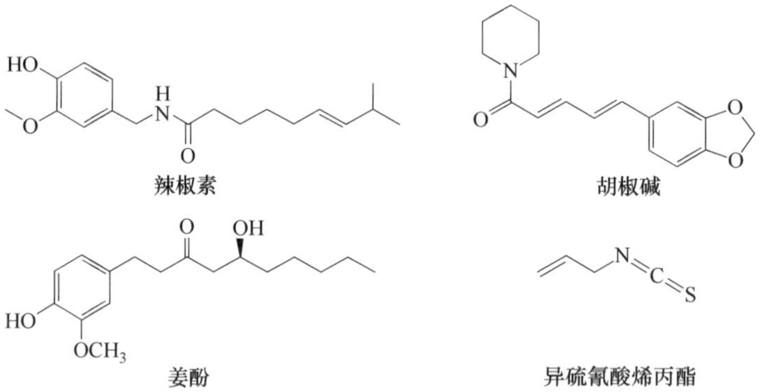

图 12.1 带芳香环和烷基侧链的辣椒素、胡椒碱和姜酚的化学结构
（异硫氰酸烯丙酯是一种有机硫化物）

刺激性香料的产热效应主要是化学刺激物与热敏离子受体，即 TRPV1（瞬时受体电位阳离子通道子家族 V 成员 1）和 TRPA1（瞬时受体电位阳离子通道子家族 A 成员 1；Eldershaw 等，1994，Okumura 等，2010）结合来刺激交感神经系统。香料的这种作用机制刺激了肾上腺髓质中儿茶酚胺的分泌（Kawada 等，1988；Yoshioka 等，1995）。

前期研究表明，相比于通过胶囊形式的胃肠道接触，口腔感官接触方式的产热效应更高（Westerterp-Plantenga 等，2005；Ludy 和 Mattes，2011）。一些研究表明，适口性风味的产热效应最大（LeBlanc 和 Brondel，1985），而另一些研究则认为令人不愉悦的味道才会产生最大影响（Ludy 和 Mattes，2011）。

12.4.1 红辣椒（辣椒素）

辣椒素是化学刺激物中研究最成熟的物质，主要通过激活 TRPV1 受体（通常称“辣椒素受体”）发挥产热作用（Caterina 等，1997）。大量人体研究结果表明辣椒素会促进能量消耗（Yoshioka 等，1995；Yoshioka 等，1998；Matsumoto 等，2000；Lejeune 等，2003；Ludy 和 Mattes，2011；Chaiyata 等，2003）和底物氧化（Yoshioka 等，1995；Yoshioka 等，1998；Lim 等，1997；Matsumoto 等，2000；Lejeune 等，2003；Ludy 和 Mattes，2011；Shin 和 Moritani，2007）。例如，美国的一项研究中，参与者（14 名男性，11 名女性）食用了添加 1g 红辣椒（2mg 辣椒素）的番茄汤午餐，餐后 4.5h 的能量消耗增加 10kcal，脂肪氧化量也有所增加（Ludy 和 Mattes，2011）。荷兰的参与者（23 名男性，68 名女性）在摄入含 135mg/d 辣椒素胶囊补充剂、体重维持 3 个月后，静息能量消耗增加了 119kcal/d，脂肪氧化在 3 个月期间持续增加，随后体重减轻 5%~10%（Lejeune 等，2003）。此外，泰国的一项调查中，健康参与者（12 名女性）饮用含 5g 新鲜辣椒（3.5mg 辣椒素）的葡萄糖饮料后，餐后 5、15 和 30min 时的能量消耗分别增加 12.1%、4.7%和 5.2%（Chaiyata 等，2003）。

目前存在一些相互矛盾的报道。例如，大多数研究结果表明脂肪氧化增加（Yoshioka 等，1998；Lejeune 等，2003；Shin 和 Moritani，2007；Ludy 等，2012；Ludy 和 Mattes，2011），而少量报道表明碳水化合物氧化增加（Yoshioka 等，1995；Lim 等，1997；Matsumoto 等，2000）。也有一些研究表明并不存在产热效应（Ahuja 等，2007；Smeets 和 Westerterp-Plantenga，2009），或餐后能量消耗降低（Ahuja 等，2006）。对于这些矛盾的结果，我们也尝试解释。

一种解释认为身体成分会减弱产热效应。目前所有关于辣椒素促进产热的报道均在瘦人（Yoshioka 等，1995；Yoshioka 等，1998；Matsumoto 等，2000；Lejeune 等，2003；Ludy 和 Mattes，2011）或没有报告身体情况（Chaiyata 等，2003）的个体人群中开展。

相反，澳大利亚的一项随机交叉试验中，参与者（14 名男性，22 名女性）每天食用 30g 辣椒混合物（55%红辣椒），持续 4 周后，餐后 2h 饮食诱导的产热或底物氧化没有影响。但是，超重和肥胖个体的能量消耗反而降低（Ahuja 等，2006；Ahuja 等，2007）。同样，当没有长期食用辛辣食物习惯的日本女性在早餐黄咖喱酱中加入 3mg 辣椒素时，瘦人组（8 名女性）的能量消耗增加，但超重或肥胖组（8 名女性）并没有增加（Matsumoto 等，2000）。含咖啡因的咖啡具有类似产热效应，咖啡因能促进偏瘦个体和肥胖个体的产热效应，但对于偏瘦个体，能量消耗（Bracco 等，1995）和脂肪氧化（Acheson 等，1980）的增加幅度更大。

剂量也能调节产热反应。一项荟萃分析（Meta 分析）结果表明，高剂量辣椒素（135~150mg 辣椒素，相当于 45~50g 红辣椒或每天食用 13~15 个墨西哥辣椒）的产热效应最佳（Ludy 等，2012）。根据这一发现，荷兰的一项随机交叉试验中，与无辣椒的午餐相比，参与者（11 名男性，19 名女性）食用含低剂量（1g）红辣椒的午餐（包括意大利面、香肠和番茄酱）后，餐后 3.5h 的能量消耗没有差异（Smeets 和 Westerterp-Plantenga，2009）。需注意，大剂量食用时需要符合规定。这可能是被要求每天摄入 16.5g 红辣椒（33mg 辣椒素）的“初级或不常食用辣椒的消费者”间产热差异不显著的原因之一（Ahuja 等，2006；Ahuja 等，2007）。茶中苦味风味物质儿茶素和咖啡因也需注意类似的问题（Hursel 等，2009）。

12.4.2 黑胡椒（胡椒碱）

胡椒碱是一种生物碱，是黑胡椒刺激性风味的主要化合物。它具有激活两种热敏受体，TRAPV1（McNamara 等，2005）和 TRPA1（Okumura 等，2010）的双重作用。胡椒碱对 TRPA1 受体的刺激作用强于对 TRPV1 的刺激，但这种刺激作用不如辣椒素或异硫氰酸烯丙酯（存在于芥末中）强烈（Okumura 等，2010）。然而，胡椒碱比辣椒素更容易吸收（97% 比 80%）（Ganesh Bhat 和 Chandrasekhara，1986；Iwai 等，2003）。黑胡椒是世界上最常用的香料，越来越多地被用于促进新陈代谢（Szallasi，2005）。然而，其对产热影响的报道偏少且矛盾。在雄性 Wistar 大鼠后肢注射黑胡椒后，促进了大鼠耗氧量，且呈现剂量依赖性。（Eldershaw 等，1994）。在对雄性 Wistar 大鼠的另一项研究中，黑胡椒促进了儿茶酚胺分泌，尤其是肾上腺素，表明了交感神经系统的产热增强（Kawada 等，1988）。相比之下，一项对雄性瑞士白化小鼠的研究显示，每日口服黑胡椒，15d 后其甲状腺激素［三碘甲腺原氨酸（T3）和甲状腺素（T4）］浓度降低，表明产热减少（Panda 和 Kar，2003）。

迄今为止，仅有两项人体研究调查了胡椒碱对能量消耗和产热的影响。一项是丹麦的随机交叉试验，其中参与者（22 名喜欢辛辣食物的健康年轻男性）摄入了一份早午餐（添加了 1.3g 黑胡椒粉的甜菜根和炒鸡蛋）。与无黑胡椒的对照组相比，添加黑胡椒组的餐后 4h 饮食诱导的产热和底物氧化数据没有变化（Gregersen 等，2013）。另一项是美国的随机交叉试验，其中参与者（17 名超重绝经女性）食用 1.5g 黑胡椒（68.6mg 胡椒碱），三餐平均分配用量，同时进行 24h 全室间接量热法。与其他人体研究结果相似，与无黑胡椒对照组相比，添加胡椒碱组的能量消耗或底物氧化数据上没有差异（O′Connor 等，2013）。

12.4.3 生姜（姜酚、姜烯酚和姜油酮）

新鲜生姜中的姜酚，以及姜酚脱水和降解后的产物姜烯酚和姜酮是生姜刺激性的主要化合物（Dedov 等，2002）。这些化合物共同激活 TRPV1 受体并促进肾上腺素分泌，表明交感神经系统参与生姜的产热作用（Liu 和 Simon，1996；Dedov 等，2002；Iwasaki 等，2006；Kawada 等，1988）。

雄性 Wistar 大鼠后肢注射鲜姜和干姜提取物时能够增加耗氧量。姜酚具有最大的产热效应，姜烯酚表现出中度的能量消耗增加。需注意的是，高浓度的生姜提取物会抑制耗氧量（Eldershaw 等，1992）。

目前有 3 项关于生姜产热效应的人体调查研究。英国的一项调查研究中，参与者(3 名男性，5 名女性）食用含 30g 新鲜姜末的早餐。与无姜早餐相比，含姜早餐对餐后饮食诱导的产热效应没有影响（Henry 和 Piggott，1987）。丹麦的一项随机交叉试验中，参与者（22 名喜欢辛辣食物的健康年轻男性）摄入了早午餐（20g 切碎的生姜加到炖苹果中）。与无生姜对照组相比，含生姜组餐后 4h 饮食诱导的产热和底物氧化没有变化（Gregersen 等，2013）。与之相反，美国的一项调查中为参与者（10 名超重男性）提供了含有 2g 干姜粉的热姜饮料早餐。与提供热水的早餐组相比，生姜饮料在餐后的产热增加了 43kcal/d（Mansour 等，2012）。不同的试验结果与试验中生姜形态有关，干姜（非鲜姜）中含有姜烯酚，可增加生姜的刺激性（Suekawa 等，1984）。

12.4.4 黄芥末（异硫氰酸烯丙酯）

异硫氰酸烯丙酯（一种有机硫化合物）是芥末刺激性味道的主要来源。与黑胡椒和生姜中辛辣化合物一样，异硫氰酸烯丙酯也是经由 TRPV1（Ohta 等，2007；Everaerts 等，2011）和 TRPA1 途径（Jordt 等，2004；Iwasaki 等，2008）。雌性 Sprague-Dawley 大鼠研究中，肌内注射异硫氰酸烯丙酯能增强棕色脂肪组织的活性（Yoshida 等，1988）。然而，将异硫氰酸烯丙酯注入雄性 Wistar 大鼠的股静脉时，结果并未证实刺激儿茶酚胺分泌的效果（Kawada 等，1988）。

芥末产热效应的报道较少，有 2 项是人体调查。丹麦的一项随机交叉试验，在参与者（22 名喜欢辛辣食物的健康年轻男性）的早午餐中添加了芥末（21g Dijon 芥末加入到切丝甜菜根中）。与无芥末的对照组相比（分别为 12.4 和 14.1kcal/h；$p=0.08$），芥末餐后 4h 的饮食诱导产热增加了 14%（Gregersen 等，2013）。另一项英国的调查中，参与者（$n=12$）食用了含 3g 芥末酱和 3g 辣椒酱的早餐。与无辛辣香料早餐组（分别为 128% 和 153% 静息代谢率，$p<0.01$）相比，辛辣香料早餐食用 3h 后的饮食诱导产热增加了 25%（Henry 和 Emery，1986）。但很难区分是辣椒素（辣椒）还是异硫氰酸烯丙酯（芥末）的影响。随后有研究表明芥籽油和辣椒素之间有交叉脱敏效果（Simons 等，2003）。其他研究也表明，生物活性成分之间可能存在协同作用，组合样的产热作用大于单一成分。例如，一项瑞士的调查（10 名健康男性）表明，绿茶对能量消耗和脂肪氧化的影响超过单独使用咖啡因或儿茶素的效果（Dulloo 等，1999）。

总体而言，本部分研究数据为辛辣香料对能量平衡的影响提供了一定支撑。瘦人口腔感官接触红辣椒，较高剂量下能量消耗和脂肪氧化量显著增强。其他香料对人体的产热效应数据较少，但研究认为香料形态（如干燥与新鲜）和配方（即单一与多种香料）可能起重要作用。干燥后的香料（如生姜）刺激性增强，多组合香料（如红辣椒和芥末）也可能产生协同功效。

12.5 体重

饮食习惯和适口性在调节产热效应中的作用需要进一步研究。发表的研究中很少有较长时间持续测量辛辣香料导致的体重变化。大多数研究中假设厌食症、产热作用、抑制胰酶活性、增加代谢率和预防脂肪细胞分化会导致体重减轻（Westerterp-Plantenga 等，2006；

Astrup 等，2010；Kazemipoor 等，2012；González-Castejón 和 Rodriguez-Casado，2011）。有报道称各种辛辣香料，特别是辣椒素会减少（Nopanitaya，1973）或促进能量吸收（Platel 等，2002；Pradeep 等，1991）。报道称辣椒素和胡椒碱会刺激肠刷状缘膜上酶活性，增加微绒毛长度从而增大吸收面积（Prakash 和 Srinivasan，2010）。这些是有利于营养的吸收，但离子和大分子渗透性增加也可能导致食物过敏和不耐受的风险（Jensen-Jarolim 等，1998）。

尽管描述了各种机制，但香料调节体重或脂肪量的结果往往并不被认可。一项用 Wistar 大鼠开展的为期 8 周的试验中，在 Yaji（一种尼日利亚肉酱）中添加丁香、生姜、红辣椒或黑胡椒对体重没有显著影响（Akpamu 等，2011）。另外一项 90d 的试验中，丁香对成年白化大鼠的体重也没有影响（Agbaje 等，2009）。相反，摄入黑胡椒 35d（Hassan 等，2010）和 55d（Mbongue 等，2005）后，Wistar 大鼠体重增加。法国的一项人体试验中，与安慰剂处理相比，摄入 Satiereal®胶囊（藏红花提取物）的受试者 8 周内体重逐渐减轻（-1kg）（Gout 等，2010）。但如果受试者通过口服方式摄入香料，其减重效果是否能改善及效果的持续性均需要进一步检验。另一项美国的试验中，进行限制能量饮食和运动养生的成年人（3 名男性，53 名女性）食用了含有吡啶甲酸铬、菊粉、辣椒、L-苯丙氨酸和其他亲脂性化合物的混合剂（Hoeger 等，1998），但相对于对照组（9 名男性，58 名女性）没有观察到任何效果。

有报道称辣椒素具有减重肥功效。对荷兰受试者（3 男性，68 名女性）进行为期 4 周的低能量饮食（含或不含 135mg/d 辣椒素）后的 3 个月展开监测（Lejeune 等，2003）。与安慰剂（11 名男性，38 名女性）组相比，尽管辣椒素组（12 名男性，30 名女性）受试者的脂肪氧化值升高了，但体重没有显著变化。因此，尽管机械、食欲和急性喂养结果均提供了香料可控制体重的合理性证据，但仍需更多长期试验的结果进一步证实。

12.6 个体差异

个体对不同香料种类、剂量、提供方式的响应差异可能妨碍人们判断摄入香料潜在的健康效应。必须对差异的影响因素足够了解，才能对试验进行有效控制，同时也才能更好地分离出有用的属性。显然，剂量是一个关键因素，必须对其进行协调以便比较不同试验的结果。但剂量的影响不是直接明了的，因为剂量的感官影响会随着其配合的食物和消费者对香料的先前经验而变化。几乎所有关于个体差异的研究都集中在辣椒素上。先前有辣椒素摄入经验的个体是否比没有经验的个体所评价的灼烧感更低关于这一问题，研究结果不尽相同（Stevenson 和 Prescott，1994；Ludy 和 Mattes，2012；Byrnes 和 Hayes，2013）。然而，可以肯定的是，辣椒素食用者认为，与非使用者相比，辛辣食物更令人愉快（Ludy 和

Mattes，2012）。虽然诱导辣灼烧或刺痛或从中恢复的特征所需的时间尚未确定，但是英国的一项试验表明，5 周的时间内，可接受性有所增加（Stevenson 和 Yeomans，1995）。食辣个体指出更喜欢辛辣食物（如辣根、黄芥末和绿芥末）和菜肴（如中国、印度和墨西哥）（Ludy 和 Mattes，2012）。

这些结果只针对辛辣食物，因为食用和不食用辛辣食品的消费者对于非辛辣食品（如苹果、面包、鸡肉、生菜、牛奶和大米等）的喜好程度上没有差异（Ludy 和 Mattes，2012）。有过食辣的相关经验可能有助于协调个体间或个体内结果的一致性。

辣椒素还会改变食物中其他味道的体验感，特别是酸味、苦味和鲜味（Simons 等，2002）。这是一个直接的剂量-反应关联，但这与先前的食辣经验是如何相互作用尚不明确。因为辣椒素会明确地改变了某些味道和气味的感觉，所以它可能改变食物的味道（即感官体验的总和）并且预期会改变可接受性等级。掩蔽效应不会改变风味识别，并且在使用者和非使用者中同样会发生（Lawless 等，1985），但是对喜好的影响没有发生相应的改变（Stevenson 和 Yeomans，1993）。在英国的一项试验中，对于被使用者评价为负面效果的高浓度，非使用者并没有表现出强烈的喜好，而高剂量也同样不受欢迎（Stevenson 和 Yeomans，1993）。

刺激呈现的时间也至关重要，因为每次刺激之间仅 2.5~5.0min 的间隔可能就会引起脱敏，进而得到较低的灼热强度分值（Green，1989；Green 和 Rentmeister-Bryant，1998）。

这种时间间隔常常出现在日常用餐时，导致可能低估辣椒素对食物刺激性和可接受性的影响。相反，致敏（即感觉随反复刺激而增长）在进食过程中似乎没有起作用（Prescott，1999）（有关感觉和脱敏的更多讨论见第 6 章）。

辛辣食物的成分也会影响灼热感评分，如低辣剂量下，水介质食品比脂质介质食品的灼热感更强（Lawless 等，2000）。人格特质也与辣椒素摄入量存在相关性。辛辣食物消费与感觉寻求、奖励敏感性（Ludy 和 Mattes，2012；Byrnes 和 Hayes，2013）以及外向型性格（仅限女性）（Ludy 和 Mattes，2012）之间存在正关联性（见第 2 章的附加讨论）。

12.7 小结

辛辣香料具有许多潜在的健康益处（图 12.2）。尽管辛辣香料在能量平衡方面作用较小，但也不应被低估。辛辣香料具有一定的营养特性，口服方式效果更佳，这些在传统民族饮食中有所体现。日常摄入或高几倍的辛辣香料摄入量的不良反应概率都非常低（Srinivasan，2005）。总之，研究结果表明辛辣香料不会对人体造成伤害，并有利于食品安全，在体重管理中发挥潜在的治疗作用。

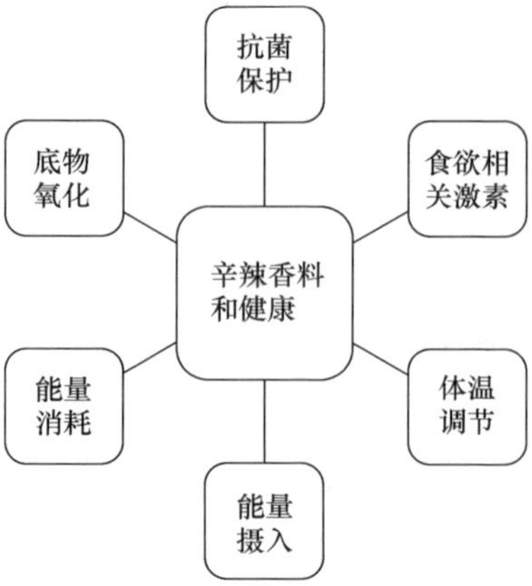

图 12.2 辛辣香料健康功效简述

参考文献

Acheson, K., Zahorska-Markiewicz, B., Pittet, P., Anantharaman, K., and Jequier, E. 1980. Caffeine and coffee: their influence on metabolic rate and substrate utilization in normal weight and obese individuals. *American Journal of Clinical Nutrition*, 33 (5), 989-997.

Agbaje, E., Adeneye, A., and Daramola, A. 2009. Biochemical and toxicological studies of aqueous extract of Syzigium aromaticum (l.) Merr. and perry (myrtaceae) in rodents. *African Journal of Traditional, Complementary and Alternative Medicines*, 6 (3), 241-254.

Ahuja, K. D. K., Robertson, I. K., Geraghty, D. P., and Ball, M. J. 2006. Effects of chili consumption on postprandial glucose, insulin, and energy metabolism. *American Journal of Clinical Nutrition*, 84 (1), 63-69.

Ahuja, K. D. K., Robertson, I. K., Geraghty, D. P., and Ball, M. J. 2007. The effect of 4-week chilli supplementation on metabolic and arterial function in humans. *European Journal of Clinical Nutrition*, 61 (3), 326-333.

Akpamu, U., Nwaopara, A., Izunya, A., *et al*. 2011. A comparative study on weight changes in rats fed with diet containing *Yaji*, *Yaji*-additives and Yaji-spices. *Biology and Medicine*, 3 (5), 6-15.

Astrup, A., Kristensen, M., Gregersen, N. T., *et al*. 2010. Can bioactive foods affect obesity? *Annals of the New York Academy of Sciences*, 1190 (1), 25-41.

Best, R. L., and Appleton, K. M. 2011. Comparable increases in energy, protein and fat intakes following the addition of seasonings and sauces to an older person's meal. *Appetite*, 56 (1), 179-182.

Billing, J., and Sherman, P. W. 1998. Antimicrobial functions of spices: why some like it hot. *Quarterly Review of Biology*, 73 (1), 3-49.

Blank, D. M., and Mattes, R. D. 1990. Sugar and spice: similarities and sensory attributes. *Nursing Research*, 39 (5), 290-293.

Bracco, D., Ferrarra, J. M., Arnaud, M. J., Jequier, E., and Schutz, Y. 1995. Effects of caffeine on energy metabolism, heart rate, and methylxanthine metabolism in lean and obese women. *The American Journal of Physiology*, 269 (4), E671-E678.

Byrnes, N. K., and Hayes, J. E. 2013. Personality factors predict spicy food liking and intake. *Food*

Quality and Preference, 28 (1), 213-221.

Caterina, M. J., Schumacher, M. A., Tominaga, M., *et al.* 1997. The capsaicin receptor: a heat-activated ion channel in the pain pathway. *Nature*, 389 (6653), 783-784.

Chaiyata, P., Puttadechakum, S., and Komindr, S. 2003. Effect of chili pepper (*Capsicum frutescens*) ingestion on plasma glucose response and metabolic rate in Thai women. *Journal of the Medical Association of Thailand*, 86 (9), 854-860.

Clouard, C., and Val-Laillet, D. 2014. Impact of sensory feed additives on feed intake, feed prefer-ences, and growth of female piglets during the early postweaning period. *Journal of Animal Science*, 92 (5), 2133-2140.

de Graaf, C., Polet, P., and van Staveren, W. A. 1994. Sensory perception and pleasantness of food flavors in elderly subjects. *Journal of Gerontology*, 49 (3), 93-99.

Dedov, V. N., Tran, V. H., Duke, C. C., *et al.* 2002. Gingerols: a novel class of vanilloid receptor (VR1) agonists. *British Journal of Pharmacology*, 137 (6), 793-798.

DeMan, J. M. 2013. *Principles of Food Chemistry*, New York: Springer.

Dressler, H., and Smith, C. 2013. Food choice, eating behavior, and food liking differs between lean/normal and overweight/obese, low-income women. *Appetite*, 65 (1), 145-152.

Dulloo, A. G., Duret, C., Rohrer, D., *et al.* 1999. Efficacy of a green tea extract rich in catechin polyphenols and caffeine in increasing 24-h energy expenditure and fat oxidation in humans. *The American Journal of Clinical Nutrition*, 70 (6), 1040-1045.

Edwards, S. J., Montgomery, I. M., Colquhoun, E. Q., Jordan, J. E., and Clark, M. G. 1992. Spicy meal disturbs sleep: an effect of thermoregulation-International Journal of Psychophysiology, 13 (2), 97-100.

Eldershaw, T. P., Colquhoun, E. Q., Bennett, K. L., Dora, K. A., and Clark, M. G. 1994. Resiniferatoxin and piperine: capsaicin-like stimulators of oxygen uptake in the perfused rat hindlimb. *Life Sciences*, 55 (5), 389-397.

Eldershaw, T. P. D., Colquhoun, E. Q., Dora, K. A., Peng, Z. C., and Clark, M. G. 1992. Pungent princi-ples of ginger (*Zingiber officinale*) are thermogenic in the perfused rat hindlimb. *International Journal of Obesity*, 16 (10), 755-763.

Essed, N. H., van Staveren, W. A., Kok, F. J., and de Graaf, C. 2007. No effect of 16 weeks flavor enhance-ment on dietary intake and nutritional status of nursing home elderly. *Appetite*, 48 (1), 29-36.

Everaerts, W., Gees, M., Alpizar, Y. A., *et al.* 2011. The capsaicin receptor TRPV1 is a crucial mediator of the noxious effects of mustard oil. *Current Biology*, 21 (4), 316-321.

Flint, A., Gregersen, N. T., Gluud, L. L., *et al.* 2007. Associations between postprandial insulin and blood glucose responses, appetite sensations and energy intake in normal weight and overweight individuals: a meta-analysis of test meal studies. *British Journal of Nutrition*, 98 (1), 17-25.

Ganesh Bhat, B., and Chandrasekhara, N. 1986. Studies on the metabolism of piperine: absorption, tissue distribution and excretion of urinary conjugates in rats. *Toxicology*, 40 (1), 83-92.

Ghawi, S. K., Rowland, I., and Methven, L. 2014. Enhancing consumer liking of low salt tomato soup over repeated exposure by herb and spice seasonings. *Appetite*, 81 (1), 20-29.

Glanz, K., and Basil, M. 1998. Why Americans eat what they do: Taste, nutrition, cost, convenience, and weight control concerns. *Journal of the American Dietetic Association*, 98 (10), 1118-1126.

González-Castejón, M., and Rodriguez-Casado, A. 2011. Dietary phytochemicals and their poten-tial effects on obesity: a review. *Pharmacological Research*, 64 (5), 438-455.

Gout, B., Bourges, C., and Paineau-Dubreuil, S. 2010. Satiereal, a Crocus sativus L extract, reduces snacking and increases satiety in a randomized placebo-controlled study of mildly overweight, health *women. Nutrition Research*, 30 (5), 305-313.

Green, B. G. 1989. Capsaicin sensitization and desensitization on the tongue produced by brief exposures to a low concentration. *Neuroscience Letters*, 107 (1-3), 173-178.

Green, B. G., and Rentmeister-Bryant, H. 1998. Temporal characteristics of capsaicin desensitiza-tion and stimulus-induced recovery in the oral cavity. *Physiology & Behavior*, 65 (1), 141-149.

Gregersen, N. T., Belza, A., Jensen, M., *et al.* 2013. Acute effects of mustard, horseradish, black pepper and ginger on energy expenditure, appetite, ad libitum energy intake and energy balance in human subjects. *British Journal of Nutrition*, 109 (3), 556-563.

Griep, M. I., Mets, T. F., and Massart, D. L. 2000. Effects of flavour amplification of Quorn® and yoghurt on food preference and consumption in relation to age, BMI and odour perception. *British Journal of Nutrition*, 83 (2), 105-113.

Hachiya, S., Kawabata, F., Ohnuki, K., *et al.* 2007. Effects of CH-19 Sweet, a non-pungent cultivar of red pepper, on sympathetic nervous activity, body temperature, heart rate, and blood pressure in humans. *Bioscience, Biotechnology, and Biochemistry*, 71 (3), 671-676.

Hameed, S., Dhillo, W., and Bloom, S. 2009. Gut hormones and appetite control. *Oral Diseases*, 15 (1), 18-26.

Hassan, D., Ogah, D., Yusuf, N., Musa, M., and Saidu, G. 2010. The effect of acute and chronic (short and long term) oral administrations of black pepper (Piper guineense) aqueous extract on the body weight and haematological values of albino-Wistar rat. *Journal of Medicinal Plants*, 4 (12), 1122-1125.

Haxton, H. A. 1948. Gustatory sweating. *Brain: A Journal of Neurology*, 71 (1), 16-25.

Henry, C. J., and Emery, B. 1986. Effect of spiced food on metabolic rate. *Human Nutrition-Clinical Nutrition*, 40 (2), 165-168.

Henry, C. J., and Piggott, S. M. 1987. Effect of ginger on metabolic rate. *Human Nutrition-Clinical Nutrition*, 41 (1), 89-92.

Henry, C. J. K., Woo, J., Lightowler, H. J., *et al.* 2003. Use of natural food flavours to increase food and nutrient intakes in hospitalized elderly in Hong Kong. *International Journal of Food Sciences and Nutrition*, 54 (4), 321-327.

Hlebowicz, J., Darwiche, G., Bjorgell, O., and Almer, L. O. 2007. Effect of cinnamon on postprandial blood glucose, gastric emptying, and satiety in healthy subjects. *American Journal of Clinical Nutrition*, 85 (6), 1552-1556.

Hoeger, W. W., Harris, C., Long, E. M., and Hopkins, D. R. 1998. Four-week supplementation with a natural dietary compound produces favorable changes in body composition. *Advances in Therapy*, 15 (5), 305-314.

Hu, M. L., Rayner, C. K., Wu, K. L., *et al.* 2011. Effect of ginger on gastric motility and symptoms of functional dyspepsia. *World Journal of Gastroenterology*, 17 (1), 105-110.

Hursel, R., Viechtbauer, W., and Westerterp-Plantenga, M. 2009. The effects of green tea on weight loss and weight maintenance: a meta-analysis. *International Journal of Obesity*, 33 (9), 956-961.

International Food Information Council Foundation. 2014, June 24, 2014 last update, Food & *Health Survey: The Pulse of America's Diet: From Beliefs to Behaviors*, http://www.foodinsight.org/articles/2014-food-and-health-survey (accessed 7 August, 2014).

Iwai, L., Yazawa, W., and Watanabe, T. 2003. Roles as metabolic regulators of the non nutrients, capsaicin and capsiate, supplemented to diets. *Proceedings of the Japan Academy*, 79 (7), 207-212.

Iwasaki, Y., Morita, A., Iwasawa, T., *et al.* 2006. A nonpungent component of steamed ginger-[10]-shogaol-increases adrenaline secretion via the activation of TRPV1. *Nutritional Neuroscience*, 9 (3-4), 169-178.

Iwasaki, Y., Tanabe, M., Kobata, K., and Watanabe, T. 2008. TRPA1 agonists-allyl isothiocyanate and cinnamaldehyde-induce adrenaline secretion. *Bioscience, Biotechnology, and Biochemistry*, 72 (10), 2608-2614.

Janssens, P. L., Hursel, R., and Westerterp-Plantenga, M. S. 2014. Capsaicin increases sensation of fullness in energy balance, and decreases desire to eat after dinner in negative energy balance. *Appetite*, 77 (1), 46-51.

Jensen-Jarolim, E., Gajdzik, L., Haberl, I., *et al.* 1998. Hot spices influence permeability of human intestinal epithelial monolayers. *Journal of Nutrition*, 128 (3), 577-581.

Jones, J. B., Provost, M., Keaver, L., *et al.* 2014a. Effects of daily consumption of one or varied peanut flavors on acceptance and intake. *Appetite*, 82 (1), 208-212.

Jones, J. B., Provost, M., Keaver, L., *et al.* 2014b. A randomized trial on the effects of flavorings on the health benefits of daily peanut consumption. *American Journal of Clinical Nutrition*, 99 (3), 490-496.

Jordt, S., Bautista, D. M., Chuang, H., *et al.* 2004. Mustard oils and cannabinoids excite sensory nerve fibres through the TRP channel ANKTM1. *Nature*, 427 (6971), 260-265.

Kawada, T., Sakabe, S., Watanabe, T., Yamamoto, M., and Iwai, K. 1988. Some pungent principles of spices cause the adrenal medulla to secrete catecholamine in anesthetized rats. *Proceedings of the Society for Experimental Biology and Medicine*, 188 (2), 229-233.

Kazemipoor, M., Radzi, C. W. J. W. M., Cordell, G. A., and Yaze, I. 2012. Potential of traditional medicinal plants for treating obesity: a review. *International Conference on Nutrition and Food Sciences*, 39 (1), 1-6.

Khan, A., Safdar, M., Ali Khan, M. M., Khattak, K. N., and Anderson, R. A. 2003. Cinnamon improves glucose and lipids of people with type 2 diabetes. *Diabetes Care*, 26 (12), 3215-3218.

Khan, R., Khan, Z., and Shah, S. 2010. Cinnamon may reduce glucose, lipid and cholesterol level in type 2 diabetic individuals. *Pakistan Journal of Nutrition*, 9 (5), 430-433.

Koskinen, S., Kälviäinen, N., and Tuorila, H. 2003. Flavor enhancement as a tool for increasing pleasantness and intake of a snack product among the elderly. *Appetite*, 41 (1), 87-96.

Lawless, H., Rozin, P., and Shenker, J. 1985. Effects of oral capsaicin on gustatory, olfactory and irritant sensations and flavor identification in humans who regularly or rarely consume chili pepper. *Chemical Senses*, 10 (4), 579-589.

Lawless, H. T., Hartono, C., and Hernandez, S. 2000. Thresholds and suprathreshold intensity functions for capsaicin in oil and aqueous based carriers. *Journal of Sensory Studies*, 15 (4), 437-477.

LeBlanc, J., and Brondel, L. 1985. Role of palatability on meal-induced thermogenesis in human subjects. *American Journal of Physiology-Endocrinology and Metabolism*, 248 (3), 333-336.

Lee, T. S. 1954. Physiological gustatory sweating in a warm climate. *Journal of Physiology*, 124 (3), 528-542.

Lejeune, M. P. G. M., Kovacs, E. M. R., and Westerterp-Plantenga, M. S. 2003. Effect of capsaicin on substrate oxidation and weight maintenance after modest body-weight loss in human subjects. *British Journal of Nutrition*, 90 (3), 651-659.

Lim, K., Yoshioka, M., Kikuzato, S., *et al.* 1997. Dietary red pepper ingestion increases carbohydrate oxidation at rest and during exercise in runners. *Medicine & Science in Sports & Exercise*, 29 (3), 355-361.

Liu, L., and Simon, S. A. 1996. Similarities and differences in the currents activated by capsaicin, piperine, and zingerone in rat trigeminal ganglion cells. *Journal of Neurophysiology*, 76 (3), 1858-1869.

Lopez-Carrillo, L., Lopez-Cervantes, M., Robles-Diaz, G., *et al.* 2003. Capsaicin consumption, Helicobacter pylori positivity and gastric cancer in Mexico. *International Journal of Cancer*, 106 (2), 277-282.

Ludy, M. J. 2013. Some like it hot: characteristics underlying spicy food preference and aversion. *FASEB Journal*, 27, 1035. 17.

Ludy, M. J., and Mattes, R. D. 2011. The effects of hedonically acceptable red pepper doses on ther-mogenesis and appetite. *Physiology & Behavior*, 102 (3), 251-258.

Ludy, M. J., and Mattes, R. D. 2012. Comparison of sensory, physiological, personality, and cultural attributes in regular spicy food users and non-users. *Appetite*, 58 (1), 19-27.

Ludy, M. J., Moore, G. E., and Mattes, R. D. 2012. The effects of capsaicin and capsiate on energy balance: critical review and meta-analyses of studies in humans. *Chemical Senses*, 37 (2), 103-121.

Mang, B., Wolters, M., Schmitt, B., *et al.* 2006. Effects of a cinnamon extract on plasma glucose, HbA1c, and serum lipids in diabetes mellitus type 2. *European Journal of Clinical Investigation*, 36 (5), 340-344.

Mansour, M. S., Ni, Y., Roberts, A. L., *et al.* 2012. Ginger consumption enhances the thermic effect of food and promotes feelings of satiety without affecting metabolic and hormonal parameters in overweight men: A pilot study. *Metabolism*, 61 (10), 1347-1352.

Markey, O., McClean, C. M., Medlow, P., *et al.* 2011. Effect of cinnamon on gastric emptying, arterial stiffness, postprandial lipemia, glycemia, and appetite responses to high-fat breakfast. *Cardiovascular Diabetology*, 10 (9), 78.

Masic, U., and Yeomans, M. R. 2014. Umami flavor enhances appetite but also increases satiety. *American Journal of Clinical Nutrition*, 100 (2), 532-538.

Mathey, M. F., Siebelink, E., de Graaf, C., and Van Staveren, W. A. 2001. Flavor enhancement of food improves dietary intake and nutritional status of elderly nursing home residents. *The Journals of Gerontology Series A: Biological Sciences and Medical Sciences*, 56 (4), M200-M205.

Matsumoto, T., Miyawaki, C., Ue, H., *et al.* 2000. Effects of capsaicin-containing yellow curry sauce on sympathetic nervous system activity and diet-induced thermogenesis in lean and obese young women. *Journal of Nutritional Science and Vitaminology*, 46 (6), 309-315.

Mattes, R. D. 2012. Spices and energy balance. *Physiology & Behavior*, 107 (4), 584-590.

Mbongue, F., Kamtchouing, P., Essame, O., *et al.* 2005. Effect of the aqueous extract of dry fruits of Piper guineense on the reproductive function of adult male rats. *Indian Journal of Pharmacology*, 37 (1), 30-32.

McNamara, F. N., Randall, A., and Gunthorpe, M. J. 2005. Effects of piperine, the pungent component of black pepper, at the human vanilloid receptor (TRPV1). *British Journal of Pharmacology*, 144 (6), 781-790.

Nabhan, G. P. 2004. *Why Some Like it Hot: Food, Genes, and Cultural Diversity*, Washington, DC: Shearwater Books.

Nopanitaya, W. 1973. Long term effects of capsaicin on fat absorption and the growth of the rat. *Growth*, 37 (3), 269-279.

O'Connor, A., Corbin, K. D., Nieman, D. C., and Swick, A. G. 2013. A randomized, controlled trial to assess short-term black pepper consumption on 24-hour energy expenditure and substrate utilization. *Functional Foods in Health and Disease*, 3 (10), 377-388.

Ohta, T., Imagawa, T., and Ito, S. 2007. Novel agonistic action of mustard oil on recombinant and endogenous porcine transient receptor potential V1 (pTRPV1) channels. *Biochemical Pharmacology*, 73 (10), 1646-1656.

Okumura, Y., Narukawa, M., Iwasaki, Y., *et al.* 2010. Activation of TRPV1 and TRPA1 by black pepper components. *Bioscience, Biotechnology, and Biochemistry*, 74 (5), 1068-1072.

Osaka, T., Kobayashi, A., Lee, T. H., *et al.* 2000. Lack of integrative control of heat production and heat loss after capsaicin administration. *Pflügers Archiv-European Journal of Physiology*, 440 (3), 440-445.

Panda, S., and Kar, A. 2003. Piperine lowers the serum concentrations of thyroid hormones, glucose, and hepatic 5'D activity in adult male mice. *Hormone and Metabolic Research*, 9 (35), 523-526.

Peters, J. C., Polsky, S., Stark, R., Zhaoxing, P., and Hill, J. O. 2014. The influence of herbs and spices on overall liking of reduced fat food. *Appetite*, 79 (1), 183-188.

Platel, K., Rao, A., Saraswathi, G., and Srinivasan, K. 2002. Digestive stimulant action of three Indian spice mixes in experimental rats. *Food/Nahrung*, 46 (6), 394-398.

Pradeep, K. U., Geervani, P., and Eggum, B. 1991. Influence of spices on utilization of sorghum and chickpea protein. *Plant Foods for Human Nutrition*, 41 (3), 269-276.

Prakash, U. N. and Srinivasan, K. 2010. Beneficial influence of dietary spices on the ultrastructure and fluidity of the intestinal brush border in rats. *British Journal of Nutrition*, 104 (1), 31-39.

Prescott, J. 1999. The generalizability of capsaicin sensitization and desensitization. *Physiology & Behavior*, 66 (5), 741-749.

Reinagel, M. 2012, Today's contemporary spice cabinet. *Food & Nutrition Magazine*, winter 2012, http: //www. foodandnutrition. org/Winter-2012/Todays-Contemporary-Spice-Cabinet/(accessed 6 October 2015).

Reinbach, H. C., Smeets, A., Martinussen, T., Mϕller, P., and Westerterp-Plantenga, M. S. 2009. Effects of capsaicin, green tea and CH-19 sweet pepper on appetite and energy intake in humans in negative and positive energy balance. *Clinical Nutrition*, 28 (3), 260-265.

Reinbach, H. C., Martinussen, T., and Mϕller, P. 2010. Effects of hot spices on energy intake, appetite, and sensory specific desires in humans. *Food Quality and Preference*, 21 (6), 655-661.

Rozin, P., and Schiller, D. 1980. The nature and acquisition of a preference for chili pepper by humans. *Motivation and Emotion*, 4 (1), 77-101.

Savage, J. S., Peterson, J., Marini, M., BordiJr, P. L., and Birch, L. L. 2013. The addition of a plain or herb-flavored reduced-fat dip is associated with improved preschoolers' intake of vegetables. *Journal of the Academy of Nutrition and Dietetics*, 113 (8), 1090-1095.

Schiffman, S. S. 1993. Perception of taste and smell in elderly persons. *Critical Reviews in Food Science & Nutrition*, 33 (1), 17-26.

Schiffman, S. S., and Warwick, Z. S. 1988. Flavor enhancement of foods for the elderly can reverse anorexia. *Neurobiology of Aging*, 9 (1), 24-26.

Sherman, P. W., and Billing, J. 1999. Darwinian Gastronomy: Why We Use Spices Spices taste good because they are good for us. *Bioscience*, 49 (6), 453-463.

Sherman, P. W., and Hash, G. A. 2001. Why vegetable recipes are not very spicy. *Evolution and Human Behavior*, 22 (3), 147-163.

Shin, K. O., and Moritani, T. 2007. Alterations of autonomic nervous activity and energy metabo-lism by capsaicin ingestion during aerobic exercise in healthy men. *Journal of Nutritional Science and Vitaminology*, 53 (2), 124-132.

Simons, C. T., O'Mahony, M., and Carstens, E. 2002. Taste suppression following lingual capsaicin pre-treatment in humans. *Chemical Senses*, 27 (4), 353-365.

Simons, C. T., Carstens, M. I., and Carstens, E. 2003. Oral irritation by mustard oil: self-desensitization and cross-desensitization with capsaicin. *Chemical Senses*, 28 (6), 459-465.

Skulas-Ray, A. C., Kris-Etherton, P. M., Teeter, D. L., *et al.* 2011. A high antioxidant spice blend attenuates postprandial insulin and triglyceride responses and increases some plasma measures of antioxidant activity in healthy, overweight men. *Journal of Nutrition*, 141 (8), 1451-1457.

Sloan, A. E. 2014. What, when and where America eats. *Food Technology*, 68 (1), 20-31.

Smeets, A., and Westerterp-Plantenga, M. 2009. The acute effects of a lunch containing capsaicin on energy and substrate utilisation, hormones, and satiety. *European Journal of Clinical Nutrition*, 48 (4), 229-234.

Smeets, A. J., Janssens, P. L., and Westerterp-Plantenga, M. S. 2013. Addition of capsaicin and exchange of carbohydrate with protein counteract energy intake restriction effects on fullness and energy expenditure. *Journal of Nutrition*, 143 (4), 442-447.

Sockett, P. 1995. The epidemiology and costs of diseases of public health significance, in relation to meat and meat products. *Journal of Food Safety*, 15 (2), 91-112.

Solomon, T., and Blannin, A. 2007. Effects of short-term cinnamon ingestion on in vivo glucose tolerance. *Diabetes, Obesity and Metabolism*, 9 (6), 895-901.

Solomon, T. P., and Blannin, A. K. 2009. Changes in glucose tolerance and insulin sensitivity following 2 weeks of daily cinnamon ingestion in healthy humans. *European Journal of Applied Physiology*, 105 (6), 969-976.

Srinivasan, K. 2005. Spices as influencers of body metabolism: an overview of three decades of research. *Food Research International*, 38 (1), 77-86.

Stevenson, R. J., and Yeomans, M. R. 1993. Differences in ratings of intensity and pleasantness for the capsaicin burn between chili likers and non-likers: implications for liking development. *Chemical Senses*, 18 (5), 471-482.

Stevenson, R. J., and Prescott, J. 1994. The effects of prior experience with capsaicin on ratings of its burn. *Chemical Senses*, 19 (6), 651-656.

Stevenson, R. J., and Yeomans, M. R. 1995. Does exposure enhance liking for the chilli burn? *Appetite*, 24 (2), 107-120.

Suekawa, M., Ishige, A., Yuasa, K., Sudo, K., Aburada, M., and Hosoya, E. 1984. Pharmacological studies on ginger. I. Pharmacological actions of pungent constitutents, (6)-gingerol and (6)-shogaol. *Journal of Pharmacobio-Dynamics*, 7 (11), 836-848.

Szallasi, A., and Blumberg, P. M. 1999. Vanilloid (Capsaicin) receptors and mechanisms. *Pharmacological Reviews*, 51 (2), 159-212.

Szallasi, A. 2005. Piperine: researchers discover new flavor in an ancient spice. *Trends in Pharmacological Sciences*, 26 (9), 437-439.

Tepper, B. J., and Trail, A. C. 1998. Taste or health: A study on consumer acceptance of corn chips. *Food Quality and Preference*, 9 (4), 267-272.

Ueki, S., Miyoshi, M., Shido, O., Hasegawa, J., and Watanabe, T. 2008. Systemic administration of [6]-gingerol, a pungent constituent of ginger, induces hypothermia in rats via an inhibitory effect on metabolic rate. *European Journal of Pharmacology*, 584 (1), 87-92.

Vanschoonbeek, K., Thomassen, B. J., Senden, J. M., Wodzig, W. K., and van Loon, L. J. 2006. Cinnamon supplementation does not improve glycemic control in postmenopausal type 2 diabetes patients. *Journal of Nutrition*, 136 (4), 977-980.

Wadikar, D., and Premavalli, K. 2011. Appetizer administration stimulates food consumption, weight gain and leptin levels in male Wistar rats. *Appetite*, 57 (1), 131-133.

Westerterp-Plantenga, M. S., Smeets, A., and Lejeune, M. P. G. 2005. Sensory and gastrointestinal satiety effects of capsaicin on food intake. *International Journal of Obesity*, 29 (6), 682-688.

Westerterp-Plantenga, M. S., Diepvens, K., Joosen, A. M. C. P., Bérubé-Parent, S., and Tremblay, A. 2006. Metabolic effects of spices, teas, and caffeine. *Physiology & Behavior*, 89 (1), 85-91.

Whiting, S., Derbyshire, E., and Tiwari, B. 2012. Capsaicinoids and capsinoids. A potential role for weight management? *A systematic review of the evidence. Appetite*, 59 (2), 341-348.

Wu, K. L., Rayner, C. K., Chuah, S. K., *et al.* 2008. Effects of ginger on gastric emptying and motility in healthy humans. *European Journal of Gastroenterology & Hepatology*, 20 (5), 436-440.

Yoshida, T., Yoshioka, K., Wakabayashi, Y., Nishioka, H., and Kondo, M. 1988. Effects of capsaicin and isothiocyanate on thermogenesis of interscapular brown adipose tissue in rats. *Journal of Nutritional Science and Vitaminology*, 34 (6), 587-594.

Yoshioka, M., Imanaga, M., Ueyama, H., *et al.* 2004. Maximum tolerable dose of red pepper decreases fat intake independently of spicy sensation in the mouth. *British Journal of Nutrition*, 91 (6), 991-995.

Yoshioka, M., Lim, K., Kikuzato, S., *et al.* 1995. Effects of red-pepper diet on the energy metabolism in men. *Journal of Nutritional Science and Vitaminology*, 41 (6), 647-656.

Yoshioka, M., St-Pierre, S., Drapeau, V., *et al.* 1999. Effects of red pepper on appetite and energy intake. *British Journal of Nutrition*, 82 (2), 115-123.

Yoshioka, M., St-Pierre, S., Suzuki, M., and Tremblay, A. 1998. Effects of red pepper added to high-fat and high-carbohydrate meals on energy metabolism and substrate utilization in Japanese women. *British Journal of Nutrition*, 80 (6), 503-510.

Zandstra, E., de Graaf, C., and Van Trijp, H. 2000. Effects of variety and repeated in-home consumption on product acceptance. *Appetite*, 35 (2), 113-119.

Ziegenfuss, T. N., Hofheins, J. E., Mendel, R. W., Landis, J., and Anderson, R. A. 2006. Effects of a water-soluble cinnamon extract on body composition and features of the metabolic syndrome in prediabetic men and women. *Journal of the International Society of Sports Nutrition*, 3 (2), 45-53.

13 食品和化学物理觉——食品科学和烹饪观点

Christopher R. Loss[1], Ali Bouzari[2]

[1]*The Culinary Institute of America, Hyde Park, NY, USA*

[2]*Pliot R+D, Healdsburg, CA, USA*

13.1 引言：风味情境下的化学物理觉

食品科学和烹饪艺术领域正开始融合（Barham 等，2010；Cheng 等，2011；Loss，2014），并更关注风味的多元化（Delwiche，2004；Auvray 和 Spence，2008）和基于情境的（Meiselman，1996，2013）感知上。与此同时，感官科学家正在探索风味的时间属性（Piggott，2000）以及它在餐食或菜肴发展过程中如何提升消费者的体验感（Reinbach 等，2007；Dinnella 等，2012）。产品和菜谱开发人员正逐渐开始利用烹饪专业人员对功能成分、风味和消费者用餐体验方面的洞察力和经验进行菜品开发（Gustafsson，2004；Meiselman，2009；Vega 和 Ubbink，2008）。含有化学物理觉成分显然有助于提高风味感知（Green，1996），但是从食品科学家和厨师的综合角度来看，我们需要更好地理解成分的作用及其化学物理觉性质，这些观点综合起来被称为“烹饪科学”观点。

为了讨论化学物理觉对风味的贡献，我们需要更好了解和理解什么是风味。Delwiche（2004）将风味描述为进食时所有感官体验的整合或融合，包括刺激感或疼痛感。Lawless（2000）将受欢迎的风味描述为“平衡”，一种和谐与对比之间以及新的与熟悉之间的“平衡”。风味“平衡”中一个不可或缺的重要组分是草本、香料、水果和蔬菜，它们提供了世界各地美食的文化“特征”（Rozin 和 Rozin，2005）。这些成分也是食品中化学物理觉特性的主要贡献者。

在考虑风味时，我们还需要注意它不是一个定格的瞬间画面，而是更像我们进食时一个徐徐展开的电影情节（T. Acree，个人通信，2008 年 4 月 5 日）。与食物味道、香气和物理/触觉等特征相比，化学物理觉具有独特的起始和衰减时间性质，此外它们对食物风味的关键贡献也是考虑关键。

本章中，我们主要关注厨房和产品开发平台上展示出化学物理觉特性的组分，包括它们在全球美食中的作用及对风味感知的影响。我们首先介绍厨房和实验室常用化学物理觉物质的起源和应用的相关背景，讨论草本植物和香料的区域栽培及与全球美食起源之间的关联性。接下来我们介绍化学物理觉成分的来源，描述烹饪技术是如何影响化学物理觉成分的特性和加入化学物理觉成分的菜肴；并描述厨师如何提取和浓缩化学物理觉制剂，并将其融入食物的方法。同时会把传统与目前对化学物理觉制剂的理解进行比较。最后，本章还将探讨化学物理觉制剂在世界各地的美食中的应用，包括最新的应用。

13.2 化学物理觉原料在食品中的应用史和文化背景

能让食物产生灼热感、清凉感和针刺感的植物都是大自然中的天然植物，对世界文化美食和医疗实践有着深刻影响（Freedman，2007；Nilius 和 Appendino，2013）。早在中世纪，草本植物与香料及其创造的风味，被不断探索和发现，并为当时全球化和商业发展做出重大贡献。马可波罗和克里斯托弗·哥伦布探险队当时的目标之一就是找到并带回拥有异国情调和美味的香料，在当时，这些香料与黄金具有相同价值（Parry，1953）。如今普通胡椒（peppercorn，*Piper nigrum*）已经广泛出现在西方的厨房中和餐桌上，但殊不知，它曾经是一种对全球具有重大影响的外来香料。

公元 77 年，老普林尼描述了一种使用生姜、胡椒和肉桂（以及其他香料）治疗常见疾病的治疗措施。18 世纪晚期时，主厨 Antonin Careme 强调需注意香料的使用量，以免抑制其他成分味道（Freedman，2007）。1907 年一本具有开创意义影响力的烹饪指南中，Auguste Escoffier（1907）将调味品按照共同化学物理觉特性进行了分类。例如，胡椒和辣椒属于“灼热感”调味品，洋葱、韭菜、青葱和辣根属于辛辣味调味品。

13.2.1 化学物理觉制剂的文化关联

特定的化学物理觉成分或其组合搭配已成为全球各国美食的代名词（Raghavan，2007）。民族植物学（Denes 等，2012）、进化生物学（Sherman 和 Billings，1999）和心理学研究（Rozin 和 Rozin，2005）均揭示了人们种植和食用的植物原料（特别是含有化学物理觉特性的原料）和食物特性（风味特征、营养成分和微生物特性）之间的密切联系。墨西哥主食和标志性菜肴［摩尔（moles）、莎莎酱（salsas）、牛肚汤（menudo）］中都包括辣椒和辣椒素类化合物。花椒（也称“四川胡椒”）及其针刺感的特质已经成为中国川菜的代名词（如麻婆豆腐、四川火锅和成都馄饨）。而在拉塔和薄荷酸辣酱中的薄荷凉感也已经成为巴基斯坦菜和印度菜的主要特质。

13.2.2 化学物理觉制剂在食品加工与应用中的使用史

香料应用在酱汁和汤的商业生产中可以追溯到 1300 年（Freedman，2007）。1400 年就有一种含化学物理觉成分（如姜、肉豆蔻和肉桂）、被称为“白色粉末”的混合香料粉在进行销售。如今，香料公司提供的按比例制成的混合调料包已经出现在区域性全球美食中［例如，McCormick 的复合调料包系列，或通过互联网（The Spice Kit Co. Ethnic Foods Across the Kitchens of America https：//www.kickstarter.com/projects/133033989/cook-easy-ethnic-meals-at-home）售卖的“民族食品包”］。这些复合调料包为那些不熟悉烹饪风格但想要自己在厨房中尝试和探索新风味的消费者创造了条件。

化学物理觉制剂已成为产品研发者工具箱的一个必备物质，创造一种独特且引人入胜的风味，并通过这种方式真实传递全球各国美食的风味特点。产品和菜单研发人员在结合消费者对全球美食的认知度基础上，采用化学物理觉成分，如不同种类辣椒，包括土耳其的aleppos、韩国的辣椒酱（gochujiang）和秘鲁的 aji amarillo 等，对产品和菜单进行改良升级（Nachay，2013）。来自世界各地的具有特定化学觉物理觉特性的各种酱汁、调味品和复合香料（表 13.1）已进入专业厨房，包括正式餐厅和多元化操作餐厅（Sloan，2011；Raghavan，2004）。化学物理觉成分可以用来创造新奇或“极致”的感官体验，如原味香辣鸡翅（含辣椒素）、酸咸薯片（双乙酸钠的酸和痛感）、辣椒风味伏特加（辣椒素）和清凉感/针刺感的口香糖及其他糖果（薄荷醇和羟基-α-山椒素）。

表 13.1　　全球各国美食中常用的香料混合物/酱

香料混合物/酱名称	地区	成分
卡津混合料 (Cajun blend)	美国南部(路易斯安那州)	甜辣椒粉、芹菜、蒜、黑胡椒、洋葱、红辣椒、香菜、希腊牛至、小茴香、莳萝种子、梅斯、豆蔻、姜黄、罗勒、马郁兰、百里香、迷迭香、月桂叶
切尔莫拉酱 (Chermoula)	摩洛哥	洋葱、蒜、香菜叶、辣椒、小茴香、黑胡椒、藏红花
阿根廷大蒜酱 (Chimmichurri)	阿根廷	墨西哥辣椒、洋葱、欧芹、牛至、黑胡椒、柠檬汁、醋
克里奥尔混合酱 (Creole sauce blend)	美国南部(路易斯安那州)	洋葱、蒜、月桂叶、百里香、欧芹、黑胡椒、红辣椒、葱、柠檬汁、牛至
杜卡香料 (Dukkah)	埃及	香菜、小茴香、芝麻、黑胡椒、薄荷叶、烤榛子、烤鹰嘴豆
五香粉	中国	八角、花椒、桂皮、丁香、茴香
混合香料粉 (Garam masala)	印度	孜然、芫荽、豆蔻、黑胡椒、丁香、肉豆蔻、肉桂
绿咖喱酱	泰国	泰国罗勒、柠檬草、绿色辣椒、香菜、小葱、高良姜、芫荽籽、黑胡椒、虾酱、椰奶、青柠叶
辣椒混合物	西非	黑胡椒、白胡椒、青椒、粉红胡椒、五香粉、荜澄茄、生姜、红辣椒、摩洛哥豆蔻、干辣椒(habaneros)
五味混合香料	印度	小茴香、茴香、黑种草属、葫芦巴、芥末
青酱(Pesto)	意大利	甜罗勒、松子、巴马干酪和佩科里诺罗马诺干酪、蒜、橄榄油
霹雳辣椒(Piri-piri)	南非	蒜、洋葱、红辣椒粉、辣椒粉、月桂、欧芹、黑胡椒、橄榄油、柠檬汁
四香料 (Quatre épices)	法国	黑胡椒、肉豆蔻、丁香、肉桂
摩洛哥混合香料 (Ras el hanout)	摩洛哥	小豆蔻、决明子、豆蔻皮、丁香、小茴香、辣椒、玫瑰花瓣
伯利兹香料 (Recado rojo)	墨西哥	胭脂树、墨西哥牛至、小茴香、丁香、肉桂、黑胡椒、甜胡椒、蒜、盐
七味粉(Shichimi)	日本	绿色花椒、芥末、罂粟籽、芝麻籽、芥末、干柑橘皮
塔巴斯科酱 (Tabasco®. sauce)	北美	辣椒、塔巴斯科辣椒、醋、盐
中东芝麻酱(Tahini)	中东	芝麻、芝麻油、蒜、柠檬汁
中东 Za'atar 香料 (Za' atar)	中东	墨角兰、牛至、百里香、芝麻、漆树
中东香料粉(Zhug)	中东	小茴香、香菜、蒜、辣椒

资料来源：McGee，2004；Raghavan，2007。

13.2.3 化学物理觉和健康

正如希腊名医希波克拉底（Hippocrates）所述，“让食物成为你的药物，而药物成为你的食物”。纵观历史，使用含化学物理觉成分的保健品与烹饪食谱间的界限一直是模糊的（Freedman，2007），Wright（2005）将“调味师”（即风味化学家）描述为厨师和药剂师的共同体。用化学物理觉成分原料处理健康保健相关问题已有数千年历史。正如本书中所提到的，学术界和工业界对此主题都非常感兴趣，相关研究正在进行中。人们最感兴趣的是利用化学物理觉成分及其抗氧化特性来降低心血管疾病、癌症和其他疾病的风险（Srinivasan，2014）。

13.3 烹饪和产品开发中化学物理觉制剂的来源

对于希望将化学物理觉成分纳入新配方或新包装食品（consumer packaged goods，CPG）的厨师和食品研发者而言，有许多方法均可参考（McGee，2004；Wright，2005；Raghavan，2007；Baser 和 Buchbauer，2010；Norman，2002）。草本植物和香料是最常用的具有化学物理觉性质的原料，但并不是唯一来源。我们在厨房和所有含有化学物理觉成分的食品组中都可以找到来源，但可能不包括新鲜肉类和新鲜乳制品。水果、蔬菜、发酵乳制品、发酵肉、发酵蔬菜、葡萄酒、啤酒、软饮料和苏打水等均能增加食品的化学物理觉品质。产品研发过程中，食品研发者通常使用化学物理觉物质的提取物（溶剂为油、水或乙醇）、蒸汽蒸馏物、高压 CO_2 萃取物和干燥复合混合物，从而能够获得 CPGs 中所必需的、具有高度一致性的风味特征。

13.3.1 草本植物

草本植物通常指新鲜或干燥后的植物叶子，通过生成“复杂性”风味和增强对整体风味的喜好度，为食物或饮料增添风味（McGee，2004）。

良好受训和经验丰富的厨师能有效利用草本植物独特的感官特性提升菜肴风味，同时还不影响菜肴本身风味。新鲜草本植物促进了菜肴的香气特性，但大多数专业厨房中所用的新鲜草本植物中含有化学物理觉性质的化合物。McGee（2004）对一些厨房中用于提升风味的常用化合物展开了详细研究。与化学物理觉特性相关的一些感官描述词，如热觉、辛辣感、渗透感、茴香味和“独特性”。有些草本植物可以产生不止一种化学物理觉特征。例如，月桂叶被认为具有“热觉”（推测是甲基丁香酚的存在）和“渗透感”（桉叶素的存在）效应；龙蒿草（Tarragon）因含草蒿脑，茴香因含茴香脑而产生“热觉”；留兰香具有“热觉”（月桂烯）和渗透感（桉叶素）效应。

13.3.2 香料

香料是种子、浆果、根或植物皮层等干燥后的物质（McGee，2004），且可以产生明显的热感、凉感和针刺感，是厨房中的常见材料。香料去除水分的过程对保留下来的挥发性和非挥发性的化学物理觉成分有不同影响（Raghvan，2007）。丁香中的丁香酚是高挥发性物质，而姜辣素（生姜）和辣椒素（辣椒）具有较低挥发性，更适合浓缩。干燥过程挥发性芳香化合物会逸散，破坏原料整体风味强度平衡。阈值水平上的挥发性化合物可能会抑制其他刺激，包括化学物理觉特性，因此干燥的草本和香料被认为可能具有更强烈的化学物理觉强度。厨师常使用含化学物理觉成分的香料进行酸渍、腌泡、调味、揉搓和最终调味。

一些更常见的化学物理觉香料包括茴香、阿魏、茴香籽、莳萝籽、丁香（见第 8 章）和黑胡椒（见后文）。茴香含有茴香脑，在复合香料中促进了清凉感。最近的研究表明，阿魏含有烯基二硫化物，一种类似蒜和洋葱的风味（Shokoohinia 等，2013）。阿魏常用于印度南部的腌制食品，促进水果和蔬菜风味提升。含香芹酮的茴香籽和莳萝能增加菜肴的清凉感，蒜和莳萝泡菜中，莳萝的凉感特性“平衡”或抑制腌制香料中蒜和其他 TRPV1 激动剂的热感。

甘蓝是香料家族大类，促进辛辣的灼热感和凉感效果，具有特异性鼻腔作用。切碎的甘蓝因含二甲基二硫醚而带有硫化味，烹饪时增强了这种风味，某些消费者会认为有轻微刺激性。酶促硫化合物如异硫氰酸酯是山葵、芥菜、辣根和萝卜带有高强度香气和辛辣特性的主要原因。

黑芥籽、褐芥籽和黄芥籽具有多种功能，不仅具有化学物理觉特性，还可以调节酱汁和调味品的黏度和乳化性。这些综合特性共同促进醋酱的整体风味提升。例如，增强了蔬菜和全谷物的风味。芥菜籽加工时常添加醋或酒精来控制酶活性，减缓辛辣化合物的释放（McGee，2004）。保存各种蔬菜的酸渍盐水中也会使用芥菜籽（CIA，2013）。

胡椒可能是厨房和餐桌上最常见的化学物理觉原料之一，可以产生胡椒碱的咬痛感或辛辣感（见第 6 章）。胡椒常用于成品菜肴的调味、腌制料配方，或者以完整或磨碎状态加入汤、馅料或者其他食物中。它在食谱中典型味道（如盐），使用普遍，但很少作为开展食品感官研究。

13.3.3 水果

很多水果可以为食品带来凉感、灼烧感、麻木感和涩味，常见的有：辣椒（灼热感）、酸橙（凉感）、柠檬（凉感）、杧果和杧果粉（凉感）、冰苹果（凉感）、柿子（涩味）、未成熟的香蕉（涩味）和新鲜藤椒（麻木感/针刺感）。印度酸辣酱、腌渍菜和沙拉中添加水果可以产生持续变化的风味。新鲜藤椒具有类似花椒（较温和的麻木感和针刺感）风味，整粒状态加入汤和炖菜中可以提升香气，并产生轻微的刺激效果。厨师常用柠檬或酸橙与

"辛辣"菜结合起来，"冷却"或平衡辛辣强度，但目前尚未有证据表明可以用化学物理觉机制解释柑橘类水果的凉感效果，尽管目前关于对真实食物体系的开展科学严谨的感官探索有限，但混合物的抑制作用在凉感感知中发挥一定作用。这个研究领域可以在厨师和感官研究者的共同努力下获得进展。Pozole，一种墨西哥传统炖汤，辣椒和酸橙会分别产生热感和凉感效果。杧果粉具有酸甜特性，可为酸辣酱和咖喱提供凉感品质，也可直接撒在食品表面上食用。

13.3.4 蔬菜

一些能让食物产生化学物理觉特性的常见蔬菜包括球茎茴香（相较于干种子）、萝卜、芜菁、芥菜和豆瓣菜。这些常用于新鲜沙拉中，或作为汤、炖菜和肉类菜肴上的装饰。它们与菜品整体风味特征形成鲜明对比，充当增强感官体验的"风味岛"。在菜单开发中，芝麻菜（也称火箭生菜）等辛辣的绿色植物经常与"明亮"的柑橘类水果搭配，平衡蔬菜的咬痛感和苦味。嫩煎、蒸、煨（慢煮）也是控制芥菜辛辣强度的常用烹饪方法。

13.3.5 发酵食品

发酵食品有多种方式形成化学物理觉特性：①作为主要成分进行发酵；②草本植物或香料为发酵配方的一部分；③发酵副产物（脂质、蛋白质或碳水化合物的水解或酶促降解反应）；④产生 CO_2 或乙醇。在许多情况下，这些因素组合在一起发挥作用。发酵过程中逐渐产生鲜味、酸味和咸味，最形成"平衡"和复杂的整体风味特性。

辣椒和胡椒调味酱发酵后提升了风味复杂性和安全性，保证了食品安全性（Katz，2012）。朝鲜泡菜主要由具有温和性质的白菜（Talavera-Bianchi 等，2010）与辣椒、生姜或洋葱（Katz，2012）以及蒜共同发酵制成。泡菜发酵过程中也会产生 CO_2，为产品的化学物理觉特性提供了另一个维度。泡菜将热和辛辣特性赋予食品（如米饭、鸡蛋或肉类等风味相对温和的食物）。含有辣椒和蒜的开胃小菜、莎莎酱（salsas）和酸辣酱通常都是发酵制成。

发酵乳制品常用于提供凉感特性或与辛辣食物对比。某些情况下，可能呈现的只是物理凉感，也可能是发酵生成的乳酸产生类似于柑橘类水果的凉感或平衡辛辣菜肴相同方式生成了凉感。目前仍需要更多的研究来探索这些动态化的相互作用。尽管目前尚不清楚作用机制，但这些味道浓郁的轻度发酵产品，如鲜奶油、酸奶油和酸乳，通常伴随着"灼热感"和辛辣。土耳其山羊干酪（Tulum）由于脂质和蛋白质降解而产生"辛辣感"（Hayaloglu，2007）。墨西哥干酪（Añejo）常被描述为带有"涩味"和"辛辣感"（Hernandez-Morales，2010），意大利干酪（provolone）经常被描述为带有"尖锐感"（CIA，2011），来自西班牙的拉塞雷纳（La Serena）干酪会有"辛辣感"（Carbonell 等，2002）。

发酵肉制品中通常含有赋予其化学物理觉特性的草本植物和香料。这些肉类和香肠，如意大利香肠（salami）中含有多种具有化学物理觉性质的香料，包括蒜、芫荽籽、茴香籽和辣椒粉（CIA，2012）。

目前流行的自然发酵软饮料，乳酸菌产生的 CO_2 会产生针刺感。啤酒和起泡酒或香槟含有 CO_2 和酒精，会引起针刺感和灼热感（取决于浓度）（见第 6 章和第 8 章）。碳酸酒精类饮料通常与高脂肪或油炸食品搭配食用，会营造出令人愉悦的整体口感。人们认为 CO_2 和酒精会“穿过”脂肪和油脂，可能对味觉进行“清洁”和“重置”（无论是通过物理还是化学途径）。

13.3.6 提取物和复合干香料

食品技术人员进行产品研发时会使用各种形式的具有化学物理觉性质的草本植物、香料、水果和蔬菜，包括干燥、冷冻状态和提取物。香料可以整体使用或研磨成粉末，新鲜草本可以酱状或果泥状使用（Raghavan，2004）。这些应用形式都有各自的优点和缺点。

烹饪专业人员喜欢最大限度使用新鲜草本植物，因为其感官属性（包括外观）浓度和平衡效果最佳。但新鲜草本植物的保质期有限，加工时品质质量会迅速降低。通常新鲜草本植物价格非常昂贵，并且其体积通常不能满足商业包装的体积要求。

干燥的草本植物具有很好的稳定性且价格实惠，但是含有化学物理觉制剂的精油浓度发生变化和氧化作用，原本味道也随之发生改变。由于大部分香料都是干的，我们对其干燥状态下的风味特征比较熟悉（如肉桂、豆蔻皮、肉豆蔻和五香粉）。低温下研磨香料可以保持风味成分的天然品质。复合干香料常用于各种商业应用中，如香肠、面包、鸡肉和鱼的局部应用，以及作为调味料的调味品中。这些复合香料可以由香料公司或香料店供应，包括摩洛哥、巴西、泰国、南印度、墨西哥、越南和牙买加等全球各国菜系风格（Raghavan，2007）。

冷冻干燥和单体速冻（IQF）的草本植物、水果、蔬菜和其他“香精剂”是新鲜原料的良好替代品，尤其对于为多单元食品服务操作设计菜单项目的产品研发人员来说。这种干燥方式比普通干燥方式的草本植物能更好地保持其香气、味道及化学物理觉平衡，但价格偏高，且与新鲜产品“不一样”。

如第 3 章所述，通过蒸汽蒸馏（Starmans 和 Nijhuis，1996）、溶剂萃取（Starmans 和 Nujhuis，1996）或超临界 CO_2 萃取（Sovilj 等，2011；Lang 和 Wai，2001）等方法可以获得草本植物、香料和其他含有化学物理觉成分的提取物。酶可协助香料中香气类化合物的释放（Sowbhagya 和 Chitra，2010）。

13.3.7 植物育种

制造和控制食品的化学物理觉和整体风味特征的另一种方法是通过水果和蔬菜的选择性培育（Saha 等，2010；Eggink 等，2014；Stewart 等，2007）。Tanaka 等（2014）描述了基因分型和选择性育种在开发低辣椒素含量的温和型辣椒中的应用。厨师和育种学家已经开始合作来优化和提高水果和蔬菜的整体风味（Hubbard，2010）。

13.4 烹饪技术和化学物理觉制剂

13.4.1 融合

化学物理觉体验几乎涉及当代烹饪领域的各个方面。厨师采用两种常见方法将化学物理觉成分加入到成品菜肴中：①从原材料中提取化学物理觉成分后使用；②原材料整体用于菜品中。

13.4.1.1 提取

从食物基质中提取化学物理觉成分主要限于简单的化学和物理提取过程。最常见的是将原料浸泡在液体提取介质中。厨房中最常见的是脂质基、乙醇基和水基三类溶剂。溶剂的化学性质对其他溶质的共迁移起着决定性作用，例如，色素、味道和香气有助于提升成品菜肴的整体风味（McGee，2004）。

13.4.1.1.1 脂质基

浸渍法是采用脂质溶剂提取化学物理觉制剂的常用制备方法（Norman，2002；CIA，2007）。根据最终期望的用途及传送机制的功能特点，可以用饱和或不饱和脂质提取化学物理觉物质。当使用固体或半固体脂类为输送载体时，如熟食、复合黄油和薄片面团等理想载体，人们常使用饱和脂类，如猪油、牛油、鸭脂、黄油和椰子油等。当我们需要一个可倾倒出来的稠度时，通常会使用不饱和脂质，如橄榄油、油菜籽、葡萄籽和花生油。例如，腌泡汁、沙拉酱和浸渍油均属于此类样品。

13.4.1.1.2 乙醇基

化学物理觉的乙醇提取物主要用于鸡尾酒。乙醇是提取各种味道和芳香化合物的有效溶剂。乙醇这种提取不同极性溶质的能力使其可以提取大多数的化学物理觉化合物。虽然提取物中酒精的味道很少会掺入最终熟食中，但是化学物理觉醇提取物在饮料中应用非常流行。常见的例子包括：莫吉托（mojito）中的薄荷，黑暗风暴中的生姜，在过去几年随着作为烹饪大队的一员“调酒师”的兴起出现混有各种辣椒和胡椒的鸡尾酒（Birch，2010）。以下是一些具有明显化学物理觉特性的混合饮料（酒精除外）：

- “Pancho Villa”：龙舌兰酒、辣椒、葡萄柚，杯口处蘸红海盐上霜（卢森堡酒吧，纽约）

- “L’Ete Chez Lux”：杜松子酒、姜、西瓜、酸橙（卢森堡酒吧，纽约）
- “Whammy”：波本威士忌、柠檬、薄荷、黑胡椒、桃（Freeman’s，纽约）

13.4.1.1.3　水基

大多数化学物理觉化合物微溶于水。采用水为溶剂提取化学物理觉制剂只限于最终产物和提取介质是同一物质的情况。这种技术中最常见的一些例子包括用化学物理觉原料文火慢炖的高汤、浓汤和酱汁。水提取物的辛辣强度通常不如脂提法或醇提法的提取物，而且大多数情况下汤和调味汁中含有一定量的脂质组分有利于提取过程。

13.4.1.2　全组分融合

将原料而非化学物理觉成分提取物直接入菜的主要益处是菜肴中可以将原材料中的香气和味道化合物进行更完整提取。这种方式还能让厨师更加充分利用原材料的功能性成分，并获得对组织差异融合的机会。

例如，传统蛋黄酱中，芥末通常以芥菜籽粉形式而不是浸泡油或提取物形式存在。因为芥菜籽中含有能促进形成稳定乳液的水胶体和表面活性乳化剂。人们常研磨辣椒成糊状后用在腌泡汁、调味汁和汤中（McGee，2004）。植物颗粒本身有一定黏度，破碎的植物组织能促进卤汁黏附肉上，或者增加酱汁和汤的厚实感，同时不会稀释其他中性风味增稠剂如淀粉本身的风味。对于以辣椒、生姜为主的发酵调味品，微生物以产品中糖为养分促进食物基质转换，同时保留了化学物理觉化合物。

质地差异（Hyde 和 Witherly，1993）也是使用完整原料而不仅是原料提取物的考虑因素。香料、生姜、辣根和其他化学物理觉成分的易碎松脆质地，可以和软质果泥、汤和肉类菜肴质地形成对照。保持化学物理觉成分完整性能减少化学物理觉体验感的分散性。厨师可以将生姜直接加入到成品冰淇淋中，用新鲜墨西哥辣椒条装饰酸橘汁腌鱼，而非将生姜注入冰淇淋基料或将墨西哥辣椒放入腌料中。这种方式让化学物理觉体验更有时域性，刺激感以一种强烈、集中地爆发而不是连续但低声呼啸而过。

13.4.2　烹饪技术对强度的影响

烹饪技术可以影响化学物理觉体验强度。干制是最简单的烹饪技术之一，增加非挥发性化学物理成分浓度，同时也可能导致挥发性化学物理觉化合物损失。

酶是多种化学物理觉制剂变化的主要原因，其中最显著的例子是芥菜家族和葱属中的催泪效应。厨师有很多方式解决这个问题，如植物组织的物理损伤和水分活度变化激活酶，再用热烫和调节 pH 使其变性失活。

加热会导致挥发性化学物理觉化合物逸散。某些情况下，人们需要温和的化学物理觉体验强度，所以需要损失部分挥发性化合物，但更多时候，厨师希望尽可能多地保留食物中化合物。厨师将会粗磨香料和粗切新鲜植物食品，通过减少表面积避免过多暴露空气中。对于油炸和烤制食品，通常烹饪结束时才加入香料粉、酱汁和糊状物，来保证非挥发性化学物理觉化合物的质量品质。

替代热加工的常用方法是发酵，有利于保存化学物理觉化合物。需要较长发酵时间的产品，如长时间发酵的辣酱，延长发酵时间可促使化学物理觉化合物逐渐降解，形成化学物理觉特性更为温和的美味产品。

13.5 化学物理觉制剂在食品工业中的应用

研究表明，遗传（Dinehart 等，2006；Keller 等，2007；Hayes 等，2013）因素和背景因素（Meiselman，1996）对风味刺激感知影响较大。风味感知是动态的、随时间推移在口腔中不断变化。在这方面，化学物理觉成分对食物风味的总体喜好有显著贡献，因为会影响风味平衡并对总体风味感知具有独特且显著的时间效应（见第 6 章）。也有人说，这种难控制性也是一定程度上普通消费者避免烹饪中使用化学物理觉制剂的原因。这些因素对提升消费者的“渴望感”和研发产品的新颖、真实和高度喜好的“体验”方面发挥着重要作用。含有化学物理觉制剂的风味特征评价必须在特定消费者群体中进行，同时必须考虑基于诸如极端食客、食品喜新者和各类寻求者的心理特征（见第 2 章）。

13.5.1 全球美食中的化学物理觉制剂

世界各地美食的常见食谱（Rozin 和 Rozin，2005）和所用的混合香料物（表 13.1）中反映了化学物理觉成分的特定组合。当然，许多地方菜系含有共同的香料，如孜然和辣椒均出现在中东和摩洛哥菜系中。在许多温暖气候地区的菜肴中，辣椒是“灼热感”的主要原因。牙买加咖喱和泰国北部咖喱中均含有许多具有化学物理觉特性的常见香料，如芫荽籽、孜然、酸橙、辣椒、罗望子、香菜和椰子。厨师认为椰子可以发挥溶剂或稀释剂的作用，平衡或减弱某些特性（Danhi，2008）。原料比例以及烹饪过程中结合和转化，会影响特定菜肴的风味特性（Danhi，2008）。

各种美食和文化间常见的“风味主题”结合了含有对比特性的化学物理觉制剂成分。一个很出名的例子是“麻辣”这个复合四川风味词汇，“麻”指的是花椒的麻木-针刺感，“辣”指的是辣椒的热感和灼热感。按照厨师的说法，这种组合会产生“灼热感和麻木感交替动态风味波动，能刺激食欲和增强喜好体验”（Shirley Cheng，个人交流）。“水煮肉片”和“藤椒牛肉”等菜肴既有针刺感，又有灼热感。我们设计了一个整个用餐过程中贯穿这种“风味波动”的传统四川宴会模式，对食客用餐过程中感知到的风味强度波动进行了测定（图 13.1）。

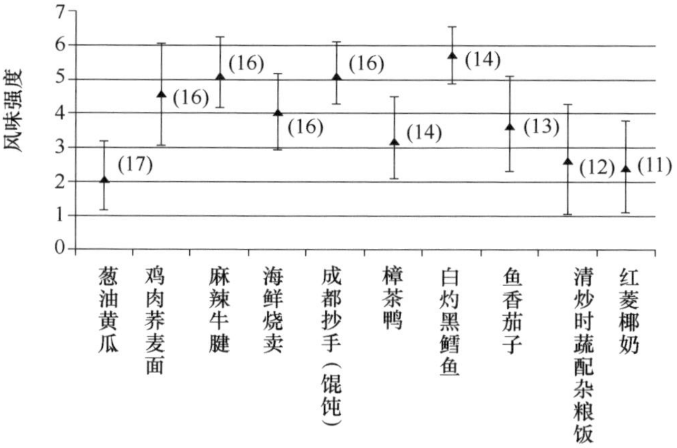

图 13.1　从左到右依次在 x 轴呈现川菜宴上十道菜的风味强度

注：误差线计算来源于括号中食客数量。

印度西部小吃印度空心球（panipuri）同时结合了热感和凉感效应，促进马铃薯类小吃食品的喜好度提升。马铃薯或扁豆馅中辣椒的热感正好与酸角（酸性、凉感和微涩）形成了平衡。整个油炸的马铃薯球浸入混有酸橙汁、蒜、香菜（香菜叶）和辣椒的酸辣酱中。热感、涩味和凉感所带来的复杂平衡感最终形成了一种让人欲罢不能的感官体验。

莎莎-塔姆拉达辣椒酱（salsa tamulada）是墨西哥一种常见调味品，由磨碎的干哈瓦那辣椒、苦橙汁和盐简单混合而成，其风味特征是带有花果香的极端辣味。橙汁苦味和酸性能以平衡和轻度冷却辣椒带来的热感。

Katz（2012）将萝卜泡菜露［salgam suyu，一种辛辣的由发酵胡萝卜和芜菁制成的辛辣饮料，常与拉克酒（raki）搭配食用］描述为一种具有茴香味的酒，这也是凉感和辛辣味相结合形成均衡整体风味的另一个例子。

糕点师对对比鲜明或平衡的化学物理觉体验非常有兴趣。例如，在墨西哥将辣椒与柠檬冰沙相结合。墨西哥的索诺兰地区，就有将极度辣的墨西哥野生辣椒（chiltepin peppers）（在该地区餐桌上与盐和胡椒一样常见的调料）撒在冰淇淋上的例子。

13.5.2　用化学物理觉制剂创造“极度渴望”的美食体验

厨师和产品开发人员希望创造“欲罢不能”的产品，让消费者一直保持着参与性和满意度，而不会感到乏味或单调。通常消费者喜欢对比鲜明、动态变化的质地和感官体验（Lawless，2000）。化学物理觉制剂，如辣椒中的辣椒素，常被用在食品中提升消费者感官受到的刺激风味（灼热感开始生成、逐渐增加以及缓慢下降）。例如，一袋普通椒盐脆饼和配了芥末粉或蘸了芥末酱的椒盐脆饼的风味，又或者普通薯片与甜辣酱风味薯片的风味。猪油渣（油炸脂肪）质地非常脆，当涂上辣椒和酸橙粉后又呈现出一种全新、不可抗拒的特性。但是，如果用餐者没有预料到这种感官体验，或者没有或几乎没有这种感官刺激经验，就会产生负面的喜好体验。因此，在菜单和包装标签上的谨慎提示至关重要，是市场营销和消费者行为科学家在新产品开发中需要重点考虑的方面。

某些原料的凉感效应可用于在进餐结束后“口腔清除”。例如，冷冻茴香蛋白酥皮已与格兰尼史密斯（酸）凝胶和结晶的茴香海索草叶片搭配使用（Migoya，2012）。

所有消费者在某种程度上都有恐新反应，通常这些消费者比普通消费者具有更高敏感度（Meiselman 等，2010）。化学物理觉物质会显著降低那些恐新消费者群体的喜好分值。通常解决方法是将化学物理觉成分加入到熟悉食物中，并协调好新成分与熟悉成分混搭味道（Lawless，2000）。低浓度的麻辣调味料与低钠炸薯条调味料混合使用，尽管咸味评分降低了（与快餐中的典型盐水平相比；Cheng 和 Loss，2012），但喜好分值并没有显著变化。顾客对麻辣调味薯条的评价包括有“清爽感”“灼热感”“针刺感”“满足感”和“开胃感”等。我们还观察到，与不含麻辣调味料的炸薯条相比，含有低度麻辣调味料的炸薯条的氧化味和旧油味较轻。

另一方面，化学物理觉制剂能够为富有冒险精神或极端的食客创造新奇的感官体验（Veeck，2010）。“原子辣鸡翅”和“五个报警”辣椒在某些特定消费者群体中非常受欢迎（见第 2 章）。流行摇滚和红色热辣糖果也同样创造了独特而激烈的感官体验。

13.5.3 食品安全和贮藏

草本植物、香料和其他具有化学物理觉特性的原料和菜肴具有抗菌特性，可延长食品货架期和提高食品安全性。研究人员已经从食品科学（Tajkarimi 等，2010）和进化生物学的观点（Sherman 和 Billings，1999）对其进行综述。消费者对“清洁”食品标签、去除“人造”防腐剂和加入天然抗菌剂的需求不断推动着研究型厨师和食品技术人员向前探索。许多草本植物、香料和其他有助于提供独特和理想味道的蔬菜均具有抗菌特性。丁香、肉桂、蒜、迷迭香和牛至具有明显的抗菌特性。人们还注意到生姜、辣椒、孜然（Tajkarimi 等，2010）和阿魏（Kavoosi 等，2013）具有相似的特征。烹饪科学家和厨师需要更好地了解如何使用这些成分创造出受欢迎和“可开发”的菜肴（通过将它们与“真正的”风味特征相结合而增加价值），同时赋予其足够的抗菌特性。

对烹饪书中肉类配方的调查，特别是草本植物、香料和其他芳香蔬菜的调查，揭示了抗菌香料的使用与其生长地区之间的相关性（Sherman 和 Billings，1999）。温暖的地区的食源性疾病或食物腐败的风险更大，其含有更多的抗菌香料，同时也有助于提升化学物理觉品质。例如，洋葱、生姜、蒜、辣椒、胡椒、酸橙和香菜在泰国、菲律宾和印度等地区最为常见。但应该指出的是，虽然某些草本植物和香料（通常是它们的提取物）具有明显的抗菌性能，但是其全成分（新鲜的或干燥的）可以携带自己的腐败和病原微生物（Banerjee 和 Sarkar，2003），这些微生物在采后加工过程中不断繁殖导致食物腐败。

13.5.4 化学物理觉制剂在现代美食中的应用

烹饪科学这门学科的兴起促进了创新烹饪的大力发展。新的烹饪技术和食品加工方法使厨师能够在科学洞察力基础上融入新的体验（Myhrvold 等，2011）。创新的思维方式让厨师打破传统的风味组合障碍，以一种前所未见的方式融合化学物理觉成分。

现代干燥技术让厨师能够在较低温度下去除水分，得到多种风味成分浓缩物，有效避免传统干燥方式中常出现的化学物理觉化合物损耗。这些技术包括具有更精准控温的新型干燥设备和冷冻干燥技术。

除了干燥食物外，旋转蒸发器已被应用到现代厨房中，制备各种低温馏出物和浓缩物。这给厨师提供一些有趣的可能性，例如，将非挥发性化学物理觉化合物从挥发性组分中分离出，如辣椒素。因此，厨师可以用哈瓦那辣椒香气增加食物风味同时不会产生预期的灼烧感，这将是一种也令人惊讶和印象深刻的感官体验。

在烹饪装备中使用化学物理觉制剂的限制之一是化学物理觉化合物扩散到食物中所需时间。而真空低温烹调技术可以加速这一过程。通过将含有化学物理觉制剂的食物放入真空密封的塑料袋中，并在水浴中以精确的温度进行烹饪，厨师可以对其进行多方面的控制。许多现代厨师已经开发出通过特定温度-时间组合提取化学物理成分的方法。这些方案通过反复试验优化，可以提高提取的效率，同时避免风味降解和防止密封环境中的脱气。一个相关技术是真空灌注过程（Myrhvold 等，2011）。固体食物成分，包括水果、蔬菜、面团和肉类，可以放入含有化学物理觉成分的液体中，并暴露在强真空中。这可使组织中细胞间隙的气体被排掉。当重新引入大气压时，它会迫使化学物理觉液体在组织中形成饱和状态。

加压烹饪是烹饪领域的一项革新技术。这项技术在化学物理觉化合物的最大应用是直接软化了普通烹饪方法中需要简单粉碎或提取的植物组织，为其在全组分应用领域提供更多可能性。例如，芥菜籽加压烹饪后可以整粒熟化，种皮变软膨胀，具有非常类似鱼子酱的爆裂感质地，同时产生化学物理觉体验感。压力锅还可以有效保留挥发性化合物。

最初，液氮在厨房中用来快速冷冻甜点（如冰淇淋）（Myrhvold 等，2011）。近年来专业厨房已经开始利用液氮进行化学物理觉成分的有效研磨和粉碎。很多化学物理觉化合物是挥发性化合物，研磨产生的热量和增大的表面积会导致这些组分损失。研磨设备中加入液氮能增加产品的脆性和研磨细度，保持低温状态，减少挥发性成分的逸散程度。

所有这些化学物理觉成分的现代应用使厨师能够呈现充满创新、诱惑的化学物理觉刺激。专业厨房中化学物理觉化合物的不断创新是训练食客在更广泛的饮食文化中接受化学物理觉制剂的关键要素之一。

参考文献

Auvray M. and Spence，C. 2008. The multisensory perception of flavor. *Consciousness and Cognition*，17

(3), 1016-1031.

Banerjee, M. and Sarkar, P. K. 2003. Microbiological quality of some retail spices in India. *Food Research International*, 36 (5), 469-474.

Barham, P., Skibsted, L. H., Bredie, W. L. P., *et al*. 2010. Molecular Gastronomy: A New Emerging Scientific Discipline. *Chemical Reviews*, 110 (4), 2313-2365.

Baser, K. H. C. and Buchbauer, G. (eds.). 2010. *Handbook of Essential Oils; Science Technology, and Applications*, Boca Raton, FL: CRC Press.

Birch, H. 2010. Shaken, not stirred. *Chemistry World*, 7 (12), 34-37.

Carbonell, M., Nunez, M., and Fernandez-Garcia, E. 2002. Evolution of the volatile compounds of ewe raw milk cheese during ripening; Correlation with flavour characteristics. *Lait*, 82 (6), 683-698.

CIA. 2007. *Hors d' Oeuvre at Home with the Culinary Institute of America; Essential Techniques and Recipes for Creating Great Small Bites*, Hoboken: John Wiley & Sons, Inc.

CIA. 2011. *The Professional Chef*, 9th edn, Hoboken: John Wiley & Sons, Inc.

CIA. 2012. *Garde Manger: The Art and Craft of the Cold Kitchen*, 4th edn, Hoboken: John Wiley & Sons, Inc.

CIA. 2013. *Preserving: Putting Up the Season' s Bounty*, New York: Houghton Mifflin Harcourt.

Cheng, M., Ogbeide, G. A., and Hamouz, F. L. 2011. The development of culinary arts and food science into a new academic discipline. *Journal of Culinary Science and Technology*, 9 (1), 17-26.

Cheng, S. and Loss, C. 2012. Consumer acceptance of the mala flavour profile and applications for sodium reduction strategies. Poster presented at Eurosense, Bern, Switzerland.

Danhi, R. 2008. *Southeast Asian Flavors; Adventures in Cooking the Foods of Thailand Vietnam Malaysia and Singapore*, El Segundo, CA: Mortar and Press.

Delwiche, J. 2004. The impact of perceptual interactions on perceived flavor. *Food Quality and Preference*, 15, 137-146.

Denes, A., Papp, N., Babai, D., Czucz, B., and Monar, Z. 2012. Wild plants used for food by Hungarian ethnic groups living in the Carpathian Basin. *ACTA Societatis Botanicorum Poloniae*, 81 (4), 381-396.

Dinehart, M. E., Hayes, J. E., Bartoshuk, L. M., Lanier, S. L., and Duffy, V. B. 2006. Bitter taste markers explain variability in vegetable sweetness, bitterness, and intake. *Physiology and Behavior*, 87 (2), 304-313.

Dinella, C., Masi, C., Zoboli, G., and Monteleone, E. 2012. Sensory functionality of extra-virgin olive oil in vegetable foods assessed by temporal dominance of sensations and descriptive analysis. *Food Quality and Preference*, 26, 141-150.

Eggink, P. M., Tikunov, Y., Maliepaard, C., *et al*. 2014. Capturing flavors from *Capsicum baccatum* by introgression in sweet pepper. *Theoretical and Applied Genetics*, 127 (2), 373-390.

Escoffier, A. 1907. *A Guide to Modern Cookery*, London: William Heinemann.

Freedman, P. (ed.). 2007. *Food; The History of Taste*, Berkeley, CA: University of California Press.

Green, B. G. 1996. Chemesthesis: pungency as a component of flavor. *Trends in Food Science and Technology*, 7 (12), 415-420.

Gustafsson, I. 2004. Culinary arts and meal science-a new scientific research discipline. *Food Service Technology*, 4 (1), 9-20.

Hayaloglu, A. A., Fox, P. F., and Guven, M. 2007. Cheeses of Turkey 1. Varieties ripened in goat skinned bags. *Lait*, 87 (2), 79-95.

Hayes, J. E., Feeney, E. L., and Allen A. L. 2013. Do polymorphisms in chemosensory genes matter for human ingesitve behavior *Food Quality and Preference*, 30 (2), 202-216.

Hernandez-Morales, C., Hernandez-Montes, A., and Aguirre-Mandujano, E. 2010. Physicochemical, microbiological, textural, and sensory characteristics of Mexican Anejo cheese. *International Journal of Dairy Technology*, 63 (4), 552-560.

Hubbard, K. 2011. *Chef Dan Barber: Why Plant Breeders Matter*. Organic Seed Alliance [online], A-vailable http://blog.seedalliance.org/2011/06/23/chef-dan-barber-why-plant-breeders-matter/(accessed 23 June, 2011).

Hyde, R. J. and Witherly, S. A. 1993. Dynamic contrast-A sensory contribution to palatability. *Appetite*, 21 (1), 1-16.

Katz, A. E. 2012. *The Art of Fermentation*, White River Junction, VT: Chelsea Green Publishing.

Kavoosi, G., Tafsiry, A., Ebdam, A. A., and Rowshan, V. 2013. Evaluation of antioxidant and anti-microbial activities of essential oils from *Carum copticum* seed and *Ferula assafoetida latex*. *Journal of Food Science*, 78 (2), T356-T361.

Keller, A., Hanyi, Z., Qiuyi, C., and Vosshall, L. B. 2007. Genetic variation in a human odorant receptor alters odour perception. *Nature*, 449, 468-472.

Lang, Q. Y. and Wai, C. M. 2001. Supercritical fluid extraction in herbal and natural product studies-a practical review. *Talanta*, 53 (4), 771-782.

Lawless, H. T. 2000. Sensory combinations in the meal, in *Dimensions of the Meal; The Science, Culture, Business, and Art of Eating* (ed. H. L. Meiselman), Gaithersburg, MD: Aspen Publication, pp. 92-106.

Loss, C. R. 2014. Enhancing science education and developing a cross-disciplinary research program through the culinary medium. Presented at the Trends in Cooking Science Symposium, The American Chemical Society, San Francisco, CA.

McGee, H. 2004. *On Food and Cooking; The Science and Lore of the Kitchen*, New York: Scribner.

Meiselman, H. L. 1996. The contextual basis for food acceptance, food choice and food intake: the food, the situation, and the individual, in *Food Choice Acceptance and Consumption* (eds. H. L. Meiselman and H. J. H. MacFie), New York: Springer, US, pp. 239-263.

Meiselman, H. L. (ed.). 2009. *Meals in Science and Practice; Interdisciplinary Research and Business Applications*, Cambridge, UK: Woodhead Publishing.

Meiselman, H., King, S., and Gillette, M. 2010. The demographics of neophobia in a large commercial US sample. *Food Quality and Preference*, 21 (7), 893-897.

Meiselman, H. L. 2013. The future in sensory/consumer research: evolving to a better science. *Food Quality and Preference*, 27 (2), 208-214.

Migoya, F. 2102. *The Elements of Dessert*, Hoboken: John Wiley & Sons, Inc.

Myhrvold, N., Young, C., and Bilet, M. 2011. *Modernist Cuisine: The Art and Science of Cooking*, *Bellvue* WA: The Cooking Lab.

Nachay, K. 2013. Firing up product development. *Food Technology*, 67 (11), 25-32.

Nilius, B. and Appendino, G. 2013. Spices: the savory and beneficial science of pungency. *Reviews in Physiology Biochemistry and Pharmacology*, 164, 1-76.

Norman, J. 2002. *Herbs and Spices; The Cooks Reference*, New York, NY: DK Publishing.

Parry, G. 1953. *The Story of Spices*, New York, NY: Chemical Publishing Company.

Piggott, R. J. 2000. Dynamism in flavour science and sensory methodology. *Food Research International*, 33, 191-197.

Raghavan, S. 2004. Developing ethnic foods and ethnic flair with spices. *Food Technology*, 58 (8), 35-42.

Raghavan, S. 2007. *Spices, Seasonings, and Flavorings*, 2nd edn, Boca Raton, FL: CRC Press.

Reinbach, H. C., Meinert, L., Ballabio, D., *et al*. 2007. Interactions between oral burn, meat flavor and texture in chili spiced pork patties evaluated by time intensity. *Food Quality and Preference*, 18 (6), 909-919.

Rozin, E. and Rozin, P. 2005. Culinary themes and variations, in *The Taste Culture Reader; Experiencing Food and Drink* (ed. C. Korsmeyer), New York: Berg, pp. 34-41.

Saha, S., Hedau, N. K., Kumar, S., Mahajan, V., and Gupta, H. S. 2010. Variability in hot pepper for phytochemicals offers promising tools in plant-breeding programmes. *ACTA Agriculturae Scandinavica, Section B-Soil and Plant Science*, 60 (3), 227-234.

Sherman, P. and Billing, J. 1999. Darwinian gastronomy: Why we use spices: Spices taste good because they are good for us. *BioScience*, 49 (6), 453-463.

Shokoohinia, Y., Cianese G., Apendino, G., *et al*. 2013. Some like it pungent and vile. TRPA1 as a molecular target for malodorous vinyl disulfides from asafoetida. *Fitoterapia*, 90, 247-251.

Sloan, E. 2011. Spices, seasonings come on strong. *Food Technology*, 65 (5), 20.

Sovilj, M. N., Nikolovski, B. G., and Spasojevic, M. D. 2011. Critical review of supercritical fluid extraction of selected spice plant materials. *Macedonian Journal of Chemistry and Chemical Engineering*, 30 (2), 197-220.

Sowbhagya, H. B. and Chitra, V. N. 2010. Enzyme-assisted extraction of flavorings and colorants form plant material. *Critical Reviews in Food Science and Nutrition*, 50 (2), 146-161.

Starmans, D. A. J. and Nijhuis, H. H. 1996. Extraction of secondary metabolites from plant material: A review. *Trends in Food Science and Technology*, 7 (6), 191-197.

Srinivasan, K. 2014. Antioxidant potential of spices and their active constituents. *Critical Reviews in Food Science and Nutrition*, 54 (3), 352-372.

Stewart, C., Mazourek, M., Stellari, G. M., Oconnell, M., and Jahn, M. 2007. Genetic control of pungency in C. *chinense via the Pun*1 locus. *Journal of Experimental Botany*, 58 (5), 979-991.

Talavera-Bianchi, M., Chambers, E., and Chambers, D. H. 2010. Lexicon to describe the flavor of fresh leafy vegetables. *Journal of Sensory Studies*, 25, 163-183.

Tajkarimi, M. M., Ibrahim, S. A., and Cliver, D. O. 2010. Animicrobial herb and spice compounds in foods. *Food Control*, 21 (9) 1199-1218.

Tanaka, Y., Yoneda, H., Hosokawa, M., Miwa, T., and Yazawa, S. 2014. Application of marker-assisted selection in breeding of a new fresh pepper cultivar (*Capsicum annuum*) containing capsinoids, low-pungent capsaicinoid analogs. *Scientia Horticulturae*, 165, 242-245.

Veeck, A. 2010. Encounters with extreme foods: neophilic/neophobic tendencies and novel foods. *Journal of Food Products Marketing*, 16 (2), 246-260.

Vega, C., Ubbink, J. 2008. Molecular gastronomy: food fad or science supporting innovative cuisine? *Trends in Food Science and Technology*, 19 (7), 372-382.

Wright, J. 2005. *Flavor Creation*, Carol Stream, IL: Allured Publishing Corporation.

14 化学物理觉的回顾与展望

E. Carstens

Department of Neurobiology, Physiology and Behavior, University of California Davis, Davis, CA, USA

14.1 引言

化学物理觉一词最初由 Green 等于 1990 年提出，并被定义为皮肤和黏膜的化学感受性。刺激，共同化学感觉（Parker，1912）和对于食物来说被称为的“三叉神经感觉”，都被用来描述化学刺激引起的温度感觉、刺激感觉和机械感觉。化学刺激可以激发化学物理感觉特性，激活参与传递疼痛（伤害感受器）、温度（暖或凉的温度感受器）或触觉（机械感受器）的感觉受体。常用于描述化学物理觉特性的描述词包括麻木感、灼热感、刺痛感、热觉、凉感和针刺感。如含辣椒素的辣椒引起的辛辣感和灼热感，薄荷醇引起的清凉感，以及山椒素引起的针刺感或嗡嗡感等都是这些感觉的实例。存在化学刺激时，皮肤和黏膜的化学感受性会警示机体，引发保护性反射或更复杂的生理和行为反应，以驱逐、消除或其他方式避免入侵的化学刺激。例如，这些保护性反应包括咳嗽或打喷嚏（以清洁气道或鼻窦）、流泪（清洁眼表面）、口腔唾液分泌以及抓挠或摩擦皮肤等。Green（2012）提出了一个新术语“化学防御复合体”，描述共同对抗来自敌对环境刺激的身体组织化学感受性。如第 1 章所述，目前已知的化学感受性分子受体不仅在体表上皮细胞和神经细胞上表达，还在内脏器官细胞，如肝脏、胃肠道、胰腺和脑中等表达（Green，2012）。一些细胞与神经或免疫系统之间通信，其他细胞则不参与通信但可能参与“非感觉”（如体液）信号传导。因此，感觉和非感觉的化学感受器组成了一个综合化学防御复合体，用来保护生物体免受环境危害。

引起化学感觉的化学物质作用于分布于皮肤或黏膜的上皮细胞和/或感觉神经末梢中表达的分子受体和/或离子通道。其中，很多受体都是热敏瞬时受体电位（TRP）离子通道家族成员（见第 4 章）。因此，TRPV1 会对等于或高于热疼痛阈值的温度以及辣椒素响应（Caterina 等，1997）。最初报道证实，TRPA1 对高强度冷感（Story 等，2003）、芥籽油和许多其他刺激性化学物质响应（Jordt 等，2004）；TRPM8 对薄荷醇和无伤害性冷觉响应（McKemy 等，2002；Peier 等，2002a）；但 TRPV3 则对无痛温热感、丁香和牛至油等响应（Peier 等，2002b；Moqrich 等，2005；Xu 等，2006）；TRPV4 也会对无痛温热感、高渗性（Güler 等，2002）以及 GSK1016790A 和 4-α-佛波醇-12,13-二癸酸酯（4-αPDD）等化学激动剂响应（Vincent 和 Duncton，2011）。推测 TRPM8 由传递冷觉（冷觉神经纤维）信号的感觉神经表达，TRPV3 和 TRPV4 由传递热觉（热觉神经纤维）信号的感觉神经表达，TRPV1 和 TRPA1 由传递疼痛（伤害感受器）信号的感觉神经表达。因此，热敏 TRP 通道为化学物理觉中的温度觉特性提供了令人满意的解释，如薄荷醇引起的凉感或辣椒素引起的灼热感。其他化学物理觉如痒觉或针刺感会涉及其他类型的分子受体和离子通道。本章提供了有关化学物理觉和潜在神经机制的最新进展，重点包括开放性问题和未来可能解决这些问题的方法。

14.2 口、眼、鼻黏膜和皮肤的外周神经支配

口腔、眼睛和鼻腔的化学物理觉由三叉神经相应分支中行进的神经纤维介导，细胞体位于三叉神经节（TG）中。皮肤的化学物理觉由感觉神经纤维介导，其细胞体位于支配下部躯体的背根神经节（DRG）中，或位于面部和头皮的三叉神经节中。与口腔黏膜和皮肤相比，眼表和鼻窦对空气传播刺激物更敏感。角膜受到睫状神经支配，其周围神经末梢与黏蛋白/糖萼层接触，终止于眼表几微米内（Rosenthal 和 Boorsook，2012）。类似地，支配鼻窦的筛窦神经末梢的外周分支终止于紧靠黏膜表面处，且挥发性有机化合物引起的眼和鼻刺激的觉察阈值相近（Cometto-Muniz 和 Cain，1995）。相反，舌头三叉神经支配包括味蕾附近的神经末梢（这些神经末梢终止于味蕾下方或其周围区域）以及偶尔穿过味蕾腔的味蕾神经纤维（Whitehead 和 Kachele，1994）。唾液中溶解的化学物质需穿过舌表面的紧密上皮连接，或进入味蕾内部，才能接触味蕾或味蕾内的三叉神经纤维。据此推测，这也许是导致口腔内化学物理觉的觉察阈值比眼部或鼻腔高的原因。

皮肤中，有髓鞘的神经纤维支配好几种类型的机械感受器的终端器官，包括毛囊和 δ-头发受体（仅有毛皮肤）、默克尔细胞、迈斯纳小体、鲁菲尼小体、梅克尔盘小体和机械损伤感受器等（Le Pichon 和 Chesler，2014）及其他。除针刺感之外（后面进一步讨论），大多数化学物理觉的感觉特性主要通过激活无髓鞘的温度感受器或伤害感受器介导。无髓鞘的游离神经末梢通常可分为肽类和非肽类。基于刺激诱发响应，无髓鞘神经纤维可进一步分为对无害的热觉或冷觉响应的热觉或冷觉神经纤维，或对伤害性的温度（热和冷）刺激和刺激性化学物质响应的伤害感受器。

感觉受体响应的选择性可以反映其转导分子的表达模式不同。皮肤上密集分布着许多游离神经末梢，外周末端可到达皮肤表皮的颗粒层和棘层（Le Pichon 和 Chesler，2014；Zylka 等，2005）。表皮的最外层即角质层构成的屏障结构抑制化学物质的扩散，这也解释了为何皮肤的化学感受性要弱于口腔或鼻黏膜。

无髓鞘的三叉神经纤维位于中央，主要终止于身体同侧的三叉神经脊束核尾侧亚核（Vc）。此处有一个倒置的头部躯体位置图，其中口腔位于背内侧（Carstens 等，1995）、鼻窦横向分布（Anton 等，1991）、眼表位于腹外侧（Bereiter 等，2002）。背内侧和腹外侧 Vc 神经元分别对施用于舌或眼表面的各种刺激性化学刺激做出反应（Carstens 等，1998；Zanotto 等，2007，2008；Akiyama 等，2010；Klein 等，2011a，2011d，2014）。这在很大程度上可以用投射到 Vc 上的三叉神经传入纤维的广泛化学调谐来解释。钙成像技术研究结果表明，许多单独的 TG 细胞对薄荷醇、辣椒素、异硫氰酸烯丙酯（AITC，芥籽油中辛辣化学物质）、肉桂醛、丁香酚、香芹酚等多种化学物质均有响应（Akiyama 等，2010；Klein 等，2011a-d，2014）。类似地，许多 DRG 细胞（Akiyama 等，2012，2013）以及脊髓中高阶神经元都会对多种刺激性化学刺激响应（Carstens，1997；Jinks 和 Carstens，2002；Akiyama 和 Carstens，2013）。

14.3 TRPV1

TRPV1，以前称为辣椒素受体-1（VR-1），是第一个进行测序和克隆的热敏 TRP 通道（Caterina 等，1997）。TRPV1 对达到及接近热痛阈值的热，以及辣椒素，质子和胡椒碱，姜油酮，6-姜烯酚和姜酚等化学物质响应（Liu 和 Simon，1996；Iwasaki 等，2006；Riera 等，2009）（图 14.1）。TRPV1 在传递热痛信号的 C-纤维多模式伤害感受器中表达。正如第 6 章所讨论的一样，将辣椒素局部用在人的舌头或面部皮肤会引起刺激感，这种刺激感通常会在短刺激间隔（敏化）重复施用后增强，但在 2.5min 之后时会发生脱敏，接着反过来在短刺激间隔（刺激诱导的恢复）内重新施用后刺激感又逐渐增强（Green，1998）。辣椒素引起的感觉特性反映在啮齿动物 Vc 神经元的反应中也会表现出敏化，脱敏和刺激诱导恢复（Dessirier 等，2000a）。TRPV1 可被酸性刺激激活，值得注意的是柠檬酸会诱发人口腔刺激感的时间增敏模式（Dessirier 等，2000b），以及大鼠的 Vc 神经元反应（Sudo 等，2002）。

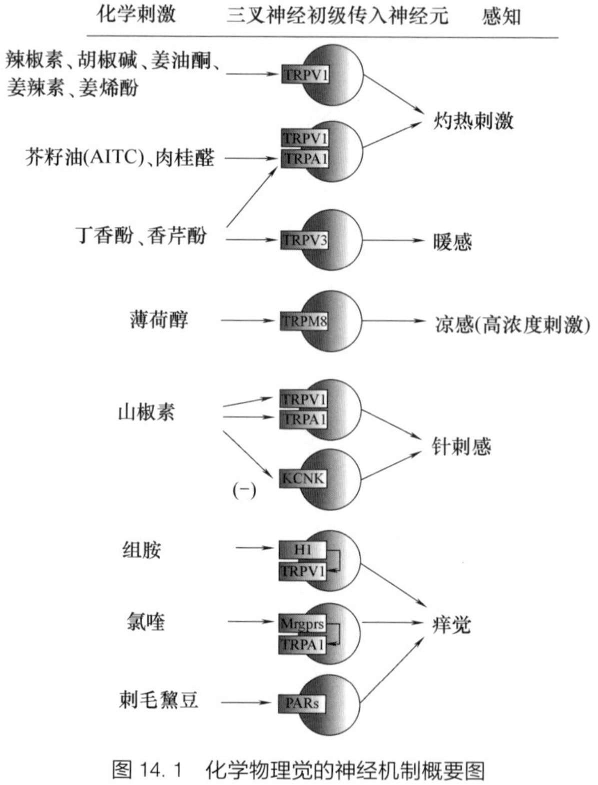

图 14.1 化学物理觉的神经机制概要图

注：圆圈代表三叉神经初级感觉神经元，方框代表感觉神经元上受体。左侧物质是激活箭头所指受体的化学物质（山椒素除外，它主要抑制 KCNK 通道以及双孔钾通道亚型 KCNK3、KCNK9 和 KCNK18），右侧为化学物质引发的感觉特性，如：组胺激活组胺 H1 受体，后者转而激活 TRPV1（如箭头所示），TRPV1 在感觉神经元中共表达；氯喹激活 Mrgprs，后者转而激活 TRPA1，TRPA1 在同一神经元中共表达。

辣椒素口腔刺激感交叉脱敏由多种化学物质引起，包括 AITC、肉桂醛、尼古丁、碳酸化、薄荷醇等（Green，1991；Cliff 和 Green，1996；Dessirier 等，1997；Dessirier 等，2001a，

2001b；Simons 等，2003b）。辣椒素可增强人体的热诱发疼痛（Albin 等，2008），并在大鼠中产生热痛过敏（Gilchrist 等，1996），即一种通过 TRPV1 热传导形成的辣椒素增强介导的外周效应（Guenther 等，1999）。目前尚不了解这种相互作用的分子机制。TRPV1 的热敏感性由孔环区域细胞外位点的氨基酸残基赋予（Kim 等，2013），而辣椒素的结合位点在跨膜区段 3 上，位于细胞内（Bevan 等，2014）。近期因使用电子低温显微镜（Liao 等，2013；Cao 等，2013）等手段，TRPV1 分子结构可视化取得了惊人的进展。据此，可以预计在不远的将来，我们会对 TRPV1 的热转导分子机制以及辣椒素和其他化学物质如何发挥调节作用具有也许不全面但更清晰的了解。

较高浓度水平（330μmol/L）的辣椒素会诱导持续数天的脱敏现象（Carstens 等，2007；Karrer 和 Bartoshuk，1991）。辣椒素的急性和长期脱敏现象可能存在多种机制，例如即时的钙和钙调神经磷酸酶依赖的 TRPV1 调节（Cholewinski 等，1993；Docherty 等，1996）、神经递质耗竭和电压敏感钠通道的抑制（Liu 等，2001），以及皮内 C-纤维的长期变性等（Nolano 等，1999；O'Niell 等，2012）。

辣椒通过在种子中形成高浓度辣椒素从而不被食用者食用，这是一种进化优势。但许多鸟类对辣椒素并不敏感，这是因为鸟体内对辣椒素不敏感的 TRPV1 变体表达（Caterina 等，1997；Mason 等，1991）。这种对辣椒素不敏感的性质可使鸟类自由吞食和散播辣椒种子，而通常哺乳动物咀嚼辣椒种子时会感受到辣椒素的灼热感，从而避开食用（Tewksbury 和 Nabhan，2001）。

据报道，将辣椒素在皮肤上局部作用时主要引发痒觉（Green 和 Flammer，1989；Green，1990；Green 和 Shaffer，1993）。当采用刺毛黧豆毛刺加上辣椒素时除痒觉之外，伴有灼热感和刺痛感（Sikand 等，2009，2011b）。基于这一点，还需注意 TRPV1 是组胺诱发痒觉是必要因素。TRPV1 敲除小鼠皮内注射组胺并不会引发啮齿动物的搔抓行为（Imamachi 等，2009）。

这些数据表明 TRPV1 在灼热感和痒觉中具有关键作用。一些有趣的发现进一步支持这一观点。野生型小鼠中，面颊皮内注射辣椒素引发前肢擦拭，表现为痛。而 TRPV1 全部敲除小鼠中，TRPV1 被选择性地表达到 Mas 相关 G 蛋白偶联受体 A3（MrgprA3）的感觉神经元中，该受体是一种介导氯喹诱发瘙痒的分子受体（见后文）。在这些动物中，通过面颊注射辣椒素会引起后肢擦划，表现为瘙痒感，这表明：无论哪种活化模式，是 MrgprA3 感觉神经元的表达引发了瘙痒（Han 等，2013）。未来需要进一步研究回答的问题是，刺激物与组胺诱导瘙痒是否是由感觉神经元中表达的 TRPV1 单独发出信号还是由神经元群发出信号，以及这两种感觉如何区分（见后文）。解答上述问题可能需要应用近期报道的一些方法，如通过开放的 TRP 通道（RoBern 等，2013）或光遗传学方法，借助一个小的局部麻醉分子的渗透性，来选择性阻断感觉神经元。例如，通过在表达 Nav1.8 光敏感通道蛋白在感觉神经元中选择性表达，用蓝光照射皮肤会引发伤害性行为反应（Daou 等，2013）。通过引入光敏感通道蛋白，使 TRPV1 表达的神经元或通道本身变得光敏感，从而用于非侵入性光刺激引起的瘙痒和疼痛行为表现的研究，这并不难想象。至于痒觉，作为一种化学物理觉，将在后面的章节中进一步讨论。

14.4 TRPA1

早期研究认为 TRPA1（最初称 ANKTM1）对于激冷（Story 等，2003）和包括芥籽油在内的刺激性化学物质有响应（Jordt 等，2004），且与 TRPV1 在感觉神经元中以高度共表达（Story 等，2003）。但直到现在，TRPA1 的冷敏感性仍存在争议，尚未解决（Caspani 和 Heppenstall，2009）。大量研究证实 TRPA1 对多种刺激性化学物质都很敏感，如肉桂醛、蒜中的大蒜素、尼古丁、刺激醛（oleocanthal，来自特级初榨橄榄油）和布洛芬等（Bandell 等，2004；Bautista 等，2005，2006；Macpherson 等，2005，2007；Gerhold 和 Bautista，2008；Talavaera 等，2009；Peyrot des Gachons 等，2011）（见图 14.1）。人体试验中，异硫氰酸烯丙酯（AITC，来自芥籽油）、肉桂醛和尼古丁会引起口腔刺激，但随刺激物反复使用，刺激效应逐渐降低，即发生脱敏现象（Dessirier 等，1997；Prescott 和 Swain-Campbell，2000；Simons 等，2003b；Klein 等，2011b）。脱敏的机制可能涉及 TRPA1 激动剂与其半胱氨酸残基间的共价结合，阻止了 TRPA1 进一步激活（Macpherson 等，2007）；和/或细胞内钙依赖性（Wang 等，2008）或非钙依赖性（Akopian 等，2007）的 TRPA1 失活；和/或 TRPA1 的细胞膜转运（Schmidt 等，2009）。

AITC 和辣椒素（Simons 等，2003b）以及肉桂醛和薄荷醇（Zanotto 等，2008；Klein 等，2011b）之间均表现出相互交叉脱敏现象。AITC 和肉桂醛均能微弱并短暂地增强人类舌侧热痛感（Albin 等，2008），且肉桂醛还会引发啮齿动物中的热痛觉过敏（Tsagareli 等，2010）。这些感觉和行为效应体现在 AITC、肉桂醛和尼古丁引发的脊髓和 Vc 神经元的暂时脱敏现象，以及对有害热反应增强（Dessirier 等，2000a；Simons 等，2004；Merrill 等，2008；Sawyer 等，2009a）。据推测，TRPA1 激动剂增强热敏感性的机制与其在相同感觉神经元中共表达的 TRPV1 相互作用有关，但目前仍不确定，需进一步研究验证。此外，也需要进一步研究确定 TRPA1 在冷痛觉中的作用，以及中枢神经系统如何对 TRPV1 和 TRPA1 共表达激发的伤害性感受器感受的冷、热痛觉进行区分。

近期报道，支配气道上皮细胞的感觉神经中表达的 TRPA1 可被有害化学物质激活，如氯气和污染空气中的活性氧类物质（Bessac 等，2008）。感觉传入的激活能引发保护性反射反应，如打喷嚏和咳嗽，以便将刺激性化学物质从呼吸道排出。

有趣的是，在大多数受试者中局部施用肉桂醛会引起皮肤灼痛和瘙痒，但不会引起任何冷感（Namer 等，2005）。非组胺性瘙痒，如抗疟药物氯喹引起的瘙痒，只有 TRPA1 存在的情况下才会发生。TRPA1 基因敲除小鼠中，氯喹或牛肾上腺髓质 8-22（BAM8-22）引起的抓挠行为（通过不依赖于组胺的 Mrgpr 受体，下文有更多介绍）几乎看不到（Wilson 等，2011）。如前所述，当痒觉和痛觉是由表达 TRPA1 的感觉神经元发出信号引起时，后续需要进一步开展研究揭示中枢神经系统是如何区分这两种感觉。

14.5 TRPV3、TRPV4 和热觉

TRPV3 主要在角质形成细胞和感觉神经元中表达，被非痛温热刺激激活（Peier 等，2002b；Smith 等，2002；Xu 等，2002；Chung 等，2004；Nilius 等，2014）。TRPV4 同样可被约 42℃的非痛温热激活，此后电导趋于平稳或开始下降（Güler 等，2002；Chung 等，2003）。TRPV3 和 TRPV4 的性质与两种类型的热觉神经纤维相匹配，一种表现为从非痛热到伤害性热响应增加，另一种则表现为非痛热范围内灼热感增强，但在接近疼痛阈值温度时灼热感减弱（Green，2004）。TRPV3 敲除小鼠对非痛温热刺激和伤害性热刺激均表现温度选择受损行为（Moqrich 等，2005），而且 TRPV3 过表达的角质形成细胞热响应增强（Huang 等，2008）。但随后一项研究报告指出，TRPV3 和 TRPV4 敲除小鼠并未表现出热偏好性或伤害热敏感性受损（Huang 等，2011）。相关研究引发了人们对这些 TRP 通道在非痛温热和热疼痛信号传导中所发挥作用的疑问。近期一项研究显示 TRPV3/TRPV1 双敲除小鼠在狭窄温度范围内（48～50℃）表现出热缺陷（Marics 等，2014）。因此，Marics 等（2014）提出，对温热敏感性，皮肤细胞中 TRPV3 与感觉神经末梢 TRPV1 间存在共同作用，且存在其他相关热觉机制（Marics 等，2014）。另一种假设则认为，TRPV1 和 TRPM8 足以检测无害的变热和制冷（Pogorzala 等，2013）。

来自丁香油中丁香酚和牛至油中香芹酚是 TRPV3 激动剂（Xu 等，2006），尽管丁香酚可激活 TRPA1 和 TRPV1（Bandell 等，2004），香芹酚也可激活 TRPA1（Bandell 等，2004；Xu 等，2006；De la Roche 等，2013）（图 14.1）。这两种化学物质均会引起通常描述为针刺感、热感、麻木感、冷感、灼热感和刺痛感（Cliff 和 Heymann，1992；Klein 等，2013）的口腔刺激。丁香酚和香芹酚诱导刺激会表现脱敏效应，并且均短暂地增强人体的无痛温热感和热疼痛感（Klein 等，2013）。同样，舌侧施用丁香酚和香芹酚会激活大鼠 Vc 神经元，产生暂时脱敏模式及短暂增强大鼠伤害性热响应（Klein 等，2014）。此外，还能引发麻木特性，如丁香酚可通过抑制电压敏感离子通道而产生局麻现象（Lee 等，2005；Park 等，2006）。推测丁香酚在激活皮肤细胞和/或神经末梢之外同时产生局部麻醉作用，导致最终产生一种称为麻木的复杂感觉输入。

Klein 等（2014）通过三叉神经节（TG）和背根神经节（DRG）钙成像技术来研究这些化学物质的外周作用。研究发现 8%～30%细胞被丁香酚和香芹酚激活，2%～5%被法尼

基焦磷酸（FPP）激活（Klein 等，2014），FPP 是一种选择性 TRPV3 激动剂（Bang 等，2010）。此外，TG 和 DRG 细胞亚群也对无痛温热觉和伤害性热感敏感。丁香酚和香芹酚增强了对无痛温热觉和伤害性热感响应（Klein 等，2014），这些结论与心理物理学数据一致（Klein 等，2013）。这些数据表明在一些感觉神经元中表达的 TRPV3 能参与无痛温热觉（即在热神经纤维中表达）以及热痛觉（即在伤害感受器中表达）的信号传导。这再次证实了 TRPV3 和 TRPV4 在角质形成细胞中高度表达。另一项研究对共培养角质形成细胞和 DRG 进行钙成像分析，表明加热是先激活角质形成细胞后再激活 DRG 神经元（Mandadi 等，2009）。此外，嘌呤受体拮抗剂 PPADS 阻断了 DRG 神经元的热响应，表明作为神经调节剂的 ATP 从角质形成细胞释放出来并激活感觉神经元（Mandadi 等，2009）。总之，现有研究证实 TRPV3 在角质形成细胞和感觉神经元中表达，并传导无痛温热温度。该研究还指出热觉神经纤维和伤害感受器热响应的化学调节的外周区域。与 TRPV1 一样，TRPV3 热敏性所必需的氨基酸残基位于孔环结构域的细胞外（Kim 等，2013）。目前丁香酚和香芹酚增强 TRPV3 热敏性机制尚不清楚，待进一步研究。此外，TRPV3 对热疼痛的作用机制也尚不明确，这个问题之所以被提出来是因为 TRPV3 对无痛温热觉和伤害性热感均响应（Peier 等，2002b），而且在感觉神经元中与 TRPV1 共表达（Smith 等，2002；Green，2004）。

14.6 TRPM8 和冷觉

早期研究显示 TRPM8 对非伤害性冷刺激以及薄荷醇有反应（McKemy 等，2002；Peier 等，2002a）（图 14.1）。TRPM8 敲除小鼠在热偏好测试中表现出对非伤害性冷觉敏感性下降（Bautista 等，2007；Colburn 等，2007；Dhaka 等，2007）。然而，TRPM8 在伤害性冷敏性中作用尚缺乏证据。近期一项研究中，切除表达 TRPM8 神经元的成年小鼠对非伤害性和伤害性冷刺激几乎完全不敏感（Knowlton 等，2013），支持了 TRPM8 在伤害性温度刺激时的信号传递作用。但 TRPM8 对非伤害性和伤害性冷感应中的双重作用以及其他可能的冷转导机制仍需要进一步阐释和研究（McKemy，2013）。

低浓度的薄荷醇能引起机体清凉感，但较高浓度下重复施用时，凉感会减弱（Cliff 和 Green，1994，1996；Dessirier 等，2001a）。同样，舌侧施用薄荷醇时，Vc 神经元表现出一种热感暂时脱敏模式（Zanotto 等，2007）。薄荷醇诱发的清凉感可能来源于 TRPM8 在冷觉神经纤维中表达。薄荷醇与 TRPV1 在称为“伤害感受器”的感觉神经元中共表达（McKemy 等，2002；Reid 等，2002；Viana 等，2002；Xing 等，2006）。因此，薄荷醇激活在伤害感受器中表达 TRPM8 似乎是解释薄荷醇刺激的合理机制。薄荷醇通过制冷增强 TRPM8 门控的能力（McKemy 等，2002），最终能增强口腔冷觉（Albin 等，2008）和 Vc 神经元的冷刺激响应（Zanotto 等，2007）。其他研究也得到类似结果，大鼠后肢局部施用薄荷醇增大了热偏好测定中的冷敏性，尽管较高浓度的薄荷醇会降低冷敏感性（该发现与镇痛作用一致）（Klein 等，2010）。薄荷醇能使尼古丁诱发的口腔刺激（Dessirier 等，2001b）交叉脱敏，使辣椒素诱发的口腔刺激随时间发生交叉敏化或脱敏（Cliff 和 Green，1996；Green 和 McAuliffe，2000）。此外，薄荷醇和肉桂醛也表现出口腔刺激的共同交叉脱敏现象，推测与 2 种物质在口腔内三叉神经末梢存在的外周交互作用有关（Klein 等，2011b）。

14.7 针刺感

针刺感、嗡嗡感或麻木感常用于描述花椒属花椒中山椒素（Sugai 等，2005）或者碳酸饮料（见第 8 章）引起的感觉。舌部施用类似羟基-α-山椒素的化合物——异丁基烷基酰胺（IBA）会引起针刺感，重复施用时刺痛感减弱，与辣椒素或 AITC 不发生交叉脱敏现象（Albin 和 Simons，2010）。羟基-α-山椒素能激发细胞表达 TRPV1 和 TRPA1（Koo 等，2007；Riera 等，2009；Klein 等，2011d），而且同样重要的是，抑制双孔钾离子通道（KCNK）家族成员 KCNK3、KCNK9 和 KCNK18 对感觉神经元激活（Bautista 等，2008）（图 14.1）。羟基-α-山椒素可激活多种不同类型的初级传入神经纤维，包括冷觉受体、机械感受器、伤害感受器和机械不敏感神经纤维（Bryant 和 Mezine，1999；Lennertz 等，2010）。山椒素激活的快速适应低阈值机械感受器似乎与针刺感表现的机械性质高度相关。尽管抑制钾离子通道为山椒素的激活各种初级传入神经纤维能力提供了令人满意解释，但仍需更多的工作来阐明热敏 TRP 通道的其他作用。皮内注射 IBA 可触发广动力范围和低阈值水平脊髓背角神经元（Sawyer 等，2009b）。山椒素对多种类型初级传入神经和脊髓神经元的激活可能会引发中枢神经系统异常和混杂的感觉输入，引发针刺感、嗡嗡感等异常感觉。麻木感的作用机制则更加模糊，可能涉及如前所述的丁香酚局部麻醉区域。

碳酸饮料能引起口腔刺激感，这种感觉并不是气泡破裂的机械冲击介导，而是通过气泡中 CO_2转化为碳酸所介导。相关研究结果证实了这结论：其一，碳酸饮料被咳出后刺激感仍会持续数十秒（Green，1992）；其二，乙酰唑胺或多佐胺等药物抑制碳酸酐酶将 CO_2 转化为碳酸时可降低碳酸水诱发的刺激（Simons 等，1999；Dessirier 等，2000c）和三叉神经初级传入神经元（Komai 和 Bryant，1993）和 Vc 神经元（Simons 等，1999）激活；其三，碳酸对初级感觉神经元激活可通过三叉神经伤害感受器中表达、对阿米洛利敏感的酸敏感离子通道介导（Dessirier 等，2001c）。此外，抑制气泡形成的高压条件下摄入碳酸水仍会引起口腔刺激，且刺激感与有气泡形成常压条件下引发的刺激感等同（Wise 等，2013）。

因此，针刺感、嗡嗡感和麻木感是被山椒素和碳酸等不同化学物质所引起的异常感觉，通常与多种初级感觉神经元亚型激活有关。激活通过钾通道的一般阻断并伴随 TRP 通道的抑制。然而，这种神秘的感官特性背后的核心机制仍是一个悬而未决的问题。

14.8 氯化钠

氯化钠（NaCl）能引发咸感，同时 0.5mol/L 低浓度下可以引发刺激感（Green 和 Gelhard，1989；Gilmore 和 Green，1993；Dessirier 等，2001b）。高浓度 NaCl 引起的口腔刺激感表现出敏化以及与辣椒素诱发的刺激交叉敏化的现象（Dessirier 等，2001b），同时该现象在 NaCl 诱发的 Vc 神经元激活中同样被观察到（Sudo 等，2002）。阿米洛利（amiloride）可显著减弱 NaCl 诱发刺激，表明该现象可能与舌部伤害感受器中表达的上皮细胞钠通道有关（Dessirier 等，2001b）。

14.9 痒觉

痒觉通常被描述为引起机体抓挠欲望的不愉快感觉。它也可被认为是一种化学物理觉特性，因为痒觉通常由外源或内源的化学刺激引发。在可引起痒觉的化学物质名单中包括生物胺、组胺和血清素，以及神经肽类物质如内皮素-1 和 P 物质，Mrgpr 亚型 A3、C11 和 D（见后文），蛋白酶、脂质介质、细胞因子、胆汁酸、氧化应激和 Toll 样受体激动剂（Hägermark，1992；Akiyama 和 Carstens，2013）。

目前证据表明至少存在两种痒觉信号通路，即组胺通路和非组胺通路（Akiyama 和 Carstens，2013）。组胺是人体皮肤存在的瘙痒介质，是存在皮肤肥大细胞、白细胞以及神经元中作为神经递质的一种内源物质。皮肤施用组胺激活机械不敏感的 C-神经纤维瘙痒因子，引起风疹、斑块和瘙痒感觉（Schmelz 等，1997；Namer 等，2008）。组胺通过作用于磷脂酶 Cβ3 和 TRPV1 连接的 H1（和 H4）组胺受体激发瘙痒因子（Imamachi 等，2009）（图 14.1）。但有趣的是，局部皮肤施用 TRPV1 激动剂辣椒素最初引发瘙痒感，随后才是灼热感/刺痛感（Green 和 Shaffer，1993）。此外，皮肤局部注射辣椒素方式会同时引起瘙痒和灼热感/刺痛感（LaMotte 等，2009；Sikand 等，2009，2011b）。

与此相反，刺毛黧豆提取物等非组胺瘙痒诱导剂是通过激活机械敏感性 C-神经纤维（Namer 等，2008）和 A-δ 伤害感受器（Ringkamp 等，2011）引发瘙痒及斑块（Johanek 等，2007）。刺毛黧豆的豆荚毛刺中含有的蛋白酶能激活蛋白酶激活受体（PAR）亚型 PAR2 和 PAR4（Reddy 等，2008）。近期还发现存在其他多种分子受体参与非组胺瘙痒，特别是 Mas 相关的 G 蛋白偶联受体（Mrgpr）亚型 MrgprA3（可传递抗疟药氯喹引起的瘙痒信号）（Liu 等，2009）、MrgprC11（可传递 BAM8-22 引起的瘙痒信号）（Sikand 等，2011a）和 MrgprD（可传递β-丙氨酸诱发的瘙痒信号）（Liu 等，2012）。此外，氯喹和 BAM8-22 引发的瘙痒与共表达 TRPA1 的瘙痒因子激活相关（Wilson 等，2011）（图 14.1）。灵长类动物中，刺毛黧豆提取物和组胺很大程度上激发了非重叠的脊髓丘脑束神经元群体（Davidson 等，2007，

2012），但这在啮齿动物中并不明显（Akiyama 和 Carstens，2013）。瘙痒响应的神经元对辣椒素与 AITC 均有响应。因此，需注意化学物理觉的刺激特性（灼热感/刺痛感）和痒觉均涉及一些相同的分子作用。未来需进一步开展研究，确认中枢神经系统是如何区分和处理这些不同的化学物理特性。

14.10 化学物理觉与味道间的相互作用

辛辣食品、碳酸饮料和含薄荷醇口腔护理用品的广泛流行足以证明，化学物理觉在食品和饮料风味以及消费者接受性中发挥着重要作用。眶额皮质被认为在风味感知中起整合作用；味觉和嗅觉输入神经元对口腔中辣椒素有响应（Rolls 等，2003）。尽管香料通常被认为能“增强”食物风味，但化学物理觉和味道之间似乎存在相互抑制作用。例如，辣椒素会降低某些味觉特性的感知强度，特别是蔗糖诱发的甜味（Simons 等，2002），辣椒素和尼古丁都会抑制孤束核味觉神经元的促味剂诱发反应（Simons 等，2003a，2006）。碳酸化会降低蔗糖引起的人脑激活（Di Salle 等，2013）。相反，促味剂似乎也会抑制化学物理觉反应。例如，蔗糖会抑制辣椒素引起的口腔灼热感（Stevens 和 Lawless，1986）。有报道指出，舌侧施用氯化钠和谷氨酸钠，而不是蔗糖，能够抑制大鼠 Vc 神经元对伤害性热和化学（戊酸）刺激反应（Boucher 等，2013）。蔗糖对新生儿具有镇痛效果（Anseloni 等，2002），以及成年大鼠食用巧克力会诱发镇痛作用（Foo 和 Mason，2009）。这些作用被认为是通过激活中枢疼痛抑制通路，而不是通过外周的味觉与三叉神经交互作用介导的。因此，化学物理觉和味觉之间存在十分有趣的相互作用，这对食物适口性和可接受性研究具有重大意义。当然，目前仍然需要更多关于这些相互作用及其神经机制的研究，扩展我们的理解。

14.11 小结

图 14.1 给出了现阶段各种化学物质如何诱导感觉神经元中表达的分子受体和离子通道引发化学物理觉性质特性的概要示意图。

参考文献

Akiyama，T.，Carstens，M. I.，and Carstens，E. 2010. Facial injections of pruritogens and algogens excite partly overlapping populations of primary and second-order trigeminal neurons in mice. *Journal of Physiology*，104（5），2442-2450.

Akiyama, T., Tominaga, M., Davoodi, A., *et al*. 2012. Cross-sensitization of histamine-independent itch in mouse primary sensory neurons. *Neuroscience*, 226, 305-312.

Akiyama, T. and Carstens, E. 2013. Neural processing of itch. *Neuroscience*, 250, 697-714.

Akiyama, T., Tominaga, M., Davoodi, A., *et al*. 2013. Roles for substance P and gastrin-releasing peptide as neurotransmitters released by primary afferent pruriceptors. *Journal of Physiology*, 109 (3), 742-748.

Akopian, A. N., Ruparel, N. B., Jeske, N. A., and Hargreaves, K. M. 2007. Transient receptor potential TRPA1 channel desensitization in sensory neurons is agonist dependent and regulated by TRPV1-directed internalization. *Journal of Physiology*, 583, 175-193.

Albin, K. C., Carstens, M. I., and Carstens, E. 2008. Modulation of oral heat and cold pain by irritant chemicals. *Chemical Senses*, 33 (1), 3-15.

Albin, K. C. and Simons, C. T. 2010. Psychophysical evaluation of a sanshool derivative (alkylamide) and the elucidation of mechanisms subserving tingle. *PLoS One*, 5 (3), e9520.

Anseloni, V. C., Weng, H. R., Terayama, R., *et al*. 2002. Age-dependency of analgesia elicited by intraoral sucrose in acute and persistent pain models. *Pain*, 97 (1-2), 93-103.

Anton, F., Herdegen, T., Peppel, P., and Leah, J. D. 1991. c-FOS-like immunoreactivity in rat brainstem neurons following noxious chemical stimulation of the nasal mucosa. *Neuroscience*, 41 (2-3), 629-641.

Bandell, M., Story, G. M., Hwang, S. W., *et al*. 2004. Noxious cold ion channel TRPA1 is activated by pungent compounds and bradykinin. *Neuron*, 41 (6), 849-857.

Bang, S., Yoo, S., Yang, T. J., Cho, H., and Hwang, S. W. 2010. Farnesyl pyrophosphate is a novel pain-producing molecular via specific activation of TRPV3. *Journal of Biological Chemistry*, 285 (25), 19362-19371.

Bautista, D. M., Movahed, P., Hinman, A., *et al*. 2005. Pungent products from garlic activate the sensory ion channel TRPA1. *Proceedings of the National Academy of Sciences, USA*, 102 (34), 12248-12252.

Bautista, D. M., Jordt, S. E., Nikai, T., *et al*. 2006. TRPA1 mediates the inflammatory actions of envi-ronmental irritants and proalgesic agents. *Cell*, 124 (6), 1269-1282.

Bautista, D. M., Siemens, J., Glazer, J. M., *et al*. 2007. The menthol receptor TRPM8 is the principal detector of environmental cold. *Nature*, 448 (7150), 204-208.

Bautista, D. M., Sigal, Y. M., Milstein, A. D., *et al*. 2008. Pungent agents from Szechuan peppers excite sensory neurons by inhibiting two-pore potassium channels. *Nature Neuroscience*, 11 (7), 772-729.

Bereiter, D. A., Bereiter, D. F., and Hirata, H. 2002. Topical cannabinoid agonist, WIN55, 212-2, reduces cornea-evoked trigeminal brainstem activity in the rat. *Pain*, 99 (3), 547-556.

Bessac, B. F., Sivula, M., von Hehn, C. A., *et al*. 2008. TRPA1 is a major oxidant sensor in murine airway sensory neurons. *Journal of Clinical Investigation*, 118 (5), 1899-1910.

Bevan, S., Quallo, T., and Andersson, D. A. 2014. TRPV1. *Handbook of Experimental Pharmacology*, 222, 207-245.

Boucher, Y., Felizardo, R., Klein, A. H., Carstens, M. I., and Carstens, E. 2013. Gustatory modulation of the responses of trigeminal subnucleus caudalis neurons to noxious stimulation of the tongue in rats. *European Journal of Neuroscience*, 38 (6), 2812-2822.

Bryant, B. P. and Mezine, I. 1999. Alkylamides that produce tingling paresthesia activate tactile and thermal trigeminal neurons. *Brain Research*, 842 (2), 452-460.

Cao, E., Liao, M., Cheng, Y., and Julius, D. 2013. TRPV1 structures in distinct conformations reveal activation mechanisms. *Nature*, 504 (7478), 113-118.

Caspani, O. and Heppenstall, P. A. 2009. TRPA1 and cold transduction: an unresolved issue? *Journal of General Physiology*, 133 (3), 245-249.

Carstens, E. 1997. Responses of rat spinal dorsal horn neurons to intracutaneous microinjection of histamine, capsaicin, and other irritants. *Journal of Physiology*, 77 (5), 2499-2514.

Carstens, E., Albin K. C., Simons, C. T., and Carstens, M. I. 2007. Time course of self-desensitization of oral irritation by nicotine and capsaicin. *Chemical Senses*, 232 (9), 811-816.

Carstens, E., Kuenzler, N., and Handwerker, H. O. 1998. Activation of neurons in rat trigeminal subnucleus caudalis by different irritant chemicals applied to oral or ocular mucosa. *Journal of Physiology*, 80 (2), 465-492.

Carstens, E., Saxe, I., and Ralph, R. 1995. Brainstem neurons expressing c-Fos immunoreactivity following irritant chemical stimulation of the rat's tongue. *Neuroscience*, 69 (3), 939-953.

Caterina, M. J., Schumacher, M. A., Tominaga, M., *et al.* 1997. The capsaicin receptor: a heat-activated ion channel in the pain pathway. *Nature*, 389 (6653), 816-824.

Cholewinski, A., Burgess, G. M., and Bevan, S. 1993. The role of calcium in capsaicin-induced desensitization in rat cultured dorsal root ganglion neurons. *Neuroscience*, 55 1015-1023.

Chung, M. K., Lee, H., and Caterina, M. J. 2003. Warm temperatures activate TRPV4 in mouse 308 keratinocytes. *Journal of Biological Chemistry*, 278 (34), 32037-32046.

Chung, M. K., Lee, H., Mizuno, A., Suzuki, M., and Caterina, M. J. 2004. TRPV3 and TRPV4 mediate warmth-evoked currents in primary mouse keratinocytes. *Journal of Biological Chemistry*, 279 (20), 21569-21575.

Cliff, M. A. and Green, B. G. 1994. Sensory irritation and coolness produced by menthol: evidence for selective desensitization of irritation. *Physiology & Behavior*, 56, 1021-1029.

Cliff, M. A. and Green, B. G. 1996. Sensitization and desensitization to capsaicin and menthol in the oral cavity: interactions and individual differences. *Physiology & Behavior*, 59 (3), 487-494.

Cliff, M. and Heymann, H. 1992. Descriptive analysis of oral pungency. *Journal of Sensory Studies*, 7, 279-290.

Colburn, R. W., Lubin, M. L., Stone D. J. Jr, *et al.* 2007. Attenuated cold sensitivity in TRPM8 null mice. *Neuron*, 54 (3), 379-386.

Cometto-Muñiz, J. E. and Cain, W. S. 1995. Relative sensitivity of the ocular trigeminal, nasal trigeminal and olfactory systems to airborne chemicals. *Chemical Senses*, 20 (2), 191-198.

Daou, I., Tuttle, A. H., Longo, G., *et al.* 2013. Remote optogenetic activation and sensitization of pain pathways in freely moving mice. *Journal of Neuroscience*, 33 (47), 18631-18640.

Davidson, S., Zhang, X., Khasabov, S. G., *et al.* 2012. Pruriceptive spinothalamic tract neurons: physiological properties and projection targets in the primate. *Journal of Physiology*, 108 (6), 1711-1723.

Davidson, S., Zhang, X., Yoon, C. H., *et al.* 2007. The itch-producing agents histamine and cowhage activate separate populations of primate spinothalamic tract neurons. *Journal of Neuroscience*, 27 (37), 10007-10014.

de la Roche, J., Eberhardt, M. J., Klinger, AB, *et al.* 2013. The molecular basis for species-specific activation of human TRPA1 protein by protons involves poorly conserved residues within transmembrane domains 5 and 6. *Journal of Biological Chemistry*, 288 (28), 20280-20292.

Dessirier, J. M., O'Mahony, M., and Carstens, E. 1997. Oral irritant effects of nicotine: psychophysical evidence for decreased sensation following repeated application and lack of cross-desensitization to capsaicin. *Chemical Senses*, 22 (5), 483-492.

Dessirier, J. M., Simons, C. T., Sudo, M., Sudo, S., and Carstens, E. 2000a. Sensitization, desensitiza-tion and stimulus-induced recovery of trigeminal neuronal responses to oral capsaicin and nicotine. *Journal of Physiology*, 84 (4), 1851-1862.

Dessirier, J. M., O'Mahony, M., Iodi-Carstens, M., and Carstens, E. 2000b. Sensory properties of citric acid: psychophysical evidence for sensitization, self-desensitization, cross-desensitization and cross-stimulus-induced recovery following capsaicin. *Chemical Senses*, 25 (6), 769-780.

Dessirier, J. M., Simons, C. T., Carstens, M. I., O' Mahony, M, and Carstens, E. 2000c. Psychophysical and neurobiological evidence that the oral sensation elicited by carbonated water is of chemo-genic origin. *Chemical Senses*, 25 (3), 277-284.

Dessirier, J. -M., O' Mahony, M., and Carstens, E. 2001a. Oral irritant properties of menthol: sensitizing and desensitizing effects of repeated application and cross-desensitization to nicotine. *Physiology & Behavior*, 73, 25-36.

Dessirier, J. M., O' Mahony, M., Iodi-Carstens, M., Yao E., Carstens, E. 2001b. Oral irritation by sodium chloride: sensitization, self-desensitization, and cross-sensitization to capsaicin. *Physiology & Behavior*, 72 (3), 317-324.

Dessirier, J. M., Simons, C. T., O' Mahony, M., and Carstens, E. 2001c. The oral sensation of carbon-ated water: cross-desensitization by capsaicin and potentiation by amiloride. *Chemical Senses*, 26 (6), 639-643.

Dhaka, A., Murray, A. N., Mathur, J., *et al*. 2007. TRPM8 is required for cold sensation in mice. *Neuron*, 54, 371-378.

Di Salle, F., Cantone, E., Savarese, M. F., *et al*. 2013. Effect of carbonation on brain processing of sweet stimuli in humans. *Gastroenterology*, 145 (3), 537-9. e3.

Docherty, R. J., Yeats, J. C., Bevan, S., and Boddeke H. W. 1996. Inhibition of calcineurin inhibits the desensitization of capsaicin-evoked currents in cultured dorsal root ganglion neurones from adult rats. *Pflugers Archiv*, 431, 828-837.

Foo, H. and Mason, P. 2009. Analgesia accompanying food consumption requires ingestion of hedonic foods. *Journal of Neuroscience*, 29 (41), 13053-13062.

Gerhold, K. A. and Bautista, D. M. 2008. TRPA1: irritant detector of the airways. *Journal of Physiology*, 586 (14), 3303.

Gilchrist, H. D., Allard, B. L., and Simone, D. A. 1996. Enhanced withdrawal responses to heat and mechanical stimuli following intraplantar injection of capsaicin in rats. *Pain*, 67 (1), 179-188.

Gilmore, M. M. and Green, B. G. 1993. Sensory irritation and taste produced by NaCl and citric acid: effects of capsaicin desensitization. *Chemical Senses*, 18, 257-272.

Green, B. G. 1990. Spatial summation of chemical irritation and itch produced by topical applica-tion of capsaicin. *Perception & Psychophysics*, 48 (1), 12-18.

Green, B. G. 1991. Capsaicin cross-desensitization on the tongue: psychophysical evidence that oral chemical irritation is mediated by more than one sensory pathway. *Chemical Senses*, 16, 675-689.

Green, B. G. 1992. The effects of temperature and concentration on the perceived intensity and quality of carbonation. *Chemical Senses*, 17, 435-450.

Green, B. G. 1998. Capsaicin desensitization and stimulus-induced recovery on facial compared to lingual skin. *Physiology & Behavior*, 65 (3), 517-523.

Green, B. G. 2004. Temperature perception and nociception. *Journal of Neurobiology*, 61 (1), 13-29.

Green, B. G. 2012. Chemesthesis and the chemical senses as components of a "chemofensor complex". *Chemical Senses*, 37 (3), 201-206.

Green, B. G. and Flammer, L. J. 1989. Localization of chemical stimulation: capsaicin on hairy skin. *Somatosensory & Motor Research*, 6 (5-6), 553-566.

Green, B. G. and Gelhard, B. 1989. Salt as an oral irritant. *Chemical Senses*, 14, 259-271.

Green, B. G., Mason, J. R., and Kare, M. R. (eds.) 1990. Irritation, in *Chemical Senses*, vol. 2. New York: Marcel-Dekker, p. iv.

Green, B. G. and McAuliffe, B. L. 2000. Menthol desensitization of capsaicin irritation. Evidence of a short-term anti-nociceptive effect. *Physiology & Behavior*, 68 (5), 631-639.

Green, B. G. and Shaffer, G. S. 1993. The sensory response to capsaicin during repeated topical exposures: differential effects on sensations of itching and pungency. *Pain*, 53 (3), 323-334.

Güler, A. D., Lee, H., Iida, T., *et al.* 2002. Heat-evoked activation of the ion channel, TRPV4. *Journal of Neuroscience*, 22 (15), 6408-6414.

Guenther, S., Reeh, P. W., and Kress, M. Rises in [Ca^{2+}] i mediate capsaicin-and proton-induced heat sensitization of rat primary nociceptive neurons. 1999. *European Journal of Neuroscience*, 11 (9), 3143150.

Hägermark, O. 1992. Peripheral and central mediators of itch. *Skin Pharmacology*, 5 (1), 1-8.

Han, L., Ma, C., Liu, Q., *et al.* 2013. A subpopulation of nociceptors specifically linked to itch. *Nature Neuroscience*, 16 (2), 174-182.

Huang, S. M., Lee, H., Chung, M. K., *et al.* 2008. Overexpressed transient receptor potential vanilloid 3 ion channels in skin keratinocytes modulate pain sensitivity via prostaglandin E2. *Journal of Neuroscience*, 28 (51), 13727-13737.

Huang, S. M., Li, X., Yu, Y., Wang, J., and Caterina MJ. 2011. TRPV3 and TRPV4 ion channels are not major contributors to mouse heat sensation. *Molecular Pain*, 7, 37.

Imamachi, N., Park, G. H., Lee, H., *et al.* 2009. TRPV1-expressing primary afferents generate behavioral responses to pruritogens via multiple mechanisms. *Proceedings of the National Academy of Sciences, USA*, 106 (27), 11330-11335.

Iwasaki, Y., Morita, A., Iwasawa, T., *et al.* 2006. A nonpungent component of steamed ginger-[10] -shogaol-increases adrenaline secretion via the activation of TRPV1. *Nutritional Neuroscience*, 9 (3-4), 169-178.

Jinks, S. L. and Carstens, E. 2002. Responses of superficial dorsal horn neurons to intradermal serotonin and other irritants: comparison with scratching behavior. *Journal of Physiology*, 87, 1280-1289.

Johanek, L. M., Meyer, R. A., Hartke, T., *et al.* 2007. Psychophysical and physiological evidence for parallel afferent pathways mediating the sensation of itch. *Journal of Neuroscience*, 27 (28), 7490-7497.

Jordt, S. E., Bautista, D. M., Chuang, H. H., *et al.* 2004. Mustard oils and cannabinoids excite sensory nerve fibres through the TRP channel ANKTM1. *Nature*, 427 (6971), 260-265.

Karrer, T. and Bartoshuk, L. 1991. Capsaicin desensitization and recovery on the human tongue. *Physiology & Behavior*, 49, 757-764.

Kim, S. E., Patapoutian, A., and Grandl J. 2013. Single residues in the outer pore of TRPV1 and TRPV3 have temperature-dependent conformations. *PLoS One*, 8 (3), e59593.

Klein, A. H., Sawyer, C. M., Carstens, M. I., *et al.* 2010. Topical application of L-menthol induces heat analgesia, mechanical allodynia, and a biphasic effect on cold sensitivity in rats. *Behavioral Brain Research*, 212 (2), 179-186.

Klein, A., Carstens, M. I., and Carstens, E. 2011a. Facial injections of pruritogens or algogens elicit distinct behavior responses in rats and excite overlapping populations of primary sensory and trigeminal subnucleus caudalis neurons. *Journal of Physiology*, 106 (3), 1078-1088.

Klein, A. H., Carstens, M. I., Zanotto, K. L., Sawyer, C. M., Ivanov, M., Cheung, S., and Carstens, E. 2011b. Self-and cross-desensitization of oral irritation by menthol and cinnamaldehyde (CA) via peripheral interactions at trigeminal sensory neurons. *Chemical Senses*, 36 (2), 199-208.

Klein, A. H., Iodi Carstens, M., McCluskey, T. S., *et al.* 2011c. Novel menthol-derived cooling com-pounds activate primary and second-order trigeminal sensory neurons and modulate lingual thermosensitivity. *Chemical Senses*, 36 (7), 649-658.

Klein, A. H., Sawyer, C. M., Zanotto, K. L., *et al*. 2011d. A tingling sanshool derivative excites primary sensory neurons and elicits nocifensive behavior in rats. *Journal of Physiology*, 105 (4), 1701-1710.

Klein, A. H., Carstens, M. I., and Carstens, E. 2013. Eugenol and carvacrol induce temporally desensitizing patterns of oral irritation and enhance innocuous warmth and noxious heat sensa-tion on the tongue. *Pain*, 154 (10), 2078-2087.

Klein, A. H., Joe, C. L., Davoodi, A., *et al*. 2014. Eugenol and carvacrol excite first-and second-order trigeminal neurons and enhance their heat-evoked responses. *Neuroscience*, 271, 45-55.

Knowlton, W. M., Palkar, R., Lippoldt, E. K., *et al*. 2013. A sensory-labeled line for cold: TRPM8-expressing sensory neurons define the cellular basis for cold, cold pain, and cooling-mediated analgesia. *Journal of Neuroscience*, 33 (7), 2837-2848.

Komai, M. and Bryant, B. P. 1993. Acetazolamide specifically inhibits lingual trigeminal nerve responses to carbon dioxide. *Brain Research*, 612, 122-129.

Koo, J. Y., Jang, Y., Cho, H., *et al*. 2007. Hydroxy-alpha-sanshool activates TRPV1 and TRPA1 in sensory neurons. *European Journal of Neuroscience*, 26, 1139-1147.

LaMotte, R. H., Shimada, S. G., Green, B. G., and Zelterman, D. 2009. Pruritic and nociceptive sensations and dysesthesias from a spicule of cowhage. *Journal of Physiology*, 101 (3), 1430-1443.

Le Pichon, C. E. and Chesler, A. T. 2014. The functional and anatomical dissection of somatosensory subpopulations using mouse genetics. *Frontiers of Neuroanatomy*, 8, 21.

Lee, M. H., Yeon, K. Y., Park, C. K., *et al*. 2005. Eugenol inhibits calcium currents in dental afferent neurons. *Journal of Dental Research*, 84 (9), 848-851.

Lennertz, R. C., Tsunozaki, M., Bautista, D. M., and Stucky, C. L. 2010. Physiological basis of tingling paresthesia evoked by hydroxy-alpha-sanshool. *Journal of Neuroscience*, 30 (12), 4353-4361.

Liao, M., Cao, E., Julius, D., and Cheng, Y. 2013. Structure of the TRPV1 ion channel determined by electron cryo-microscopy. *Nature*, 504 (7478), 107-112.

Liu, L., Oortgiesen, M., Li, L., and Simon SA. 2001. Capsaicin inhibits activation of voltage-gated sodium currents in capsaicin-sensitive trigeminal ganglion neurons. *Journal of Physiology*, 85 (2), 745-758.

Liu, Q., Sikand, P., Ma, C., *et al*. 2012. Mechanisms of itch evoked by β-alanine. *Journal of Neuroscience*, 32 (42), 14532-14537.

Liu, L. and Simon, S. A. 1996. Similarities and differences in the currents activated by capsaicin, piperine, and zingerone in rat trigeminal ganglion cells. *Journal of Physiology*, 76 (3), 1858-1869.

Liu, Q., Tang, Z., Surdenikova L., *et al*. 2009. GPCR Mrgprs are itch receptors mediating chloroquine-induced pruritus. *Cell*, 139 (7), 1353-1365.

Macpherson, L. J., Dubin, A. E., Evans, M. J., *et al*. 2007. Noxious compounds activate TRPA1 ion channels through covalent modification of cysteines. *Nature*, 445 (7127), 541-545.

Macpherson, L. J., Geierstanger, B. H., Viswanath, V., *et al*. 2005. The pungency of garlic: activation of TRPA1 and TRPV1 in response to allicin. *Current Biology*, 15 (10), 929-934.

Mandadi, S., Sokabe, T., Shibasaki, K., *et al*. 2009. TRPV3 in keratinocytes transmits temperature information to sensory neurons via ATP. *Pflugers Archiv*, 458 (6), 1093-1102.

Marics, I., Malapert, P., Reynders, A., Gaillard, S., and Moqrich A. 2014. Acute heat-evoked tem-perature sensation is impaired but not abolished in mice lacking TRPV1 and TRPV3 channels. *PLoS One*, 9 (6), e99828.

Mason, J. R., Bean, N. J., Shah, P. S., and Clark, L. 1991. Taxon-specific differences in responsiveness to capsaicin and several analogues: Correlates between chemical structure and behavioral aver-siveness. *Journal of Chemical Ecology*, 17 (12), 2539-2551.

McKemy D. D. 2013. The molecular and cellular basis of cold sensation. *ACS Chemical Neuroscience*, 4 (2), 238-247.

McKemy, D. D., Neuhausser, W. M., and Julius, D. 2002. Identification of a cold receptor reveals a general role for TRP channels in thermosensation. *Nature*, 416 (6876), 52-58.

Merrill, A. W., Cuellar, J. M., Judd, J. H., Carstens, M. I., and Carstens, E. 2008. Effects of TRPA1 ago-nists mustard oil and cinnamaldehyde on lumbar spinal wide-dynamic range neuronal responses to innocuous and noxious cutaneous stimuli in rats. *Journal of Physiology*, 99 (2), 415-425.

Moqrich, A., Hwang, S. W., Earley, T. J., *et al.* 2005. Impaired thermosensation in mice lacking TRPV3, a heat and camphor sensor in the skin. *Science*, 307 (5714), 1468-1472.

Namer, B., Carr, R., Johanek, L. M., *et al.* 2008. Separate peripheral pathways for pruritus in man. *Journal of Physiology*, 100 (4), 2062-2069.

Namer, B., Seifert, F., Handwerker, H. O., and Maihöfner C. 2005. TRPA1 and TRPM8 activation in humans: effects of cinnamaldehyde and menthol. *Neuroreport*, 16 (9), 955-959.

Nilius, B., Bíró, T., and Owsianik, G. 2014. TRPV3: time to decipher a poorly understood family member! *Journal of Physiology*, 592 (Pt 2), 295-304.

Nolano, M., Simone, D. A., Wendelschafer-Crabb, G., *et al.* 1999. Topical capsaicin in humans: parallel loss of epidermal nerve fibers and pain sensation. *Pain*, 81 (1-2), 135-145.

O' Neill, J., Brock, C., Olesen, A. E., Andresen, T., Nilsson, M., Dickenson, A. H. 2012. Unravelling the mystery of capsaicin: a tool to understand and treat pain. *Pharmacological Reviews*, 64 (4), 939-971.

Park, C. K., Li, H. Y., Yeo, K. Y., *et al.* 2006. Eugenol inhibits sodium currents in dental afferent neurons. *Journal of Dental Research*, 85, 900-904.

Parker, G. H. 1912. The relation of smell, taste and the common chemical sense in vertebrates. *Journal of the Academy of Natural Science (Philadelphia)*, *Ser.* 2, 15, 221-234.

Peier, A. M., Moqrich, A., Hergarden, A. C., *et al.* 2002a. A TRP channel that senses cold stimuli and menthol. *Cell*, 108 (5), 705-715.

Peier, A. M., Reeve, A. J., Andersson, D. A., *et al.* 2002b. A heat-sensitive TRP channel expressed in keratinocytes. *Science*, 296 (5575), 2046-2049.

Peyrot des Gachons, C., Uchida, K., Bryant, B., *et al.* 2011. Unusual pungency from extra-virgin olive oil is attributable to restricted spatial expression of the receptor of oleocanthal. *Journal of Neuroscience*, 31 (3), 999-1009.

Pogorzala, L. A., Mishra, S. K. and Hoon, M. A. 2013. The cellular code for mammalian thermosen-sation. *Journal of Neuroscience*, 33, 5533-5541.

Prescott, J. and Swain-Campbell, N. 2000. Responses to repeated oral irritation by capsaicin, cinnamal-dehyde and ethanol in PROP tasters and non-tasters. *Chemical Senses*, 25 (3), 239-246.

Reddy, V. B., Iuga, A. O., Shimada, S. G., LaMotte, R. H., and Lerner, E. A. 2008. Cowhage-e-voked itch is mediated by a novel cysteine protease: a ligand of protease-activated receptors. *Journal of Neuro-science*, 28 (17), 4331-4335.

Reid, G., Babes, A., and Pluteanu, F. 2002. A cold-and menthol-activated current in rat dorsal root ganglion neurones: properties and role in cold transduction. *Journal of Physiology*, 545, 595-614.

Riera, C. E., Menozzi-Smarrito, C., Affolter, M., *et al.* 2009. Compounds from Sichuan and Melegueta peppers activate, covalently and non-covalently, TRPA1 and TRPV1 channels. *British Journal of Pharmacology*, 157, 1398-1409.

Riera, C. E., Menozzi-Smarrito, C, Affolter, M., *et al.* 2009. Compounds from Sichuan and

Melegueta peppers activate, covalently and non-covalently, TRPA1 and TRPV1 channels. *British Journal of Pharmacology*, 157 (8), 1398-1409.

Ringkamp, M., Schepers, R. J., Shimada, S. G., *et al.* 2011. A role for nociceptive, myelinated nerve fibers in itch sensation. *Journal of Neuroscience*, 31 (42), 14841-14849.

Roberson, D. P., Gudes, S., Sprague, J. M., *et al.* 2013. Activity-dependent silencing reveals functionally distinct itch-generating sensory neurons. *Natural Neuroscience*, 16 (7), 910-918.

Rolls, E. T., Verhagen, J. V., and Kadohisa, M. 2003. Representations of the texture of food in the primate orbitofrontal cortex: neurons responding to viscosity, grittiness, and capsaicin. *Journal of Physiology*, 90 (6), 3711-3724.

Rosenthal, P. and Borsook, D. 2012. The corneal pain system. Part I: the missing piece of the dry eye puzzle. *Ocular Surface*, 10 (1), 2-14.

Sawyer, C. M., Carstens, M. I., and Carstens, E. 2009a. Mustard oil enhances spinal neuronal responses to noxious heat but not cooling. *Neuroscience Letters*, 461 (3), 271-274.

Sawyer, C. M., Carstens, M. I., Simons, C. T., *et al.* 2009b. Activation of lumbar spinal wide-dynamic range neurons by a sanshool derivative. *Journal of Physiology*, 101 (4), 1742-1748.

Schmelz, M., Schmidt, R., Bickel, A., Handwerker, H. O., and Torebjörk, H. E. 1997. Specific C-recep-tors for itch in human skin. *Journal of Neuroscience*, 17 (20), 8003-8008.

Schmidt, M., Dubin, A. E., Petrus, M. J., Earley, T. J., and Patapoutian, A. 2009. Nociceptive signals induce trafficking of TRPA1 to the plasma membrane. *Neuron*, 64, 498-509.

Sikand, P., Shimada, S. G., Green, B. G., and LaMotte, R. H. 2009. Similar itch and nociceptive sensations evoked by punctate cutaneous application of capsaicin, histamine and cowhage. *Pain*, 144 (1-2), 66-75.

Sikand, P., Dong, X., and LaMotte, R. H. 2011a. BAM8-22 peptide produces itch and nociceptive sensations in humans independent of histamine release. *Journal of Neuroscience*, 31 (20), 7563-7567.

Sikand, P., Shimada, S. G., Green, B. G., and LaMotte, R. H. 2011b. Sensory responses to injection and punctate application of capsaicin and histamine to the skin. *Pain*, 152 (11), 2485-2894.

Simons, C. T., Boucher, Y., and Carstens, E. 2003a. Suppression of central taste transmission by oral capsaicin. *Journal of Neuroscience*, 23 (3), 978-985.

Simons, C. T., Carstens, M. I., and Carstens, E. 2003b. Oral irritation by mustard oil: self-desensitization and cross-desensitization with capsaicin. *Chemical Senses*, 28 (6), 459-465.

Simons, C. T., Boucher, Y., Carstens, M. I., and Carstens, E. 2006. Nicotine suppression of gustatory responses of neurons in the nucleus of the solitary tract. *Journal of Physiology*, 96 (4), 1877-1886.

Simons, C. T., Dessirier, J. M., Carstens, M. I., O ' Mahony, M., and Carstens, E-. 1999. Neurobiological and psychophysical mechanisms underlying the oral sensation produced by carbonated water. *Journal of Neuroscience*, 19 (18), 8134-8144.

Simons, C. T., O'Mahony, M., and Carstens, E. 2002. Taste suppression following lingual capsa-icin pre-treatment in humans. *Chemical Senses*, 27 (4), 353-365.

Simons, C. T., Sudo, S., Sudo, M., and Carstens, E. 2004. Mustard oil has differential effects on the response of trigeminal caudalis neurons to heat and acidity. *Pain*, 110 (1-2), 64-71.

Smith, G. D., Gunthorpe, M. J., Kelsell, R. E., *et al.* 2002. TRPV3 is a temperature-sensitive vanilloid receptor-like protein. *Nature*, 418 (6894), 186-190.

Stevens, D. A. and Lawless, H. T. 1986. Putting out the fire: effects of tastants on oral chemical irritation. *Perception & Psychophysics*, 39 (5), 346-350.

Story, G. M., Peier, A. M., Reeve, A. J., *et al.* 2003. ANKTM1, a TRP-like channel expressed in noci-ceptive neurons, is activated by cold temperatures. *Cell*, 112 (6), 819-829.

Sudo, S., Sudo, M., Simons, C. T., Dessirier, J. M., and Carstens, E. 2002. Sensitization of trigeminal caudalis neuronal responses to intraoral acid and salt stimuli and desensitization by nicotine. *Pain*, 98

(3), 277-286.

Sugai, E., Morimitsu, Y., Iwasaki, Y., *et al.* 2005. Pungent qualities of sanshool-related compounds evaluated by a sensory test and activation of rat TRPV1. *Bioscience, Biotechnology, and Biochemistry*, 69 (10), 1951-1957.

Talavera, K., Gees, M., Karashima, Y., *et al.* 2009. Nicotine activates the chemosensory cation channel TRPA1. *Nature Neuroscience*, 12 (10), 1293-1299.

Tewksbury, J. J. and Nabhan, G. P. 2001. Seed dispersal. Directed deterrence by capsaicin in chilies. *Nature*, 412 (6845), 403-404.

Tsagareli, M. G., Tsiklauri, N., Zanotto, K. L., *et al.* 2010. Behavioral evidence of thermal hyperalgesia and mechanical allodynia induced by intradermal cinnamaldehyde in rats. *Neuroscience Letters*, 473 (3), 233-236.

Viana, F., de la Pena, E., and Belmonte, C. 2002. Specificity of cold thermotransduction is determined by differential ionic channel expression. *Nature Neuroscience*, 5, 254-260.

Vincent, F. and Duncton, M. A. 2011. TRPV4 agonists and antagonists. *Current Topics in Medicinal Chemistry*, 11 (17), 2216-2226.

Wang, Y. Y., Chang, R. B., Waters, H. N., McKemy, D. D., and Liman, E. R. 2008. The nociceptor ion channel TRPA1 is potentiated and inactivated by permeating calcium ions. *Journal of Biological Chemistry*, 283 (47), 32691-32703.

Whitehead, M. C. and Kachele, D. L. 1994. Development of fungiform papillae, taste buds, and their innervation in the hamster. *Journal of Comparative Neurology*, 340 (4), 515-530.

Wilson, S. R., Gerhold, K. A., Bifolck-Fisher, A., *et al.* 2011. TRPA1 is required for histamine-independent, Mas-related G protein-coupled receptor-mediated itch. *Nature Neuroscience*, 14 (5), 595-602.

Wise, P. M., Wolf, M., Thom, S. R., and Bryant, B. 2013. The influence of bubbles on the perception carbonation bite. *PLoS One*, 8 (8), e71488.

Xing, H., Ling, J., Chen, M., and Gu, J. G. 2006. Chemical and cold sensitivity of two distinct popu-lations of TRPM8-expressing somatosensory neurons. *Journal of Physiology*, 95, 1221-1230.

Xu, H., Delling, M., Jun, J. C., and Clapham, D. E. 2006. Oregano, thyme and clove-derived flavors and skin sensitizers activate specific TRP channels. *Nature Neuroscience*, 9 (5), 628-635.

Xu, H., Ramsey, I. S., Kotecha, S. A., *et al.* 2002. TRPV3 is a calcium-permeable temperature-sensitive cation channel. *Nature*, 418 (6894), 181-186.

Zanotto, K. L., Iodi Carstens, M., and Carstens, E. 2008. Cross-desensitization of responses of rat trigeminal subnucleus caudalis neurons to cinnamaldehyde and menthol. *Neuroscience Letters*, 430 (1), 29-33.

Zanotto, K. L., Merrill, A. W., Carstens, M. I., and Carstens, E. 2007. Neurons in superficial trigeminal subnucleus caudalis responsive to oral cooling, menthol, and other irritant stimuli. *Journal of Physiology*, 97 (2), 966-978.

Zylka, M. J., Rice, F. L., and Anderson, D. J. 2005. Topographically distinct epidermal nociceptive circuits revealed by axonal tracers targeted to Mrgprd. *Neuron*, 45 (1), 17-25.